U0160511

国家科学技术学术著作出版基金资助出版

近期黄河下游河床演变特点及滩区洪水风险评估

夏军强　张晓雷　著

科 学 出 版 社

北　京

内 容 简 介

本书采用实测资料分析、力学理论分析、概化水槽试验、概化模型试验及数学模型计算相结合的研究方法，开展近期黄河下游河床演变特点及滩区洪水风险评估的研究。本书主要研究内容：提出基于河段尺度的河床演变特征参数的计算方法；研发一维水沙耦合模型与基于有限体积法求解的二维水沙动力学模型；创新构建基于力学过程的洪水演进与风险评估的二维综合数学模型。

本书可供从事河流动力学及洪水风险管理等专业科技人员及高等院校相关专业的师生阅读和参考。

图书在版编目(CIP)数据

近期黄河下游河床演变特点及滩区洪水风险评估 / 夏军强，张晓雷著. —北京：科学出版社，2021.1

ISBN 978-7-03-067933-8

Ⅰ. ①近… Ⅱ. ①夏… ②张… Ⅲ. ①黄河-下游-河道演变-研究 ②黄河-下游-防洪-风险评价-研究 Ⅳ. ①TV882. 1

中国版本图书馆CIP数据核字(2021)第005871号

责任编辑：范运年 霍明亮 / 责任校对：王萌萌
责任印制：师艳茹 / 封面设计：蓝正设计

科学出版社 出版
北京东黄城根北街16号
邮政编码: 100717
http://www.sciencep.com
河北鹏润印刷有限公司 印刷
科学出版社发行 各地新华书店经销
*
2021年1月第 一 版 开本：720×1000 1/16
2021年1月第一次印刷 印张：22
字数：441 000
定价：168.00 元
(如有印装质量问题，我社负责调换)

序

近 30 年来受气候变化及工程建设、区域经济社会发展等人类活动的影响，尤其在小浪底水库运用后，黄河下游的水沙情势发生了巨大变化。水沙条件变化不仅直接影响黄河下游的河床调整及过流能力变化，还会影响下游游荡段滩区的治理方向。夏军强教授在多个国家自然科学基金等项目的资助下，开展了黄河下游河床演变特点及滩区洪水风险评估方法的研究，这本《近期黄河下游河床演变特点及滩区洪水风险评估》综合反映了当前这方面的最新研究成果。

该书内容以黄河下游为研究对象，采用实测资料分析与力学理论分析相结合，概化模型试验与数学模型计算相结合的方法，研究了下游河道的水沙演进特点、河床演变规律以及滩区洪水风险评估方法。采用基于河段尺度的方法，计算了黄河下游各河段的河床演变特征参数，解决了以往特定水文断面的计算结果不能代表整个河段演变过程的难题，为分析和模拟非平衡态河流演变过程提供了理论基础和计算关系；建立了适用于黄河下游特点的动床阻力计算公式，在此基础上研发了一维水沙耦合数学模型，该模型不仅考虑了非均匀悬沙不平衡输移及床面冲淤对水流运动的影响，而且适用于计算实际游荡段复杂断面形态下的高含沙洪水演进过程；提出了基于力学机理的洪水中人体与财产安全程度的计算方法，在此基础上创新构建了基于力学过程的洪水演进与风险评估的二维综合数学模型，不仅能用于预测动床条件下滩区洪水的演进过程，还能精确评估滩区洪水中人民群众生命财产的安全程度。

该书理论联系实际，不仅具有丰富的河流动力学基础理论，同时还具有重要的实际应用价值和工程指导意义，能为黄河下游河床演变分析及滩区洪水风险管理提供参考和指导。

中国科学院院士

2020 年 12 月 18 日

前　言

近年来受流域内气候条件变化与大型水利工程建设及区域经济社会发展等人类活动的影响，进入黄河下游的水沙量及其过程发生了较大变化，特别是在小浪底水库运用后。小浪底水库的运用一方面导致了近期黄河下游河床持续冲刷，平滩河槽形态及过流能力发生了显著变化；另一方面也减少了下游漫滩洪水发生的概率。然而下游局部河段的过流能力仍然达不到4000m^3/s，出现漫滩洪水的风险依然存在，尤其是在“二级悬河”河段。黄河下游滩区横比降远大于河道纵比降，一旦发生漫滩洪水，极易形成顺堤行洪的现象，不仅会严重威胁黄河大堤安全，同时也会给下游滩区近190万群众带来极大威胁。因此研究近期黄河下游河床演变特点及精确评估滩区可能发生的洪水风险，具有重要的学术理论价值与实际工程意义。

(1)本书提出基于河段尺度的河床演变特征参数的计算方法，采用该方法计算近30年来黄河下游不同河型河段的平滩河槽特征参数(如平滩河宽、平滩水深及平滩流量等)，并建立各河段平滩特征参数与前期多年平均的汛期及非汛期水沙条件之间的经验关系。河段平滩特征参数的计算结果表明：小浪底水库运用前(1986～1999年)，黄河下游河床持续淤积，各个河段平滩河槽形态均表现出不同程度的萎缩趋势，且河段平滩流量平均减幅达50%；小浪底水库运用后(1999～2015年)，黄河下游河床持续冲刷，各河段平滩水深持续增加，平滩河宽在游荡段增加约40%，在过渡段与弯曲段变化较小，因此黄河下游断面形态调整总体以纵向冲深为主，断面形态趋于窄深，三个河段的平滩流量平均增幅达50%；汛期与非汛期水沙因子对河段平滩特征参数的调整有不同程度的影响，汛期水沙因子是主要影响因素，但非汛期水沙因子的影响也不能忽略，增加考虑非汛期水沙因子后，各经验关系的决定系数均有不同程度的提高。该方法不仅能考虑河床演变中的滞后响应及累积影响，而且能从整体上预测坝下游平滩河槽特征参数的调整过程，解决以往特定水文断面的计算结果不能代表整个河段演变过程的难题。

(2)本书建立适用于黄河下游特点的主槽动床阻力与滩区植被阻力的计算公式，在此基础上研发一维水沙耦合模型与基于有限体积法求解的二维水沙动力学模型，分别用于模拟黄河下游河道一维高含沙洪水及滩区二维洪水的演进过程。

定量分析不同水沙因子对黄河下游动床阻力的影响，在进行水流能态分区的基础上，建立黄河下游主槽动床阻力与水流弗劳德数及相对水深之间的计算公式，并采用下游 7 个水文站不同时期近 3000 组实测资料对公式进行详细率定与验证。以黄河下游滩区典型植被(大豆)为研究对象，通过开展不同比降、水深及含沙量等组合条件下含植物浑水的概化水槽试验，分析含植物浑水条件下的水流紊动特性，在此基础上建立了植被糙率与水流弗劳德数及相对粗糙度之间的关系。建立基于一维浑水控制方程的水沙耦合数学模型，该模型考虑了非均匀泥沙不平衡输移及河床冲淤对水流运动的影响，而且适用于计算实际游荡段复杂断面形态下的高含沙洪水演进过程。采用黄河下游游荡段多场高含沙洪水过程的实测资料，对该模型进行率定和验证。此外还建立二维水沙耦合数学模型，主要由二维浑水控制方程、非均匀沙不平衡输移方程及床面冲淤方程组成，采用水沙耦合解法以及基于无结构三角网格下的有限体积法离散。并用已有算例及水槽试验资料验证该模型的计算精度。

(3) 本书提出基于力学机理的洪水中人体与财产安全程度的计算方法，能为滩区洪水风险的精确评估提供科学依据。结合河流动力学中泥沙起动的理论，推导出洪水中人体发生滑移及跌倒失稳时的起动流速公式，并开展一系列的概化水槽试验，用人体模型失稳的概化水槽试验数据率定公式中的相关参数，确定洪水作用下人体失稳的新标准。此外还分析影响滩区洪水中财产(房屋及农作物)损失率的主要因子，并采用非线性回归分析方法确定财产损失率的计算曲线。

(4) 本书创新构建基于力学过程的洪水演进与风险评估的二维综合数学模型，不仅能用于预测动床条件下滩区洪水的演进过程，而且还能精确评估洪水中群众生命财产的安全程度。该综合模型耦合了二维水沙动力学模块、生产堤溃口展宽模块、群众避难逃生路线优选模块、不同受淹对象的洪水风险评估模块。采用多个模型试验算例检验二维水沙动力学模块及生产堤溃口展宽模块，结果表明该模型具有较高的计算精度。在此基础上选取黄河下游游荡段兰考东明滩区为研究对象，利用该综合模型计算不同工况下的洪水演进过程，重点分析滩区群众的洪水风险等级及不同财产的洪灾损失率，并确定洪水中灾民的最优避难逃生路线。

在本书的研究成果中，得到了国家自然科学基金项目(51725902, 51579186, 51379156)、国家自然科学基金委员会与英国皇家学会等共同资助的人才项目“牛顿高级学者基金”(NSFC52061130219, NAF/R1/201156)、UK-China Urban Flooding Research Impact Programme(UUFRIP/100031)、国家重点研发计划课题

(2017YFC0405501)、水利部公益性行业科研专项项目(201401038)等资助，在此一并表示感谢。参加研究的主要人员有夏军强、张晓雷、果鹏、周美蓉、邓珊珊，另外王英珍、程亦菲、麻妍妍、李洁等也参与了相关的研究工作。

由于作者水平有限，难免出现不足之处，敬请读者批评指正。

作　者

2020年10月于武汉大学

目　　录

第1章 绪 论

1.1 研究背景及意义

1.1.1 研究背景

1. 黄河下游河床演变概况

冲积河流上修建水库后，改变了进入下游河道的水沙条件，必然会引起坝下游河流的再造床过程。尤其在水库运用初期，坝下游河流将发生自上而下的普遍冲刷，使得河床形态发生显著调整。这些坝下游河流的演变特点，将对河道防洪、滩区土地利用等方面带来一系列的影响(钱宁, 1958; 胡春宏, 2005; 潘贤娣等, 2006; 陈建国等, 2012)。在水库运用初期，坝下游河床演变过程通常包括河床持续冲刷、纵比降调整、河床粗化、断面及平面形态变化、过流能力调整等方面(Williams and Wolman, 1984; 赵业安等, 1998; Wu et al., 2008a; Xia et al., 2014a, 2014b)。黄河中上游水库的修建对下游的水沙过程具有巨大的调节作用，在水库运用初期下游河床会产生长距离、长时间的调整过程。

三门峡水库位于黄河中游下段，控制流域面积为68.8万km^2，是黄河干流上兴建的第一座以防洪为主的综合性水利枢纽。根据1919～1989年的水文统计资料，多年平均入库流量为1310m^3/s，平均含沙量为34.7kg/m^3，历史最大流量为22000m^3/s，最大含沙量为911kg/m^3(杨庆安等, 1995)。三门峡水库控制着黄河中游河口镇至龙门和龙门至三门峡区间两个主要洪水来源区，在小浪底水库修建之前三门峡水库承担着黄河上最主要的防洪任务。三门峡水库建成运用后，经历了蓄水运用、滞洪排沙运用和蓄清排浑运用三个阶段(赵业安等, 1998; 潘贤娣等, 2006)。在蓄水运用期(1960～1964年)，黄河下游发生持续冲刷，累积冲刷泥沙23.1亿t，其中游荡段占73%。长时间清水冲刷使得游荡段演变过程较为复杂，河床断面调整既有纵向下切又有横向展宽。花园口至高村河段的滩地4年内累积坍塌面积约为200km^2，二滩之间的河槽平均展宽超过1000m(潘贤娣等, 2006)。在滞洪排沙运用期(1964～1973年)，由于受泄流规模的限制，各级洪水仍有不同程度的滞洪作用，下游河道累积淤积泥沙为39.5亿t，其中游荡段占67.7%。在蓄清排浑运用期(1973～1999年)，水库在非汛期蓄水拦沙，汛期降低水位控制排沙。因入库水沙条件的变化，黄河下游河道经历了先淤积后冲刷再持续淤积的过程，该时期下游累积淤积量达42.5亿t，其中游荡段占57.9%。

小浪底水库位于黄河中游最后一个峡谷段，控制流域面积为69.4万km^2，是黄河干流三门峡以下唯一具有较大库容的控制性工程，既可有效地控制黄河下游洪水，又可利用其淤沙库容拦截泥沙，进行调水调沙运用，减缓下游河床淤积(张俊华等, 2007)。小浪底水库自1999年10月开始蓄水，至2015年10月已经蓄水拦沙运用16年，将绝大多数中粗泥沙拦在水库里，库区共淤积泥沙约为30.7亿m^3。在小浪底水库蓄水拦沙期间，进入黄河下游的泥沙显著减少，从而使得下游河道发生了持续冲刷。根据断面法计算，这16年间黄河下游累积冲刷泥沙约为18.66亿m^3，其中高村以上游荡段冲刷最为显著，占整个下游冲刷量的72%。在近期黄河下游持续冲刷过程中，河床断面形态调整较为显著，下游不同河型河段的河床调整均表现为向窄深方向发展，其中游荡段主槽展宽较为明显，过渡段及弯曲段的平滩河宽调整较小。河床平面形态总体保持稳定，与小浪底水库运用前相比，各个河段深泓摆动幅度均有所下降(夏军强等, 2016, 2019)。近期实测资料分析表明，小浪底水库运用以来，黄河下游的洪水演进特性、水沙输移特点及河床冲淤规律更加复杂，尤其在游荡型河段(陈建国等, 2012; 齐璞等, 2014; Xia et al., 2014a, 2014b)。

2. 下游滩区洪水及洪灾损失概况

黄河下游共有120多个自然滩，面积约为4050km^2，占下游河道总面积的80%(牛玉国等, 2013)。据统计，在黄河下游花园口站自1949年以来的48年实测资料中，洪峰流量超过10000m^3/s的共计12次，最大为1958年7月的22300m^3/s；流量7000～10000m^3/s的洪峰共计35次；自1982年8月花园口站出现流量为15300m^3/s的洪峰以来，下游未再出现过洪峰流量超过10000m^3/s的洪水。特别是三门峡水库蓄清排浑控制运用以来，下游每年汛期均为中小洪水，其中1996年8月流量为7860m^3/s的洪峰为1982年8月以后最大的一次(苏运启等, 2006)。

据1950～2004年资料不完全统计，黄河下游共发生漫滩洪水44次，严重影响了滩区群众的生命财产安全。例如，在1996年8月漫滩洪水中，紧急转移群众56万人，倒塌及损坏房屋67.5万间，直接经济损失达65亿元(牛玉国等, 2013)。尽管小浪底水库运用后大大减轻了黄河下游的防洪压力，但无法控制小浪底至花园口(小—花)间产生的区间洪水，下游发生超过10000m^3/s大洪水的风险依然存在(端木礼明和成刚, 2003)；经过20多年的蓄水拦沙运用，下游河道主槽过流能力显著提高，但局部河段的平滩流量仍不到4000m^3/s，尤其是“二级悬河”河段的洪水威胁仍很严重。因此可以认为黄河下游出现漫滩洪水的风险依然存在，一旦发生必然严重威胁到滩区群众的生命财产安全(夏军强等, 2008; Hu et al., 2012)。

1.1.2 研究意义

小浪底水库运用前后，黄河下游河道的河床调整较为剧烈，平滩河槽形态及过流能力发生了显著变化，尤其在游荡段。此外，黄河下游滩区是当地群众赖以生存的场所，同时也承担蓄洪、滞洪及沉沙的功能，故洪水风险仍是滩区社会经济发展的主要制约因素。但随着近期黄河下游河床的进一步调整，滩区洪水风险也随之发生变化。因此开展近期黄河下游河床演变特点及滩区洪水风险评估的研究，是当前迫切需要解决的关键问题。

1. 黄河下游河床演变的研究意义

在冲积河流上修建水库后，下游河道将失去平衡。坝下游河流为建立新的平衡，必然将发生一系列的变化，尤其在河床形态调整方面。小浪底水库的运用改变了进入黄河下游的水沙过程，沙量急剧减少导致下游河床发生持续冲刷。因此研究近期黄河下游的河床演变规律，具有十分重要的科学意义。

黄河下游河床演变过程复杂，影响因素较多，在现阶段要做出精确的定量分析与长期预报，仍存在不少困难(谢鉴衡, 2004; 王光谦, 2007)。目前常见的河工模型试验及水沙数学模型，已广泛地应用于预测坝下游河流的长期演变过程(胡春宏和郭庆超, 2004; 王光谦, 2007)。除了这些传统的物理模型和数学模型，基于水沙运动基本理论，结合河道实测资料分析而提出的经验模型或概化模型，也能用于分析坝下游河流的演变过程(梁志勇等, 2005; 胡春宏等, 2006; Shin and Julien, 2010; Wu et al., 2012; Xia et al., 2014a, 2014b)。但常见的基于平衡态河流河床演变的分析方法，如各类水力几何形态关系或河相关系等，仅能给出平衡或准平衡条件下河床形态与水沙条件之间的经验或半经验关系(陈绪坚和胡春宏, 2006; Lee and Julien, 2006)。尽管河床演变自动调整原理指出了非平衡态河床调整的方向和目标，但目前缺乏描述非平衡态河流演变过程的理论和方法，通常较多地采用指数或幂函数等非线性函数来描述坝下游河床形态的调整过程(Graf, 1977; 吴保生, 2008; Wu et al., 2008b; Shin and Julien, 2010; Wu et al., 2012)。与以往数学模型研究河床演变过程不同，基于河床演变自动调整原理及变率方程的滞后响应模型，已用于分析坝下游河流典型断面的宏观调整过程(吴保生, 2008)。另外由于坝下游河流的河床形态沿程变化较大，河段内某一特定断面的调整过程难以反映整个河段的演变规律，因此需要采用河段平均的特征变量来描述河段整体的变化过程(梁志勇等, 2005; Harman et al., 2008; Xia et al., 2014a, 2014b)。

上述分析表明，常见的河床演变分析方法多适用于平衡态河流，不适用于预测坝下游河流大尺度及长时间的调整过程。基于自动调整原理的河床变形与相应水沙过程之间的滞后响应模型，通常仅适用于计算特定水文断面的河床调整，不适用于预报整个河段的宏观演变过程。因此需要提出基于河段尺度的河床演变分析方法，建立相应的河床演变概化模型，用于预测黄河下游河段的河床演变趋势。

2. 滩区洪水模拟及风险评估的研究意义

开展滩区水沙演进模拟技术及洪水风险评估方法的研究，是当前黄河下游滩区治理中迫切需要解决的关键问题。漫滩洪水中群众生命财产安全程度的计算需要解决两个关键问题：复杂条件下主槽及滩区洪水演进过程的模拟技术(周孝德等, 1996; 程晓陶等, 1998; 刘树坤等, 1999; 孙东坡等, 2007)；洪水中群众生命财产安全程度的评估方法(Xia et al., 2011)。水沙演进模拟既是开展滩区洪水风险评估的前提，也是河流动力学研究中的重要内容之一。洪水演进模拟的计算精度一般取决于阻力、挟沙力计算、合适的控制方程及数值求解方法等(谢鉴衡, 1990)。黄河下游复杂的河道形态特征与水沙过程表明主槽的动床阻力不易确定；滩区植被种类多及阻水建筑物分布复杂，故也不易确定滩地阻力(钱宁等, 1959; 程晓陶等, 1998)。现有半经验、半理论的阻力公式都不能较好地描述黄河下游主槽及滩地阻力的变化规律。另外常用的水沙非耦合解法不能考虑床面冲淤对洪水演进的影响，仅适用于低含沙量水流且床面冲淤速率较小的情况(谢鉴衡, 1990)。因此为了精确地模拟黄河下游的洪水演进过程，必须完善现有河流动力学中的阻力及水流挟沙力计算方法，同时采用合适的控制方程及数值求解方法。漫滩洪水中群众生命财产安全程度的评估主要涉及洪水中各类受淹对象(人体与财产)稳定性的计算方法。以往的洪水风险评估通常按最大淹没水深大小划分洪泛区的危险程度，没有考虑洪水中各类受淹对象的受力特点对其稳定性的影响(刘树坤等, 1991; 姜付仁和向立云, 2002)。因此不能简单地以水深大小作为洪水中群众生命财产安全评估的标准。

上述分析表明，现有黄河下游洪水演进的模拟技术及洪水风险的评估方法相对落后，需要进一步完善及改进。故开展上述两方面的研究，对拓展与丰富河流动力学的研究内容，具有重要的科学意义及实用价值。

1.2 研究现状及存在问题

1.2.1 坝下游河床演变分析

1. 传统的河床演变分析方法

目前预测坝下游河流的长期演变过程常采用河工模型试验及水沙数学模型。尤其是一、二维数学模型，仍是研究坝下游河床演变的主要方法(谢鉴衡和魏良琰, 1987; 李义天等, 2011)。郭庆超等(2005)建立了基于非均匀沙不平衡输移理论的一维水沙数学模型，研究了小浪底水库单独运用以及小浪底与古贤水库联合运用80年内黄河下游的冲淤过程。尽管一维水沙数学模型中研究范围可覆盖整个坝下游河段，但结果通常仅能提供断面平均的水沙因子及冲淤厚度等有限信息，一般不能预测坝下游河流的河宽调整。针对一维水沙数学模型计算结果的局限性，二维水沙数学模型已用于计算坝下游典型河段的冲淤过程。如夏军强等(2005)建立了平面二维河床纵向与横向变形模型，较好地模拟出了黄河下游游荡段非汛期槽淤滩冲与汛期槽冲滩淤的过程。由于对水沙运动及河床演变机理等方面认识上的不足，现有数学模型所用的基础理论存在一定的局限性，如计算中仍采用一些假定或经验系数，对于一些关键参数及计算模式的处理仍不够完善。因此这些局限性使得模型预测结果的经验性很强，由此可能带来计算成果的不合理。

当坝下游河流在长期的水沙作用下，经过河床的自动调整作用，有可能形成与所在河段边界条件相适应的相对平衡状态。河相关系通常用于描述这种状态下河床形态与水沙及边界条件之间的某种函数关系。但大部分河相关系都具有经验或半经验的性质，在实际应用中具有很大的局限性。对于处在平衡或准平衡状态下的冲积河流而言，其平滩河槽形态可表示为特征流量的经验函数。如 Leopold 和 Maddock(1953)提出了平滩河槽形态(如平滩河宽、平滩水深等)与年均流量之间的幂函数关系，其河宽与水深指数的平均值分别为 0.5 和 0.4。Park(1977)根据72 条河流的实测河床形态给出的沿程河相关系中，指数变化范围较大，总体上河宽指数为 0.4～0.5，水深指数为 0.3～0.4。Lee 和 Julien(2006)通过对冲积河流沿程河相关系 1485 组数据的非线性回归分析，指出平滩河槽形态可以用三个参数表示，即造床流量、床沙中值粒径及河床纵比降。此外，不少研究者还利用河宽经验公式或各类极值假说来建立具有更加普适性的河相关系(Yang and Song, 1979; 陈绪坚和胡春宏, 2006)。如陈绪坚和胡春宏(2006)采用最小可用能耗率原理，建立了黄河下游河床演变均衡稳定的数学模型，并分析了小浪底水库下游的清水冲刷及拦粗排细等因素对均衡稳定河槽的影响。应当指出，此类河相关系仅适用于描述河流处于平衡或准平衡状态下的河床形态，对于受人类活动严重影响而正在经历显著河床变形过程的坝下游河流而言，现有研究成果较少。

2. 非平衡态河流的河床演变分析方法

包括上游建坝在内的人类活动可显著地改变冲积河流中的天然水沙过程，这必然会引起坝下游河流的河床形态调整。因此基于非平衡态河流的河床演变分析方法近年逐渐发展起来(Williams and Wolman, 1984; Petts and Gurnell, 2005; Gregory, 2006; Wu et al., 2008a; Shin and Julien, 2010; Xu et al., 2013)。

基于实测资料分析的经验或半经验方法、基于线性速率调整模式(即变率模型 $\mathrm{d}y/\mathrm{d}t=\beta(y_e-y)$，$y$ 与 y_e 分别为河床形态某个特征参数及其平衡值，t 为时间，β 为系数)的河床演变滞后响应模型，也常用于坝下游河流河床的演变分析(胡春宏等, 2006; 王兆印等, 2006; 吴保生, 2008; 陈建国等, 2012; Yang et al., 2014; 夏军强等, 2015a)。胡春宏等(2006)分析了过去50多年间黄河下游典型水文断面平滩面积变化及其与来水量之间的响应关系，发现平滩面积随年来水量和当年最大洪峰流量的增加而增大，宽深比则随来沙系数的增加而增大。吴保生(2008)从河床自动调整原理出发，结合线性速率调整模式，建立了基于断面尺度的河床演变滞后响应模型，该模型能够反映前期若干年的汛期平均流量(Q)和来沙系数(S/Q)的综合影响，并且已用于研究黄河下游典型断面平滩面积及流量的调整过程(Wu et al., 2008a, 2008b)；Shin 和 Julien(2010)假定河宽变化速率与现有河宽和平衡河宽差值呈线性关系，提出用指数函数来描述韩国 Hwang 河实际河宽的变化过程。值得注意的是，此类分析方法通常只适用于处在非平衡态河流的特定断面，而当坝下游河流的河床形态沿程变化较大时，此类方法得到的结果不能代表整个河段的河床演变过程。

综上所述，采用河段尺度的变量来描述坝下游河流河床演变的特征参数是非常有必要的，河段平均的变量可从整体上把握坝下游河床形态的宏观特征(梁志勇等, 2005; Stewardson, 2005; Harman et al., 2008; Navratil and Albert, 2010; Bollati et al., 2014; Costigan et al., 2014; Parker et al., 2014; Xia et al., 2014a)。梁志勇等(2005)建立了黄河下游各河段平均的平滩河槽形态参数与前期水沙条件之间的经验关系，但其河段平均的特征参数计算没有考虑河段内断面间距不同对计算结果的影响。Harman 等(2008)建立了基于对数转换的几何平均法计算河段尺度的平滩河槽形态，该方法得到的河段平均参数可保证水流条件的连续性。Xia 等(2014a)提出了基于对数转换的几何平均与断面间距加权平均相结合的方法计算河段尺度的平滩特征参数，并建立了近期黄河下游的平滩特征参数与前期水沙条件之间的经验关系。尽管这类方法也能从整体上预测坝下游河床形态的调整过程，但是还需要进一步地结合河床演变学的基本原理，从理论上推导出描述河段尺度的坝下游河床演变的概化模型。

3. *存在的问题*

受水库水沙调控作用影响，坝下游河流会发生长距离、长时间的冲淤过程，通常表现为河床形态的显著调整。因此定量地揭示坝下游河床的调整规律，一直是河床演变学研究中的重要内容，也是水沙学科的主要学术前沿之一。但传统的坝下游河床演变分析方法，受水沙运动及河床演变机理认识上的局限性影响，所得计算结果不能较好地反映实际的河床调整过程。现有的基于非平衡态河流的河床演变分析方法，大部分适用于研究坝下游特定断面的河床形态变化，不能预测整个河段的宏观调整过程。

1.2.2 滩区水沙演进与洪水风险评估

1. 滩区洪水演进模拟技术

洪水演进模拟既是开展滩区洪水风险评估的前提，也是河流动力学研究中的重要内容。大洪水期间黄河下游滩区过洪能力约占河道总过流能力的20%(刘树坤等, 1999)。因此洪水演进模拟的关键科学问题涉及主槽及滩地阻力的确定方法、非均匀沙分组挟沙力的计算方法、合适的水沙控制方程及数值的求解方法等。

动床阻力的大小与水流条件及床面形态等密切相关(钱宁和万兆惠, 2003)。目前在数学模型中计算动床阻力时，业界通常采用综合曼宁糙率系数来表示。尽管动床阻力的研究取得了大量成果，但大部分成果是针对一维问题的。此外黄河下游河道的阻力变化规律异常复杂，现有的阻力计算方法仍不能精确地预报洪水演进过程，因此还需开展黄河下游动床阻力计算方法的研究。

滩地阻力是由洪水漫滩引起的，由于人类活动的影响，滩地上存在各类植被与阻水建筑物，直接影响滩区洪水的演进过程。黄河下游滩区地貌种类较多，涉及耕地、村庄、避水台、道路、生产堤及渠堤、控导护滩工程等。因此滩地阻力计算与滩地植被分布及生长情况、各类阻水建筑物分布等密切相关，尤其需要研究淤积过程中低杆农作物阻力的变化情况，合理地考虑各类滩地阻力对洪水演进计算的影响。

非均匀沙分组挟沙力计算是水沙数学模型中的关键问题之一，公式选取的合理与否，直接影响河床冲淤的计算精度。目前水流挟沙力计算采用较多的是张瑞瑾公式(张瑞瑾, 1998)及后人的修正公式(吴保生和龙毓骞, 1993)，在黄河泥沙数学模型中应用广泛的是张红武等提出的计算公式(张红武等, 2002)。当前计算非均匀沙分组挟沙力，主要有以下三种方法：仅考虑床沙级配的 Hec-6 模型方法(Feldman, 1981)、考虑悬移质来沙级配的韩其为方法(韩其为, 1979)、考虑水流条件和床沙级配的李义天方法(李义天, 1987)。天然河流中挟带的泥沙往往为非均匀沙，但常用均匀沙的方法来处理非均匀沙问题，故目前分组挟沙力计算值与实测值差别较大(Xia et al., 2013)。影响非均匀沙挟沙力的因素一般为水流、床沙及上游来沙条件。前两者对挟沙力的影响机理已经比较明确，而上游来沙条件是如何影响水流挟沙力的问题尚不清楚。黄河下游河段含沙量高、水沙条件变化大、河床调整迅速，使得水流的实际挟沙力变幅很大。因此需要进一步地完善非均匀沙分组挟沙力的计算方法，同时考虑水流、床沙及上游来沙条件的影响。

二维水沙动力学模型用于模拟洪水在主槽与滩区的演进过程。就滩区水沙模型而言，计算结果通常可以提供滩区的淹没水深、流速及淹没范围，以及滩区的冲淤厚度等(刘树坤等, 1999; 孙东坡等, 2007; 付湘等, 2008)。国外研究者模拟滩区洪水时通常不考虑泥沙输移及床面变形过程(Bates and de Roo, 2000; Yu and

Lane, 2006）。黄河下游滩区不仅具有复杂的边界及地形条件，而且近期漫滩洪水通常由主槽两侧的生产堤溃决引起，溃口下游侧的局部区域冲刷速率相对较大，因此采用基于非结构三角网格下的有限体积法求解的二维模型明显具有优势。此外在现有洪水模型中常用水沙非耦合解法，即水流控制方程中不考虑床面变形与泥沙输移的影响。这种解法仅适用于含沙量较低且床面冲淤速率较小的情况，不适用于黄河下游大洪水时含沙量高且河床冲淤速率较大的实际情况（Cao and Carling, 2002; Xia et al., 2018a）。因此为了精确地模拟黄河下游主槽及滩区的洪水演进过程，必须采用合适的控制方程及数值求解方法，同时选择合适的计算网格以适应复杂的边界及地形条件。

2. 洪水中人体与财产安全程度的计算

黄河下游滩区人口众多，还有近 900 个乡（镇），100 多万人没有避水设施。受小—花区间洪水及小浪底水库运用年限的影响，今后下游出现大漫滩洪水的概率依然存在。因此下游滩区群众的生命与财产（房屋及农作物等）安全还会受到洪水的威胁。国内现有洪水风险图通常按水深大小来进行洪泛区的风险区划（刘树坤等, 1991; 姜付仁和向立云, 2002），不考虑水沙过程对各类受淹对象稳定性的影响。以人体在洪水中的稳定或安全程度（用起动流速表示）为例，在水深 0.6m 时儿童与成人的起动流速分别为 0.5m/s 和 2.0m/s（Keller and Mitsch, 1993）。因此不能简单地以水深大小作为洪水风险区划的标准，而应采用力学方法判断洪水中各类受淹对象的稳定或安全程度。洪水作用下人体的稳定程度，常用起动流速或单宽流量来表示，研究成果较多。对洪水中房屋及农作物的安全程度，一般用危险程度或损失率表示，但现有研究成果较少。

洪水中人体稳定性的计算方法主要有两类：一是经验的或半定量的评估方法，如英国 Defra（2006）采用来流的流速及水深等参数来估计洪水中人体的危险程度；二是基于力学平衡分析结合试验数据建立的计算公式（Keller and Mitsch, 1993; Karvonen et al., 2000; Lind et al., 2004; Jonkman and Penning-Rowsell, 2008）。如 Abt 等（1989）及 Karvonen 等（2000）采用洪水中真人或人体模型失稳的试验数据，建立了人体失稳时的单宽流量与其身高及体重之间的经验关系。Jonkman 和 Penning-Rowsell（2008）利用已有的试验数据，将人体在洪水中的失稳类型分为滑移与跌倒两类，并建立了相应的计算公式。Cox 等（2010）详细评论了现有洪水中行人稳定性的计算方法，并指出水深与流速是主要的影响因素。综合分析表明：以往提出的人体稳定性条件，通常忽略人体所受浮力作用并假定来流流速沿水深均匀分布，这与实际情况不符合。因此有必要进一步开展洪水中人体稳定性条件的理论分析及试验研究，结合滩区群众的平均身体特征，提出不同来流条件下人体的失稳类型及相应失稳条件。

目前对洪水中房屋损失率的研究较少。确切地说，洪泛区内的房屋比当地群众更易受到洪水淹没的威胁。国内研究通常根据已有实际洪灾中房屋的受损情况，直接将房屋损失率与淹没水深联系起来，认为当屋内进水水深超过 2.0m 时损失率为 100%(刘树坤等, 1999)。国外研究认为洪水中房屋的危险程度，通常取决于作用于建筑物的动水压力、内外水位差及地基的冲刷程度等(Kelman, 2002)。Kelman 和 Spence(2004)详细评论了洪水中可能损毁房屋的各方面因素，同时提出了确定不同类型房屋危险程度的系数矩阵。该系数矩阵计算比较复杂，故 Defra(2006)简化了上述系数矩阵，便于在实际洪水风险评估中应用。应当指出，这样的评估方法仅简单地表示洪水中房屋的危险程度，可用于洪水风险管理中对房屋损毁情况的初步估计。具体到黄河下游滩区洪水中各类房屋的安全程度计算，由于房屋结构及所用建筑材料不同，所以国外的评估方法不能直接照搬过来。

黄河下游滩区耕地面积达 25 万 hm^2，种植着大量的农作物。一旦发生漫滩洪水，这些农作物必然受损。因此，正确地评估滩区洪水中农作物的洪灾损失率具有重要的意义。目前农作物的洪灾损失率大多是根据淹没水深和历时，采用调查方法并参考其他地区资料确定的。淹没水深及历时不同，农作物的洪灾损失率也不同，且不同农作物的洪灾损失率差别也较大(刘树坤等, 1999)。因此应针对黄河下游滩区夏秋季节普遍种植的农作物类型，结合水动力及泥沙因子，参考已有调查资料，建立典型农作物的洪灾损失率的计算方法。

3. 基于力学机理的洪水风险评估

将洪水演进模型与人体及财产稳定性计算模块结合，可用于评估洪水中群众生命财产的安全程度。在以往洪水风险图制作中，业界通常按最大淹没水深将洪泛区划分为安全区、重灾区、极度危险区等(刘树坤等, 1999; 马建明等, 2005)。这类划分方法，没有考虑实际的水沙动力学过程对各类受淹对象安全程度的影响。近年来英国 Defra(2006)在以往洪水风险图的基础上，进一步地考虑了洪泛区人体稳定性分析。最近 Xia 等(2011)将二维水动力学模型的计算结果与基于力学过程的洪水中人体与财产安全程度的计算模块结合，提出了各类突发性洪水中人体及财产安全的风险图。鉴于黄河下游滩区复杂的地形条件，需要采用新的评估方法进行洪水风险分析，即结合洪水演进模拟结果，采用力学方法评估洪水中各类受淹对象的安全程度，研究成果可为黄河下游滩区治理提供技术支撑。

1.3 选题意义及研究内容

1.3.1 选题意义

近年来，受气候变化及工程建设、区域经济社会发展等人类活动的影响，进入黄河下游的来水来沙量及其过程发生了较大变化。黄河下游河道常见来水一般多为中小洪水，水流主要集中在河槽内流动(胡春宏, 2016; 张红武等, 2016)。特别是在小浪底水库投入运用后，黄河下游河道中小洪水发生的概率大大增加，漫滩洪水发生概率减小，水沙条件及河床演变均发生了显著变化。然而黄河下游出现漫滩洪水的风险依然存在，尤其是“二级悬河”尤为突出的游荡型河段，滩区横比降远大于河道纵比降，一旦洪水发生漫滩，极易形成“斜河”、“横河”和“滚河”，严重威胁堤防安全和防洪安全，同时给下游滩区 190 万人民群众带来极大威胁(胡春宏, 2016; 张金良, 2017)。黄河下游滩区既是当地群众赖以生存的场所，同时也承担蓄洪、滞洪及沉沙的功能，故洪水风险仍是影响滩区社会经济发展的主要制约因素。因此通过开展近期黄河下游河床演变特点及滩区洪水风险评估的研究，对拓展与丰富河流动力学的研究内容，具有重要的科学意义。本书在拓展与丰富河流动力学的基础理论方面具有重要的科学意义，也为坝下游河流的河道整治与防洪规划的制定以及滩区洪水风险管理与不同治理模式的研究提供科学依据和技术支撑。

1.3.2　研究内容

本书以黄河下游河段及其典型滩区为研究对象，采用实测资料分析、力学理论分析、概化水槽试验、概化模型试验与数学模型计算相结合的方法，开展近期黄河下游河床演变特点及滩区洪水风险评估的研究，具体包括：提出基于河段尺度的平滩河槽特征参数的计算方法，用于从整体上描述近期下游各个河段的河床形态特征及其变化规律；建立符合黄河下游特点的动床阻力及滩区植被阻力的计算公式，研发河道一维及滩区二维的水沙耦合数学模型；揭示黄河下游滩区洪水中各类受淹对象(人体与财产)失稳的动力学机制，创新构建基于力学过程的滩区洪水演进与风险评估的二维综合模型，不仅使目前洪灾评估的边界条件由定床拓展到动床，评估对象由平均提升到个体，还能为当前洪水风险的精细管理提供科学依据。

本书共由 11 章组成，内容分为四部分。第一部分为小浪底水库运用前后黄河下游水沙过程、河床演变特点与河段平滩特征参数变化规律的研究。第一部分采用实测断面地形资料及水沙数据与河段尺度的平滩河槽特征参数的统计方法，计算近 30 年来黄河下游不同河型河段的平滩特征参数(如平滩河宽、水深、流量等)，并分析这些河段平滩特征参数与来水来沙条件之间的经验关系。第二部分为黄河下游滩槽阻力计算方法与河道一维及滩区二维水沙模型研究，主要利用原型观测数据及概化水槽试验资料，建立适用于黄河下游的一维动床阻力及滩区植被阻力的计算公式，在此基础上建立一维水沙耦合模型与基于无结构三角网格及有限体积法求解的二维水沙动力学模型，并用黄河下游高含沙洪水过程的实测资料以及滩区概化模型的试验资料，对一维模型、二维模型进行详细验证。第三部分为洪水中人体及财产安全的评估研究，主要是基于力学分析与概化水槽试验，提出洪水中人体失稳时的起动流速公式，并采用非线性回归分析方法建立了洪水中房屋及典型农作物损失率的计算关系。第四部分建立基于力学过程的滩区洪水演进与风险评估的二维综合数学模型，采用各类概化模型试验资料检验模型的计算精度，并计算不同漫滩洪水条件下兰考东明滩区生产堤溃口的展宽过程与洪水中各类受淹对象的风险等级，计算结果能为滩区洪水风险管理及不同治理模式研究提供技术参考。

第 2 章　黄河下游水沙条件及河床演变特点

黄河下游河床演变过程与进入下游河道的水沙条件密切相关。本章首先描述黄河下游不同河型河段的概况，然后总结各河段在不同时期的水沙条件及河床冲淤特点，在此基础上分析下游河床横断面及纵剖面的调整过程。本章重点分析小浪底水库运用后(1999～2015 年)黄河下游各河段的水沙变化及河床调整特点：进入黄河下游的沙量急剧减小，年均沙量仅为 0.88 亿 t；黄河下游河道经历自上而下的沿程冲刷过程，累积冲刷量达 18.7 亿 m^3，其中游荡段冲刷量占整个黄河下游的 72%；游荡段横断面形态调整趋势既有纵向冲深，又有横向展宽，而过渡段及弯曲段横断面形态调整则以纵向冲深为主。

2.1　黄河下游河段概况

黄河发源于青海省巴颜喀拉山脉，干流全长 5464km，流域总面积达 79.5 万 km^2，是中国第二长河流。流域内多年平均降水量为 400mm(1919～1960 年)，多年平均天然年径流量为 580 亿 m^3。据 1919～1960 年资料统计，三门峡站多年平均输沙量为 16 亿 t，多年平均含沙量为 37.8kg/m^3，其中 1977 年 9 月 7 日测得的含沙量高达 911kg/m^3(黄河水利委员会黄河志总编辑室, 1998)。因此黄河流域自古以来水少沙多，是最难治理的河流之一。纵观整个黄河流域，尤其以黄河下游河道的治理过程最为艰巨。由于自然条件和人类活动的影响，从较长时期来看，黄河下游河道呈累积性的淤积抬高趋势(曹文洪, 2004; 冯普林等, 2005; Xu, 2014; Xia et al., 2014a)。

黄河下游通常指河南孟津至山东利津河段，总长约为 756km，区间流域面积为 2.3 万 km^2。该河段除南岸郑州黄河铁路桥以上与山东梁山十里铺至济南田庄两段为山岭外，其余河段都限制在两岸大堤之间。花园口以下基本没有大的支流入汇，形成了海河与淮河流域的分水岭。大量泥沙在两岸大堤之间落淤，使得河床高于两岸地面，临背高差一般为 3～5m，最高可达 10m 以上，因此黄河下游成为一条横贯华北平原的地上河。历史上黄河下游堤防决口频繁，自公元前 602 年以来，黄河下游河道决口多达 1590 余次，较大的改道有 26 次，目前依然严重威胁黄淮海平原地区的安全(赵业安等, 1998; 潘贤娣等, 2006; 姚文艺, 2007)。

2.1.1　黄河下游不同河型河段概述

按照黄河下游河道形态、河床演变特点以及形成目前下游河道的自然条件及历史背景，可以将黄河下游分为三个不同河型的河段，即游荡型河段、过渡型河段和弯曲型河段(夏军强等, 2005; 潘贤娣等, 2006; 姚文艺, 2007)，如图 2.1 所示。总体而言，黄河下游河道具有上段宽下段窄、上陡下缓、上段冲淤变化大及下段较稳定等特点。

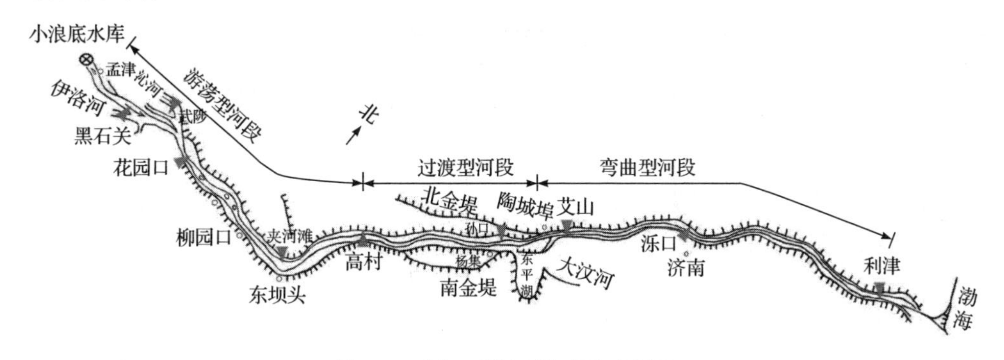

图 2.1　黄河下游河道平面示意图

黄河下游自孟津(MJ)至高村(GC)河段为典型的游荡型河段，河段总长度为 299km，河床纵比降为 0.17‰～0.26‰，滩面横比降为 1/3000～1/2000，河床横比降远大于纵比降，漫滩概率较大，导致黄河下游滩区成为受灾频繁、灾情较重的地区。该河段河床宽浅，两岸堤距一般为 5～14km，最宽可达 20km，河槽宽为 1.0～3.5km，滩地面积远大于主槽面积，约占河道总面积的 80%。1999 年汛后游荡段平均平滩水深约为 1.56m，小于 3.0m，河相系数为 10～50$m^{-0.5}$。该河段具有独特的地貌特征，河道内收缩段与扩张段交替出现，呈宽窄相间的藕节状；天然情况下河道内沙洲密布，水流散乱，一般为 1～3 股，有时多达 4～5 股；河道冲淤幅度大，主槽位置极不稳定，特别是大洪水过后，河势变化急剧(江恩惠等, 2008)。因此游荡型河段具有“宽浅散乱”的平面形态特征。为改善游荡段的河势，国家已在该河段修建了不少整治工程，包括险工与控导护滩工程(胡一三等, 1998; 姚文艺, 2007)。如图 2.1 所示，该河段设有三个水文站，分别是花园口(HYK)站、夹河滩(JHT)站以及高村(GC)站。

高村至陶城埠河段长约 155km，为游荡型向弯曲型发展的过渡型河段，河床纵比降约为 0.12‰。两岸堤距为 1.0～8.5km。该河段平均主槽宽度为 0.4～1.2km，平滩水深为 2～3m，河相系数为 5～18$m^{-0.5}$。该河段两岸土质较好，加之工程控制，主槽摆动幅度及速率比游荡型河段都要小，稳定性大于游荡段。该河段设有孙口(SK)水文站。

陶城埠至利津(LJ)河段长约 302km，为弯曲型河段，河床纵比降约为 0.1‰。两岸堤距为 0.5～5.0km，平均主槽宽度为 0.3～0.7km。滩槽高差与过渡段和游荡段相比较大，达到 3～5m，河相系数为 3～9$m^{-0.5}$。沿岸险工、控导工程鳞次栉比，防护河段长度占该河段总长的70%，其主要河湾都得到了控制，主槽横向摆动不明显，河宽变化不大。该河段布设有三个水文站：艾山(AS)站、泺口(LK)站与利津(LJ)站。

黄河下游不同河段河床形态的基本参数，如表2.1所示(姚文艺, 2007)。

表2.1 黄河下游不同河段河床形态的基本参数

河型	河段	长度/km	宽度/km			平均纵比降/‱
			堤距	河槽	主槽平均	
游荡段	孟津—花园口	121.13	4～9	1～3	1.40	2.33
	花园口—东坝头	107.45	5～14	1～3	1.44	1.81
	东坝头—高村	70.42	5～20	1.6～3.5	1.30	1.80
过渡段	高村—陶城埠	155.29	1～8.5	0.5～1.6	0.73	1.15
弯曲段	陶城埠—利津	301.57	0.4～5	0.4～1.2	0.65	1.00

注：堤距与河槽宽度资料来自姚文艺(2007)；主槽宽度及纵比降来自1999年汛后下游固定断面统计值；分河段长度来自2005年统测断面间距。

2.1.2 黄河下游不同河型河段的断面形态

黄河下游河床的横断面形态多为复式断面，主要由主槽和滩地组成。游荡段河床相当宽浅，滩地一般可分为三级，即边滩、低滩、高滩(图2.2)，这类断面形态在东坝头以上河段较为常见，这是由于受1855年铜瓦厢决口改道后溯源冲刷的影响。东坝头以下河道滩地通常仅包括嫩滩与低滩两部分(胡一三和张晓华, 2006)。小浪底水库运用前，由于下游河床淤积严重，三级滩地越来越不明显，习惯上将枯水河槽(深槽)及一级滩地(嫩滩)合称为主槽，其为水流的主要通道。边滩和嫩滩是中常水位经常上水的两个滩面，它们面积广大，具有滞洪沉沙功能，是主槽赖以存在的边界条件。在河势变化过程中，主槽位置经常发生调整，将一个时期内主槽变化所涵盖的部分称为河槽，将二级滩地及三级滩地合称为滩地。

图2.2给出了20世纪50～60年代游荡型河段的典型断面形态，以1967年汛前的常堤断面形态为代表。从图2.2来看，该断面滩槽高差较为明显，枯水时河槽宽度约为600m，其平均河底高程约为72.1m；右岸边滩宽约为3000m，其平均河底高程约为72.5m；右岸低滩宽约为3500m，其河底平均高程约为74.5m。右岸大堤与主槽之间存在低滩和高滩，而左岸大堤与主槽之间仅存在高滩。因此根据上述主槽范围的定义，该断面主槽区域包括深槽与边滩两部分，宽度约为3600m，平滩高程为高滩滩唇的高程，约为75.0m。由此可见，在20世纪50～60年代，黄河下游断面形态中滩槽高差较为明显，通常主槽平均高程低、滩地平均高程高，因此这个时段主槽范围及平滩高程的确定较为容易。

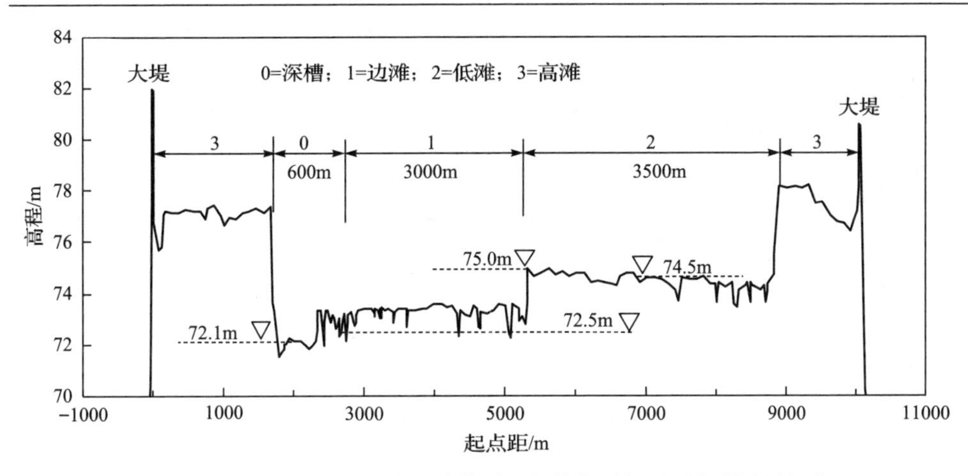

图 2.2　20 世纪 50～60 年代游荡型河段的典型断面形态(常堤断面)

黄河下游来水来沙是丰、平、枯相间的，它们塑造的河床形态及过流能力也各不相同。在洪水漫滩期间，进入滩区的洪水流速减小，泥沙落淤。含沙量相对较低的清水回归主槽，稀释水流，使主槽冲刷或少淤，称为淤滩刷槽(赵业安等, 1998)。自 20 世纪 70 年代以来，进入黄河下游的水量明显偏少。花园口断面水量由 20 世纪 50～60 年代的年均 500 亿 m^3，减少到 70 年代以后的年均 330 亿 m^3。黄河下游发生大漫滩洪水的年份减少，20 世纪 70 年代以后发生大漫滩洪水的年份仅有 1977 年、1982 年、1996 年等。滩区群众为发展生产，在主槽两侧大量修筑生产堤，且生产堤总是破而复修，甚至越修越坚固。生产堤的存在，人为地缩窄了下游的行洪通道，进一步地减少了生产堤与临黄大堤之间滩地的洪水漫滩次数，因此发生淤滩刷槽的次数进一步减少，从而加快了主槽的淤积抬高速率。主槽淤高的速率大于滩地淤高的速率，生产堤与同岸临黄大堤之间的滩地淤积抬高速率则更慢。从 20 世纪 70 年代初开始，黄河下游局部河段就出现了河槽平均河底高程高于滩地平均河底高程的“二级悬河”现象(胡一三和张晓华, 2006; 杨吉山等, 2006)。当前“二级悬河”主要发生在花园口至陶城埠之间的宽河段，其中东坝头至高村河段的“二级悬河”现象最为突出，该河段 2002 年汛末滩槽平均高差为–1.55m(胡一三和张晓华, 2006)。图 2.3 为黄河下游“二级悬河”河段的典型断面形态，以 1999 年汛后的禅房断面形态为代表。由图 2.3 可知，该断面主槽宽度仅为 380m，平均河底高程为 71.4m；河槽平均河底高程(72.3m)比右岸滩地平均高程(71.1m)高出 1.2m，比堤河最低床面高程高出近 4.0m。由此可见，这些“二级悬河”河段所在断面的主槽范围及平滩高程的确定较为复杂。主槽范围确定通常需要套绘不同年份汛前与汛后的断面形态，平滩高程确定还需要适当地考虑紧邻主槽生产堤部分的挡水作用。

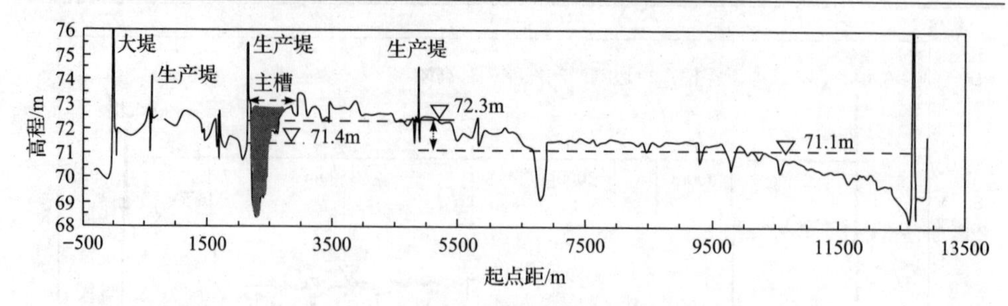

图 2.3 黄河下游“二级悬河”河段的典型断面形态(禅房断面)

在弯曲型河段，河槽相对窄深。图 2.4 给出了黄河下游弯曲段的典型断面形态。由图 2.4 可知，该断面两岸堤距约为 1400m，主槽紧邻右岸大堤。主槽宽度为 326m，平均河底高程为 28.1m；左侧滩地宽度为 1076m，平均河底高程为 30.7m，左岸滩地平均高程(30.7m)比河槽平均河底高程(28.1m)高出 2.6m。由此可见，黄河下游弯曲型河段所在断面一般由主槽和滩地构成，其主槽范围及平滩高程的确定相对简单。

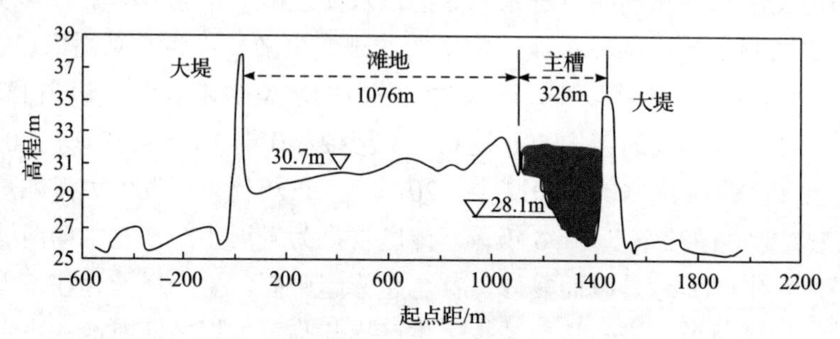

图 2.4 黄河下游弯曲段的典型断面形态(泺口断面)

2.2 黄河下游河段不同时期的来水来沙过程及特点

进入黄河下游水沙条件受到黄河中上游的自然条件和人类活动的共同影响。三门峡水库投入运用(20 世纪 60 年代)以前，受生产力发展水平的制约，人类活动对水沙条件的影响较小，进入黄河下游的水沙条件主要取决于气候因素，基本接近天然情况(潘贤娣等, 2006)。20 世纪 60 年代以后，随着流域内社会经济的发展及黄河治理开发水平的不断提高，人类活动对进入下游河道的水沙条件的影响逐渐增大。沿黄引水迅速增加、中游水土保持得到了快速发展，尤其是干流三门峡、刘家峡、龙羊峡及小浪底等大型水利枢纽的修建，在很大程度上改变了进入黄河下游的水沙条件，其中，又以三门峡水库及小浪底水库的影响最大(姚文艺, 2007)。在此首先描述进入黄河下游河段水沙条件的一般特点，然后重点分析小浪底水库运用前后黄河下游河段的来水来沙特点。

2.2.1　黄河下游河段来水来沙过程的一般特点

黄河流域大部分地区处于干旱和半干旱地带，平均年降雨量只有 400mm (1919～1960 年统计数据)，而黄河中上游的黄土高原，面积宽广，在暴雨期水土流失严重，产沙量大。因此黄河是著名的多沙河流，其来水来沙条件一般具有如下几个特点(钱宁和周文浩, 1965; 李国英, 2005; 潘贤娣等, 2006; 申冠卿等, 2008)。

1) 含沙量高

黄河流域面积仅次于长江流域面积而居第二位，但由于大部分流域为半干旱和干旱地带，流域内所产生的径流量极为贫乏，与流域面积相比很不相称。已有实测资料表明：陕县水文站实测黄河多年平均水量为 464 亿 m^3，沙量为 15.6 亿 t，平均含沙量为 $33.6kg/m^3$。因此黄河水量不及长江的 1/20，而沙量为长江的 3 倍。

2) 水沙异源

黄河流域流经不同的自然地貌单元，流域条件差别很大，水沙的地区来源不平衡性非常突出。上游河口镇以上流域面积约为 36 万 km^2，占全流域面积的 51% 左右，但沙量仅占总沙量的 9%，而水量占总水量的 54%；黄河中游河口镇—龙门区间(河龙区间)流域面积约为 13 万 km^2，占全流域面积的 19%，水量仅占 14%，但沙量却占 55%，是黄河泥沙的主要来源区；龙门—潼关区间的主要支流泾河、洛河、渭河、汾河沙量占 34%，水量占 22%；三门峡以下的伊洛河、沁河沙量仅占 2%，水量约占 11%。以上数据基于 1919～1985 年黄河下游的水量沙量来源统计结果(表 2.2)。由此可见，上游是黄河水量的主要来源区，中游是黄河泥沙的主要来源区(潘贤娣等, 2006)。

表 2.2　1919～1985 年黄河下游的水量沙量来源统计结果(潘贤娣等, 2006)

河段	流域面积/10^4km^2	项目	水量/亿 m^3			沙量/亿 t			含沙量/(kg/m^3)		
			汛期	非汛期	全年	汛期	非汛期	全年	汛期	非汛期	全年
河口镇以上	36.164	总量	152	100	252	1.14	0.27	1.41	7.5	2.7	5.6
		占三黑小(武)/%	54	54	54	8	13	9			
河龙区间	13.283	总量	36	31	67	7.62	0.92	8.54	211.7	29.7	127.5
		占三黑小(武)/%	13	17	14	56	44	55			
泾河、洛河、渭河、汾河	21.352	总量	63	38	101	4.92	0.41	5.33	78.1	10.8	52.8
		占三黑小(武)/%	23	21	22	36	20	34			
伊洛河、沁河	3.000	总量	31	18	49	0.27	0.04	0.31	8.7	2.2	6.3
		占三黑小(武)/%	11	10	11	2	2	2			
三黑小(武)	71.527	总量	279	185	464	13.51	2.08	15.59	48.4	11.2	33.6

注：三黑小(武)指三门峡、黑石关、小董(武陟)之和。

3) 水沙量年际及年内分布不均

黄河水沙量存在长时段的丰、枯相间的周期性年际变化特点，而且水沙量在年内的分布也很不均匀。水沙主要集中在汛期，汛期水量占年水量的 60%左右，汛期沙量占年沙量的 85%以上，且又集中于几场暴雨洪水(潘贤娣等, 2006)。黄河下游的洪水通常由暴雨造成，因此具有暴涨暴落的特性。图 2.5 为 1958 年汛期黄河下游花园口站流量及水位变化过程。由图 2.5 可知，在最大洪峰流量为 22300m³/s 的一次洪水过程中，超过 15000m³/s 以上的流量持续不到 20h。

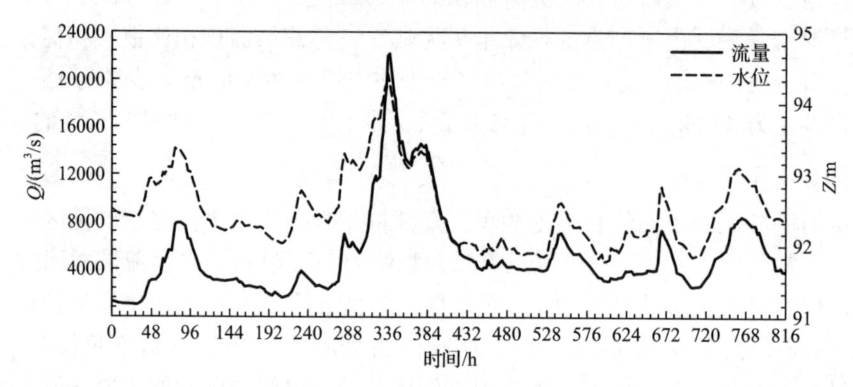

图 2.5　1958 年汛期黄河下游花园口站流量及水位变化过程(1958 年 7 月 4 日～8 月 6 日)

2.2.2　黄河下游河段不同时期的来水来沙特点

黄河下游的来水来沙主要由三部分组成，即三门峡以上干流、三门峡至花园口区间(三花间)以及支流伊洛河与沁河的来水来沙。进入下游河段的水量及沙量，通常可以用小浪底+黑石关+小董(武陟)(以下简称三站)之和来表示。表 2.3 为 1950～2015 年进入黄河下游控制站不同时期水量及沙量变化的统计结果。图 2.6 给出了 1950～2015 年进入黄河下游水量及沙量的逐年变化过程(按水文年统计)。

按照三门峡水库、小浪底水库的投入运用时间，可以将 1950～2015 年的水沙过程，大致划分为以下四个时期(表 2.3)(潘贤娣等, 2006; 申冠卿等, 2008)。

1. 天然情况(1950～1960 年)

1950～1960 年为三门峡水库修建前的天然情况，年均来水量为 473.6 亿 m³，来沙量为 17.68 亿 t，平均含沙量为 37.3kg/m³，为丰水多沙系列。期间大洪水发生次数多，花园口站洪峰流量超过 10000m³/s 的大漫滩洪水有 6 次(高季章等, 2004)，其中 1958 年洪峰流量为 22300m³/s，是 1950 年以来的最大洪水。该时期洪峰与沙峰比较适应，多年平均的汛期来水量占年来水量的 62%，汛期来沙量占年来沙量的 85%。

表 2.3　1950～2015 年进入黄河下游控制站不同时期水量及沙量变化的统计结果

时期	时间	水量				沙量				花园口最大流量/(m³/s)
		非汛期/亿 m³	汛期/亿 m³	水文年/亿 m³	汛期比例/%	非汛期/亿 t	汛期/亿 t	水文年/亿 t	汛期比例/%	
天然情况	1950～1960 年	184	296	480	62	2.61	15.30	17.91	85	22300
三门峡水库运用期	1961～1964 年	244	320	564	57	1.59	4.29	5.88	73	9430
	1965～1973 年	199	226	425	53	3.48	12.82	16.3	79	8480
	1974～1985 年	175	263	438	60	0.34	10.69	11.03	97	10800
小浪底水库运用前	1986～1999 年	148	128	276	47	0.41	7.21	7.62	95	7860
小浪底水库运用后	2000～2015 年	165	94	259	36	0.04	0.62	0.66	95	6680

注：黄河水文年，一般指上年 11 月 1 日至次年 10 月 31 日；非汛期指上年 11 月 1 日至次年 6 月 30 日(共 8 月)；汛期指当年 7 月 1 日至 10 月 31 日(共 4 月)。

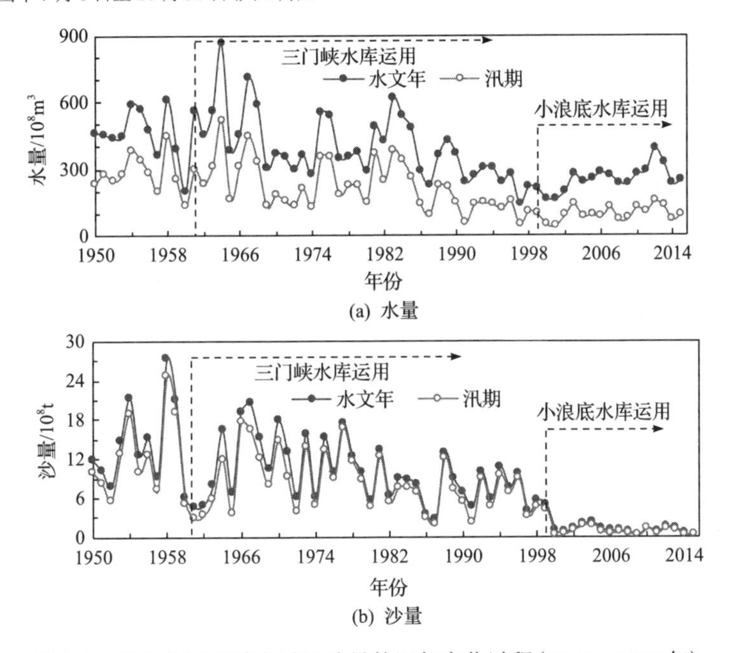

图 2.6　进入黄河下游水量及沙量的逐年变化过程(1950～2015 年)

2. 三门峡水库运用期(1961～1985 年)

三门峡水库控制流域面积占总流域面积的 91.5%，径流量占流域多年平均值的 89%，来沙量占 98%。该水库自 1960 年 9 月投入运用以来，根据不同的水库运用方式，具体又包括三个不同阶段：蓄水拦沙期、滞洪排沙期、蓄清排浑运用期(赵文林, 1996; 赵业安等, 1998)。

(1)蓄水拦沙期(1961 年 9 月～1964 年 10 月)。该时期水库的运用极大地改变了天然来水来沙过程，洪峰流量大幅度削减，最大削峰比达 68%，中水流量持续时间加长，洪峰过程明显坦化。水库除异重流排沙外，下泄沙量很少，且泥沙颗粒很细。该时期下游平均来水量为 573 亿 m^3，来沙量为 6.03 亿 t，年均含沙量为 $10.5kg/m^3$，属于水多沙少系列。最大洪峰流量为 $9430m^3/s$，花园口站流量为 $3000m^3/s$ 以上的天数为年均 48 天。

(2)滞洪排沙期(1964 年 11 月～1973 年 10 月)。下游年均来水量为 426 亿 m^3，来沙量为 16.3 亿 t，平均含沙量为 $38.3kg/m^3$，该时期为平水多沙系列。1966 年后，三门峡水库增建的泄流排沙设施陆续投入运用，泄流能力逐渐加大，出库水沙过程有所改善。但水库仍有较大的削峰滞沙作用，削峰率为 30%～40%，出库流量过程调匀，排沙较少，而洪水过后降低水位排沙，形成水沙不适应的过程，即“大水带小沙、小水带大沙”。

(3)蓄清排浑运用期(1973 年 11 月～1985 年 10 月)。三门峡水库经过二次改建后，泄流排沙能力增大，水库泥沙淤积基本得到控制。该时期水库在非汛期蓄水拦沙，下泄清水，河道发生冲刷。汛期水库降低水位排沙，加大来水量，下泄浑水，此时下游河道冲刷或淤积状态随水沙条件而变化。随着下泄水沙条件的改变，下游河床经历了淤积-冲刷两个阶段，故该时期水沙过程也分两个阶段描述(赵文林, 1996)。

下游淤积期为 1973 年 11 月～1980 年 10 月。该时期下游年均来水量为 395 亿 m^3，来沙量为 12.4 亿 t，分别为多年均值的 85%和 80%，其间发生了 1977 年的高含沙洪水，花园口站最大流量为 $10800m^3/s$，小浪底站最大瞬时含沙量为 $911kg/m^3$。该时期中等洪峰出现次数较多，而小于 $2000m^3/s$ 流量的洪峰历时却较长，平均洪峰历时占汛期历时的 56%。

下游冲刷期为 1980 年 11 月～1985 年 10 月。该时期下游年均来水量为 482 亿 m^3，来沙量为 9.7 亿 t，比枯水少沙的 20 世纪 20 年代还小，除 1961～1964 年三门峡水库拦沙期外，该时期是历史上下游含沙量最小的时期，黄河上游河口镇以上河段年均来水量为 281 亿 m^3，与长系列(1919～1986 年)均值相比偏多 11.5%，少沙区伊洛河及沁河来水量也偏中，而多沙粗泥沙来源区(河口镇至龙门区间)由于暴雨强度较弱，年均来水量仅为 36 亿 m^3，比多年(1919～1986 年)均值减少了 46%，来沙量为 3.36 亿 t，为多年均值的 39%。因此该时期为丰水少沙系列。

3. 小浪底水库运用前(1986～1999 年)

1986 年后受流域内气候条件变化、刘家峡水库与龙羊峡水库联合多年调节、沿黄大量引水等因素的影响，进入下游河段的水沙条件发生了较大的变化。由于上中游水资源的开发利用使来水量明显减少，而流域的综合治理(水保措施)也发挥了一定的减水减沙作用(潘贤娣等, 2006)。据实测资料统计，1986 年 11 月～1999 年 10 月，黄河下游(三站)实测年均来水量仅为 278 亿 m^3，汛期来水量占全年来水量的 46%。年均来沙量为 7.64 亿 t，汛期来沙量占全年的 95%。该时期是黄河下游历史上少有的枯水少沙系列，来水来沙主要有以下特点(胡春宏等, 2004; 申冠卿等, 2008)。

(1)来水量连续偏小，而来沙量年际间变化很大，暴雨强度大的年份来沙量仍较大。例如，1986～1999 年最小来沙量为 2.9 亿 t(1987 年)，最大来沙量为 15.5 亿 t(1988 年)。

(2)洪峰流量小，小流量高含沙洪水概率增多。1986 年以前下游出现中等以上洪水的概率相对较低，即使发生洪水，多数是以高含沙洪水的形式出现的。1986 年后花园口站最大洪峰流量为 7860m^3/s(1996 年)，期间下游曾多年出现中小流量的高含沙洪水，1988 年、1992 年、1994 年、1996 年及 1997 年三门峡站最大含沙量分别为 395kg/m^3、479kg/m^3、442kg/m^3、608kg/m^3、565kg/m^3，高含沙洪水出现概率较高，每 2～4 年出现一次。

(3)年内水沙量分配变化大，汛期水量比重减小，沙量比重增大。由于三门峡水库的“蓄清排浑”运用，全年泥沙主要集中在汛期下泄，尤其集中在 7 月及 8 月，9 月下旬～10 月沙量特征接近非汛期平均值。

(4)中枯水流量持续时间长，由于沿程引水，下游河道经常断流，1995 年利津断面断流达 122 天，最远断流地点上延至夹河滩断面。

4. 小浪底水库运用后(2000～2015 年)

小浪底水库位于黄河中游最后一段峡谷的出口处，控制流域面积为 69.4 万 km^2，占黄河流域面积的 92.3%，是治理黄河的关键性水利工程。该工程于 1997 年截流，1999 年 10 月下闸蓄水，2001 年底完全竣工。小浪底水库既可控制中下游免受洪水威胁，又能拦截泥沙减缓下游河床淤积。水库以防洪、防凌、减淤为主要开发目标，同时兼顾供水、灌溉和发电等任务(张俊华等，2007)。2000～2016 年小浪底水库进出库沙量分别为 49.37 亿 t 及 10.38 亿 t，水库平均排沙比约为 21.0%，汛期入库泥沙占全年的 86.6%(王婷等, 2019)。

小浪底水库建成初期，运用方式以蓄水拦沙为主，具体可分为防凌期、春灌蓄水和春灌泄水期、汛前调水调沙期、防洪运用期以及水库蓄水期(王婷等, 2019)。小浪底水库一般在每年 4 月以前蓄水以满足灌溉和防凌的需要；4～6 月中旬，为满足工农业用水、城市生活及环境生态的要求，小浪底水库泄水，库水位逐渐下降；6 月中旬～7 月上旬，因黄河防汛的需要，汛期限制水位以上的库容必须腾空，这部分水量与三门峡、万家寨等干支流水库联合调度，适时进行调水调沙，小浪底水库水位急剧下降；7～10 月为黄河主汛期，小浪底水库维持在汛期限制水位以下运用；8 月下旬以后，小浪底水库开始重新蓄水，小浪底水库水位回升，直至最高蓄水位(陈建国等, 2012)。

小浪底水库的运用，显著地改变了进入黄河下游河段的来水来沙条件，具体表现在以下几个方面(陈建国等, 2012; 夏军强等, 2016)。

(1)黄河下游年来水量总体略有减小，且年内水量分配发生变化，非汛期来水量比重增大，汛期相应减小。1919～1985 年非汛期来水量约占全年的 40%；随着黄河上游大型水库的投入运用，1986～1999 年非汛期来水量占全年的 54%。小浪底水库运用后(2000～2015 年)，非汛期来水量占全年的平均比重提升至 64%，汛期来水量占全年的平均比重减小至 36%。

(2)小浪底水库运用初期，采取蓄水拦沙的方式，大量泥沙被拦截在库内，使得进入下游河道的沙量大幅度减少。该时期进入下游的年均沙量仅为 0.62 亿 t，为小浪底水库运用前(1986～1999 年)的 12%。沙量主要集中在汛期下泄，汛期排沙量占全年排沙量的 95%。

(3)洪峰流量减小，洪水次数减少。据 2000～2015 年资料，小浪底水库的削峰率为 65%。花园口站洪峰流量超过 2000m^3/s 的洪水仅 16 次(包括调水调沙 5 次)。还有一些高含沙洪水，如 2006 年 8 月洪水，小浪底水库入库最大流量为 4680m^3/s，最大含沙量为 454kg/m^3，出库最大流量为 2230m^3/s，最大含沙量为 303kg/m^3。

(4)汛期来水以中小流量为主，花园口站流量 1000m^3/s 以下的天数占全年的 80%。

由此可以看出：小浪底水库运用后，黄河下游河段年均来水量略有减小，年内水量分配发生改变，汛期来水量比重减小，年来沙量大幅度减小，且泥沙主要集中在汛期输移。

2.3　黄河下游河段不同时期的河床冲淤过程及特点

黄河下游的河床冲淤演变与进入下游河道的来水来沙条件(包括总量与过程)密切相关，水沙条件变化主要受流域中上游的气候变化与人类活动的影响。根据 1950 年以来黄河下游的来水来沙特点、三门峡水库及小浪底水库运用方式，可以分 1950～1960 年、1961～1985 年、1986～1999 年和 2000～2015 年四个不同时期来分析黄河下游河床的冲淤过程及特点。图 2.7 给出了黄河下游及各河段的累积冲淤量变化过程(1950～2015 年)。表 2.4 给出了黄河下游及各河段不同时期的主槽冲淤厚度。

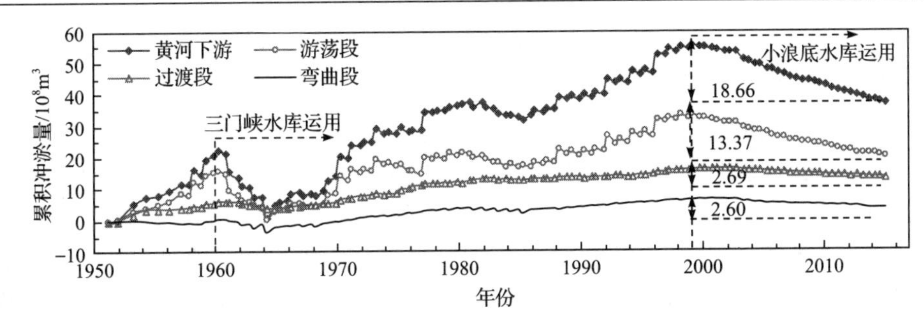

图 2.7 黄河下游及各河段的累计冲淤量变化过程(1950～2015 年)

表 2.4 黄河下游及各河段不同时期的主槽冲淤厚度 (单位：m)

河段	1960～1964 年	1964～1973 年	1973～1985 年	1985～1999 年	1999～2015 年
铁谢—花园口	–2.19	1.59	–0.89	1.40	1.85
花园口—夹河滩	–1.27	1.87	–0.51	1.73	2.64
夹河滩—高村	–1.35	2.20	–0.34	1.64	1.92
高村—孙口	–1.35	2.26	0.12	1.65	2.62
孙口—艾山	–1.09	2.16	–0.20	1.83	2.23
艾山—泺口	–1.34	2.89	–0.50	2.26	2.17
泺口—利津	–2.27	2.89	–1.09	2.52	1.72
铁谢—利津	–1.57	2.09	–0.50	1.73	2.22

注：1999 年前统计数据来自申冠卿等(2008)；1999 年后统计数据来自夏军强等(2016)。

2.3.1 小浪底水库运用前黄河下游河床冲淤过程及特点

1. 天然情况下的黄河下游河床冲淤特点

1950～1960 年为三门峡水库修建前的时段，该时期水沙条件属于丰水多沙系列，下游河道年均淤积量为 3.61 亿 t，占来沙量的 20%，其中汛期淤积量占年淤积量的 80%。从淤积量沿程分布来看，夹河滩—高村河段淤积最多，占黄河全下游淤积量的 48%，而艾山—利津河段淤积较少(赵文林, 1996)。从淤积横向分布看，泥沙主要淤在滩地上，该时期黄河全下游滩地年均淤积量为 2.79 亿 t，占全断面年均淤积量的 77%，主槽仅占 23%，特别是艾山以下河段主槽基本不淤。该时期滩地淤积量虽然大于主槽淤积量，但滩地面积大，滩槽淤积厚度基本为同步抬升(姚文艺, 2007)。

2. 三门峡水库运用期的黄河下游河床冲淤特点

三门峡水库自 1960 年 9 月投入运用以来，经历了“蓄水拦沙”、“滞洪排沙”

及“蓄清排浑”三类运用方式。随着水库运用方式的调整及来水来沙条件的变化，三门峡水库极大地改变了进入黄河下游河段的水沙条件，使得黄河下游河床冲淤演变具有不同特点。

(1)在三门峡水库蓄水拦沙期(1961～1964 年)，下游河道累计冲刷泥沙约为 23.03 亿 t，年均冲刷量为 5.58 亿 t，其中汛期与非汛期累计冲刷量分别为 17.94 亿 t 及 5.09 亿 t，分别占累计总冲刷量的 78%及 22%。下游河床汛期与非汛期的冲刷部位，都主要集中在高村以上河段，年均冲刷量为 4.21 亿 t，占全下游年均冲刷量的 75%，其泥沙来源主要是主槽的冲刷和滩地的崩塌，各河段单位长度冲刷量自上而下沿程递减，孙口以下河段年均冲刷量为 0.54 亿 t，仅占全下游冲刷量的 10%(赵业安等, 1998; 姚文艺, 2007)。长时间的清水冲刷，导致游荡段滩地大量崩塌。崩塌的滩岸得不到补充，造成部分河段持续展宽。据统计在这段时间内，花园口至高村河段约有 200km^2 的滩地崩塌，滩地的大量崩塌使该河段二滩之间的河槽宽度增加，如花园口至东坝头河段二滩之间的宽度由 2563m 增加到 3633m，增加 1070m(钱宁等, 1987; 赵业安等, 1998)。在这 4 年中，黄河下游平均每年冲刷泥沙为 5.58 亿 t，其中细泥沙(d<0.025mm)占 43.3%，而从黄河下游主槽中冲起的细泥沙仅占 5%～10%，因此有近 35%的细泥沙来自滩地的冲刷与崩塌(夏军强等, 2005)。

(2)在三门峡水库滞洪排沙期(1965～1973 年)，黄河下游河道由冲刷转变为大量淤积，年均淤积量为 4.39 亿 t，占来沙量的 27%。从淤积量的沿程分布来看，夹河滩站以上河段淤积量占黄河下游总淤积量的 46.3%，艾山至利津河段淤积量占黄河下游总淤积量的 15.5%。同时，淤积的横向分布也发生了较大变化，泥沙大部分淤积在主槽内，滩地仅占 34%；主槽年均淤积量为 2.94 亿 t，为三门峡水库建库前主槽淤积量(0.82 亿 t)的 3 倍多，占黄河全断面淤积量的 66%(姚文艺, 2007)。这种运用方式实际上是减少了大洪水淤滩刷槽的机会，本应该淤积在滩地的泥沙，由于水库的滞洪留在库内，洪水过后水库降低水位排沙，泥沙淤积在下游河道主槽内，改变了淤积部位(赵文林, 1996)。

(3)在三门峡水库蓄清排浑期(1974～1985 年)，黄河下游累计淤积泥沙为 7.82 亿 t，年均淤积量为 0.65 亿 t，但由于来水来沙条件的不同，下游河床经历了先淤积(1974～1980 年)后冲刷(1981～1985 年)两个阶段。

①在淤积阶段，该时期水沙条件基本属于偏枯水沙系列，下游河道总淤积量为 12.67 亿 t，年均淤积量为 1.8 亿 t，仅为 20 世纪 50 年代淤积量的 50%。从淤积量沿程分布来看，该时期花园口站以上河段发生冲刷，以下河段发生沿程淤积，淤积主要集中在花园口—孙口河段，占全下游淤积量的 63%；从淤积的横向分布来看，绝大部分泥沙淤积在滩地，主槽年均淤积量仅为 0.02 亿 t(潘贤娣等, 2006)。

②在冲刷阶段，该时期水沙条件属于丰水少沙系列，除 1982 年花园口站出现

了洪峰流量为15300m^3/s的大洪水外，1981年、1983年及1985年均发生洪峰流量大于8000m^3/s的洪水，而且洪量较大，含沙量偏低，水沙条件对河道冲刷较为有利。下游河道累积冲刷量为4.85亿t，年均冲刷量为0.97亿t。该时段内汛期、非汛期均发生冲刷，其中非汛期冲刷量占全年的97%。下游沿程冲淤分布呈现“两头冲、中间淤”的局面，其中高村以上及艾山以下河段的河床冲刷量分别占全下游河床冲刷量的72%和24%。该时期主槽沿程均为冲刷，年均冲刷量为1.26亿t；滩地是两头冲、中间淤，高村以上和艾山以下冲刷，高村—艾山河段淤积；全下游滩地年均淤积量为0.29亿t(潘贤娣等, 2006; 姚文艺, 2007)。

3. 小浪底水库运用前的黄河下游河床冲淤特点

小浪底水库运用前(1986～1999年)，受龙羊峡水库和刘家峡水库的调节、水资源的开发利用、上中游地区的综合治理及降雨等因素的影响，下游汛期来水比例减小，非汛期比例增加，洪峰流量大幅度减小，枯水历时增长，主槽行洪面积明显减小，该时期下游河道主要表现为河槽萎缩的演变特点(姚文艺, 2007)。

在河槽萎缩阶段，该时期下游水沙条件属于枯水少沙系列，下游大洪水较少，最大的1996年8月洪水花园口洪峰流量仅为7860m^3/s。该时期下游河段累计淤积量为31.22亿t，年均淤积量仅为2.23亿t，但该时期来沙量少，年均仅为7.62亿t，因此淤积量比较大，达到29%。该时期年际间冲淤变化较大，淤积主要集中在发生高含沙洪水的年份，1988年、1992年、1994年及1996年的淤积量分别达5.01亿t、5.75亿t、3.91亿t和6.65亿t，4年淤积量占该时段总淤积量的68%，且泥沙主要淤积在高村以上河段的主槽和嫩滩上，特别是夹河滩以上河段。另外该时期内非汛期冲刷减少，汛期淤积比重加大。下游河道淤积横向分布不均，主槽沿程均为淤积，年均淤积量为1.61亿t，占黄河全断面的72%，艾山以上河段主槽淤积量约占黄河全断面的70%，艾山—利津河段几乎全部淤积在主槽里(潘贤娣等, 2006; 姚文艺, 2007)。

2.3.2 小浪底水库运用后黄河下游河床冲淤过程及特点

小浪底水库蓄水拦沙运用后(1999～2015年)，黄河下游河道沿程发生剧烈冲刷。据统计，该时期黄河下游河道累计冲刷量达18.66亿m^3(图2.7)。

从冲刷沿程分布来看，游荡段(孟津—高村)冲刷量最大，累积达13.37亿m^3，约占下游总冲刷量的72%，过渡段(高村—艾山)及弯曲段(艾山—利津)冲刷量基本相当，分别为2.69亿m^{3}及2.60亿m^3。由此可见，黄河下游沿程冲刷规律表现为上段冲刷幅度大、中段与下段冲刷幅度较小。

从单位河长的冲淤量来看(图2.8)，小浪底至花园口、花园口至夹河滩河段的单位河长冲刷量最大，至2015年10月底，在这两个河段冲刷量分别为0.044亿m^3/km、

0.065 亿 m^3/km，且冲淤过程十分相似；孙口以下河段，单位河长冲刷量相差不大，且都比较小，为夹河滩以上河段的 1/6～1/5，至 2015 年汛后，这些河段单位河长的累计冲刷量一般为 0.008～0.01 亿 m^3/km；2005 年以前高村至孙口河段单位河长的冲刷量最小(2005 年汛后累计值仅为 0.004 亿 m^3/km)。一般情况下，上游水库蓄水拦沙后，下游河道通常要发生沿程冲刷，其调整规律一般是上段河道冲刷强度大，下段河道冲刷强度小。而这一阶段前期高村至孙口河段的单位河长冲刷量不仅小于上段河道，而且也小于下段河道，可能是由于该河段曾发生过生产堤决口，洪水漫滩引起泥沙淤积，清水回流后再次加剧下游河段冲刷。如 2003 年秋汛期间兰考北滩、东明南滩生产堤决口，滩区发生漫滩(王卫红等, 2004)。两处滩区总共滞蓄水量为 6 亿～9 亿 m^3，泥沙落淤量约为 1000 万 t，漫滩落淤范围为 7.5km^2。

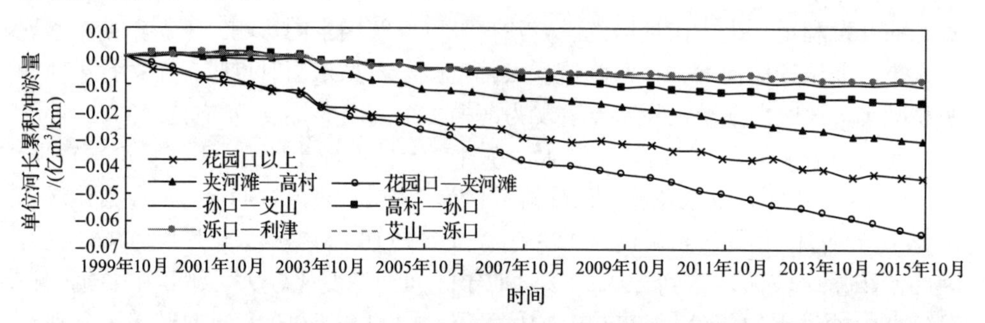

图 2.8 黄河下游各河段单位河长的累计冲淤过程

从冲刷量的年际分布来看，2003 年的冲刷量最大，2004 年的冲刷量次之，两者分别为 2.62 亿 m^3 及 1.58 亿 m^3，分别占该时段冲刷量的 34%及 21%。这种冲刷过程与这两年汛期的洪水过程密切相关。2003 年汛期下游出现的 5 次洪水，来水量大，含沙量低，洪水持续时间长，对下游河道的冲刷作用较强。而 2004 年汛期出现了四场量级不大的洪水，前三场基本为清水过程，第四场属于极细沙的高含沙洪水，故对下游河道的冲刷也较大。

从汛期与非汛期的总冲淤量来看，下游河道汛期累计冲刷量(12.3 亿 m^3)约为非汛期累计冲刷量(6.4 亿 m^3)的 1.9 倍。游荡段汛期与非汛期的冲刷量基本相当，分别为 6.5 亿 m^3 及 6.9 亿 m^3；过渡段汛期冲刷量(2.4 亿 m^3)远大于非汛期冲刷量(0.3 亿 m^3)；弯曲段汛期冲刷量达到 3.4 亿 m^3，非汛期则表现为淤积，淤积量约为 0.8 亿 m^3。虽然汛期来水量仅占全年的 37%，但冲刷量却占全年的 66%，主要原因是黄河下游输沙能力约与流量的 2 次方成正比，汛期流量大，则其输沙能力更大，故汛期河道冲刷量相对较大。高村以上游荡型河段基本上在汛期与非汛期均表现为冲刷；高村至孙口河段非汛期淤积相对较少，汛期一般表现为冲刷；孙口至利津河段呈现非汛期淤积及汛期冲刷的规律。

2.4　黄河下游河段不同时期的横断面形态调整

冲积河流横断面形态的调整方式与上游来水来沙条件及河床边界条件密切相关(申冠卿等, 2008)。水沙条件通常指一个时期内的水沙量大小、洪峰流量大小、含沙量大小及洪水期水沙搭配过程；河床边界条件主要指河流本身所具有的宽窄相间的河床平面形态、河床组成、滩岸抗冲性及河道整治工程等。一般情况下，大水淤滩，小水淤槽，滩地淤积为主槽冲刷创造条件，而主槽淤积又给洪水漫滩增加机会(赵业安等, 1998)。黄河下游河床冲淤善变，河槽本身变化较为复杂，而且主槽位置经常变化。因此黄河下游横断面形态调整较为复杂，尤其在游荡型河段。本节仅分析近 30 年来下游河段横断面形态的调整特点，并且分小浪底水库运用前(1986～1999 年)及运用后(1999～2015 年)两个时期来描述。

2.4.1　小浪底水库运用前下游河段的横断面形态调整

1986 年后受流域气候条件变化、龙羊峡及刘家峡两大水库的调节、沿黄引水等多种因素的影响，进入黄河下游的水沙发生了较大的变化，具体表现为汛期来水比重减小，非汛期比重增加，洪峰流量大幅度减小，枯水历时延长。长时期枯水少沙作用使得下游游荡型河段横断面发生了很大的调整。1986 年以来黄河下游河槽严重萎缩，河槽萎缩的形式不仅与来水来沙条件有关，而且其变化与所处的河段也密切相关，不同河型河段的主槽萎缩特点及发展过程也各有差异(潘贤娣等, 2006；申冠卿等, 2008)。

(1) 在游荡型河段，中小流量的高含沙漫滩洪水使宽河道嫩滩淤积加重，主槽宽度明显变窄，逐渐形成一个枯水河槽。河槽萎缩，过洪能力降低，洪水期易造成小水大灾。花园口站以上河段主槽平均缩窄 270m，河槽平均淤积厚度达 1.4m；花园口以下游荡型河段的河槽淤积严重，断面形态由宽深变为窄浅。图 2.9 分别给出了 1985 年 10 月～1999 年 10 月花园口与来童寨断面形态的变化情况。在花园口断面，平滩河宽缩窄近 800m，平滩水深由 1.44m 减小到 0.83m；在来童寨断面，河槽淤积面积为 2939m^2，宽约 3600m 的河槽淤积厚度达 1.1m。

(2) 在过渡型河段，该时期断面形态调整特点是在原深槽淤积的同时，边壁淤积严重，进而使主槽明显缩窄。图 2.10 分别给出了 1985 年 10 月～1999 年 10 月孙口与大田楼断面形态的变化情况。由图 2.10 可知，原有窄深断面的底部都有不同程度的淤积，深泓高程一般淤高为 1～2m，主槽平均淤积厚度为 1.7m 左右，河槽淤积使得平滩水位下的过流面积大幅度减小，至 1999 年，有的断面平滩水位下过流面积仅为 1985 年汛后的一半，如大田楼断面，宽约 800m 的河槽，淤积泥沙面积达 1800m^2，淤积厚度达 2.3m。

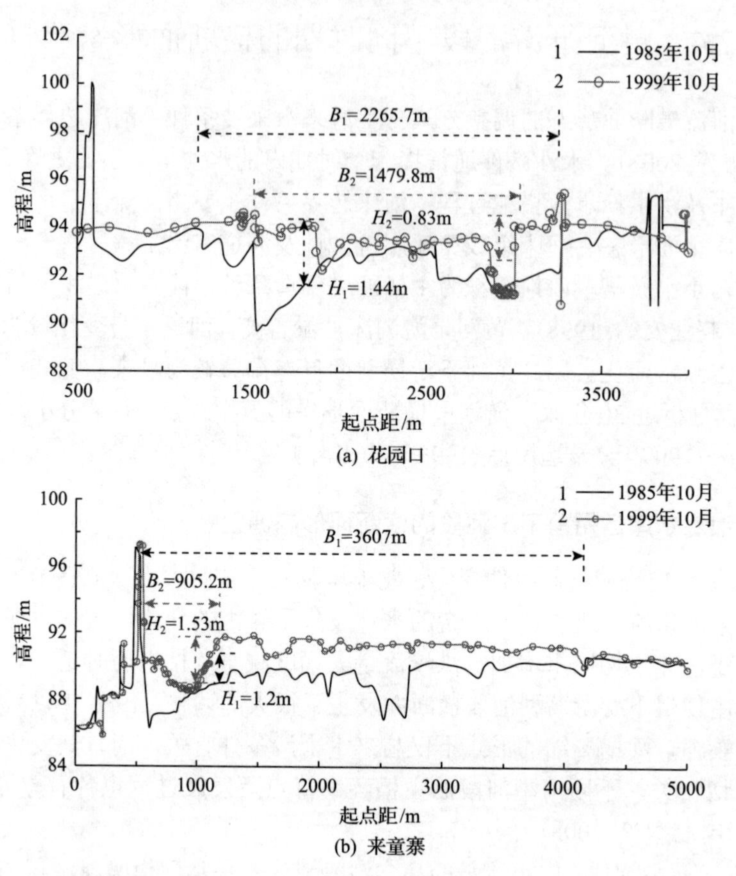

(a) 花园口

(b) 来童寨

图 2.9　小浪底水库运用前(1985 年 10 月～1999 年 10 月)游荡段典型断面形态变化

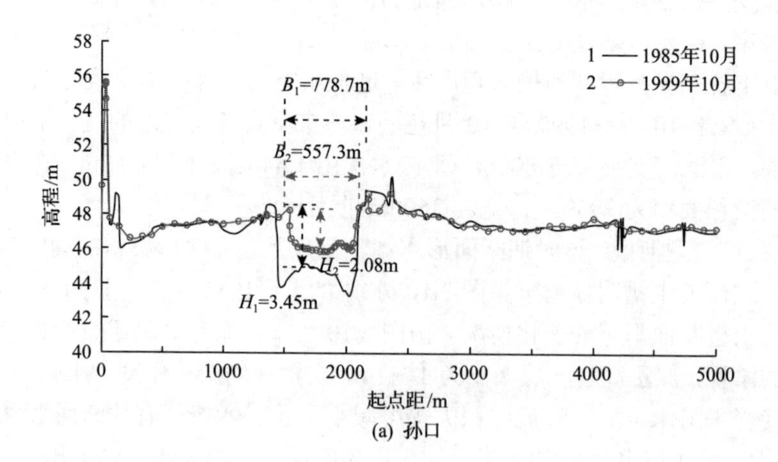

(a) 孙口

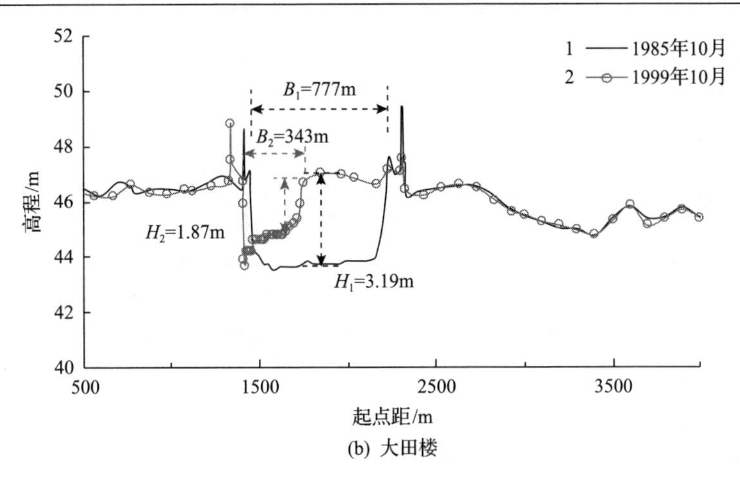

(b) 大田楼

图 2.10　小浪底水库运用前(1985 年 10 月～1999 年 10 月)过渡段典型断面形态变化

(3)在弯曲型河段，主槽发生淤积，淤积厚度一般为 2.2～2.5m，深泓点高程持续抬升。图 2.11 分别给出了 1985 年 10 月～1999 年 10 月泺口与利津断面形态

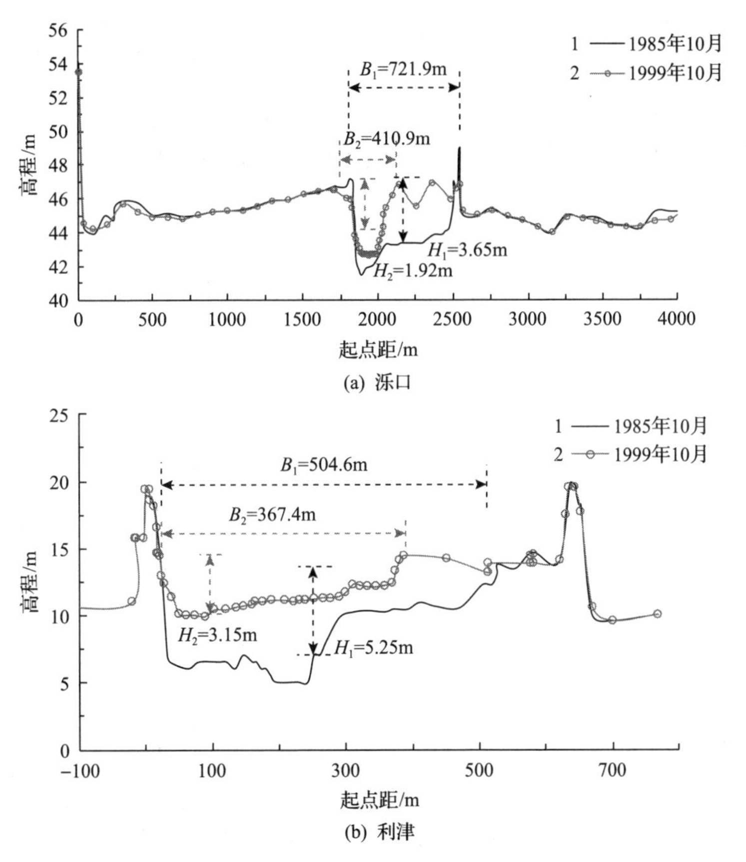

(b) 利津

图 2.11　小浪底水库运用前(1985 年 10 月～1999 年 10 月)弯曲段典型断面形态变化

的变化情况。由图 2.11(a)可知，泺口断面在宽约 300m 的主槽内淤积 1000m^2，平均淤厚为 2m，其深泓点淤高近 2.7m；在深槽淤积的同时，部分断面边壁附近淤积也较为明显，因此平滩水位下的过水面积减小显著。

2.4.2 小浪底水库运用后下游河段的横断面形态调整

1999 年小浪底水库蓄水拦沙，使进入下游河道的洪水含沙量大大减小，长时间长距离的冲刷使各个河段主槽横断面形态发生了较大的调整。横断面调整与水沙条件和边界条件有关，因此在不同河段，其调整特点不同，图 2.12 分别给出了游荡段与弯曲段典型断面形态的变化情况。

游荡段花园口站 1999 年、2015 年汛后断面形态见图 2.12(a)。1999 年汛后该断面主槽宽度 B_1 仅为 1480m，平滩水深 H_1 约为 0.8m。2015 年汛后，该断面滩岸累计崩退 1021m，平滩河宽 B_2 增加到 2501m，与 1999 年相比增幅为 69%，平滩水深 H_2 增加到 2.2m，与 1999 年相比增幅达 175%，相应的平滩面积也由 1222m^2

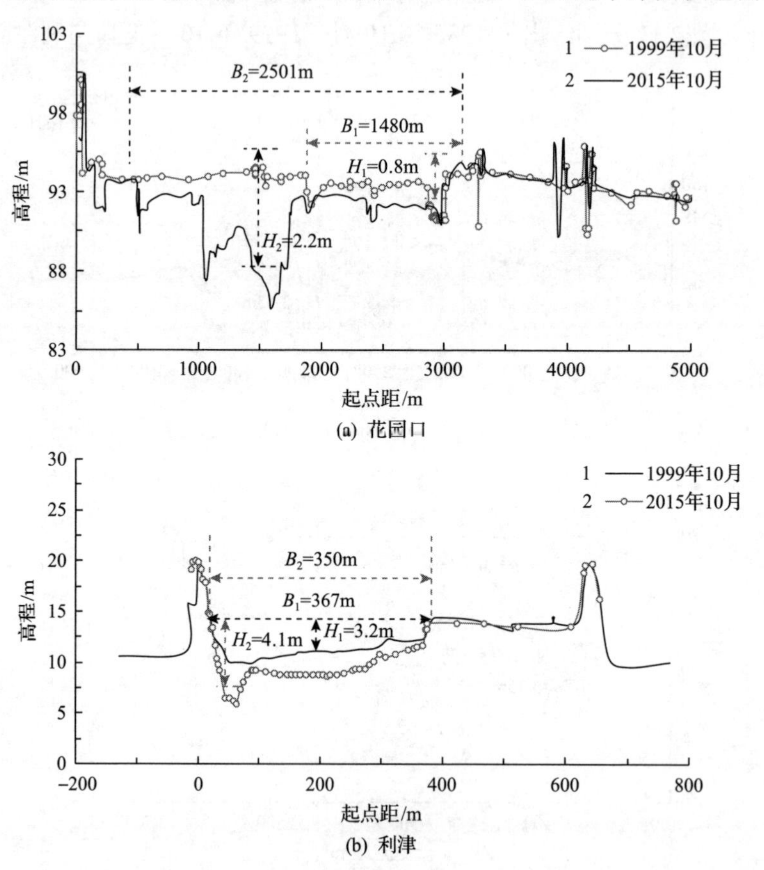

图 2.12　小浪底水库运用后(1999 年 10 月～2015 年 10 月)黄河下游典型断面形态变化

增加到 5571m^2。河相系数($\sqrt{B}/H$)从 1999 年汛后的 46.3m$^{-1/2}$减小到 2015 年汛后的 22.4m$^{-1/2}$。

弯曲段利津站 1999 年、2015 年汛后断面形态见图 2.12(b)。从图 2.12(b)可以看出，该断面平滩河宽在 1999～2015 年变化不大(350～367m)，平滩水深增加明显(从 3.2m 增加到 4.1m)，相应平滩面积从 1158m^2 增加到 1752m^2。平滩河宽变化不大，但平滩水深增加，因此该断面河相系数略有减小，断面形态趋于窄深。从这两个典型断面的形态变化可以发现，由于各河段的河床调整特点不同，因此河段内各断面的平滩河槽形态变化也不相同。位于游荡段的花园口断面形态调整既有冲深下切，又有横向展宽，但冲深程度大于展宽程度。位于弯曲段的利津断面形态调整以冲深下切为主，横向展宽并不明显。

黄河下游河床冲刷时主槽横断面形态的调整方向取决于河道特性、河段位置及水库运用方式，既有可能出现断面展宽的情况，又有可能出现断面趋于窄深的情况。在一定的水沙条件下，当河岸组成物质抗冲性较弱，横向展宽程度小于垂向冲深时，断面趋于窄深；反之，断面趋于宽浅。横断面的宽深比是反映横断面形态的重要参数，通常可用河相系数ζ来表示，即$\zeta=\sqrt{B}/h$。已有研究表明(夏军强等, 2016)，在小浪底水库蓄水拦沙期间，下游各河段主槽宽度的调整程度均小于主槽深度，因此横断面以冲刷下切为主，各河段均向窄深方向发展。小浪底水库运用后黄河下游横断面形态(主槽区域)的这种调整特性，与 1961～1964 年的三门峡水库清水冲刷期黄河下游断面形态的调整过程存在一定的差别。1961～1964 年，因三门峡水库蓄水拦沙，黄河下游河道受到强烈冲刷。其中铁谢至花园口河段因一岸有邙山崖坎控制，河床冲刷以纵向下切为主，断面趋于窄深；花园口至高村河段因边界条件控制较差，河床既有下切又有展宽，且以展宽为主；高村至艾山河段因两岸土质较好又有工程控制，河床冲刷以下切为主；艾山以下河段两岸土质较好，河宽变化不大(钱宁等, 1987; 赵业安等, 1998)。由于受小浪底水库蓄水拦沙影响，近期进入下游河道的水沙过程较为平缓，加上下游护滩工程及滩地上生产堤的大量修建，使滩岸抗冲能力大大增加，因此除个别河段及个别时段外，这些年下游河道基本上未出现大范围的漫滩洪水，导致冲刷仅在主槽内发生，且主槽摆动也因生产堤的大量修建受到限制。故在目前的清水冲刷期，下游河道横断面形态调整表现为向窄深方向发展。

2.5　黄河下游河段不同时期的河床纵剖面调整

黄河下游河床纵剖面的调整与来水来沙及河床边界条件密切相关，其中水沙条件是主要因素，当流量增大，来沙系数减小时，下游河床纵比降将趋于调平(胡春宏等, 1997; 陈建国等, 2006)。因此黄河下游纵剖面的调整与下游河床的冲淤过程密切相关。一般用河床纵比降和凹度两个指标来表示河床纵剖面形态的特征。河床纵比降 J 是一个河段内主槽平均高程的落差与相应水平距离的比值，而凹度 c 是河流纵剖面向下凹的程度(陆中臣等, 2003a)。基于实测地形资料，本节分析1855～2015年黄河下游河床纵剖面形态的调整过程。

纵剖面凹度值 c 通常可用下述方法确定：把全河段或某河段的纵剖面图绘出之后，通过上下两端点绘制矩形，而纵剖面线将把矩形分成上下两半，而矩形上下两部分面积之比即为全河段或某一河段纵剖面的凹度指标。当 c 大于1时纵剖面为凹型；当 c 小于1时纵剖面为凸型；当 c 等于1时纵剖面为直线型。这种方法适用于断面间距较大、主槽平均高程表现为沿程单调递减的情况。近期黄河下游实测淤积断面布置较密，平均断面间距一般为2km，且经常出现下游断面主槽的平均高程大于上游断面的情况，因此上述方法不适于计算目前黄河下游主槽纵剖面的凹度。为便于精确计算，此处用三次曲线拟合黄河下游主槽平均高程 Z_b(m)与距小浪底距离 x/100(km)的关系，即 $Z_b = ax^3 + bx^2 + cx + d$，式中 a、b、c、d 为系数，然后分别再对拟合曲线在不同区间进行求导与积分，便可得到主槽纵剖面的比降及凹度值。表2.5给出了黄河下游(铁谢至利津河段)不同年份主槽平均高程与沿程距离的表达式，其中1855年及1965年的资料可以从相关文献获得(张仁和谢树楠, 1985；申冠卿等, 2005)，1855年数据为滩面高程。应当指出，下游主槽纵剖面与沿程距离关系的代表性，与统计断面的个数有很大关系。统计断面个数越多，其代表性越好。

表2.5　黄河下游(铁谢至利津河段)不同年份主槽平均高程与沿程距离的表达式

年份	a	b	c	d	统计断面个数
1855	−0.0858	2.4419	−29.155	122.37	10
1960	−0.1435	2.843	−28.723	126.01	34
1965	−0.1106	2.4122	−26.893	122.74	88
1999	−0.0926	2.0863	−25.116	122.62	135
2005	−0.1179	2.4011	−26.193	121.59	324
2015	−0.1597	2.8849	−27.417	125.56	91

河床在冲刷过程中的纵剖面比降(纵比降)通常趋于调平。但是如果冲刷可以发展到较远的距离，则纵比降的调平并不明显(钱宁等, 1987)。三门峡水库修建后黄河下游主槽纵比降变化不大。由图2.13可知，近期小浪底水库蓄水运用后，下游河段的主槽纵比降的变化也不大，但其调整过程仍与上游来水来沙过程有关。水多沙少，河床纵比降趋于调平；水少沙多，河床纵比降趋于变陡；黄河下游1960～2005年，泥沙减少较快，而水量减少较慢，故其纵剖面比降逐渐趋于平缓。其中1960年三门峡水库修建后，进入下游河道的泥沙减少较多，故1965年的纵

剖面比降比 1960 年的平缓。1965～1999 年，进入黄河下游的水沙量都有所减少，故纵剖面比降与 1965 年相差不多。1999～2015 年，因小浪底水库蓄水拦沙，进入黄河下游的泥沙大幅度减少，河道冲刷发展到较远的距离，故其纵比降变化较小。而这五条纵剖面比降线相交的原因，与黄河口不断向海里延伸，造成利津断面的平均河底高程不断上升有关，并不是艾山以下河道比降变陡。

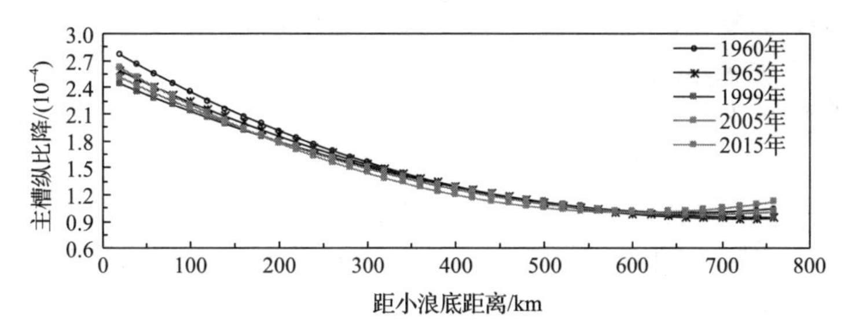

图 2.13　黄河下游不同时期的主槽纵比降

表 2.6 统计了不同年份黄河下游及各河段主槽纵剖面凹度值的变化。由表 2.6 可知，自 1855 年以来，除 2015 年艾山至利津河段主槽纵剖面的凹度值略小于 1 外，其他年份黄河下游及各河段主槽纵剖面的凹度值均大于 1，因此主槽纵剖面仍是一条下凹的曲线，但其凹度值会随着河床的冲淤过程略有调整。一般表现为河床淤积可使凹度值减小，冲刷可使凹度值增大。1855 年黄河下游纵剖面的凹度值最大，达到 1.60 以上；随着下游河道的逐年淤积，到 1965 年其凹度值下降到 1.46 左右；1965～1999 年黄河下游小浪底至利津河段累积淤积泥沙达 56 亿 m^3，故主槽纵剖面凹度值进一步减小，至 1999 年汛后减少到 1.42 左右；随后由于近期小浪底水库的蓄水拦沙运用，下游河道出现持续冲刷，其纵剖面凹度值有所增大。从表 2.6 可知，黄河下游主槽纵剖面的凹度值调整非常缓慢，160 年内(1855～2015 年)仅变化 11%。陆中臣等(2003b)统计了 1954～1983 年间黄河下游深泓线凹度值变化，该值在 1.30～1.36 变化，尽管河床冲淤调整较大，但其凹度值仍变化较小。因此黄河下游主槽纵比降与深泓线纵剖面的凹度值的变化规律是一致的。

表 2.6　不同年份黄河下游及各河段主槽纵剖面凹度值的变化

年份	统计断面个数	铁谢—高村	高村—艾山	艾山—利津	铁谢—利津
1855	10	1.1974	1.1324	1.1680	1.6036
1965	88	1.1950	1.1070	1.0637	1.4633
1999	135	1.1786	1.0966	1.0627	1.4182
2005	333	1.1988	1.0996	1.0308	1.4235
2015	91	1.2284	1.1023	0.9816	1.4213

2.6 本章小结

针对黄河下游不同河型河段，总结了各河段在不同时期的水沙条件及河床演变特点，进而分析了小浪底水库运用前后(1986～1999 年及 1999～2015 年两个时段)下游河段河床横断面及纵剖面的调整特点。主要得到以下结论：

(1)黄河下游水沙总体特点(含沙量高、水沙异源、水沙关系不协调)保持不变，自小浪底水库运用后，下游河段年均来水量略有减小，但水量年内分配发生改变，汛期来水量比重由 60%减小至 40%左右；年来沙量大幅度减小(仅为 0.88 亿 t/a)，且泥沙主要集中在汛期输移，占全年的 95%。

(2)小浪底水库运用前，除三门峡水库蓄水拦沙期间发生冲刷外黄河下游及各河段均持续淤积，至 1999 年各河段都达到淤积最大值；小浪底水库运用后下游河道经历了自上而下的沿程冲刷，累积冲刷量达 18.66 亿 m^3，其中游荡段冲刷最为明显，冲刷量占整个黄河下游的 72%。

(3)在近期下游河床持续冲刷过程中，游荡段横断面的调整趋势既有纵向冲深，又有横向展宽，但以纵向冲深为主；而过渡段及弯曲段横断面调整以纵向冲深为主，水沙条件变化是引起河床调整的主要因素。从总体上看，黄河下游近期主槽纵比降和纵剖面凹度值变化不大。

第 3 章　黄河下游平滩河槽形态调整过程及特点

冲积河流的河谷断面在洪、中、枯水位下具有不同的断面形态。水位平滩时的河槽形态与其过流能力密切相关，因此平滩河槽形态参数可用于描述河床横断面内主槽区域的几何特征，通常采用平滩水位下主槽区域的河宽、面积、平滩水深及河相系数等参数来表示，这些参数能用于表征平滩河槽的大小及形状。本章首先提出平滩河槽形态参数的确定方法，基于 1986～2015 年黄河下游 91 个统测淤积断面每年汛后实测的断面地形资料，采用该方法确定这些断面的平滩河槽形态参数；然后，采用基于对数转换的几何平均与断面间距加权平均相结合的方法，分别计算黄河下游不同河型河段(游荡段、过渡段和弯曲段)平均的平滩河槽形态参数，并确定不同水沙条件下各河段平滩河槽形态的调整过程及特点；最后分析各河段的平滩河槽形态参数与前期多年平均的汛期及非汛期水沙条件之间的关系，建立下游各河段平滩河槽形态参数与相应控制站水沙条件之间的经验关系，并利用实测资料率定这些经验关系式中的相关参数。

3.1　平滩河槽形态参数的确定方法

平原河流的形成过程主要表现为挟沙水流的堆积作用，在这一作用下，河谷中形成深厚的冲积层，黄河下游的华北平原便是这样形成的。平原河流的冲积层一般都比较深厚，往往深达数十米甚至数百米，冲积层的形成视不同高度而异，最深处多为卵石层，其上为夹砂卵石层，再上为粗沙层、中沙层以至细沙层；在枯水位以上的河漫滩表层部分则还有黏土和黏壤土存在(谢鉴衡, 1990)。

冲积河流的河谷断面形态，一般如图 3.1 所示。其显著特点为具有宽广的河漫滩，河漫滩在洪水时被淹没，而中、枯水时则露出水面以上。河漫滩能起到调节洪水、削减洪峰、储存泥沙并通过滩槽水沙交换，影响主槽冲淤等作用。河漫滩的沉积物特点在相当大的程度上还决定了河流的边界条件(钱宁等, 1987)。洪水漫滩后，由于过流面积增大，流速降低，泥沙首先沿主槽(中水河槽)岸边落淤，随着水流向下游及河漫滩侧向漫流，淤积的泥沙数量便逐渐减少，粒径也逐渐变细。经过漫长的时间演进，沿主槽两岸泥沙淤成较高的自然堤。在天然河流的上游段，滩唇往往高出枯水位数米，而在下游段，则几乎与枯水位齐平。河漫滩是水流堆积作用形成的，组成物质较为松软。在水流与河床的相互作用下，河流往往在广阔的河漫滩上左右摆动。当一岸受水流冲刷侵蚀时，另一岸便逐渐淤积成边滩。边滩进一步发育，又可形成新的河漫滩(谢鉴衡, 1990)。由图 3.1 可知，冲积河流的河谷断面，在洪、中、枯水位下具有不同的断面形态。为了确定不同水位下的断面形态，通常需要开展断面地形的测量工作。断面地形的施测方向一般应垂直河道主流方向，选定后应保持断面位置相对稳定，长期不变。此外断面测量工作应选在水位比较平稳、河床相对稳定的季节进行，且一般从左岸大堤背河侧开始，至右岸大堤背河侧结束，包括岸上断面地形测量和水下断面地形测量两部分。断面测点间距需根据测图比例的精度要求确定，水下断面的陡岸边、深泓及转折部位应加密测点(SL 257—2017 水道观测规范)。

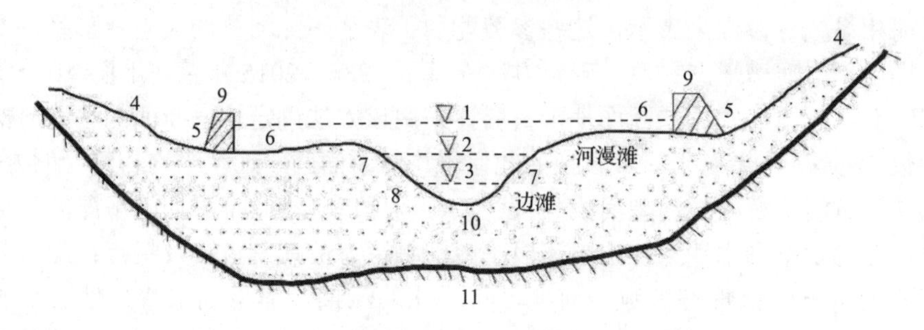

图 3.1　冲击河流的河谷断面(谢鉴衡, 1990)

1～3 为洪水、中水、枯水位，相应水位下的河床为洪水河床、中水河床、枯水河床；4 为谷坡；5 为谷坡与谷底交界处(坡脚)；6 为河漫滩；7 为河唇；8 为边滩；9 为堤防；10 为冲积层；11 为原生基岩

用于计算黄河下游河道冲淤变化的观测断面(以下简称淤积断面)，测量始于 1934 年，并在铁谢—利津河段施测 51 个淤积断面。1965 年开始对黄河下游河道淤积断面进行调整并对测量时间进行了统一部署(以下简称统测断面)。黄河下游铁谢—利津河段共布设淤积统测断面 91 个，其中铁谢—河道河段(河南段)为 27 个；高村—利津河段(山东段)为 64 个(张原锋等, 2005)。1998 年以后，为满足小浪底水库运用方式研究的需要，又在铁谢以下河段增设了 39 个淤积断面，黄河水文勘察测绘局还在小浪底—铁谢区间补设了 7 个淤积断面。到 2005 年汛后，小浪底—利津河段的淤积断面数量增加至 333 个，断面间距为 0.5～7.7km，平均间距约为 2.3km。淤积断面的统测时间一般为每年的汛前与汛后。汛前测次一般在 5～6 月，汛后测次一般在 9～11 月。下游河道的统测断面位置的平面控制为 1954 年北京坐标系，高程控制为大沽基面(张原锋等, 2005)。

在冲积河流的断面上，随着水位上涨，主槽内的流速不断加大，造床作用增加；但当水流漫滩后，由于受河漫滩阻力加大的影响，主槽流速受到遏制。一般认为超过平滩水位后，水流的造床作用降低(钱宁等, 1987)。因此，在河床演变分析中，通常用平滩河槽形态的变化来描述河床横断面形态的调整规律。黄河下游不同河型河段的断面形态极不规则，因此，需要提出统一的平滩河槽形态参数的确定原则。此外黄河下游断面形态沿程变化较大，以往特定水文断面形态的调整结果，难以反映较长河段内河床断面形态整体的变化特点，因此需要提出河段尺度的平滩河槽形态参数的计算方法。

3.1.1　断面尺度平滩河槽形态的确定方法

在黄河下游，断面尺度平滩河槽形态的确定，首先需要得到某个断面的地形观测数据；然后按一定的确定方法，识别出该断面的主槽范围和平滩高程；在此基础上，计算出描述平滩河槽形态的特征参数，如平滩河宽、面积、水深及河相系数等(夏军强等, 2009)。在天然河流中，并不存在试验水槽和灌溉渠道中规则的矩形或梯形断面形态，因此主槽范围和平滩高程的确定较为困难。如断面上存在漫滩洪水形成的自然堤，若将某一侧堤顶高程作为平滩水位，可能导致计算的平滩面积偏大；而自然堤外侧河漫滩往往具有向两岸大堤倾斜的横比降，并非水平面，寻求某一特定高程作为修正的平滩高程同样缺少客观标准。在有些断面，主槽与滩地通过缓坡相连接，不存在明显的转折点，这种情况下平滩高程的微小调整将对平滩面积等计算结果产生较大的影响(钱宁等, 1987)。尤其在河床冲淤变化剧烈的河段，河槽形态随来水来沙条件的变化而迅速调整，因此在实际中不易确定这些平滩特征参数(Williams, 1978; Gordon et al., 1992; Knighton, 1998; He and Wilkerson, 2011)。在黄河下游平滩河槽形态的计算中，通常认为相对于汛期而言，汛前或汛后的断面形态相对稳定，但一般多采用汛后的统测断面地形来确定平滩河槽形态(梁志勇等, 2005; 吴保生, 2008; Wu et al., 2008a; Xia et al., 2014a, 2014b)。

1. *以往地貌学中平滩高程的确定方法*

Williams(1978)总结了 11 种断面平滩高程的确定方法，具体包括以下三种方法：沉积物表层确认、分界线特征的观测、断面形态的测量。常见的平滩高程确定方法包括：现行或活跃的河漫滩高程、河谷低地高程、最小宽深比、Riley 阶地指标，以及过水面积-河宽关系。为了有助于确定平滩高程，Leopold 等(1964)建议把河段的河底纵剖面和主流两侧滩面的纵剖面测出来，然后再根据河底的平均高程和从两条纵剖面中所得到的滩槽高差，确定平滩高程。Riley(1972)建议测出不同高程下的断面宽深比，随着水位的上升，宽深比开始不断减小；当水流漫过滩地以后，宽深比转而迅速回升，这一转折点的高程就相当于平滩水位。这些平滩高程的确定方法在实际使用中都有其一定的适用范围。在地貌学领域，通常定义现行河漫滩的滩顶高程作为平滩水位。

2. *黄河下游平滩河槽形态确定的一般原则*

在黄河下游，不同时期不同河段观测得到的断面形态相差较大，相邻上下游实测断面的间距一般也较大，小浪底水库运用前，最大的相邻实测断面间距超过20km。目前下游各河段水文测验断面数量相对较少，因此确定任意断面的主槽范围及平滩高程较为困难，必须通过多个汛前与汛后测次的统测断面形态套绘，以及相邻上下游断面形态之间的比较，才能较为准确地确定平滩河槽形态(吴保生, 2008; 夏军强等, 2009)。考虑到黄河下游水沙输移及河床演变较为复杂的特点，通常将滩地与主槽直接相连处的滩唇高程作为平滩水位，同时还需要采用以下辅助原则才能确定主槽范围及平滩高程。

(1) 当滩唇在主槽两侧都较为明显时，平滩高程取最低的滩唇高程，以两岸滩唇之间距离作为主槽宽度(平滩河宽)。

(2) 出现二级及以上滩唇或滩唇不太明显时，滩唇位置确定需要以相邻测次作为参考，尽量避免滩唇位置发生较大的变化，滩地面积大的那一侧滩唇高程可以作为平滩水位。

(3) 对于某些断面，主槽受生产堤严重约束，在计算时要适当地将生产堤的挡水作用考虑在内，此时可以将滩唇高程加上一部分生产堤的高度作为平滩高程。

(4) 当某一断面滩唇位置较明显，但是与相邻测次相比变化较为剧烈，且显然不合理时，还要参考相邻断面的滩唇高程来进行综合确定。

3. 黄河下游典型断面平滩河槽形态的确定过程

黄河下游河床的冲淤幅度较大，断面形态复杂，确定某一断面的主槽范围及平滩高程其实是十分困难的。尤其在游荡段，主槽摆动幅度大，且存在“二级悬河”现象，故确定平滩河槽更难。自 20 世纪 50 年代以来，黄河下游河道经过了近 70 年的冲淤变化，断面形态调整显著，特别是“二级悬河”河段的断面形态从以往的“滩高槽低”发展到目前的“槽高滩低”，确定主槽范围和平滩高程的过程也随着河床冲淤变化情况变得更加复杂。因此必须对汛前及汛后多个测次的断面形态进行套绘，并且以上下游相邻的断面形态以及该断面所在局部河段的平面形态作为辅助参考，才有可能较为准确地确定主槽位置与平滩高程(Xia et al., 2010b)。

由于 20 世纪 90 年代末长期的枯水少沙过程，黄河下游游荡段主槽淤积萎缩严重，平滩水位下的河宽及水深均相对较小，尤其在“二级悬河”河段。图 3.2(a)为 1999 年汛后位于高村断面上游 39.5km 处的马寨断面，该断面两岸大堤之间宽度达 15.3km。由图 3.2(a)可知，平滩水位可由右侧滩唇高程确定(Z_{bf}= 68.84m)，主槽区域为图 3.2(a)中阴影部分，平滩河宽为 438m，仅占断面总宽度的 1/35。相应的平滩水深与面积分别为 2.2m、956m^2，由此计算可得平滩水位下的河相系数为 9.5m$^{-1/2}$。

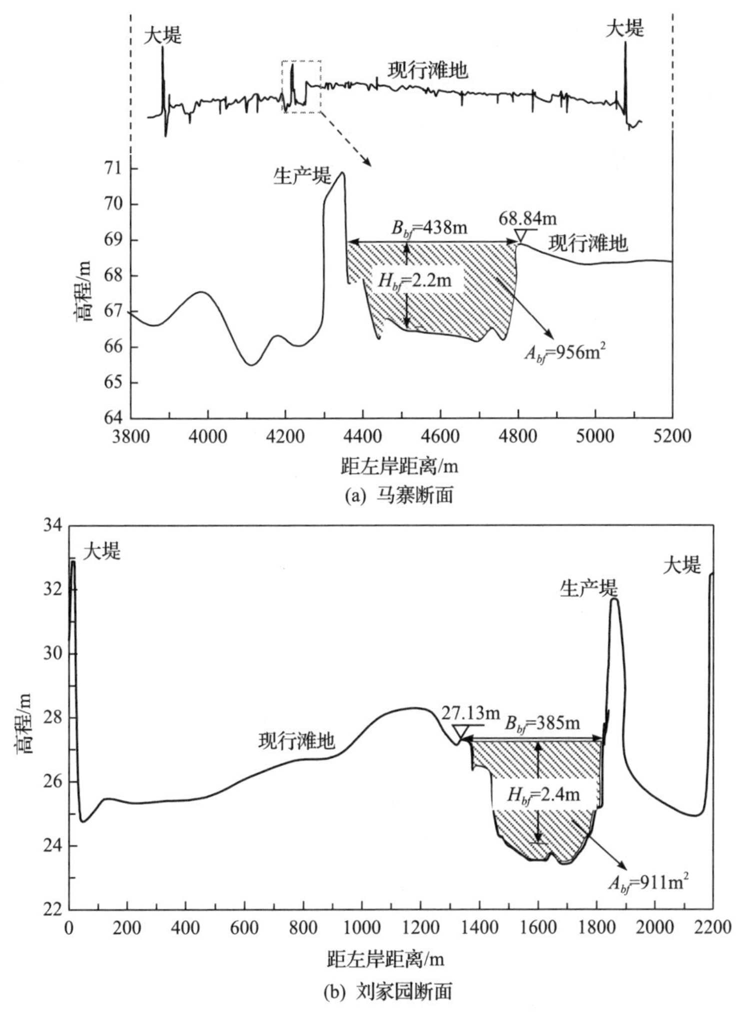

图 3.2　1999 年汛后黄河下游不同河型河段断面平滩河槽形态的确定过程

在黄河下游的过渡段及弯曲段，滩槽高差较为显著，通常表现为槽低滩高，因此在这两个河段确定某一断面的主槽区域及平滩水位相对较为容易。图 3.2(b)为 1999 年汛后位于利津断面上游 129.1km 处的刘家园断面。该断面主槽右侧建有 4m 多高的生产堤，平滩高程取左侧滩唇高程(27.13m)，可得平滩河宽及面积分别为 385m 及 911m^2，则相应平滩水深为 2.4m。

3.1.2　河段尺度平滩河槽形态的确定方法

黄河下游河床形态变化主要体现在断面形态、平面形态及纵剖面形态的调整方面，描述这些形态变化相应的特征参数一般包括：断面形态参数(如平滩河宽、水深等)、平面形态参数(主槽摆动强度、深泓摆动强度、滩岸崩退速率、弯曲系数等)、河床纵剖面形态参数(纵比降)，以及由这些参数组合得到的综合指标(如河床稳定系数等)。由于这些特征参数沿程变化较大，河段内某个特定断面的河床形态变化不能反映河段整体的调整规律，本章重点研究黄河下游断面形态的调整。故需要以断面尺度的河槽形态参数计算为基础，提出基于河段尺度的平滩河槽形态参数的计算方法，如河段平均的平滩河宽($\overline{B}_{bf}$)、平滩水深($\overline{H}_{bf}$)、平滩面积($\overline{A}_{bf}$)及平滩河相系数($\overline{\zeta}_{bf}$)等。

河段尺度的平滩河槽形态参数一般可通过对河段内所有断面的平滩河槽形态特征变量取算术平均或几何平均求得，但这些方法会导致计算的河段平滩河宽与相应水深之积不等于河段平滩面积，进而导致河段平滩面积与相应流速之积不等于河段平滩流量，即不满足水流连续条件等问题。梁志勇等(2005)利用统测断面资料统计了1973～2003年黄河下游花园口—高村河段50个断面的平滩河槽形态参数，并采用几何平均的方法计算了花园口—高村河段尺度的平滩河槽形态参数，给出了该河段平滩河宽与汛期流量及含沙量的相关关系。Harman等(2008)提出采用基于对数转换的几何平均方法来避免上述问题，计算的平滩河槽特征变量可满足水流连续条件要求。Wohl等(2004)采用试验方法研究山区河流的平滩参数，河段平均流速取河道进口和出口断面60%水深处的流速的平均值，即可求出相应的河段平滩流量，但这种计算方法的经验性较强。

在黄河下游河道，实测断面间距往往不完全相等，小浪底水库运用前游荡段实测淤积断面间距为5.4～21.3km。考虑到实测断面间距不均匀对计算结果的影响，夏军强等(2010b)提出了基于对数转换的几何平均与断面间距加权平均相结合的方法来计算河段平均的平滩河槽形态参数。假设某一研究河段的总长度为 L，河段内实测断面数为 N，相邻两断面 $(i,i+1)$ 的间距可用 $(x_{i+1}-x_i)$ 表示，那么河段尺度的平滩河槽形态参数可由以下公式计算：

$$\overline{B}_{bf}=\exp\left[\frac{1}{2L}\sum_{i=1}^{N-1}(\ln B_{bf}^{i+1}+\ln B_{bf}^{i})\times(x_{i+1}-x_i)\right] \tag{3.1}$$

$$\overline{H}_{bf}=\exp\left[\frac{1}{2L}\sum_{i=1}^{N-1}(\ln H_{bf}^{i+1}+\ln H_{bf}^{i})\times(x_{i+1}-x_i)\right] \tag{3.2}$$

$$\begin{aligned}\overline{A}_{bf}&=\exp\left[\frac{1}{2L}\sum_{i=1}^{N-1}(\ln A_{bf}^{i+1}+\ln A_{bf}^{i})\times(x_{i+1}-x_i)\right]\\&=\exp\left[\frac{1}{2L}\sum_{i=1}^{N-1}(\ln B_{bf}^{i+1}H_{bf}^{i+1}+\ln B_{bf}^{i}H_{bf}^{i})\times(x_{i+1}-x_i)\right]\\&=\exp\left\{\frac{1}{2L}\sum_{i=1}^{N-1}[(\ln B_{bf}^{i+1}+\ln B_{bf}^{i})+(\ln H_{bf}^{i+1}+\ln H_{bf}^{i})]\times(x_{i+1}-x_i)\right\}\\&=\overline{B}_{bf}\times\overline{H}_{bf}\end{aligned} \tag{3.3}$$

式中，B_{bf}^{i}、H_{bf}^{i}、A_{bf}^{i}为第 i 断面的平滩河宽、平滩水深及平滩面积。因此河段尺度的$\overline{\zeta}_{bf}$可由$\sqrt{\overline{B}_{bf}}/\overline{H}_{bf}$计算得到。该方法既避免了直接平均对水流连续条件的破坏，又充分地体现了黄河下游统测断面不均匀分布对河段平滩河槽形态参数计算的影响。应当指出，式(3.1)～式(3.3)的计算精度与本书所研究河段内实测断面的数量密切相关，实测断面数量越多，计算结果越能反映研究河段整体的平滩河槽形态特征。

3.2　黄河下游不同河段平滩河槽形态参数的计算结果及分析

此处根据上述断面尺度的平滩河槽形态参数计算方法，确定了 1986～2015 年黄河下游 91 个汛后统测断面的平滩河槽形态参数(平滩河宽 B_{bf}、平滩水深 H_{bf}、平滩面积 A_{bf} 及河相系数 ζ_{bf})，然后应用基于对数转换的几何平均结合断面间距加权平均的方法，计算了河段尺度的平滩河槽形态。本节通过分析游荡段、过渡段、弯曲段的典型断面及三个不同河型河段平滩河槽形态的变化情况，确定了小浪底运用前后各河段平滩河槽形态的调整特点。

黄河下游按河道形态不同，可划分为孟津至高村的游荡段、高村至陶城埠的过渡段以及陶城埠至利津的弯曲段(赵业安等, 1998)。根据淤积断面及水文断面所在的具体位置，本节为方便计算采用的不同河型河段的划分方法与传统划分方法略有不同，即此处定义过渡段为高村至艾山河段，弯曲段为艾山至利津河段。

3.2.1　游荡段平滩河槽形态调整过程及特点

1. 典型断面平滩河槽形态调整

下游游荡段布设有花园口(HYK)、夹河滩(JHT)及高村(GC)三个水文断面，以往研究通常以这三个断面的河槽形态变化情况来代表整个游荡段的变化。图 3.3 给出了 1986～2015 年三个典型断面的平滩河槽形态参数(平滩河宽、平滩水深、平滩面积及河相系数)随时间的变化过程。

从图 3.3(a)可以看出，1986 年至小浪底水库蓄水初期，各断面平滩河宽表现为缓慢减小趋势，1999 年末小浪底水库运用之后，花园口断面平滩河宽经历了先迅速增加后保持稳定的过程，由 1999 年的 1480m 增加到 2002 年的 2382m，4 年增幅为 61%。在此期间，该断面滩岸崩退严重，年均滩岸崩退速率达 300m/a。此后该断面的平滩河宽基本维持在 2500m 左右。图 3.3(b)显示，花园口断面的平滩水深在小浪底水库运用最初 4 年内也由 0.83m 迅速增加到 1.68m，此后仍逐年增加，至 2015 年汛后达到 2.2m。从总体上看，小浪底水库运用后该断面的平滩面积表现为持续增加的过程，如图 3.3(c)所示。小浪底水库运用前，夹河滩断面的平滩河宽持续减小；小浪底水库运用后，该断面的平滩河槽形态调整同时经历了纵向冲深与横向展宽两个过程。1999 年汛后平滩河宽仅为 382m，此后持续增加到 2010 年汛后的 3860m，2012 年平滩河宽迅速减小至 1720m 并保持稳定。尽管小浪底水库运用后夹河滩断面平滩水深表现为波动式增加趋势，但是该断面的平滩面积仍表现为逐年增加，个别年份变化较为剧烈。高村断面平滩河宽变化很小(小浪底水库运用后平均值为 623m)，故河槽形态调整以纵向冲深为主，平滩水深增加了一倍，平滩面积随平滩水深的增加而逐年增加，至 2015 年汛后已达到 3311m^2。

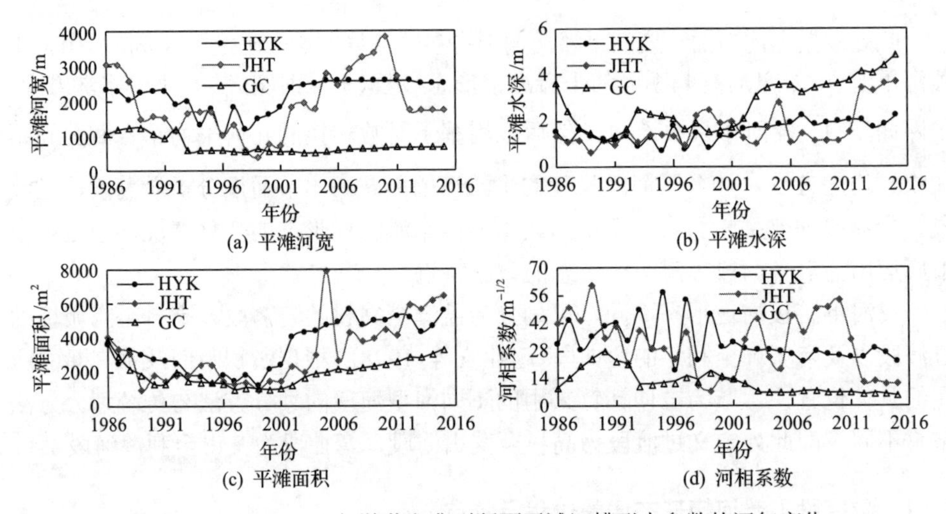

图 3.3 1986～2015 年游荡段典型断面平滩河槽形态参数的逐年变化

黄河下游游荡段河床持续冲刷过程中河槽形态既有可能出现断面展宽，又有可能出现断面趋于窄深，断面形态调整特点取决于河道特性、断面所在位置及水库运用方式。在水沙条件一定的情况下，当滩岸组成物质抗冲性较强，垂向冲深程度大于横向展宽时，断面趋于窄深；反之，断面趋于宽浅。反映河槽横断面形态的一个参数是宽深比，通常可用平滩水位下的河相系数 ζ_{bf} 来表示，即 $\zeta_{bf}=B_{bf}^{0.5}/H_{bf}$，其中 B_{bf}、H_{bf}分别为平滩水位下的河宽与相应平滩水深。图 3.3(d)是游荡段三个典型断面河相系数的逐年变化过程。由图 3.3(d)可知，小浪底水库运用后(1999 年以后)花园口断面与高村断面的河相系数总体呈逐年减小趋势，至 2015 年分别减小到 22.4m$^{-1/2}$ 及 5.4m$^{-1/2}$，表明这两个断面主槽的横向展宽程度小于纵向冲深程度，平滩河槽趋于窄深。夹河滩断面平滩河宽和平滩水深年际变化大，河相系数变化较为散乱，没有明显的规律性。

上述三个典型断面近 30 年的平滩河槽形态变化过程表明：黄河下游游荡段因独特的平面形态特征与复杂的河床演变特点，不同断面的河槽形态调整特点各不相同，且变化较为剧烈。因此特定断面的平滩河槽形态调整过程，难以反映整个游荡河段的调整趋势，需要采用河段尺度的概念来描述河段整体的河槽形态特征。

2. 河段尺度的游荡段平滩河槽形态调整

小浪底水库运用前，黄河下游游荡段设有 28 个统测淤积大断面，用于观测该河段的冲淤变化。本节首先根据 1986～2015 年这 28 个统测断面的汛后地形，逐个确定各断面汛后的主槽范围及平滩水位，然后得到相应的平滩河宽 B_{bf}、平滩水深 H_{bf}、平滩面积 A_{bf}等。根据这些断面尺度的平滩河槽形态参数，采用式(3.1)～式(3.3)计算得到游荡段逐年的河段平均的平滩河槽形态参数。河段尺度的游荡段平滩河宽、平滩水深、平滩面积及河相系数随时间的变化过程如图 3.4 所示。

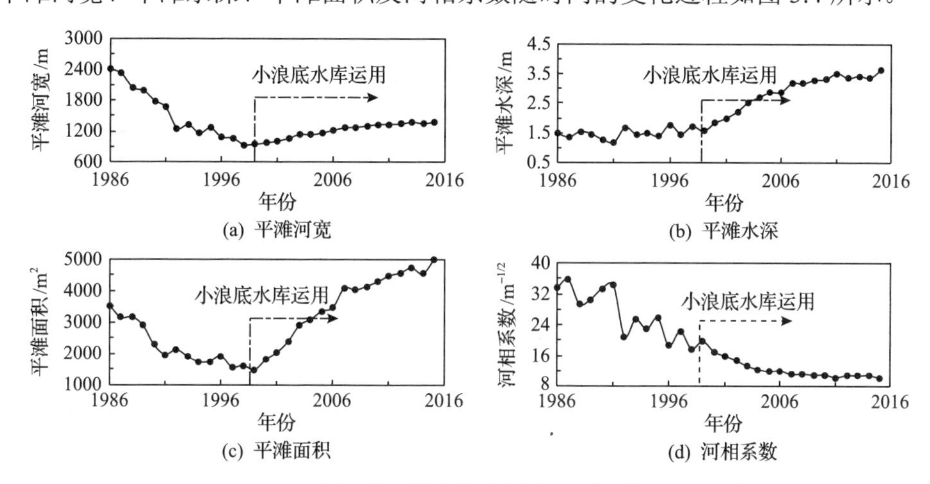

图 3.4　1986～2015 年河段尺度的游荡段平滩河槽形态参数的逐年变化

从 1986 年开始，黄河流域内气候条件发生变化，再加上黄河上中游资源的开发利用，黄河下游来水来沙条件为枯水少沙系列。沙量减少但不稳定，暴雨强度大的年份沙量仍较大，且小流量高含沙洪水概率增大。在该水沙条件下，黄河下游经历了明显的河床淤积与主槽萎缩过程(潘贤娣等, 2006)。持续的河床淤积使平滩面积大幅度减小，主槽宽度持续缩窄(许炯心和孙季, 2003)，过流能力大幅度降低。1999 年后小浪底水库实行蓄水拦沙运用方式，进入下游河道的沙量急剧减小，因此下游各个河段表现出不同程度的持续冲刷。

1) 持续淤积阶段河槽形态的调整特点

图 3.4(a)与(b)中前半部分曲线分别给出了游荡段河床在持续淤积阶段(1986～1999 年)平滩河宽及水深的变化情况。如图 3.4(a)所示，1986～1999 年河段平滩河

宽持续减小，从 2400m 减小到小浪底水库运用前的 943m，减小幅度达 61%。而图 3.4(b)所示的河段平滩水深在 1986～1999 年有增有减，增减幅度基本相当，在这 13 年间变化不明显，平均值在 1.5m 左右。

从图 3.4(a)还可以明显地看到，河段平滩河宽在不同年份减小幅度不同，其中 1988 年、1992 年及 1996 年汛后平滩河宽减小幅度明显大于其他年份；平滩水深在多数年份均呈减小趋势，而 1988 年、1992 年及 1996 年却有所增加。该变化特点与这三个年份出现的高含沙洪水过程有关。1986～1999 年下游大洪水较少，但是高含沙洪水出现的次数较多，1988 年、1992 年及 1996 年汛期洪水均为高含沙洪水。高含沙水流在运动特性等方面与一般挟沙水流不同，其造床作用具有独特性(Li et al., 2018)。高含沙洪水漫滩后，大量泥沙在嫩滩落淤，使得平滩河宽减小幅度大于其他年份；同时淤积的泥沙抬高了嫩滩滩唇高程，平滩高程增大，且落水阶段对主槽的冲刷使平滩河槽明显刷深，平滩水深增大。这样就使得河槽断面形态趋于窄深，反映断面宽浅或窄深程度的河相系数明显减小(Li et al., 2018)。特别是 1992 年，平滩河宽由 1657m 减小到 1256m，而平滩水深则由 1.2m 增大到 1.7m，河相系数相应地由 $34.4m^{-1/2}$ 减小到 $21.0m^{-1/2}$，游荡段河槽窄深程度大大增加。

因此就断面形态而言，由于窄深断面单宽流量大，输沙能力强，高含沙水流通过的河道往往形成窄深的断面形态以适应水流通过。就冲淤分布而言，高含沙洪水通过宽浅的游荡型河道时，水流挟沙力在涨峰阶段很高，引起主槽的严重冲刷，而漫滩洪水则会给滩地带来大量淤积，这体现了黄河下游高含沙量洪水“淤滩刷槽”的基本规律(赵业安等, 1998; 齐璞等, 1999)。高含沙洪水往往出现在汛期洪峰过程中，此时洪水流量及含沙量都较大，河床冲淤幅度较大，导致河道内水位涨落速率加快，发生强烈的主槽冲刷和滩地淤积，即“大冲大淤”。滩地面积明显大于主槽面积，滩地泥沙淤积量大于主槽冲刷量，故高含沙洪水通过时，河道总体而言是大量淤积的(赵业安等, 1998)。图 3.5 绘制了黄河下游及各河段 1986～2015 年的累计淤积过程。从图 3.5 中可知，1988 年、1992 年和 1996 年下游淤积量的增幅明显大于其他年份，相应时刻的累计淤积量分别达到 4.50 亿 m^3、10.22 亿 m^3、18.01 亿 m^3；小浪底水库运用后黄河全下游冲刷显著，1999～2015 年累积冲刷量达到 18.60 亿 m^3。

河段平滩面积的变化情况是平滩河宽与水深变化的综合体现，表征着主槽过流能力的大小(图 3.4(c))。在持续淤积阶段，河段平滩面积从 1986 年的 $3500m^2$ 减少到 1999 年的 $1500m^2$，减幅高达 57%。河相系数是平滩河槽形态的几何特征的表征参数，代表河槽的宽浅或窄深程度(图 3.4(d))。在游荡段持续淤积期间，河相系数整体上呈减小的趋势，值得注意的是，由于高含沙洪水的作用，1988 年、1992 年及 1996 年这三个年份的平滩河宽减小明显，而平滩水深有所增大，故河相系数减小十分显著。

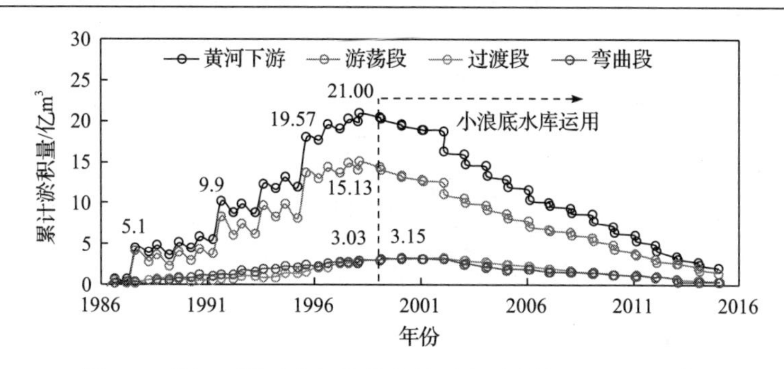

图 3.5 黄河下游及各河段的累计淤积过程(1986～2015 年)

2)持续冲刷阶段平滩河槽形态的调整特点

小浪底水库运用后，下游河床持续冲刷使游荡段的平滩河宽、水深均有所增加，但是二者增幅不同。河段平滩河宽从 1999 年汛后的 943m 增加到 2015 年汛后的 1377m，增幅为 46%(图 3.4(a))。河段平滩水深增加较明显，从 1999 年的 1.6m 增加到 2015 年汛后的 3.6m，增加了 125%，增幅大于平滩河宽(图 3.4(b))。由于河段平滩河宽及水深均增加，平滩面积也相应地从 $1469m^2$ 增加到 $4989m^2$，增幅高达 240%(图 3.4(c))。故在近期下游游荡段的断面形态调整中，平滩河槽既有横向展宽又有纵向冲深，平滩河宽及水深都有一定程度增加，但河段平滩水深的增幅明显大于平滩河宽的增幅。因此可以认为尽管近期游荡段的横向展宽过程较为突出，但断面形态调整仍以纵向冲深为主，河相系数呈减小趋势，1999～2015 年整个游荡段的平滩河相系数由 $19.7m^{-1/2}$ 降至 $10.2m^{-1/2}$(图 3.4(d))。

1986～2015 年，黄河下游游荡段经历了持续淤积与持续冲刷两个阶段，平滩河槽形态在两个阶段调整趋势不同。河段平滩河宽先减小后增大，从 1986 年的 2406m 到 2015 年的 1377m，并未恢复到河床萎缩前的河宽水平。出现这种情况与游荡段常见的生产堤修建有关。主槽一侧的生产堤限制了河床冲刷过程中的主槽展宽，一侧岸坡被生产堤阻挡，平滩河槽的展宽只能在单侧滩地进行。在持续淤积期，河段平滩水深呈减小趋势，但在三个高含沙洪水年份(1988 年、1992 年、1996 年)有明显增大。在持续冲刷时期，河段平滩水深迅速增加到 2015 年汛后的 3.6m，相比 1986 年增大了 140%；河段平滩面积从 1986 年的 $3525m^2$ 增加到 2015 年的 $4989m^2$，导致主槽过流能力显著增大。

3.2.2 过渡段平滩河槽形态调整过程及特点

1. 典型断面平滩河槽形态调整

黄河下游过渡段设有孙口(SK)水文站，以往研究通常以孙口断面的河槽形态变化情况来代表整个过渡段的变化。图 3.6 给出了孙口断面的平滩河槽形态参数随时间的变化过程。

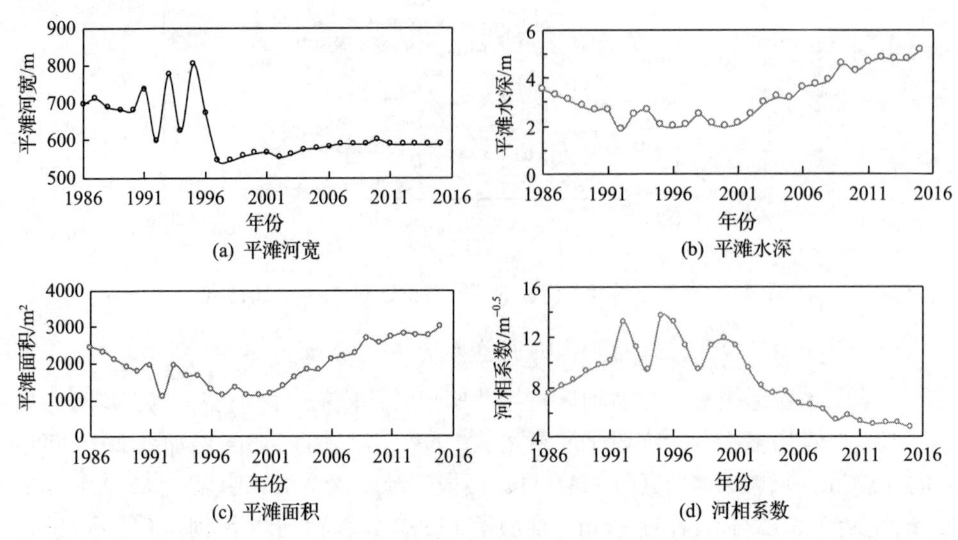

(a) 平滩河宽　(b) 平滩水深

(c) 平滩面积　(d) 河相系数

图 3.6　1986～2015 年过渡段典型断面平滩河槽形态参数的逐年变化(孙口断面)

由图 3.6(a)可以看到，小浪底水库运用前，孙口断面平滩河宽变化幅度较大，在 546～802m 区间变化；平滩水深总体呈减小的趋势，由 1986 年的 3.54m 减小到 1999 年的 2.08m。小浪底水库运用后，孙口断面平滩河宽调整较小，在 550～600m 区间变动，变化范围仅为 50m，虽然该断面平滩河宽变化不明显，但是仍然呈现出逐年增大的趋势，2011 年汛后的平滩河宽约为 590m。这是由于孙口所在的过渡段两岸控导工程密布，河宽调整受到很大的约束。黄河下游过渡段的控导工程本着控导主流，护滩保堤的方针，采用因势利导、以坝护弯、以弯导流的方法，控制中水河槽，减小主流的摆动幅度。因此，河宽变化受到很强的人工约束，不能充分地体现来水来沙条件变化对平滩河宽调整的影响。图 3.6(b)是孙口断面平滩水深的变化情况，从 1999 年汛后的 2.1m 到 2011 年汛后的 4.6m，平滩水深增幅达 119%。显然该断面平滩水深增大幅度远大于平滩河宽增大幅度，故纵向冲深十分显著。

小浪底水库运用后，孙口断面的平滩河宽与水深均不断增大，相应断面的平滩面积也持续增加，图 3.6(c)给出了孙口断面平滩面积的变化情况。从图 3.6(c)中可以看出，断面平滩面积变化是平滩河宽与平滩水深增大的综合反映，从 1999 年汛后的 $1161m^2$ 平稳增长到 2011 年汛后的 $2726m^2$，增幅达 135%，到 2015 年增加到 $3014m^2$。图 3.6(d)给出了过渡段孙口断面河相系数的逐年变化情况。由图 3.6(d)可知，小浪底水库运用后，孙口断面的河相系数呈总体减小趋势，至 2015 年，断面河相系数减小到 $4.75m^{-1/2}$ 左右。这说明该断面主槽纵向冲深明显，平滩河槽的窄深程度进一步加大。

孙口断面平滩河槽形态变化的分析结果表明：过渡段的断面平滩河宽变化较小，断面形态相对游荡段比较窄深。随着下游河道长距离冲刷的进行，平滩河宽有微小增加趋势，但变化幅度非常有限，而平滩水深不断增大，故相应的平滩面积随水深的增大而增加；河相系数总体上持续减小，横断面的窄深程度进一步增大。因此该断面可以在一定程度上反映过渡段平滩河槽形态调整的规律，但是不能全面代表整个过渡段的调整变化情况，仍然需要采用河段平均的概念来描述整个过渡段河槽形态特征的变化。

2. 河段尺度的过渡段平滩河槽形态调整

黄河下游过渡段(高村—艾山河段)设有 29 个统测淤积断面，用于观测该河段的冲淤变化。本书首先根据 1986～2015 年这些统测断面的汛后实测地形，逐个确定各断面的主槽范围及平滩水位，计算相应的平滩河宽 B_{bf}、水深 H_{bf}、面积 A_{bf} 等。然后采用式(3.1)～式(3.3)计算得到过渡段逐年的河段平均的平滩河槽形态参数，如图 3.7 所示。下面将详细地分析持续淤积阶段及持续冲刷阶段过渡段的平滩河床形态调整特点。

1)持续淤积阶段河槽形态调整特点

图 3.7(a)与(b)中前半部分曲线分别给出了过渡段平滩河宽和水深在河床持续淤积阶段(1986～1999 年)的变化情况。如图 3.7(a)所示，在小浪底水库运用前，河段平滩河宽从 1986 年的 817m 持续减小到 1999 年的 521m 左右，减小幅度达 36%。而图 3.7(b)所示河段平滩水深在 1986～1999 年总体上呈持续减小趋势，从 1986 年的 3.2m 减小到 1999 年的 2.0m，减小约 38%。平滩河宽和平滩水深总体上持续减小，则相应平滩面积也总体上持续减小。图 3.7(c)给出了平滩面积的变化

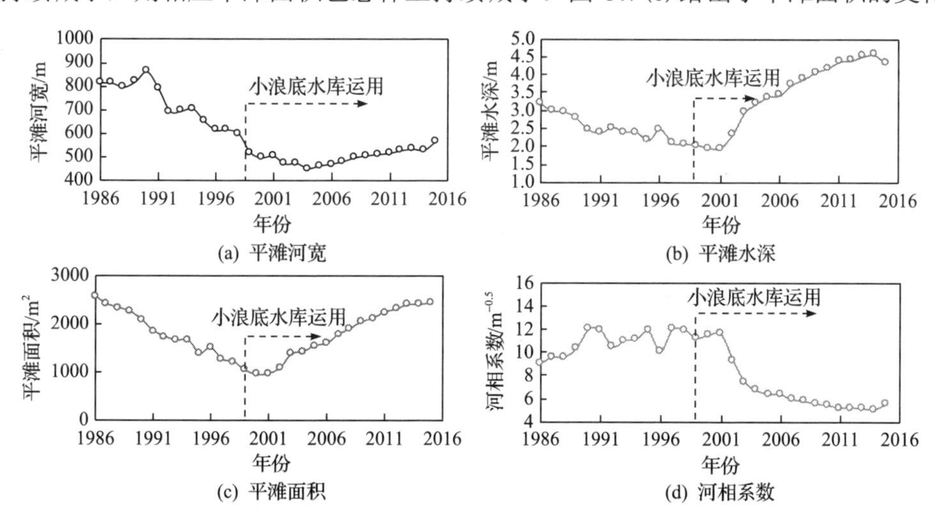

图 3.7　1986～2015 年河段尺度的过渡段平滩河槽形态参数的逐年变化

情况，过渡段的平滩面积由 1986 年的 2591m^2 减小到 1999 年的 1057m^2，减小幅度达 59%。在持续淤积阶段，过渡段平滩面积大幅度减小，主槽发生萎缩，过流能力大幅度降低。

2) 持续冲刷阶段河槽形态调整特点

小浪底水库运用后，黄河下游河床持续冲刷使过渡段的平滩河宽、水深均有所增加，但是二者增幅不同。河段平滩河宽从 1999 年汛后的 521m 增加到 2015 年汛后的 569m，增幅为 9%左右(图 3.7(a))。河段平滩水深增加较明显，从 1999 年汛后最初的 2.0m 增加到 2015 年汛后的 4.3m，增加了 115%，增幅远大于平滩河宽(图 3.7(b))。由于河段平滩河宽及平滩水深均增加，平滩面积也相应地从约 1057m^2 增加到 2462m^2，增幅高达 133%(图 3.7(c))。因此在近期下游过渡段河床形态调整中，平滩水深的增加幅度远大于平滩河宽，故该时期河床调整以纵向冲深为主，河相系数呈减小趋势，整个过渡段的河相系数由 11.24m$^{-1/2}$ 降至 5.51m$^{-1/2}$(图 3.7(d))。

3.2.3 弯曲段平滩河槽形态调整过程及特点

1. 典型断面平滩河槽形态调整

下游弯曲段设有艾山(AS)、泺口(LK)及利津(LJ)三个水文站，以往研究通常以这三个水文断面的河槽形态变化情况来代表整个弯曲段的变化。图 3.8 给出了这三个典型断面平滩河槽形态参数随时间的变化过程。

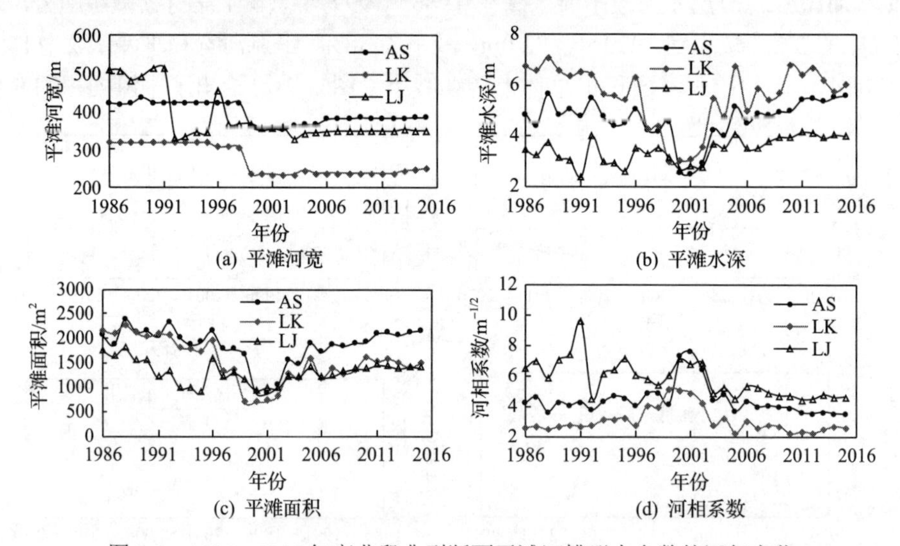

图 3.8 1986～2015 年弯曲段典型断面平滩河槽形态参数的逐年变化

该河段与过渡段类似，两岸控导工程密布，河宽调整受到很大的约束，因此这三个断面的平滩河宽基本维持在某一定值。由图 3.8(a)可以看到，艾山断面、利津断面平滩河宽近几年稳定在 350m 左右，泺口断面平滩河宽更小，基本维持在 230m 左右。黄河下游河道具有上宽下窄的特点，因此弯曲段典型断面的平滩河宽较过渡段(如孙口断面)进一步减小。从图 3.8(b)可以看到该河段各断面床面冲深明显，平滩水深在 1999～2015 年总体上呈增加趋势，增幅最大的为泺口断面，从 3.0m 增加到 6.0m，增幅达到了 100%；其次是利津断面，从 3.2m 增加到 4.0m，增加了 25%。艾山—利津段在 2003 年汛期及 2005 年汛期全断面的冲刷量较大，分别为 0.542 亿 m^3 及 0.286 亿 m^3，因此在这两年汛后的平滩水深都有显著增加。

在平滩河宽基本不变，平滩水深不断增大的情况下，相应的平滩面积随平滩水深增大而增加，图 3.8(c)给出了这个三个断面平滩面积的变化情况。从图 3.8(c)与(b)中可以看出，三个断面平滩面积的变化趋势与平滩水深变化情况基本一致。艾山断面平滩面积在三个断面中最大，稳定在 2100m^2，泺口断面与利津断面平滩面积自小浪底水库运用以来分别增加了 810m^2 和 460m^2，增幅分别为 117%、49%。图 3.8(d)是弯曲段三个典型断面河相系数的逐年变化情况。由图 3.8(d)可知，三个断面的河相系数均总体上呈减小趋势，至 2015 年，艾山与利津断面河相系数都减小到 4$m^{-1/2}$ 左右，泺口断面河相系数降至 2.6$m^{-1/2}$。这表明这三个断面纵向冲深显著，平滩河槽形态进一步趋于窄深。

上述三个典型断面平滩河槽形态变化结果表明：黄河下游弯曲段的平滩河宽基本不变，随着下游弯曲段长时间的冲刷，平滩水深不断增加，平滩面积相应增大，河相系数持续减小，各个断面平滩河槽形态的窄深程度进一步增大。这三个断面平滩河槽形态的总体调整趋势基本一致，但是调整幅度各不相同，因此需要采用河段尺度的概念来描述整个弯曲段的河槽形态特征。

2. 河段尺度的弯曲段平滩河槽形态调整

下游弯曲段布置有 36 个统测淤积断面，用于观测河段的冲淤变化。采用河段平均的平滩河槽形态参数的计算方法，确定了弯曲段 1986～2015 年河段平均的平滩河槽形态参数。近 30 年弯曲段的平滩河宽、平滩水深、平滩面积及河相系数随时间的变化结果，如图 3.9 所示。

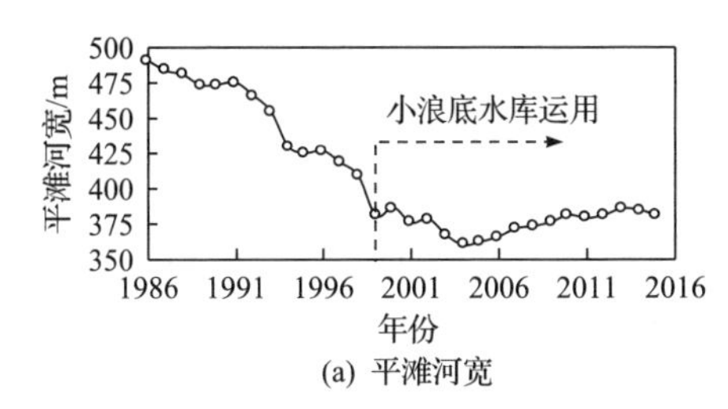

(a) 平滩河宽

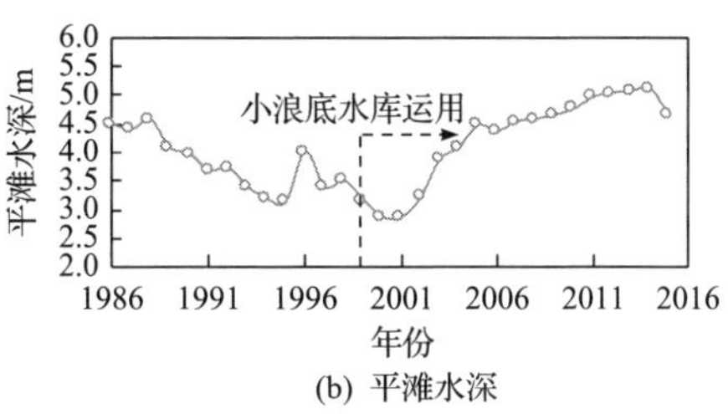

(b) 平滩水深

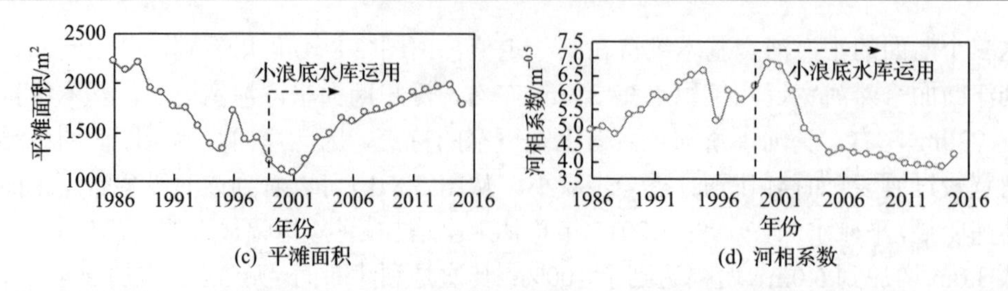

(c) 平滩面积 (d) 河相系数

图 3.9 1986～2015 年河段尺度的弯曲段平滩河槽形态参数的逐年变化

1986～1999 年进入弯曲段的水沙条件十分不利，来水量连续偏枯，而来沙量年际间变化很大，中常洪水洪峰流量削减，全年泥沙相对集中在汛期进入下游，中枯水流量持续时间长，由于沿程引水，下游河道经常断流。小浪底水库运用后(1999～2015 年)，弯曲段河床处于持续冲刷状态。

由图 3.9 可知，小浪底水库运用前后弯曲段平滩形态调整特点与游荡段类似，同样呈现明显的两个调整阶段，即 1986～1999 年的持续淤积阶段以及 1999～2015 年的持续冲刷阶段。在持续淤积阶段，图 3.9(a)～(c)的总体变化趋势基本相同，平滩河宽由 490m 缩窄至 381m，平滩水深由 4.5m 减小至 3.2m，减小了近 30%，河段平滩面积由 1986 年的 2209m^2 减小至 1206m^2，减小幅度达 45%，但平滩水深和平滩面积在部分年份(如 1988 年和 1996 年)稍有增加，平滩河宽在 1988 年和 1996 年减小幅度放缓，说明弯曲段的平滩河槽调整与游荡段类似。小浪底水库运用后，弯曲段平滩河宽微增之后保持稳定，2015 年汛后平滩河宽为 381m，但平滩水深持续增加，尤其是在小浪底运用后的最初 5 年，由 2000 年的 2.9m 增长到 2004 年的 4.6m，增幅为 59%，后几年平滩水深增幅放缓，但河槽仍在不断刷深，这一阶段平滩面积的变化趋势与平滩水深一致。弯曲段的河相系数在持续淤积阶段有增有减，但总体呈增加趋势；小浪底水库运用后，河相系数整体减小，2015 年汛后已减小至 4.2m$^{-1/2}$，说明弯曲段在持续冲刷过程中平滩河槽形态逐渐趋于窄深。

3.2.4 断面与河段尺度的平滩河槽形态对比

对比采用河段平均方法计算得到的 1986～2015 年游荡段平滩面积与该河段内三个水文站平滩面积，如图 3.10 所示。从图 3.10 中可以看到，游荡段平滩面积变化趋势基本与各水文站断面尺度的平滩面积变化趋势一致，但变化幅度则明显减小。夹河滩断面河床调整迅速，平滩河槽形态在相邻年份之间变化十分剧烈。而花园口和高村两断面分别位于游荡段的不同位置，二者距离 178km，因而在同一年份的平滩面积值也有较大差异，无法代表整个游荡段的变化情况。由此可见，采用河段平均的平滩河槽形态参数来描述河段整体的河槽形态变化是必要的。

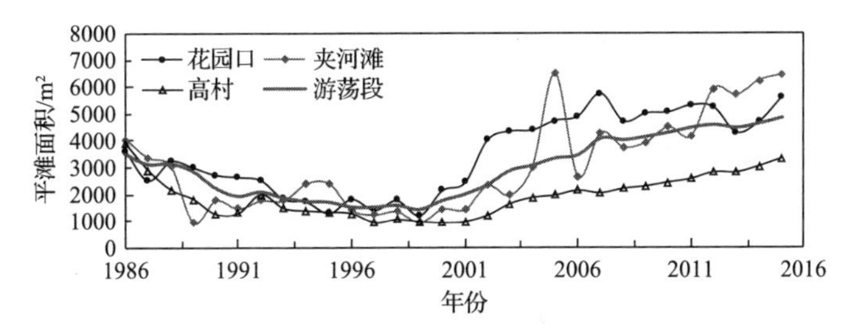

图 3.10　1986～2015 年游荡段与河段内各水文站平滩面积的逐年变化

同样图 3.11 给出了河段平均法计算得到的 1986～2015 年弯曲段平滩面积与该河段内三个水文站平滩面积的对比情况。从图 3.11 中可以发现，弯曲段平均的平滩面积与各断面平滩面积的变化趋势一致，但前者的变化幅度小于各断面。艾山和泺口断面在小浪底运用前后的 10 年内调整幅度较为强烈，而利津断面则是在 1992～1996 年变化较为剧烈。因此某个特定断面的平滩面积调整趋势都不足以反映整个弯曲段的变化情况，需要采用河段平均的计算方法来分析整个河段的平滩河槽形态调整特点。

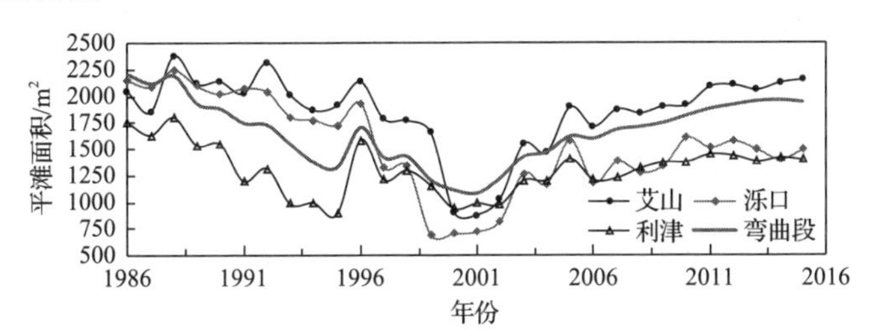

图 3.11　1986～2015 年弯曲段与河段内各水文站平滩面积的逐年变化

3.3　河段平滩河槽形态与前期水沙条件之间的关系

天然冲积河流的河床形态由水流与泥沙运动在一定边界条件下共同塑造而成，上游来水量、来沙量及其过程都在一定程度上影响着河床形态的调整。任何时段内的河床演变过程，都是在一定的初始河床边界条件下进行的。初始河床边界条件本身是前期水沙条件作用的结果，体现了前期水沙条件对当前时段河床演变的影响。因此当前时段的河床演变，不仅受当前水沙过程的影响，而且还与河床边界条件有关。而河床边界条件还受前期若干时段内水沙条件的影响，此现象为河床对水沙条件变化的滞后响应(吴保生和郑珊，2015)。平滩河槽形态参数的变化通常不能完全跟随当年来水来沙条件的变化而调整，而是与前期若干年平均值的变化趋势一致(吴保生，2008；吴保生和郑珊，2015)。

在已有对平滩河槽形态及平滩流量的研究成果中，一些学者针对河床演变中存在的滞后响应和累积影响从不同方面进行了研究。吴保生等(2007)在对黄河下游平滩流量分析的基础上，发现平滩流量不仅受当年水沙条件的影响，还受前期若干年内水沙条件的影响，并且采用滑动平均和加权平均的方法研究了来水来沙变化对平滩流量的累积影响。梁志勇等(2005)和冯普林等(2005)采用几何平均的方法分析了黄河下游河道几何形态与水沙条件的关系，发现了河道几何形态的"记忆"效应，即河道几何形态受前期来水来沙条件的影响。因此平滩河槽形态与前期水沙条件之间可以建立一定的经验关系。

近年来非汛期的来水量占年来水量的比例有所增大，且在下游各河段汛期与非汛期都存在显著的河床变形。图 3.12 给出了 1986～2015 年游荡段汛期与非汛期冲淤量的变化过程。正值表示发生淤积，负值表示发生冲刷。从图 3.12 中可以看出：小浪底水库运用前，游荡段汛期发生淤积，非汛期发生冲刷，其中汛期淤积量多年平均值为 2.16 亿 m^3/a，非汛期冲刷量多年平均值为 1.01 亿 m^3/a；小浪底水库运用后，游荡段汛期与非汛期均发生冲刷，两个时期冲刷量相差不大，个别年份甚至非汛期的冲刷量略大于汛期冲刷量，汛期冲刷量多年平均值为 0.39 亿 m^3/a，而非汛期冲刷量多年平均值为 0.43 亿 m^3/a。由此可以说明，游荡段汛期与非汛期都存在显著的河床冲淤变形，非汛期冲淤量与汛期总体相当，均会对河槽形态调整产生较大的影响。在黄河下游的过渡段与弯曲段，汛期与非汛期也存在显著的河床冲淤变形。因此需要同时考虑汛期与非汛期水沙条件的综合作用对黄河下游各河段平滩河槽形态调整的影响。

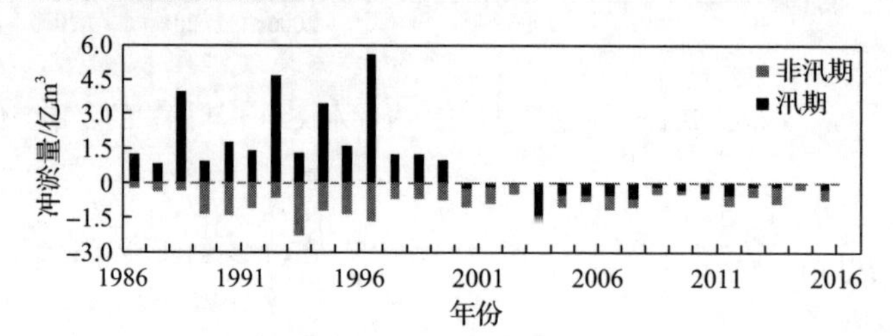

图 3.12 游荡段汛期与非汛期冲淤量变化(1986～2015 年)

因此黄河下游不同河型河段的平滩河槽形态参数可以表示为汛期及非汛期的来水来沙条件的函数关系。进入河段的水沙条件可以采用以下两种方式来表示：一是汛期与非汛期流量及来沙系数的函数关系；二是汛期与非汛期水流冲刷强度的函数关系。

(1)在某个特定河型的河段，通常可取河段进口断面(水文站)的流量及来沙系数作为该河段的来水来沙条件。因此河段平滩河槽形态参数，可以表示为前期 n 年平均的汛期与非汛期的流量及来沙系数的函数关系：

$$\overline{G}_{bf} = k_1(\overline{Q}_{nfd})^{\alpha_1}(\overline{\xi}_{nfd})^{\beta_1} + k_2(\overline{Q}_{nnf})^{\alpha_2}(\overline{\xi}_{nnf})^{\beta_2} \tag{3.4}$$

式中，$\overline{G}_{bf}$ 为河段尺度的平滩河槽形态参数；$\overline{Q}_{nfd}$、$\overline{\xi}_{nfd}$ 分别为前期 n 年平均的汛期流量及来沙系数；$\overline{Q}_{nnf}$、$\overline{\xi}_{nnf}$ 为前 n 年平均的非汛期流量及来沙系数；k_1、k_2、α_1、β_1、α_2、β_2 分别为回归的系数与指数。

式(3.4)中等号右边的第1项及第2项分别为汛期与非汛期水沙条件的影响。

(2)来水来沙条件是指一定时期内进入研究河段的含沙量、流量及其组合过程。此处采用平均水流冲刷强度 F_i 来表示水沙条件，其表达式为

$$F_i = (\overline{Q}_i^2 / \overline{S}_i) / 10^4 \tag{3.5}$$

式中，$\overline{Q}_i$ 为平均流量，m^3/s；$\overline{S}_i$ 为平均含沙量，kg/m^3。冲积河流在河道冲淤平衡的状态下，某一断面的输沙率 Q_s 与该断面的流量 Q 存在幂函数关系：$Q_s = aQ^b$，a 为系数，b 为指数。利用花园口、夹河滩断面1950～2015年年均输沙率和年均流量对该经验公式进行率定，发现指数 b 为2.0左右(李洁等, 2017)，如图3.13所示。因此，用平均流量 $\overline{Q}_i$ 近似代表该断面的水流挟沙能力，而特定流量下挟沙力与含沙量的比值则用 $\overline{Q}_i^2 / \overline{S}_i$ 表示。需要注意的是，由于黄河下游悬移质含沙量占总含沙量的99.5%，推移质含沙量很少，可以忽略不计，认为黄河下游各河段河床形态调整主要是由悬移质泥沙不平衡输移引起的。

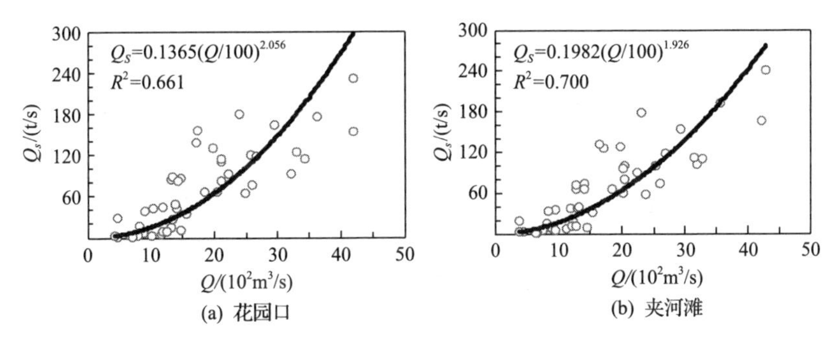

图3.13　典型断面年均流量与相应输沙率的关系

因此河段平滩河槽形态 $\overline{G}_{bf}$ 也可以表示为汛期与非汛期的水流冲刷强度的函数关系：

$$\overline{G}_{bf} = k_1(\overline{F}_{nfd})^{\alpha_1} + k_2(\overline{F}_{nnf})^{\alpha_2} \tag{3.6}$$

式中，$\overline{F}_{nfd}$ 为前期 n 年平均的汛期水流冲刷强度；$\overline{F}_{nnf}$ 为前期 n 年的非汛期水流冲刷强度。上述分析表明，来水来沙条件的改变是导致黄河下游河床调整的关键因素，在黄河下游各河段汛期与非汛期都存在显著的河床变形。但以往研究多侧重于汛期水沙条件对平滩河槽形态的影响，而忽略了非汛期水沙条件的影响(吴保

生, 2008; Xia et al., 2014a, 2014b; 吴保生和郑珊, 2015）。本节建立了游荡段及过渡段的进口水文站(花园口及高村站)的汛期与非汛期平均水流冲刷强度的经验关系，如图 3.14 所示。从图 3.14 中可以看出，汛期与非汛期平均水流冲刷强度之间存在一定的相关关系，两者决定系数分别为 0.80 和 0.58，表明汛期水沙与非汛期水沙条件之间具有一定的关联性，因此以往研究平滩河槽形态调整时仅考虑汛期水沙条件具有一定的合理性。但汛期与非汛期水沙条件之间的关系并非非常紧密，而且图 3.12 也表明汛期及非汛期均存在显著的河床冲淤过程，尤其在小浪底水库运用后的持续冲刷期，因此综合考虑二者对平滩河槽形态调整的影响更具有实际应用价值。

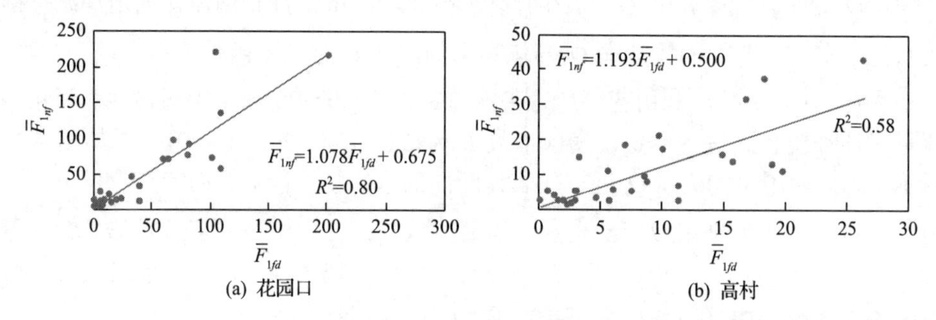

图 3.14 花园口及高村站汛期与非汛期平均水流冲刷强度之间的关系

为了对河段平滩河槽形态参数经验关系式的计算值与实测值进行比较，本节采用决定系数 R^2 及平均绝对误差百分率(mean absolute percentage error，MAPE)两个统计指标来评价计算精度。

决定系数 R^2 用于反映经验关系得到的计算值与实测值之间关系密切程度的统计指标，取值为[0, 1]。其值越接近 1.0，表明经验关系的计算值与实测值越接近，计算精度越高。决定系数 R^2 的计算公式为

$$R^2 = \frac{\left[N\sum \overline{G}_{bfi}\overline{G}_{bci} - (\sum \overline{G}_{bfi}\overline{G}_{bci})^2\right]}{\left[N\sum \overline{G}_{bfi}^2 - (\sum \overline{G}_{bfi})^2\right]\left[N\sum \overline{G}_{bci}^2 - (\sum \overline{G}_{bci})^2\right]} \tag{3.7}$$

MAPE 表示为经验关系计算值与实测值之间的平均绝对误差百分率，用百分制表示，取值为[0, +∞]。该参数越接近 0，则表示计算值与实测值越接近，计算精度越高。MAPE 的计算公式可表示为

$$\text{MAPE} = \frac{1}{N}\sum_{i=1}^{N}\left|\frac{\overline{G}_{bfi} - \overline{G}_{bci}}{\overline{G}_{bfi}}\right| \times 100\% \tag{3.8}$$

式(3.7)和式(3.8)中，N 为计算的总年数；$\overline{G}_{bfi}$ 为第 i 年汛后河段平滩河槽形态参

数的实测值；$\bar{G}_{bci}$ 为第 i 年汛后河段平滩河槽形态参数的经验公式计算值。

3.3.1　游荡段平滩河槽形态与前期水沙条件之间的关系

1. 平滩河槽形态与流量及来沙系数组合的关系

由图 3.12 可知，在 1986～2015 年研究时段内，游荡段汛期和非汛期都存在显著的河床冲淤变形，因此在分析游荡段平滩河槽形态的调整规律时，应该同时考虑汛期和非汛期水沙条件的影响。以河段平滩面积为例，图 3.15 分别点绘了游荡段平滩面积与前 5 年平均的汛期及非汛期水沙条件之间的关系。

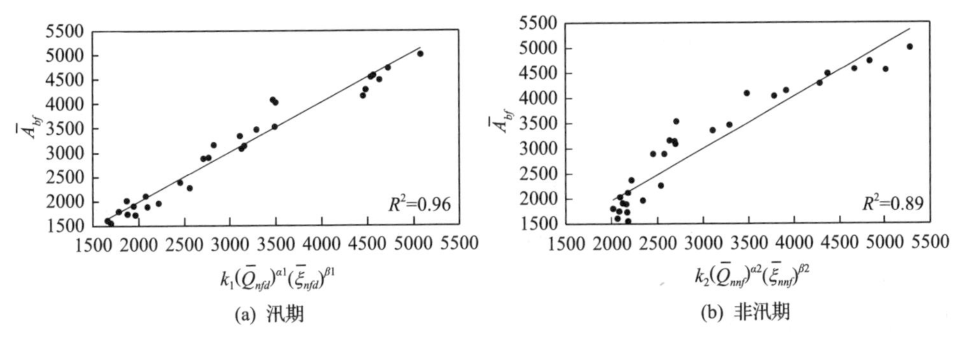

图 3.15　游荡段平滩面积与汛期及非汛期水沙条件之间的关系(n=5)

可以看到，河段平滩面积与汛期水沙条件的相关关系较好，决定系数 R^2 达到 0.96(图 3.15(a))，相比之下河段平滩面积与非汛期水沙条件的相关程度略低，但仍然可以看到二者存在较好的相关关系(图 3.15(b))。同样地，游荡段的平滩河宽、平滩水深、河相系数与汛期及非汛期的水沙条件也存在类似关系。因此平滩河槽形态参数与汛期及非汛期水沙条件之间都存在一定的相关关系，即汛期与非汛期来水来沙条件的组合，共同决定了平滩河槽形态的调整过程。

以往分析也表明：平滩河槽形态调整通常无法完全地跟随当年来水来沙条件的变化，而是与前期 n 年水沙条件平均值的变化趋势一致。为了确定经验关系式(3.4)中前期统计年数 n 的取值，逐一取前期不同年数平均的水沙条件与河段平滩河槽形态参数(如平滩河宽、平滩水深、平滩面积等)进行多元非线性回归分析，率定式(3.4)中各项的系数 k_1、k_2 及指数 α_1、α_2 与 β_1、β_2。随后本节通过计算各个经验关系式对应的决定系数 R^2 与平均绝对误差百分率 MAPE，对计算精度进行评价，最终选取 n 的最优取值。

在黄河下游游荡段，分别取小浪底、黑石关及小董三站之和(小黑小)的前 1～7 年汛期与非汛期平均流量及来沙系数作为进入游荡段的水沙条件。对该河段平滩河槽形态参数与这些水沙条件进行多元非线性回归分析。此处以河段平滩面积为例，分别采用前 1～7 年水沙条件建立经验关系（$\overline{A}_{bf} = k_1\left(\overline{Q}_{nfd}\right)^{\alpha_1}\left(\overline{\xi}_{nfd}\right)^{\beta_1} + k_2\left(\overline{Q}_{nnf}\right)^{\alpha_2}\left(\overline{\xi}_{nnf}\right)^{\beta_2}$），相应的计算精度指标($R^2$ 及 MAPE)随前期统计年数 n 的变化情况，如图 3.16 所示。

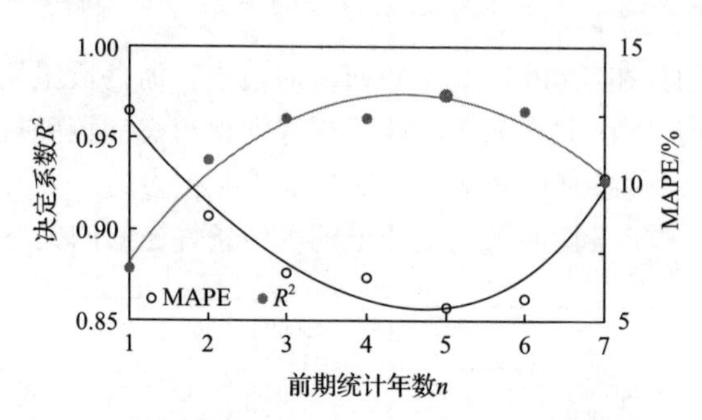

图 3.16　游荡段平滩面积经验关系式的计算精度指标随前期统计年数 n 的变化

从图 3.16 可以发现，当前期统计年数 n 取值从 1 增加到 7 时，决定系数 R^2 经历了先增加后减小的过程，而 MAPE 经历了先减小后增加的过程。当 n=1，即采用当年的来水来沙条件与游荡段平滩面积建立关系时，该关系式的决定系数 R^2 为 0.88，对应的 MAPE 较大(MAPE=12.6%)。随着参与计算的前期水沙条件的统计年数 n 值增加，决定系数 R^2 逐渐增大，但增加幅度递减；MAPE 逐渐减小，减小幅度小于前期统计年数为 2 或 3 时的幅度。因此随着前期统计年数的增加，经验关系式的计算精度逐渐提高，但增幅逐渐减小。在 n=5 时，R^2 为 0.97，MAPE 取得最小值 5.5%，当 n 值继续增加，即前期统计年数分别为 6、7 年时，R^2 减小为 0.96 和 0.93，经验关系式的计算精度随之降低。图 3.16 表明：当 n 值取 3～5 时，R^2 均达到 0.95 以上，MAPE 保持在 6%附近，计算精度均在可接受范围内。因此平滩河槽形态调整主要由前期 3～5 年时间范围内的来水来沙条件决定，而当年的水沙条件对其影响程度最大。应当指出：在此类经验关系式中，假设前期每一年的来水来沙条件对平滩河槽形态的影响程度一致，因而可对前期每一年的来水来沙条件进行滑动平均处理。而实际情形中，当年的水沙条件对平滩河槽形态影响程度最高，距离当前时间越近的来水来沙条件影响程度越高。前期水沙条件对平滩河槽形态的影响程度随时间呈衰减趋势。因此在等权重的经验关系中，当 n 值继续增大，计算中包括更多年份的水沙条件时，削减了当年水沙条件的影响权重，其计算精度反而降低。因此考虑到计算精度以及计算量问题，本节采用包括当年在内的前期 5 年平均的水沙条件建立平滩河槽形态参数的经验关系式。

因此在游荡段建立不同平滩河槽形态参数与该河段前 5 年平均的汛期与非汛期流量及来沙系数之间的相关关系，率定得到式(3.4)中系数 k_1 及指数 α_1 与 β_1（汛期参数)，系数 k_2 及指数 α_2 与 β_2（非汛期参数)，结果如表 3.1 所示。如果仅用汛期水沙条件率定式(3.4)中等号右边的第一项，则率定结果如表3.2所示。

表3.1 式(3.4)在游荡段中的参数率定结果(同时考虑汛期与非汛期水沙条件)

河段平滩河槽形态参数	k_1	α_1	β_1	k_2	α_2	β_2	R^2
$\overline{A}_{bf}$ /m^2	−832.305	0.389	0.688	994.932	0.064	−0.179	0.97
$\overline{H}_{bf}$ /m	−8.154	0.069	0.017	16.167	−0.054	−0.050	0.96
$\overline{B}_{bf}$ /m	0.842	0.887	−0.183	149.785	0.241	0.113	0.90
$\overline{\zeta}_{bf}$ /m$^{-1/2}$	6.451	0.258	−0.037	−295.57	−0.609	−0.307	0.88

$$\overline{G}_{bf}=k_1(\overline{Q}_{nfd})^{\alpha_1}(\overline{\xi}_{nfd})^{\beta_1}+k_2(\overline{Q}_{nnf})^{\alpha_2}(\overline{\xi}_{nnf})^{\beta_2}$$

表3.2 式(3.4)在游荡段中的参数率定结果(仅考虑汛期水沙条件)

河段平滩河槽形态参数	k_1	α_1	β_1	R^2
$\overline{A}_{bf}$ /m^2	672.101	−0.028	−0.399	0.96
$\overline{H}_{bf}$ /m	42.298	−0.611	−0.32	0.94
$\overline{B}_{bf}$ /m	6.959	0.683	−0.111	0.89
$\overline{\zeta}_{bf}$ /m$^{-1/2}$	0.032	1.03	0.226	0.84

$$\overline{G}_{bf}=k_1(\overline{Q}_{nfd})^{\alpha_1}(\overline{\xi}_{nfd})^{\beta_1}$$

分析表3.1和表3.2中的率定数据，可以得到如下结论。

(1)汛期水沙条件及非汛期水沙条件对平滩河槽形态调整的影响权重不同。比较表3.1与表3.2中各个决定系数R^2，增加考虑非汛期水沙条件，各公式的R^2增加幅度均在5%以内，表明汛期水沙因子是平滩河槽形态调整的主要影响因素。例如，平滩河宽经验关系式的计算中，汛期水沙因子的权重约占68%。

(2)平滩河槽形态参数调整对水沙条件的响应略有不同，率定得到的各参数经验关系式中系数及指数的正负值并不相同。河段平滩水深及平滩面积与综合水沙条件的经验关系式中，$k_1<0$，$\alpha_1>0$，$\beta_1>0$，即$\overline{H}_{bf}$、$\overline{A}_{bf}$受到汛期水沙因子的负调节作用。但对于非汛期水沙因子，二者响应情况不同，平滩面积与非汛期流量呈正相关，而平滩水深与非汛期流量呈负相关。

(3)平滩河槽形态参数与汛期及非汛期水沙条件综合因子的关系密切，决定系数R^2均在0.8以上(表3.1)，因此本节建立的经验公式能较好地描述游荡段平滩河槽形态的调整过程。

根据游荡段的水沙条件，采用式(3.4)及表3.1中率定所得参数计算游荡段平滩河槽形态参数(计算值)，同时采用游荡段实测断面地形与式(3.1)～式(3.3)计算1986～2015年平滩河槽形态参数(实测值)，两者比较结果如图3.17所示。

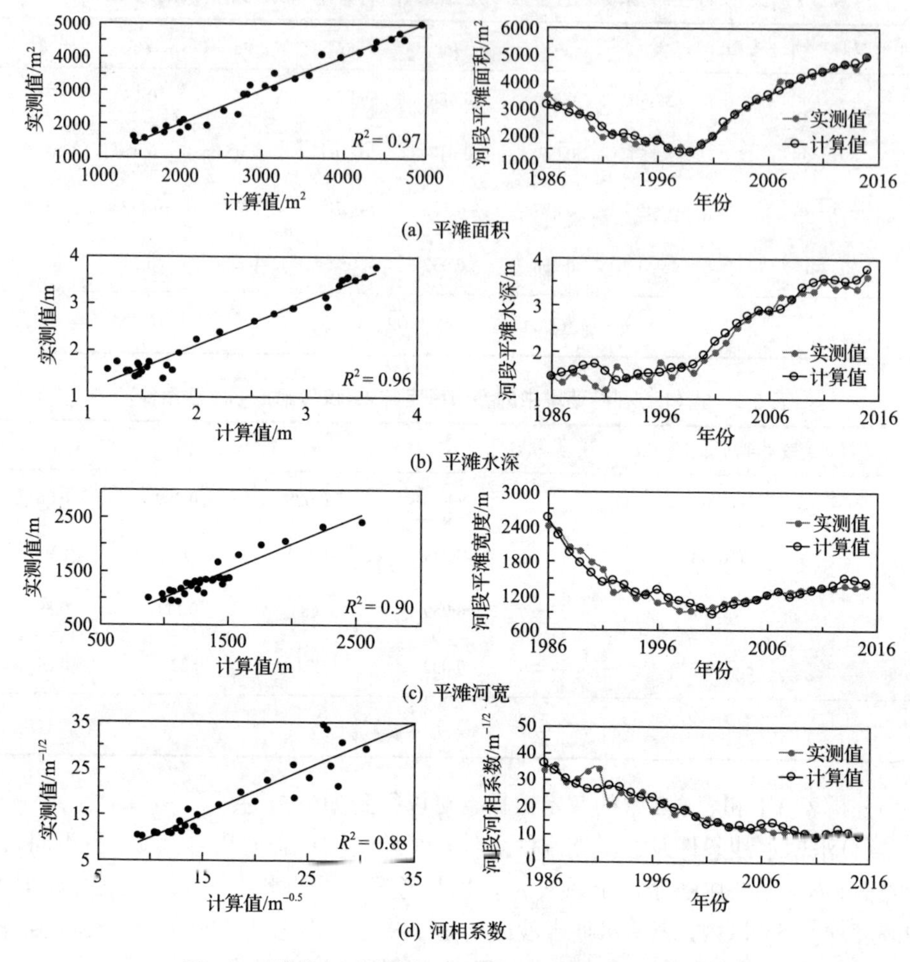

图3.17　游荡段平滩河槽形态参数计算值与实测值比较

从图3.17可以看到，采用式(3.4)计算的平滩河槽形态参数与实测值变化趋势一致，且二者在数值上非常接近。图3.17(a)准确地反演了河段平滩面积在游荡段持续淤积期不断减小，以及在持续冲刷期逐年增大的变化趋势；图3.17(b)较为准确地反演了平滩水深在持续淤积期基本保持不变，而在持续冲刷期不断增加的变化趋势；图3.17(c)中河段平滩河宽的计算值与实测值吻合度有所下降，尤其是在小浪底水库运用前。在1992年、1996年及1998年的高含沙洪水年份，计算值与实测数据点偏离较大，该时段游荡段平滩河宽缩窄61%。小浪底水库运用后平滩河宽缓慢恢复，由1999年汛后的943m恢复至2015年汛后的1377m，该时段由于水沙条件受到小浪底水库调控运用的影响，几乎没出现异常水沙过程，因此计算值与实测值偏差很小。河相系数由 $\sqrt{\overline{B}_{bf}}/\overline{H}_{bf}$ 计算得到，河段平滩河宽与平滩水深在持续淤积阶段的变化特点受到高含沙洪水过程的影响，因此河相系数与综合水沙条件的回归结果也未能呈现出清晰的规律性。但是还是可以发现：流量对河相系数的影响程度大于来沙系数的影响，且建立的经验公式仍能较好地描述河相系数的逐年变化过程。因此根据前期实测水沙资料，利用回归分析建立的经验关系式，可以用于反演游荡段不同平滩河槽形态参数的调整过程。

2. 平滩河槽形态与平均水流冲刷强度之间的关系

平均水流冲刷强度也是表征水沙条件变化的关键因子，游荡段在汛期与非汛期均存在不同程度的河床变形，因此也可以建立河段平滩河槽形态参数与汛期及非汛期水流冲刷强度之间的经验关系式(3.6)。为了确定经验关系式(3.6)中 n 的取值，逐一地取前期不同年数平均的水沙条件与河段平滩河槽形态参数(平滩河宽、平滩水深、平滩面积及河相系数)进行多元非线性回归分析，率定式(3.6)中的各项系数 k_1、k_2 及指数 α_1 与 α_2。随后通过各经验关系式对应的决定系数 R^2，评价相应的计算精度，选取最优 n 值。此处选取前1～7年汛期及非汛期平均的水流冲刷强度代表进入游荡段的水沙条件，与河段平滩河槽形态参数进行多元非线性回归分析。同样以河段平滩面积为例，所建立经验关系式的决定系数随前期统计年数 n 的变化情况如图3.18所示。

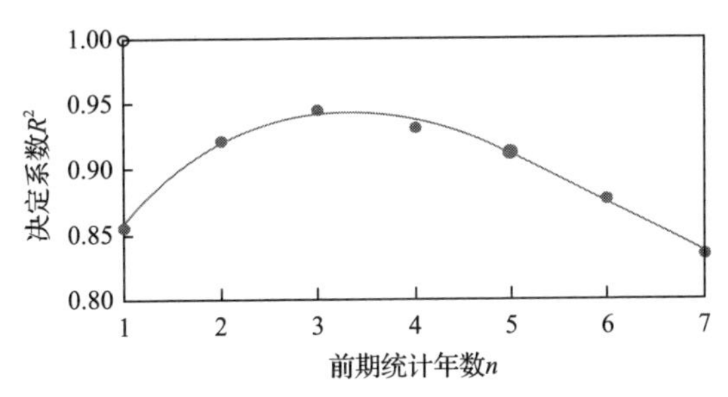

图3.18　游荡段平滩面积经验关系式的决定系数 R^2 随前期年数 n 的变化

从图3.18可以发现，当 n 取值从1增加到7时，决定系数 R^2 经历了先显著增加而后持续减小的变化特点。当 n=1，即采用当年的来水来沙条件与游荡段平滩面积建立关系时，决定系数 R^2 较小(约0.86)。继续增加参与计算的前期水沙条件的年数，随 n 值的增加，决定系数 R^2 逐渐增大，当 n=3时，R^2 达到最大值(0.95)。此后随 n 的增加，R^2 逐渐减小，经验关系式的计算精度也逐渐减小。因此考虑前3年平均的汛期与非汛期的水流冲刷强度对河段平滩河槽形态共同影响时，对应的决定系数 R^2 已经达到一个较高的精度，表明基于水流冲刷强度表示的水沙条件对游荡段平滩河槽调整的影响时间约为3年。

点绘河段平滩面积与前期 3 年平均的汛期及非汛期水流冲刷强度的相关关系如图 3.19(a)所示。可以看到游荡段平滩面积与汛期及非汛期平均水流冲刷强度相关关系较好，决定系数达到 0.95。该经验关系的计算值与实测值吻合较好，两条曲线的变化趋势基本一致。但从图 3.19(b)中可以看出 1988 年、1991 年、1995 年计算值与实测值差距较大。分析其原因，主要是因为实际河段平滩面积的变化受多种因素(如河床边界条件)制约，而计算结果仅考虑水沙条件，从而导致与实测值差距较大。

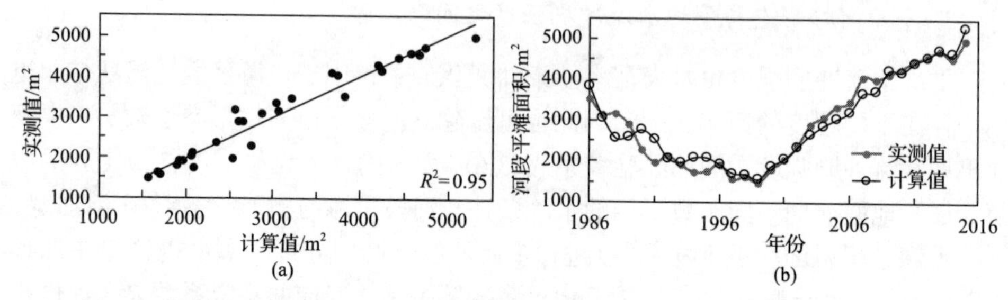

图 3.19 游荡段平滩面积与前 n 年平均的汛期及非汛期水流冲刷强度的相关关系

与河段平滩面积的计算方法类似，通过多元非线性回归的方法，建立游荡段平滩河槽形态的其他参数(如平滩河宽及平滩水深等)与前 3 年平均的汛期及非汛期的水流冲刷强度之间的经验关系，率定得到式(3.6)中系数 k_1、k_2 及指数 α_1 与 α_2，结果如表 3.3 所示。

表 3.3 式(3.6)在游荡段中的参数率定(同时考虑汛期与非汛期水沙条件)

河段平滩河槽形态参数	k_1	α_1	k_2	α_2	R^2
$\overline{A}_{bf}$ /m²	772.408	0.385	385.031	0.366	0.95
$\overline{H}_{bf}$ /m	−2.485	0.043	3.182	0.158	0.74
$\overline{B}_{bf}$ /m	465.065	0.279	884.872	−0.216	0.19
$\overline{\zeta}_{bf}$ /m$^{-1/2}$	0.298	0.309	32.962	−0.22	0.23
$\overline{G}_{bf}=k_1(\overline{F}_{nfd})^{\alpha_1}+k_2(\overline{F}_{nnf})^{\alpha_2}$					

从表 3.3 中率定结果可以看到，汛期及非汛期的平均水流冲刷强度对平滩河槽形态各个参数调整有不同的影响。

(1)河段平滩面积与汛期及非汛期平均水流冲刷强度均呈正相关关系，指数 α_1、α_2 分别为 0.385 与 0.366，系数 k_1、k_2 分别为 772.408 与 385.031，说明平滩面积对汛期平均水流冲刷强度的变化更为敏感，若汛期与非汛期平均水流冲刷强度同等幅度地增加，汛期平均水流冲刷强度会对平滩面积增加产生较大的影响。同时非汛期水沙条件的影响也不能忽略。因此汛期及非汛期的水沙条件均会对河段平滩面积调整产生影响。

(2)在河段平滩河宽与汛期及非汛期平均水流冲刷强度建立的经验关系中，决定系数仅为 0.19，相关性不强，说明用平均水流冲刷强度来表征平滩河宽的变化不适合。

(3)在河段平滩水深与汛期及非汛期平均水流冲刷强度建立的经验关系中，率定得到的系数 $k_1<0$、$k_2>0$、$\alpha_1>0$、$\alpha_2>0$ 表明汛期平均水流冲刷强度对平滩水深变化起到负调节作用。

(4)河相系数与汛期及非汛期平均水流冲刷强度的决定系数为 0.23，相比于平滩面积与平滩水深来说，相关性较弱，仅能定性地反映河相系数随汛期平均水流冲刷强度的增大而增大，随非汛期平均水流冲刷强度的增大而减小。

3.3.2　过渡段平滩河槽形态与前期水沙条件之间的关系

黄河下游过渡段的进口断面为高村水文站。根据高村站的实测水沙资料和 1986～2015 年过渡段平均的平滩河槽形态参数，依次选取前期 1～7 年汛期与非汛期平均的流量及来沙系数作为进入该河段的水沙条件，与该河段平滩河槽形态参数(平滩河宽、水深、面积及河相系数)进行多元非线性回归分析。同样以河段平滩面积为例，该经验关系式的计算精度随前期统计年数的变化情况如图 3.20 所示。

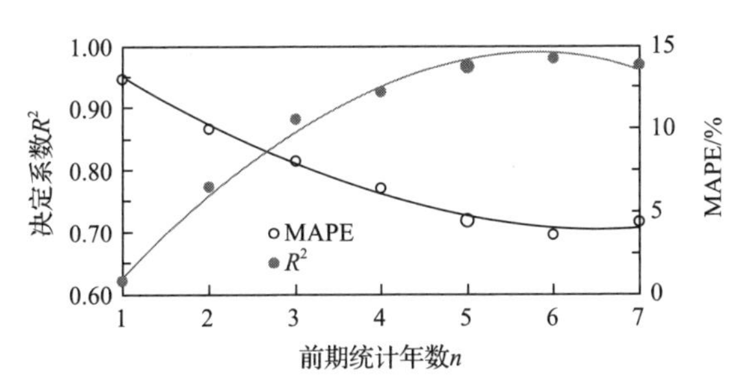

图 3.20　过渡段平滩面积经验关系式的计算精度指标随前期统计年数的变化情况

从图 3.20 中可以发现，当 n 取值从 1 增加到 7 时，决定系数 R^2 首先呈增大趋势，且增幅逐渐减小，然后微有减小，即当 n=1 时，R^2 很小(仅为 0.64)，在 n 取 5 时达到 0.97，n 取为 6 时，R^2 微微增大，增幅仅为 1.7%，之后随着 n 增加 R^2 减小为 0.97；MAPE 先持续减小然后基本不变，即当 n=1 时，MAPE 较大(13.0%)，在 n 取 5 时为 4.4%，之后变化不大。从图 3.20 还可以看出，当 n 值从 1 增加至 5 时，计算精度逐渐增加，但当 n 继续增加时，经验关系式的计算精度变化不大。由此可以看出，平滩河槽形态主要由前期 5 年平均的来水来沙条件决定。同样考虑计算精度与计算量等因素，采用包括当年在内的前期 5 年平均水沙条件建立过渡段平滩河槽形态参数的经验关系式最为合理。

基于式(3.4)，通过多元非线性回归的方法，分别对过渡段河段平滩河槽形态参数与高村站综合水沙条件(前期 5 年平均的汛期与非汛期的流量及来沙系数)之间的关系进行分析，率定得到式(3.4)中系数 k_1 及指数 α_1 与 β_2(汛期参数)，k_2 及指数 α_2 与 β_2(非汛期参数)，结果如表 3.4 所示。如果仅用汛期水沙条件来率定式(3.4)中等号右边的第一项，率定结果如表 3.5 所示。

表 3.4　式(3.4)在过渡段中的参数率定结果(同时考虑汛期与非汛期水沙条件)

河段平滩河槽形态参数	k_1	α_1	β_1	k_2	α_2	β_2	R^2
$\overline{A}_{bf}$ /m^2	14.56	0.501	−0.202	1.744	0.685	−0.337	0.97
$\overline{H}_{bf}$ /m	1.484	−0.154	−0.378	0.46	−0.269	−0.449	0.96
$\overline{B}_{bf}$ /m	14.879	0.571	0.162	0.029	1.478	0.182	0.84
$\overline{\zeta}_{bf}$ /m$^{-1/2}$	193.477	0.012	0.018	−200.843	−0.012	−0.001	0.91

$$\overline{G}_{bf}=k_1(\overline{Q}_{nfd})^{\alpha_1}(\overline{\xi}_{nfd})^{\beta_1}+k_2(\overline{Q}_{nnf})^{\alpha_2}(\overline{\xi}_{nnf})^{\beta_2}$$

表 3.5　式(3.4)在过渡段中的参数率定结果(仅考虑汛期水沙条件)

河段平滩河槽形态参数	k_1	α_1	β_1	R^2
$\overline{A}_{bf}$ /m^2	45.686	0.369	−0.271	0.94
$\overline{H}_{bf}$ /m	1.894	−0.146	−0.365	0.96
$\overline{B}_{bf}$ /m	18.049	0.554	0.09	0.80
$\overline{\zeta}_{bf}$ /m $^{1/2}$	2.457	0.397	0.384	0.89

$$\overline{G}_{bf}=k_1(\overline{Q}_{nfd})^{\alpha_1}(\overline{\xi}_{nfd})^{\beta_1}$$

分析表 3.4 和表 3.5 中的率定结果，可以得到如下结论。

(1)汛期和非汛期水沙因子对过渡段各个平滩河槽形态参数的调整影响权重有所不同，汛期水沙因子在面积经验关系式中占 61%，自小浪底水库运用后，年内水量分配权重有所变化，汛期水量因子占比略有下降；在平滩水深经验关系式中，汛期水沙因子贡献最大，平均占比为 78%；在平滩河宽关系式中，汛期水沙因子占比较大，平均占比为 70%，且年际变化平稳；河相系数的计算与平滩河宽及平滩水深均有关，经验关系式中 $k_2<0$，但 α_2 与 β_2 均小于 0，故非汛期水沙因子对河相系数起正的调节作用。

(2)过渡段平滩河槽形态参数的调整与汛期及非汛期水沙因子关系非常密切，

表 3.4 中平滩河宽决定系数最小，但 $R^2>0.838$。增加考虑非汛期水沙条件后，各个平滩河槽形态参数的决定系数均有一定程度的提高。

根据高村站汛期与非汛期的平均流量及来沙系数，采用式(3.4)与表 3.4 中率定的参数计算过渡段的 $\overline{G}_{bf}$ 值，同时采用式(3.1)～式(3.3)计算 1986～2015 年过渡段平滩河槽形态参数，两者结果比较如图 3.21 所示。

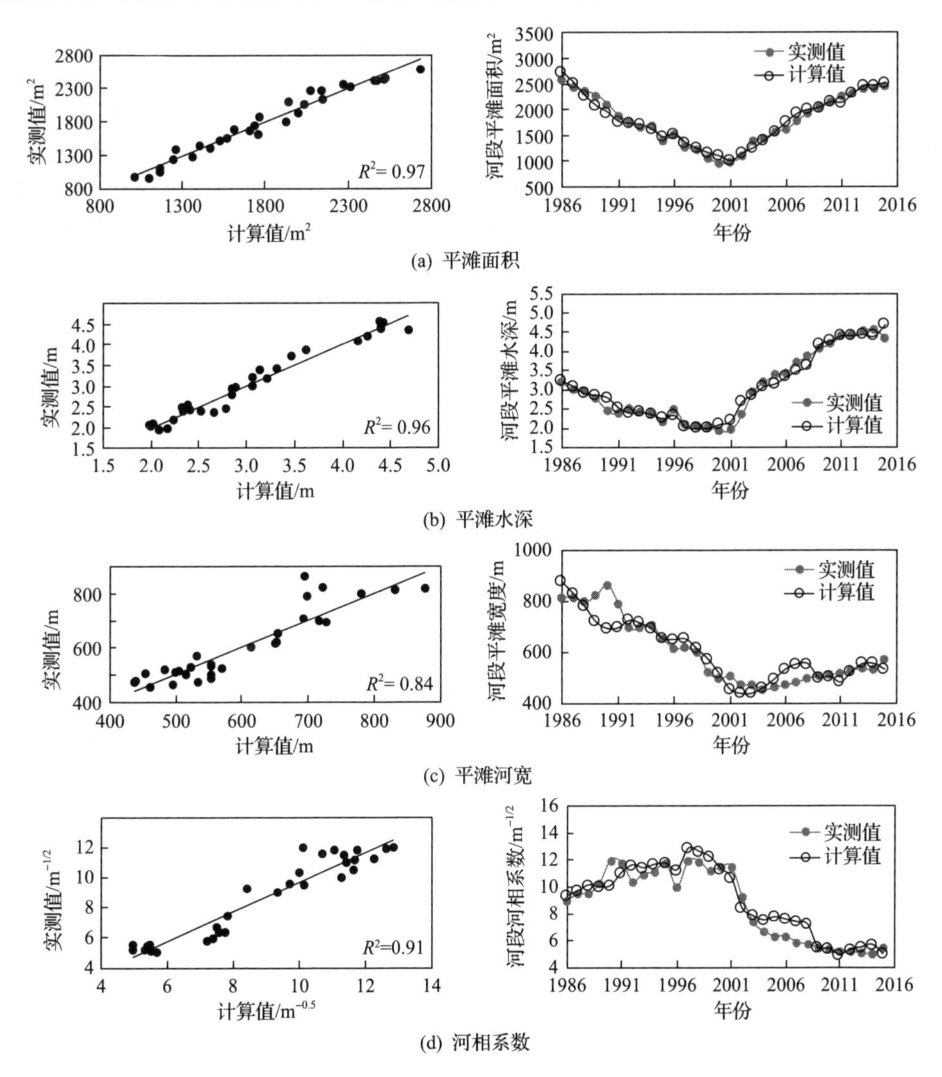

图 3.21　过渡段平滩河槽形态参数计算值与实测值比较

从图 3.21 可以看到，采用式(3.4)计算所得的平滩河槽形态参数值与实测值变化趋势一致，且二者在数值上相当接近。图 3.21(a)和(b)中平滩面积与平滩水深在小浪底水库运用前持续减小，而后逐渐增加；平滩河宽在 1999 年前逐年波动较大，但小浪底水库运用后，过渡段来水来沙条件受到较强的调控作用，加上过渡段受到河道整治工程的影响较大，平滩河宽变化不大，因此河相系数不断减小。除了图 3.21(c)及(d)中平滩河宽和平滩水深计算值与实测值的偏差较大外，其余平滩河槽形态参数计算值与实测值高度吻合。因此根据前期实测水沙与断面地形资料，利用该方法建立的经验关系来反演过渡段平滩河槽形态的调整是可行的。

3.3.3 弯曲段平滩河槽形态与前期水沙条件之间的关系

采用上述同样的分析方法，用于确定弯曲段平滩河槽形态调整与最优统计年数的关系。选择弯曲段进口艾山水文站前期 1～7 年汛期与非汛期平均的流量及来沙系数作为水沙条件，与弯曲段不同平滩河槽形态参数做多元非线性回归。同样以河段平滩面积为例，该经验关系式的计算精度指标(R^2 及 MAPE)随前期统计年数的变化情况如图 3.22 所示。

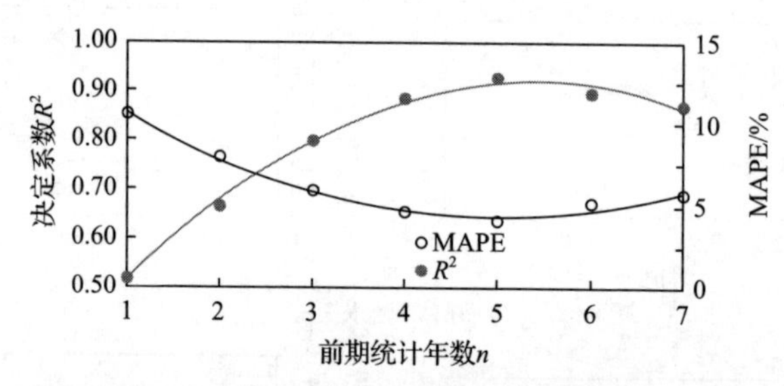

图 3.22　弯曲段平滩面积经验关系的计算精度指标随前期统计年数的变化情况

从图 3.22 中可以发现，当 n 取值从 1 增加到 7 时，决定系数 R^2 经历了先增加后减小的过程，而 MAPE 经历了先减小后增大的过程，因此该经验关系式的计算精度表现为先增大后减小的变化特点。当 n=1，即采用当年的来水来沙条件与弯曲段平滩面积建立关系时，该经验关系式的决定系数 R^2 仅为 0.52，对应的 MAPE 较大(10.6%)。随着参与计算的前期统计年数 n 值的增加，决定系数 R^2 逐渐增大，但增加幅度递减；MAPE 逐渐减小，但减小幅度递减。计算精度随前期统计年数的增加而逐渐提高，但提高幅度逐渐减小。当 n=5 时，R^2=0.93，MAPE 为 4.1%，当 n 值继续增加后，即用于计算的前期统计年数分别为 6 年、7 年，决定系数 R^2 减小为 0.89 和 0.87，经验关系式的计算精度随之减小。由此可以看出，弯曲段平滩河槽形态主要由前期 5 年时间范围内的来水来沙条件决定。当采用包括当年在内的前期 5 年平均水沙条件建立经验关系式时，该经验关系式的计算精度已经达到最高值。

建立弯曲段不同平滩河槽形态参数与艾山站前 5 年平均的汛期与非汛期的流量及来沙系数之间的综合关系，需要通过多元非线性回归的方法，率定得到式(3.4)中系数 k_1 及指数 α_1 与 β_1(汛期参数)，系数 k_2 及指数 α_2 与 β_2(非汛期参数)，结果如表 3.6 所示。同样如果仅用汛期水沙条件来率定式(3.4)等号右边的第一项，结果如表 3.7 所示。

表 3.6　式(3.4)在弯曲段中的参数率定结果(同时考虑汛期与非汛期水沙条件)

河段平滩河槽形态参数	k_1	α_1	β_1	k_2	α_2	β_2	R^2
$\overline{A}_{bf}$ /m^2	32.268	0.485	−0.071	905.734	−0.457	−0.481	0.93
$\overline{H}_{bf}$ /m	0.456	0.158	−0.199	17.335	−0.707	−0.377	0.90
$\overline{B}_{bf}$ /m	0.476	0.894	0.212	148.66	0.138	0.036	0.82
$\overline{\zeta}_{bf}$ /m$^{-1/2}$	51.12	−0.29	0.292	0.084	0.82	0.383	0.87

$$\overline{G}_{bf} = k_1(\overline{Q}_{nfd})^{\alpha_1}(\overline{\xi}_{nfd})^{\beta_1} + k_2(\overline{Q}_{nnf})^{\alpha_2}(\overline{\xi}_{nnf})^{\beta_2}$$

表 3.7　式(3.4)在弯曲段中的参数率定结果(仅考虑汛期水沙条件)

河段平滩河槽形态参数	k_1	α_1	β_1	R^2
$\overline{A}_{bf}$ /m^2	103.43	0.331	−0.119	0.91
$\overline{H}_{bf}$ /m	1.442	0.045	−0.183	0.88
$\overline{B}_{bf}$ /m	69.382	0.287	0.057	0.81
$\overline{\zeta}_{bf}$ /m$^{-1/2}$	6.942	0.066	0.198	0.79

$$\overline{G}_{bf} = k_1(\overline{Q}_{nfd})^{\alpha_1}(\overline{\xi}_{nfd})^{\beta_1}$$

分析表 3.6 与表 3.7 中的率定结果，可以得到如下结论。

(1) 汛期及非汛期水沙条件对弯曲段平滩河槽形态参数调整的影响权重不同。在平滩面积与汛期及非汛期水沙综合因子的计算关系式中，汛期水沙因子占比为 75%，自小浪底水库运用以来，占比略有下降；平滩水深经验关系式中汛期水沙因子占比为 74%，且占比仅在小浪底水库运用后 4 年略有下降(即 1999～2003 年)；平滩河宽经验关系式中汛期水沙因子占比最小，仅为 26%，平滩河相系数的计算与平滩河宽及水深有关，其经验关系式中汛期水沙因子占比为 44%。

(2) 弯曲段平滩河槽形态参数的调整对水沙条件的响应略有不同，各个平滩河槽形态参数经验关系式率定得到指数的正负号并不一致。在河段平滩水深及平滩面积与综合水沙条件的经验关系式中，$\alpha_1 > 0$ 表明平滩水深及平滩面积随汛期流量的增大而增加，$\alpha_2 < 0$ 表明平滩水深及平滩面积随非汛期流量的增大而减小。在河段平滩河宽与综合水沙条件的经验关系式中，$\alpha_1 > 0$，$\beta_1 > 0$，$\alpha_2 > 0$，$\beta_2 > 0$，即平滩河宽随汛期与非汛期的流量及来沙系数的增大而增加。在河段河相系数与综合水沙条件的经验关系式中，$\alpha_1<0$，$\beta_1>0$，即河相系数随汛期流量的增大而减小，随来沙系数的增大而增大；$\alpha_2>0$，$\beta_2>0$，即河相系数随非汛期的流量及来沙系数的增大而增加。

(3)平滩河槽形态参数与汛期及非汛期水沙条件综合因子关系密切，表 3.6 中各个平滩河槽形态参数的决定系数几乎均大于 0.85。因此建立的经验公式能较好地反演弯曲段平滩河槽形态的调整过程。

根据艾山站的水沙条件，采用式(3.4)及表 3.6 中率定的参数计算弯曲段的 $\overline{G}_{bf}$ 值，同时给出采用式(3.1)～式(3.3)计算 1986～2015 年弯曲段平滩河槽形态参数，两者结果的比较如图 3.23 所示。

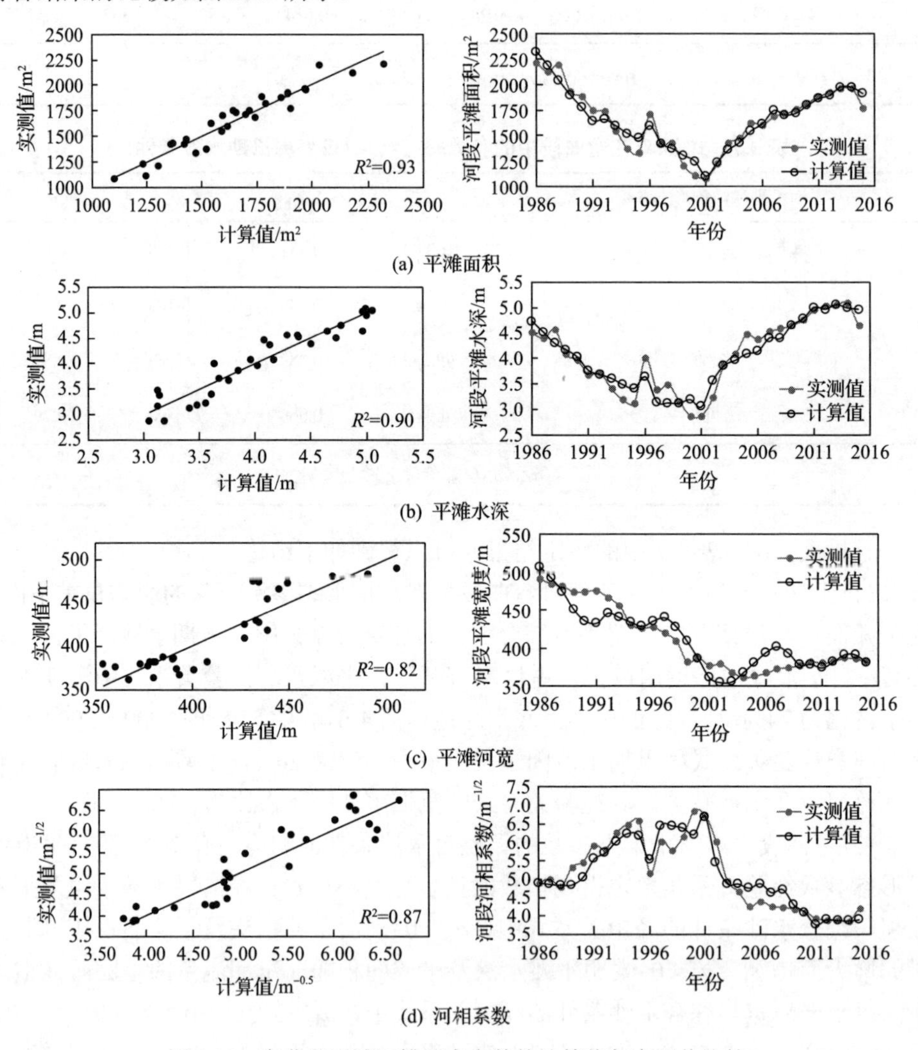

图 3.23　弯曲段平滩河槽形态参数的计算值与实测值比较

从图 3.23 可以看到，采用式(3.4)计算所得的平滩河槽形态参数与实测值变化趋势一致，且大部分平滩河槽形态参数的计算值与实测值在数量上相当接近。图 3.23(a)和(b)较为准确地反演了河段平滩面积与平滩水深在持续淤积期不断减小，以及在持续冲刷期逐年增大的变化趋势，总体而言不同时期的计算值与实测值符合程度较好，除了个别发生高含沙洪水的年份；图 3.23(c)平滩河宽的计算值与实测值虽然变化趋势基本一致，但是数值吻合程度有所下降，与过渡段类似，弯曲段受到控导工程较强的制约作用，滩岸较稳定，因此仅考虑水沙条件的变化不能很全面地反映平滩河宽的变化；由于河相系数由 $\sqrt{\overline{B}_{bf}}\ /\ \overline{H}_{bf}$ 计算得到，而河段平滩河宽和平滩水深在持续淤积阶段基本都呈显著逐渐减小的趋势，而在持续冲刷阶段则平滩水深表现出明显增加的趋势，因此河相系数的变化在持续淤积阶段呈增加趋势，在持续冲刷阶段呈减小趋势，该经验关系式的计算值与实测值拟合良好，R^2 接近 0.90。因此根据前期实测水沙与断面地形资料，利用回归分析建立的关系式也能用于反演弯曲段平滩河槽形态的调整过程。

3.4　本 章 小 结

黄河下游各河段的平滩河槽形态调整与其来水来沙条件关系密切，随着小浪底水库运用进入下游河道水沙条件的改变，下游各河段平滩河槽形态进行了相应的调整。本章首先提出了平滩河槽形态参数的确定方法，通过分析黄河下游各河段汛后实测断面资料，确定了这些统测断面的平滩河槽形态参数；然后采用基于对数转换的几何平均与断面间距加权平均相结合的方法，计算了河段尺度平滩河槽形态特征参数，分析了小浪底水库运用前后(运用前 1986～1999 年；运用后 1999～2015 年)黄河下游不同河型河段平滩河槽形态参数的调整过程及变化特点；最后通过建立河段平均的平滩河槽形态参数与汛期及非汛期来水来沙条件之间的关系，揭示了黄河下游各河段的河床演变特点。本章主要得到如下结论。

(1)小浪底水库运用前(1986～1999 年)，黄河下游河床持续淤积，各河段平滩河槽形态表现为不同程度的萎缩趋势。各河段平滩面积大幅减小，其中游荡段与过渡段减小幅度较大，分别为 58%和 59%，弯曲段平滩面积减小 45%；各河段平滩河宽和平滩水深的调整特点有所不同，游荡段平滩河宽减小 61%，河宽急剧缩窄，但平滩水深变化不大，过渡段平滩河宽与平滩水深减小幅度相当，均为 36%左右，弯曲段平滩河宽和平滩水深减小幅度略有不同，但均在 30%以下。

(2)小浪底水库运用后(1999～2015 年)，黄河下游河床持续冲刷，各河段平滩水深增加明显，游荡段与过渡段平滩水深增加两倍以上；但各河段平滩河宽变化特点不同，游荡段平滩河宽增加 40%，过渡段与弯曲段平滩河宽总体变化不大。因此各河段断面形态调整总体以纵向冲深为主，断面形态趋于窄深，但在游荡段横向展宽过程也较为显著。

(3) 本章建立了各河段平滩河槽形态参数与前期水沙条件之间的经验关系式，这些关系式能较好地揭示汛期与非汛期水沙因子对河段尺度平滩河槽形态调整的不同影响。综合考虑各经验关系式的计算精度与计算量等因素，采用前期 5 年平均的汛期与非汛期水沙条件能达到较高的计算精度；汛期水沙因子是影响各河段平滩河槽形态调整的主要因素，但非汛期水沙因子的影响不能忽略，增加考虑非汛期水沙因子后，各经验关系式的决定系数均有不同程度的提高；此外各平滩河槽形态参数经验关系式中率定的系数及指数不同，故对水沙因子的响应规律不同。

第4章 黄河下游平滩流量调整过程及特点

黄河下游河道内滩地面积一般远大于主槽面积，其中游荡段滩地面积约占河道总面积的80%，但主槽仍是洪水的主要通道，其过流能力约占全断面的80%。黄河下游过流能力通常可用平滩流量来表示，故平滩流量既是表征冲积河流主槽过流能力的重要参数，也是维持河槽排洪输沙基本功能的关键技术指标。本章首先提出采用一维水动力学模型计算水位-流量关系的方法确定黄河下游各断面的平滩流量，然后采用基于对数转换的几何平均与断面间距加权平均相结合的方法计算黄河下游游荡段、过渡段、弯曲段的河段平滩流量，并分析近30年来下游各河段过流能力的变化过程，重点探讨小浪底水库运用对各河段平滩流量调整的影响，最后分析来水来沙条件变化对黄河下游各河段平滩流量的影响，并建立河段平滩流量与水沙条件之间的经验关系。

4.1 平滩流量的概念

平滩流量是指水位与河漫滩齐平时断面所通过的流量，在河床演变学中具有重要的物理意义。首先，从其定义来看，水位平滩时相应的水流流速大，输沙能力高，造床作用强，平滩流量是对河床塑造效率最高的特征流量(钱宁等, 1987; Knighton, 1998)。当水位低于河漫滩时，流速未达到最大，对河槽的塑造作用还有提升空间；当水位继续升高而漫过滩唇后，水流分散，流速降低，造床作用较峰值有所减弱。因此平滩流量常常与造床流量联系在一起，造床流量指其造床作用与多年流量过程的综合造床作用相当的某一特征流量。在河床演变研究中，平滩流量经常被近似等于造床流量(钱宁等, 1987; Julien, 2002; 吴保生, 2008)。二者区别在于，首先，造床流量为虚拟流量，在来水来沙条件无趋势性变化时，造床流量不因水沙年际间差异而变动(Wu et al., 2008b)；其次，从其数值来看，平滩流量的大小与平滩水位下的断面过水面积及相应流速有关，而这两项水力因子又与下游的断面形态与过流能力有关。因此，平滩流量是水位平滩时断面各种水力因子的综合体现，是综合反映冲积河流河床形态的重要参数，同时是表征河道排洪输沙能力的重要指标。当断面面积大，且较为窄深时，滩槽格局对应着有利于排洪输沙的高滩深槽，平滩流量大，过流能力强；当主槽萎缩时，过流面积减小，平滩流量减小，过流能力降低。因此平滩流量作为主槽形态特征和过流能力的一个重要指标，是河床演变研究中关注的重点内容之一。图4.1为平滩流量示意图。

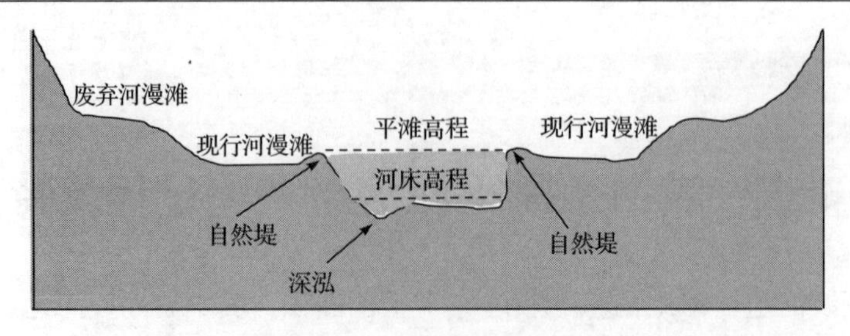

图 4.1 平滩流量示意图

由于河漫滩的高程不易确定，一般采用一个较长的河段作为依据，此河段通常包含若干个实测横断面及水位-流量资料。如果在某一个流量下，各断面的水位基本上与该河段的河漫滩齐平，那么此流量就为平滩流量。这样可以避免用一个断面时河漫滩高程难以确定及代表性不强的问题。由于该方法概念清楚，方法简单，在实际工作中应用较广。因此如何确定主槽范围及平滩高程是计算平滩流量的关键问题之一。在黄河下游，尤其在游荡型河段，由于断面形态十分复杂，而且相邻实测断面的间距较大，因此常用的方法及判别指标不一定适用，但计算平滩流量时最关键的内容之一仍是如何确定主槽范围及平滩高程，具体的确定方法已在第 3 章给出。

4.2 断面及河段尺度平滩流量的计算方法

4.2.1 断面尺度平滩流量的计算方法

国内外关于计算平滩流量的研究方法有很多，大体可以分为三类：一是平滩流量的确定方法(Wolman and Leopold, 1957; Schumm, 1960; Williams, 1978)；二是平滩流量作为造床流量，在河床演变中，特别是在河相关系研究中的应用(Andrews, 1980)；三是平滩流量与不同水沙因子或所在流域尺度特征参数之间的计算关系(Harman et al., 1989; Wu et al., 2008b)。本节主要研究第一类方法，即黄河下游断面平滩流量的不同确定方法。

本节提出黄河下游断面平滩流量四种确定方法的各自优缺点及其适用范围。这些方法包括水文年鉴中日均水位-流量关系(方法 1)、实测水位-流量关系(方法 2)、实测的水位-流速-流量关系(方法 3)和采用一维水动力学模型计算得到的水位-流量关系(方法 4) (Xia et al., 2010b)。下面将具体给出这四种计算方法确定平滩流量的过程。

1. 方法 1：日均水位-流量关系

在黄河下游水文资料年鉴中，一般有每个水文断面逐日统计的水位、流量过程。利用这些数据，可以建立当年该水文断面逐日的水位-流量关系(表4.1与表4.2)。如果当年没有高水位部分，可参照相邻年份关系外延。然后根据汛后实测的平滩高程值，通过建立水位-流量关系曲线，插值求得该高程下对应的流量值，即汛后的平滩流量。陈建国等(2006)采用类似方法确定了黄河下游四个水文断面近 40 年来的平滩流量过程。不过该方法对黄河下游平滩流量的确定具有一定的困难与不准确性，尤其在游荡段。主要原因如下：在游荡段，当汛期断面冲淤幅度较大时，得到的水位-流量关系往往非常散乱。因此该方法在游荡段实际运用时难度较大，在弯曲段实际应用时相对较好。因此该方法仅适用于汛期河床冲淤幅度相对较小的水文观测断面。

表 4.1　1977 年汛期花园口站日平均水位　(单位：m)

日期	月份					
	…	7 月	8 月	9 月	10 月	…
1	…	92.07	91.06	91.65	91.74	…
2	…	92.01	91.22	91.68	91.68	…
3	…	91.89	91.14	91.74	91.56	…
4	…	91.93	91.44	91.63	91.52	…
5	…	92.05	91.63	91.58	91.59	…
6	…	92.10	91.07	91.67	91.47	…
7	…	92.22	91.53	91.62	91.50	…
8	…	92.70	92.33	91.56	91.41	…
⋮	⋮	⋮	⋮	⋮	⋮	⋮

表 4.2　1977 年汛期花园口站日平均流量　(单位：m^3/s)

日期	月份					
	…	7 月	8 月	9 月	10 月	…
1	…	1530	2100	1570	1400	…
2	…	1310	2280	1530	1240	…
3	…	1040	2030	1600	1110	…
4	…	1160	3830	1260	1050	…
5	…	1660	4780	1140	1060	…
6	…	1830	2020	1260	985	…
7	…	2370	4520	1160	940	…
8	…	5660	7380	1080	824	…
⋮	⋮	⋮	⋮	⋮	⋮	⋮

2. 方法 2：实测水位-流量关系

在黄河下游水文资料年鉴中，每个水文断面汛期一般有洪水水文要素摘录表，该表中通常包括某一时刻实测的水位、流量、含沙量等要素(表 4.3)。利用表 4.3 中的水位与流量关系，同样可以插值求得平滩高程下对应的流量，该值即平滩流量。方法 2 计算原理与方法 1 类似，但利用实测的水位-流量结果，得到的水位-流量关系曲线的相关性一般要强于方法 1。

表 4.3　1977 年花园口站洪水水文要素摘录表

日期	时刻	水位/m	流量/(m^3/s)	含沙量/(kg/m^3)
⋮	⋮	⋮	⋮	⋮
0808	13:00	92.85	10700	437
0808	14:00	92.66	10000	○
0808	15:00	92.70	10200	○
0808	16:30	92.54	8920	420
0808	20:00	92.47	8100	387
0808	22:00	92.41	7380	○
0809	00:00	92.41	7380	353
0809	08:00	92.06	5080	304
⋮	⋮	⋮	⋮	⋮

注：○表示没有数据。

3. 方法 3：实测的水位-流速-流量关系

在黄河下游水文资料年鉴中，一般都有实测流量成果信息表。该表中包括了实测流量过程中得到的基本要素，如断面位置、断面水位、实测流量、断面面积、水面宽度、水面纵比降、糙率(表 4.4)。利用表 4.4 中的实测流量及断面面积资料，可得到相应的断面平均流速，然后可以建立水位与断面平均流速的相关关系，进而可以得出平滩高程下相应的断面平均流速值。根据该水文断面位置附近的统测断面资料，可以计算出平滩高程下相应的平滩面积。断面平均流速与平滩面积之积即为平滩流量。该方法的优点是考虑了汛后统测断面的实际过流面积，缺点是个别年份水文测量断面与统测断面的位置往往不一致，因此得到的水位-流速关系曲线并不适用于统测断面，故对汛后平滩流量的计算结果影响较大。因此方法 3 也仅适用于汛期河床冲淤幅度相对较小且水文断面与统测断面的位置比较接近的情况。

表 4.4　1977 年花园口站实测洪水过程表

日期	时间	①	②	③	④	⑤	⑥	⑦	备注
⋮	⋮	⋮	⋮	⋮	⋮	⋮	⋮	⋮	⋮
0801	16:15～17:15	D1872	91.26	2760	1170	602	○	○	
0802	08:30～09:30	D1872	91.11	1950	1200	573	○	○	
0804	08:10～09:10	Fixed	90.98	1580	1200	574	○	○	
0804	16:30～18:30	Fixed	92.03	6860	2950	1150	2.71	0.013	漫滩
0805	04:50～07:00	Fixed	91.95	6470	2290	1110	1.66	0.007	漫滩
0805	10:00～11:00	Fixed	91.63	4620	1940	769	0.99	0.008	
0805	17:10～18:00	Fixed	91.31	3240	1540	487	0.86	0.01	
0806	15:40～17:15	Fixed	91.02	1930	1010	429	○	○	
0807	08:35～09:17	Fixed	91.51	4790	1520	558	○	○	
⋮	⋮	⋮	⋮	⋮	⋮	⋮	⋮	⋮	⋮

注：①断面位置，D1872=某固定位置下游 1872m；②断面水位，m；③实测流量，m^3/s；④断面面积，m^2；⑤水面宽度，m；⑥水面纵比降；⑦糙率，$m^{-1/3}s$。

4. 方法 4：采用一维水动力学模型计算得到的水位-流量关系

在黄河下游每年的汛前与汛后，黄河水利委员会都会组织下游各水文局测量统测断面的断面形态。在小浪底水库运用前，下游固定断面的数量约为 91 个，平均断面间距为 8～9km。小浪底水库运用后，统测断面数量逐渐增加，2004 年以后增加到 333 个，平均断面间距为 2～2.5km。业内通常采用汛后实测断面资料作为河床边界条件，采用一维水动力学模型，计算出汛后各个断面不同流量下的水位值。根据各个断面的实测平滩高程，利用计算得到的水位-流量关系曲线，可以求出各统测断面的平滩流量。该一维水动力学模型可以用水流连续方程及运动方程表示。

水流连续方程为

$$\frac{\mathrm{d}Q}{\mathrm{d}x}=0 \tag{4.1}$$

水流运动方程为

$$\frac{\mathrm{d}}{\mathrm{d}x}\left(\alpha_f \frac{Q^2}{A}\right)+gA\frac{\mathrm{d}Z}{\mathrm{d}x}+gA(J_f+J_l)=0 \tag{4.2}$$

式中，Q 为断面流量，m^3/s；Z、A 分别为断面平均水位，m、过水面积，m^2；J_l

为断面扩张与收缩引起的局部阻力，其值等于$(\xi / 2g\Delta x)\left|(u_{下}^2-u_{上}^2)\right|$，$\xi$为一系数，$u_{上}$、$u_{下}$分别为上断面与下断面的平均流速，m/s，下游断面收缩时ξ取0.1～0.3，扩张时ξ取0.5～1.0；J_f为断面能坡，$J_f = Q^2 / K^2$，K为流量模数；α_f为动量修正系数；g为重力加速度(取9.81m/s^2)；x为距离。

业内通常采用有限差分方法离散式(4.1)和式(4.2)，并用二分法求解。在出口断面，采用当年实测水位-流量关系曲线作为下游边界条件；在进口断面，设定不同的流量级，如200m^3/s、500m^3/s、800m^3/s、1000m^3/s、1500m^3/s等，同时不考虑沿程的区间入流及引水；计算中，边界条件为定床，不考虑河床的冲淤变形。采用该模型，可计算得到任一流量级下沿程各断面相应的水位、平均流速等水力因子。方法4的关键不是数值求解，而是实测断面的地形处理及滩槽糙率的取值。在黄河下游，尤其是游荡段，断面形态十分复杂，滩槽阻力差别很大。因此业内通常采用在大断面上划分子断面进行计算，即通过地形概化，将某一大断面划分为若干个子断面。每个子断面的糙率特征可用主槽、低滩、高滩表示。主槽糙率通常随流量的大小而进行调整，根据不同的河段，低滩与高滩的糙率取某一固定值。此外针对“二级悬河”河段“槽高滩低”的特殊断面地形，必须进行特别的处理。方法4在计算中优先满足主槽区域过流，只有在满足主槽过流且水位超过主槽两侧滩顶高程或生产堤高程的情况下，才使两侧滩地逐渐过水。

方法4的优点是可以得到每年汛后各统测断面的水位-流量关系，从而可以得出任意断面及所在河段的平滩流量，能从总体上确定及把握黄河下游各河段平滩流量的大小(夏军强等, 2008; 2009)。方法4的缺点是滩槽糙率的取值，需要用相应年份上下游水文断面的水位与流量资料进行率定。

4.2.2 河段尺度平滩流量的计算方法

对于河段平滩流量的计算，如果采用简单的算术平均方法计算某一河段的综合过流能力，所得河段平均的水流连续条件的表达式往往与从单一断面形态推导出来的结果不一致，即简单算术平均得到的河段平滩面积与相应流速之积，不等于各断面平滩流量的算术平均值。Harman等(2008)采用基于对数变换的几何平均方法来解决这一问题。黄河下游游荡段统测断面分布不均匀，夏军强等(2008; 2010b)在此基础上，进一步考虑了黄河下游相邻断面间距不等的实际情况，提出基于对数转换的几何平均与断面间距加权相结合的方法计算黄河下游某一河段的平滩流量。

1. 算术平均法

假设某一河段总长度为L，共有N个实测断面，则基于河段尺度的断面平均流速和平滩流量，分别可用式(4.3)和式(4.4)表示：

$$\bar{U}_{bf}=\frac{1}{N}\sum_{i=1}^{N}U_{bf}^{i} \tag{4.3}$$

$$\bar{Q}_{bf}=\frac{1}{N}\sum_{i=1}^{N}Q_{bf}^{i} \tag{4.4}$$

式中，$\bar{Q}_{bf}$、$\bar{U}_{bf}$ 为河段尺度的平滩流量和流速；Q_{bf}^{i}、U_{bf}^{i} 为第 i 个断面的平滩流量和断面平均流速。式(4.3)及式(4.4)为算术平均法表示的河段平均流速及平滩流量的表达式。当采用简单的算术平均法表示河段过流能力时，一般情况下存在 $\bar{A}_{bf}\times\bar{U}_{bf}\neq\bar{Q}_{bf}$，即河段平滩流量不等于河段平滩面积与相应流速之积。

2. 基于对数转换的几何平均与断面间距加权平均相结合的方法

根据水流连续条件，对任意断面存在 $A_{bf}^{i}\times U_{bf}^{i}=Q_{bf}^{i}$。假设某一河段的主槽形态特征及综合过流能力可用河段平滩面积 $\bar{A}_{bf}$ 及平滩流量 $\bar{Q}_{bf}$ 表示，则同样可以认为存在 $\bar{A}_{bf}\times\bar{U}_{bf}=\bar{Q}_{bf}$。因此本节采用基于对数转换的几何平均与断面间距加权平均相结合的方法，$\bar{U}_{bf}$ 及 $\bar{Q}_{bf}$ 可表示为

$$\bar{U}_{bf}=\exp\left[\frac{1}{2L}\sum_{i=1}^{N-1}(\ln U_{bf}^{i+1}+\ln U_{bf}^{i})\times(x_{i+1}-x_{i})\right] \tag{4.5}$$

$$\begin{aligned}\bar{Q}_{bf}&=\bar{A}_{bf}\times\bar{U}_{bf}\\&=\exp\left\{\frac{1}{2L}\sum_{i=1}^{N-1}\left[(x_{i+1}-x_{i})\times(\ln A_{bf}^{i+1}U_{bf}^{i+1}+\ln A_{bf}^{i}U_{bf}^{i})\right]\right\}\\&=\exp\left\{\frac{1}{2L}\sum_{i=1}^{N-1}\left[(x_{i+1}-x_{i})\times(\ln Q_{bf}^{i+1}+\ln Q_{bf}^{i})\right]\right\}\end{aligned} \tag{4.6}$$

式中，A_{bf}^{i}、A_{bf}^{i+1} 为第 i 个和第 i+1 个断面的平滩面积；Q_{bf}^{i+1}、U_{bf}^{i+1} 为第 i+1 个断面的平滩流量和断面平均流速；$(x_{i+1}-x_{i})$ 为两个相邻断面 i 和 $i+1$ 的间距。式(4.6)为河段平滩流量的计算公式，各断面平滩流量 Q_{bf}^{i} 可由上述断面尺度平滩流量计算方法计算得到。河段平滩流量不但考虑了所在河段各个断面的过流能力，而且也考虑了相邻断面间距沿程不一致对河道总体过流能力的影响，采用式(4.6)计算河段平滩流量，恒存在 $\bar{A}_{bf}\times\bar{U}_{bf}=\bar{Q}_{bf}$。因此，式(4.6)的计算方法更能全面地反映本章所研究河段主槽的综合过流能力。

4.3　黄河下游平滩流量计算结果及分析

4.3.1　不同方法计算的典型断面平滩流量结果及比较

本节将以花园口断面为例，通过计算该断面在两类不同水沙过程后平滩流量的大小，分析上述 4 种计算方法所得结果的区别及原因。漫滩洪水以 1977 年汛期的高含沙大洪水及 1992 年发生的高含沙中等洪水为代表，非漫滩洪水以 1999 年及 2006 年汛期的中小洪水为代表。

本节计算的是花园口统测断面汛后的平滩流量，因此花园口水文断面相关的水位资料已全部统一到统测断面。方法 1 计算时一般通过建立花园口断面日均水位与日均流量之间的多项式关系，然后由汛后平滩高程求得相应的平滩流量。方法 2 计算过程与方法 1 类似，不过是用汛期实测的水位及流量资料。方法 3 先计算花园口断面平滩水位下的断面平均流速，然后与相应汛后实测的平滩面积相乘，便得到平滩流量。方法 4 以花园口至高村河段为研究对象，将花园口断面和高村断面分别作为进口边界和出口边界，利用汛后花园口至高村河段 18 个统测断面的实际地形资料及高村站当年实测的水位-流量关系，推求汛后花园口断面不同流量下的水位值，然后由平滩高程确定相应的平滩流量。在计算中，主槽糙率的取值一般可根据花园口、夹河滩断面当年的实测资料率定。当流量接近平滩流量时，主槽糙率一般为 0.01 左右。低滩及高滩的糙率取值固定，一般为 0.035～0.050。

1. 1977 年高含沙大洪水后的平滩流量

1977 年 7～8 月黄河下游出现了历史上少有的两场高含沙洪水。在两场高含沙洪水中，花园口断面最大流量分别为 8100m^3/s 及 10800m^3/s，最大含沙量分别为 546kg/m^3 及 809kg/m^3。这两次洪水在黄河下游造成了严重的滩淤槽冲现象，但滩地淤积量远大于主槽冲刷量。汛后花园口断面滩地平均淤厚达 1.0m，最大主槽冲深达 3.4m，平滩高程为 94.3m。1977 年汛后花园口断面按四种计算方法所得的平滩流量的对比，如图 4.2 所示。与河床较大的冲淤幅度相对应，花园口断面日均的水位-流量关系极为散乱，因此用方法 1 很难确定花园口断面汛后的平滩流量。如果采用二次曲线拟合，可得平滩流量为 15300m^3/s。方法 2 所用的实测水位-流量关系相对较好，但规律仍不太明显，可插值求得平滩流量为 8300m^3/s。方法 3 所得到水位与断面平均流速的关系也十分散乱，插值求得平滩水位下对应的流速为 3.8m/s，而汛后平滩面积约为 3726m^2，故可得平滩流量约为 14200m^3/s。方法 4 中一维水动力学模型采用汛后花园口至高村河段实际地形计算得到的水位-流量关系，插值可求得平滩流量为 8120m^3/s。采用一维水动力学模型的计算结果，可较为准确地预报下一年份某一流量级下的水位。当平滩流量为 5440m^3/s 时可插值求得相应水位为 93.91m，而 1978 年汛期最大日均流量(Q=5440m^3/s)下的水位为 93.86m，预报值与实测值十分接近。

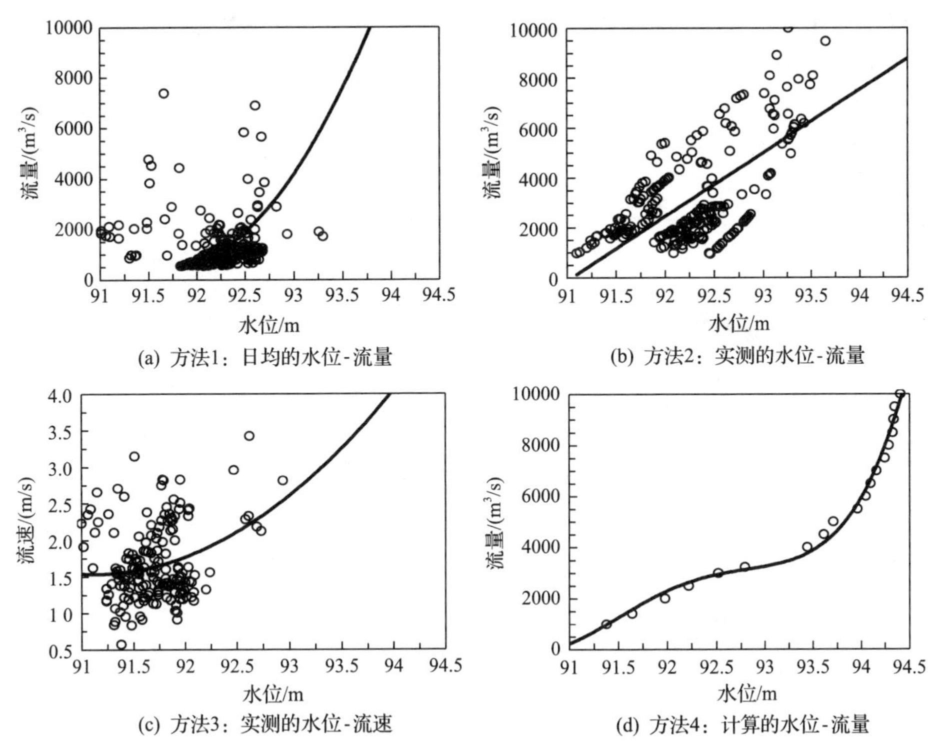

图 4.2　1977 年汛后花园口断面按四种计算方法所得的平滩流量的对比

2. 1992 年高含沙中等洪水后的平滩流量

1992年汛期8月份发生了一场高含沙洪水，花园口水文站洪峰流量为6260m^3/s，但其水位比 1982 年平滩流量为 15300m^3/s 时的水位还高 0.34m。洪峰期间，由于含沙量较大，河道严重淤积，水位较高且洪水大量漫滩，部分高滩上水。花园口断面在汛期主槽摆动范围较大，滩地明显淤积，汛后平滩高程为 94.60m。1992 年汛期通过花园口断面的沙量仅为 1977 年的一半，因此当年日均的水位-流量关系的相关性相对较好，两者可用二次多项式拟合。如图 4.3 中方法 1 所示，根据汛后平滩高程可得相应平滩流量为 5360m^3/s。而方法 2 得到实测的水位与流量关系的相关性更好，两者可用三次多项式拟合，插值可得相应平滩流量为 4680m^3/s。方法 3 所得到的水位与流速关系的相关性较好，两者可用二次多项式拟合，相应平滩高程下的流速为 2.16m/s，汛后实测平滩水位下的面积为 2431m^2，故可计算得到平滩流量约为 5230m^3/s。方法 4 中一维水动力学模型根据汛后实测断面地形计算得到的花园口断面的水位-流量关系，插值求得平滩高程下的流量为 6030m^3/s。采用一维水动力学模型的计算结果，预报下一年某一流量级下的水位，当平滩流量为4140m^3/s 时可插值求得相应水位为 94.36m。而 1993 年汛期最大日均流量(Q=4140m^3/s)下的水位为 94.41m，因此数学模型可以较好地给出漫滩洪水后的水位-流量关系曲线，下一年份实测最大流量下的水位预报值与实测值十分接近。

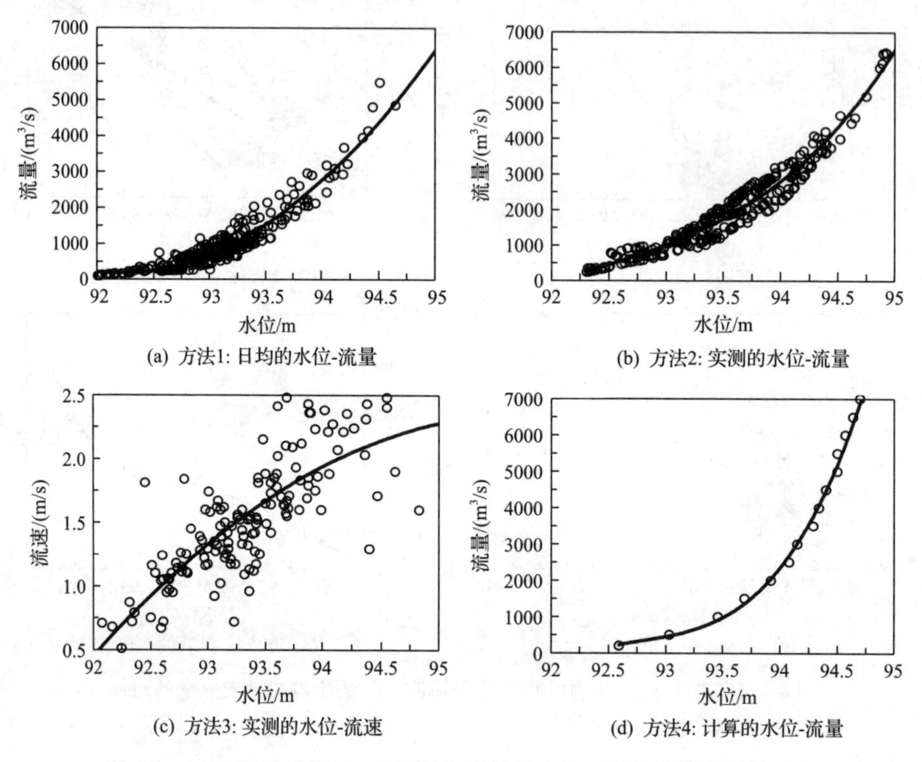

图 4.3 1992 年汛后花园口断面按四种计算方法所得的平滩流量的对比

3. 1999 年汛期非漫滩洪水后的平滩流量

1999 年汛期水量不大，在花园口断面约为 95.5 亿 m^3，由于小浪底水库还没有投入运用，沙量仍达 4.1 亿 t。汛期洪峰流量不大，花园口断面最大日均流量仅为 3070m^3/s，但在 7 月末仍有一次 200～300kg/m^3 的高含沙洪水过程。因此花园口断面在汛期的河床冲淤仍十分明显，主槽横向摆动达 1km，汛后平滩高程约为94.50m。图 4.4 给出了 1999 年汛后花园口断面按四种计算方法所得的平滩流量的对比。如图 4.4 中方法 1 所示，根据平滩高程可得相应平滩流量为 2940m^3/s。而方法 2 得到的实测水位与流量的相关性很好，两者可用三次多项式拟合，相应平滩流量为 2850m^3/s。方法 3 所得到的水位与流速关系的相关性也较好，两者可用二次多项式拟合，但缺少高水位下的实测流速资料，插值可得相应平滩高程下的流速为 3.1m/s，已知汛后实测平滩水位下的面积为 1834m^2，故可得到平滩流量为

5600m³/s。方法 4 中一维水动力学模型根据汛后实测断面地形计算得到的花园口断面的水位-流量关系，插值可得平滩高程下的流量为 2800m³/s。采用一维水动力学模型的计算结果，预报下一年份某一流量下的水位，当平滩流量为 1190m³/s 时可插值求得相应水位为 93.91m。而 2000 年汛期最大日均流量（Q=1190m³/s）下的水位为 93.96m，因此一维水动力学模型的预报值与实测值十分接近。

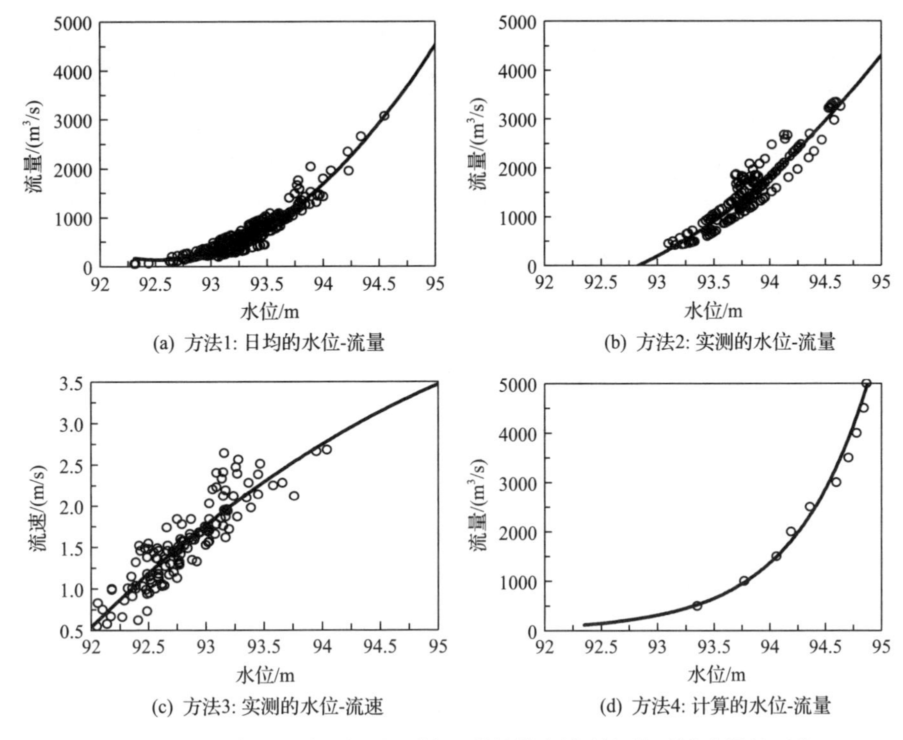

图 4.4　1999 年汛后花园口断面按四种计算方法所得的平滩流量的对比

4. 2006 年汛期非漫滩洪水后的平滩流量

2006 年汛期水量不大，在花园口断面约为 83.8 亿 m³，由于小浪底水库已投入运用，并按蓄水拦沙方式运用，故下泄沙量很少，仅为 0.39 亿 t。汛期洪峰流量不大，花园口断面最大日均流量仅为 2340m³/s，但在汛前有一次流量接近 4000m³/s 的调水调沙过程。花园口断面在汛期的河床冲淤变化不大，主槽横向摆动较小，汛后平滩高程约为 93.92m。2006 年汛后花园口断面按四种计算方法所得的平滩流量如图 4.5 所示。因缺少花园口断面 2006 年全年的日均水位流量资料，方法 1 中仅用到 6 月份的日均资料，插值可得到平滩流量为 7850m³/s；方法 2 得到的平滩流量为 5540m³/s；方法 3 因全年的实测流量过程资料较少，采用 6 月份数据得到的平滩流量为 6760m³/s。方法 4 得到的平滩流量为 7260m³/s。采用一维水动力学模型的计算结果，预报2007年某一流量下的水位，如平滩流量为4290m^3/s时可插值求得相应水位为93.45m，而2007年汛期最大实测流量(Q=4290m^3/s)下的水位为93.46m，因此预报值与实测值相当接近。

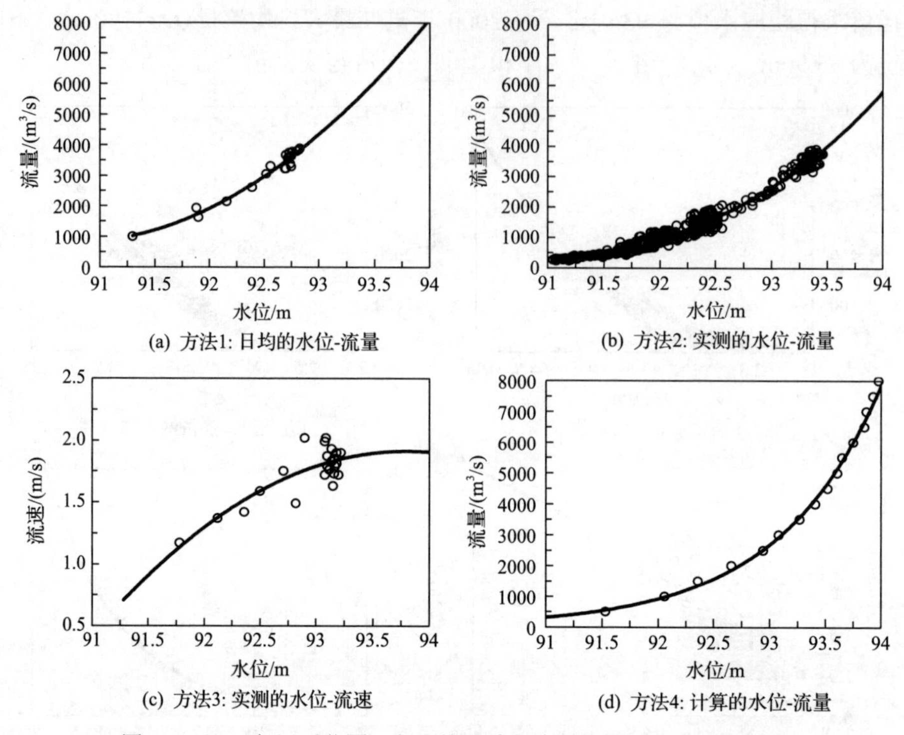

图4.5　2006年汛后花园口断面按四种方法所得的平滩流量的对比

表4.5统计了采用上述4种计算方法所得到的花园口断面汛后平滩流量的结果。由表4.5可知，对于1977年汛期发生的水沙过程，方法1与方法3所得到的平滩流量结果偏大，方法2与方法4所得结果较为接近。而对于1992年汛期发生的水沙过程，与方法4结果相比，方法1～方法3所得结果均略有偏小。对于1999年发生的中小洪水，方法3所得结果明显偏大。对于2006年汛期发生的低含沙量洪水，方法2所得结果偏小，方法1、方法3、方法4所得结果较为接近。因此总体而言，当汛期来沙较少或断面冲淤变化较小时，上述四种方法的计算结果较为接近，尤其是方法2与方法4的结果非常接近。

但严格来说，黄河下游的断面形态随来水来沙条件随时发生变化，因此无法精确地计算花园口断面汛后平滩流量的大小，但可以通过上述四种计算方法预测花园口断面下一年最大流量时的水位值，并与实测值进行比较(表4.6)，从而判断各种方法的合理性。由表4.6可知，方法4的预测值与实测值误差，在不同年份时均小于10cm。因此，这里推荐采用方法4计算黄河下游断面尺度的平滩流量。

表 4.5　汛期不同洪水过程后平滩流量计算结果

计算年份	水量/10^8m^3	沙量/10^8t	洪水类型	平滩高程/m	平滩流量/(m^3/s)			
					方法1	方法2	方法3	方法4
1977	185	16.6	大漫滩，高含沙大洪水	94.30	15300	8300	14200	8120
1992	140	8.9	大漫滩，高含沙中洪水	94.60	5360	4680	5230	6210
1999	96	4.1	非漫滩，中小洪水	94.50	2940	2850	5600	2800
2006	84	0.4	非漫滩，中小洪水	93.92	7850	5540	6760	7260

表 4.6　下一年份最大流量时的水位预测结果

计算年份	最大实测流量及相应水位		最大流量时的水位预测值/m			
	流量/(m^3/s)	水位/m	方法1	方法2	方法3	方法4
1978	5440	93.86	93.21	93.17	91.60	93.91
1993	4140	94.41	94.44	94.45	93.55	94.37
2000	1190	93.96	93.74	93.67	92.08	93.91
2007	4290	93.46	92.98	93.58	91.50	93.45

4.3.2　各河段平滩流量的计算结果及分析

以黄河下游91个淤积断面汛后实测地形资料为基础，采用4.3.1节中断面平滩流量确定的方法4，计算出1986～2015年黄河下游各个断面的平滩流量。图4.6给出了1999年汛后黄河下游91个淤积断面平滩流量的沿程变化过程。从图4.6中可以看出，1999年汛后个别断面的断面平滩流量非常小，这是1986年以来黄河下游主河槽发生萎缩的结果。而且沿程各个断面的平滩流量变化非常剧烈，最大的断面平滩流量可达8000m^3/s，最小平滩流量不足1200m^3/s。因此，各个断面平滩流量相差非常大，单一断面的平滩流量难以代表整个河段的过流能力，这就进一步地说明有必要计算河段尺度的平滩流量(Xia et al., 2014b)。

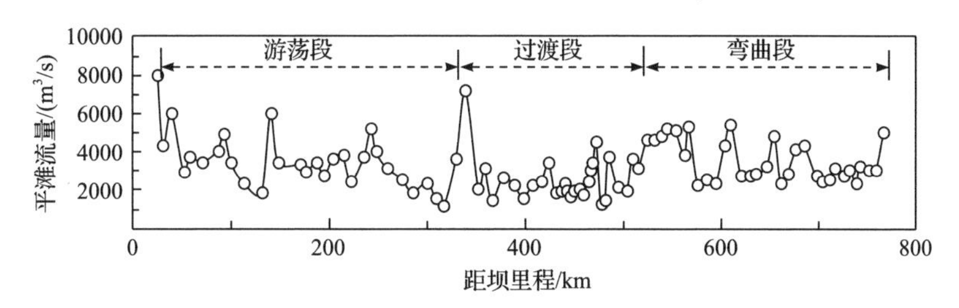

图 4.6　黄河下游1999年汛后断面平滩流量的沿程变化

采用基于对数转换的几何平均与断面间距加权平均相结合的方法(式(4.6))分别计算出游荡段、过渡段和弯曲段的平滩流量，下面将对各个分河段平滩流量的计算结果进行分析。图4.7给出了黄河下游游荡段1986～2015年三个水文断面及河段平滩流量的变化过程。1986～1999年(持续淤积期)，三个水文断面及河段平滩流量呈现出递减的趋势，花园口、夹河滩和高村断面平滩流量分别从7645m³/s、5199m³/s、8000m³/s减小到1853m³/s、3698m³/s、1532m³/s。整个游荡段平滩流量从6151m³/s减小到3229m³/s，减小幅度达到了47.5%。由此可见，1986～1999年黄河下游游荡段平滩流量逐年减小，主槽过流能力降低，河槽发生了严重萎缩。1999～2015年(持续冲刷期)，三个典型断面及河段平滩流量不断增加，至2015年汛后花园口、夹河滩、高村断面和游荡段平滩流量分别增加为5873m³/s、8000m³/s、8000m³/s、7321m³/s。这说明小浪底水库运用后，河床持续冲刷使游荡段平滩流量逐年增加，主槽过流能力得到了恢复。

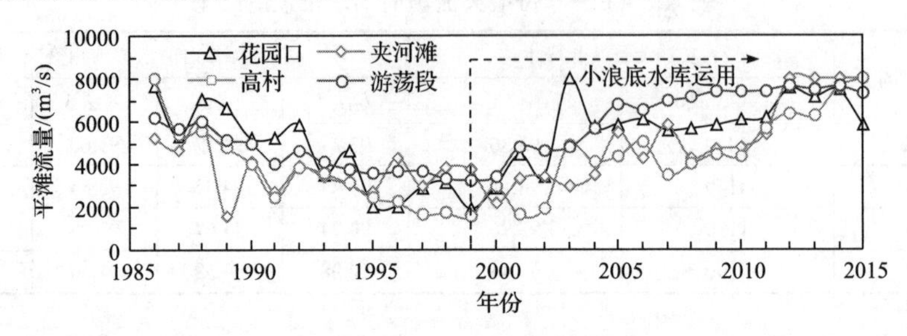

图4.7　黄河下游游荡段1986～2015年三个水文断面及河段平滩流量的变化过程

图4.8给出了黄河下游过渡段1986～2015年孙口断面及河段平滩流量的变化过程。1986～1999年，孙口断面平滩流量从6781m³/s减小到1841m³/s。整个过渡段平滩流量变化趋势与孙口断面类似，从5877m³/s减小到2339m³/s，减小幅度达到了60%。与游荡段类似，过渡段主槽过流能力在持续淤积期也显著降低，河槽发生了严重萎缩。小浪底水库运用后，孙口断面及过渡段平滩流量变化趋势比较类似，都呈现出增加的趋势，至2015年平滩流量分别达到6145m³/s和5065m³/s，与1999年相比增幅分别为70%和54%。这说明小浪底水库运用后，河床持续冲刷也使过渡段平滩流量有了显著提高，相应的主槽过流能力也大大增加。

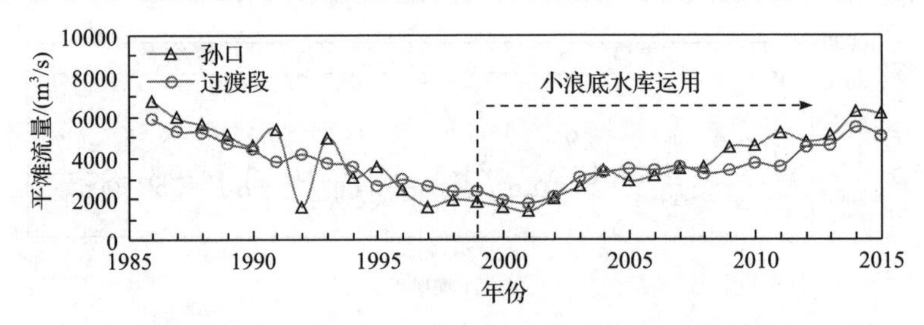

图4.8　黄河下游过渡段1986～2015年孙口断面及河段平滩流量的变化过程

图4.9给出了黄河下游弯曲段1986～2015年艾山泺口、利津断面及河段平滩流量的变化过程。1986～1999年，艾山断面平滩流量有升有降，变化比较剧烈，总体上该断面平滩流量由1986年的6696m³/s减小至1999年的2107m³/s；泺口断面平滩流量从7602m³/s减小到2344m³/s，这期间平滩流量变化剧烈，尤其是1995～

1999 年减小的幅度较大。利津断面平滩流量在这期间变化幅度不大，总体趋势反而有所上升，从 3554m^3/s 增加到 5017m^3/s。小浪底水库运用前，弯曲段平滩流量总体上呈现下降趋势，减小幅度约为 44%。这说明持续淤积期弯曲段主槽过流能力也有所降低，但个别断面(利津)平滩流量的调整趋势与河段变化趋势相反。因此，特定某个断面的平滩流量变化不能全面地反映整个河段过流能力的变化情况，用河段尺度的平滩流量来描述弯曲段的过流能力更加合理。小浪底水库运用后(1999～2015 年)，艾山断面平滩流量增加，至 2015 年达 5853m^3/s，增幅为 64%。泺口断面平滩流量逐渐增加到 4297m^3/s，利津断面平滩流量的变化呈现出先增加后减小的趋势，到 2015 年减小到 3785m^3/s。弯曲段平滩流量与游荡段及过渡段类似，也呈现出上升的趋势，从 3080m^3/s 增加到 5494m^3/s，主槽过流能力有了大幅度提升，但增加幅度比游荡段小。

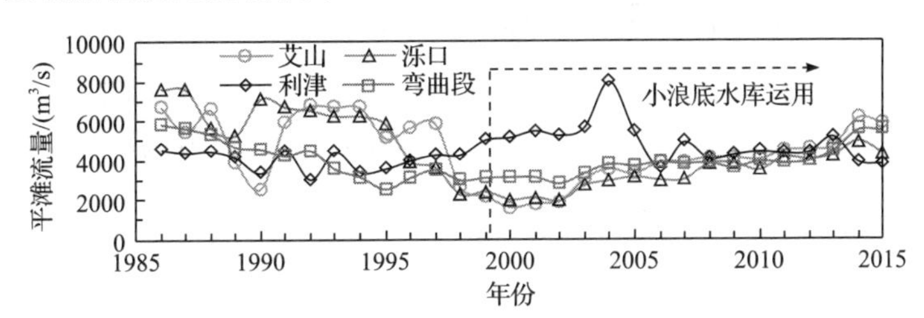

图 4.9　黄河下游弯曲段断面及河段尺度的平滩流量变化

4.4　河段平滩流量与来水来沙条件之间的关系

冲积河流平滩流量的变化是由其平滩河槽形态变化引起的，而平滩河槽形态的变化又是非平衡输沙的直接结果。河槽形态是前期水沙条件累积作用的结果，来水来沙的改变影响平滩河槽形态变化，进而影响河槽过流能力变化(Wu et al., 2008b; Xia et al., 2014b)。本节将分别探讨黄河下游游荡段、过渡段和弯曲段的来水来沙条件变化对河段平滩流量的影响，在此基础上建立相应的经验关系式。

由前面第 3 章的结果分析可知，近年来黄河下游非汛期的水量占年来水量的比例有所增大，且下游各河段汛期与非汛期都存在显著的河床冲淤变形。因此本节需要考虑汛期与非汛期水沙综合作用对黄河下游各河段平滩流量调整的影响，故河段平滩流量的变化可以表示为汛期及非汛期来水来沙条件的函数关系。来水来沙条件可以采用以下两种方式来表示：一是汛期与非汛期流量及来沙系数的函数关系；二是汛期与非汛期水流冲刷强度的函数关系。

(1) 通常选择河段进口断面(水文站)的流量及来沙系数作为进入该河段的水沙条件，则河段平滩流量可表示为这些水沙条件的函数关系：

$$\bar{Q}_{bf} = k_1\left(\bar{Q}_{nfd}\right)^{\alpha_1}\left(\bar{\xi}_{nfd}\right)^{\beta_1} + k_2\left(\bar{Q}_{nnf}\right)^{\alpha_2}\left(\bar{\xi}_{nnf}\right)^{\beta_2} \tag{4.7}$$

式中，$\bar{Q}_{bf}$ 为河段尺度的平滩流量；$\bar{Q}_{nfd}$、$\bar{\xi}_{nfd}$ 分别为前期 n 年平均的汛期流量及来沙系数；$\bar{Q}_{nnf}$、$\bar{\xi}_{nnf}$ 分别为前 n 年平均的非汛期流量及来沙系数；k_1、k_2、α_1、β_1、α_2、β_2 分别为回归的系数与指数。

(2) 平滩流量可表示为汛期与非汛期的水流冲刷强度的函数关系：

$$\bar{Q}_{bf} = k_1(\bar{F}_{nfd})^{\alpha_1} + k_2(\bar{F}_{nnf})^{\alpha_2} \tag{4.8}$$

式中，$\bar{F}_{nfd}$ 为前期 n 年平均的汛期水流冲刷强度；$\bar{F}_{nnf}$ 为前期 n 年的平均非汛期水流冲刷强度。

为了对河段平滩流量的经验关系计算值与实测值进行比较，本节选择统计分析中的 R^2 及 MAPE 两个指标来评价该经验关系的计算精度。

4.4.1　河段平滩流量与流量及来沙系数的关系

由第 3 章分析可知，黄河下游在汛期与非汛期都存在显著的河床变形，因此本章应综合考虑汛期和非汛期水沙条件的影响。以游荡段为例，图 4.10 为游荡段平滩流量与汛期及非汛期水沙条件的关系。

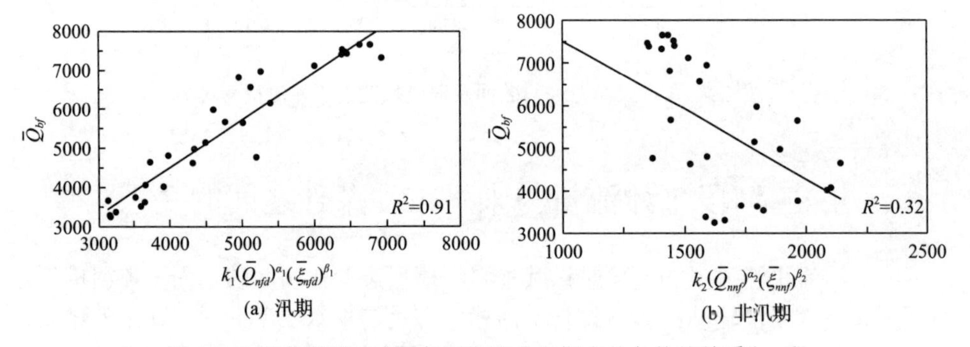

图 4.10　游荡段平滩流量与汛期及非汛期水沙条件的关系 (n=5)

从图 4.10 可以看到，游荡段平滩流量与汛期水沙条件相关关系较好，决定系数 R^2 能达到 0.91(图 4.10(a))；相比之下游荡段平滩流量与非汛期水沙条件的相关程度较低，但仍然可以看到二者存在一定的关系。同样地，过渡段、弯曲段平滩流量与汛期及非汛期水沙条件也存在类似的关系。因此黄河下游各河段平滩流量与汛期及非汛期水沙条件之间都存在一定的相关关系，即汛期与非汛期水沙条件的组合，共同决定了主槽过流能力的调整过程。

已有研究表明，冲积河流河床演变存在滞后响应，断面尺度的平滩流量是前期多年平均的汛期来水来沙条件的函数(吴保生等, 2007; Wu et al., 2008b; Wu and Li, 2011)。与此类似，河段平滩流量同样应该与前期多年(n 年)平均的水沙条件存在一定的相关关系。为了确定经验关系中 n 的取值，逐一取前期不同年份的水沙条件与河段平滩流量进行多元非线性回归分析，率定得到式(4.7)中各项的系数

k_1、k_2 及指数 α_1、α_2 与 β_1、β_2。随后本节可通过各个经验关系式对应的 R^2 及 MAPE，对计算精度进行评价，选取 n 的最优取值。

以游荡段为例，分别取小浪底、黑石关及小董三站之和(小黑小)的前期 1～7 年汛期与非汛期平均流量及来沙系数作为进入下游游荡段的水沙条件，与河段平滩流量进行多元非线性回归并建立经验关系式，相应的计算精度指标(R^2 及 MAPE)随前期统计年数的变化情况，如图 4.11 所示。

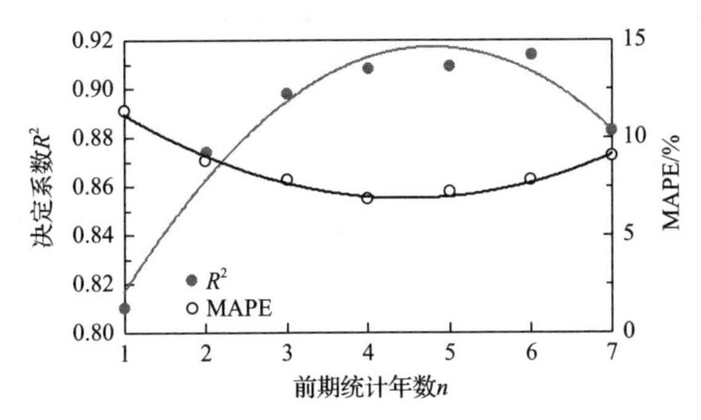

图 4.11　游荡段平滩流量经验关系式计算精度指标随前期统计年数的变化情况

从图 4.11 中可以发现，当 n 取值从 1 增加到 7 时，决定系数 R^2 经历了先增加后减小的过程，而 MAPE 经历了先减小后增加的过程，说明式(4.7)的计算精度先增大后减小。当 n=1，即采用当年的来水来沙条件与游荡段平滩流量建立关系时，该经验关系式的决定系数 R^2 为 0.81，对应的 MAPE 较大，为 11.4%。随着参与计算的前期水沙条件的年数 n 值增加，决定系数 R^2 逐渐增大，MAPE 逐渐减小，当 n=5 时，R^2=0.91，而 MAPE=7.2%，达到一个较小值；而 n=6 时，R^2=0.91，随后开始减小，而此时 MAPE=7.85%。当 n=5 时，决定系数 R^2 已经达到 0.909，而 MAPE 此时也较小，因此可以建立河段平滩流量与包括当年在内的前期 5 年平均水沙条件与之间的经验关系。

通过多元非线性回归的方法，本节分别对游荡段、过渡段及弯曲段平滩流量与其河段进口水沙条件(小黑小三站、高村、艾山)即 5 年平均汛期与非汛期流量及来沙系数的综合参数之间的关系进行分析，可率定得到式(4.7)中系数 k_1 及指数 α_1 与 β_1(汛期参数)，系数 k_2 及指数 α_2 与 β_2(非汛期参数)，结果如表 4.7 所示。如果仅用汛期水沙条件率定式(4.7)中等号右边的第一项，结果如表 4.8 所示。

表 4.7　河段平滩流量计算式(4.7)中的参数率定结果(同时考虑汛期与非汛期水沙条件)

平滩流量	k_1	α_1	β_1	k_2	α_2	β_2	R^2
游荡段	2228.532	−0.046	−0.292	293.453	−2.53	0.47	0.91
过渡段	38.108	0.485	−0.226	0.072	1.303	−0.217	0.93
弯曲段	0.00037	2.213	0.305	2402.53	−0.169	−0.322	0.78

$$\bar{Q}_{bf}=k_1(\bar{Q}_{nfd})^{\alpha_1}(\bar{\xi}_{nfd})^{\beta_1}+k_2(\bar{Q}_{nnf})^{\alpha_2}(\bar{\xi}_{nnf})^{\beta_2}$$

表 4.8　河段平滩流量计算式(4.7)中的参数率定结果(仅考虑汛期水沙条件)

平滩流量	k_1	α_1	β_1	R^2
游荡段	2228.532	−0.046	−0.292	0.91
过渡段	55.519	0.452	−0.261	0.91
弯曲段	165.018	0.391	−0.117	0.68
$\overline{Q}_{bf}=k_1(\overline{Q}_{nfd})^{\alpha_1}(\overline{\xi}_{nfd})^{\beta_1}$				

从表 4.7 和表 4.8 中的率定结果分析中，可以得到如下结论。

(1)汛期水沙条件与非汛期水沙条件对河段平滩流量调整影响的权重不同，其中汛期水沙因子所占比重大一些，占 60%～70%，是影响平滩流量调整的主要因素，比较表 4.7 与表 4.8 的决定系数，增加考虑非汛期水沙条件后，各经验公式的 R^2 均有不同程度的增加。

(2)不同河段平滩流量的调整对水沙条件的响应略有不同，各个经验关系式率定得到的系数与指数正负号并不一致。游荡段平滩流量与汛期及非汛期综合水沙条件的经验关系式中：$\alpha_1<0$，$\beta_1<0$，$\alpha_2<0$，$\beta_2>0$，说明游荡段平滩流量随汛期流量及来沙系数的增大而减小，随非汛期流量的增大而减小，随非汛期来沙系数的增大而增大；过渡段平滩流量与综合水沙条件的经验关系式中：$\alpha_1>0$，$\beta_1<0$，$\alpha_2>0$，$\beta_2<0$，即过渡段平滩流量与汛期及非汛期的流量呈正相关关系，与汛期及非汛期的来沙系数呈负相关关系；弯曲段平滩流量与综合水沙条件的经验关系式中：$\alpha_1>0$，$\beta_1>0$，$\alpha_2<0$，$\beta_2<0$，因此弯曲段平滩流量与汛期流量及来沙系数呈正相关关系，而与非汛期流量及来沙系数呈负相关关系。

(3)黄河下游各河段平滩流量与汛期及非汛期水沙条件综合因子关系密切，决定系数均在 0.75 以上，建立的经验公式能较为准确地反演各河段平滩流量的调整过程。

根据各河段进口水沙条件，采用式(4.7)及表 4.7 中率定的参数，计算黄河下游三个河段的 $\overline{Q}_{bf}$ (计算值)，同时采用式(4.6)计算 1986～2015 年黄河下游不同河段平滩流量计算值与实测值比较，如图 4.12 所示。

从图 4.12 可以看到，采用式(4.7)计算得到的平滩流量与实测值变化趋势一致。图 4.12 准确地反演了黄河下游不同河段平滩流量在持续淤积期不断减小，以

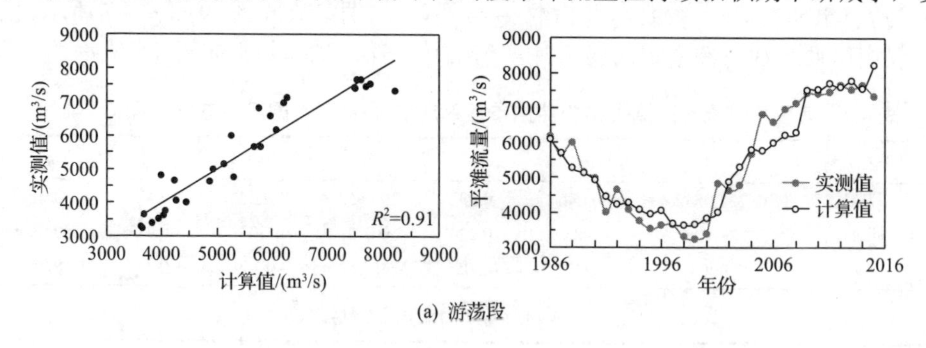

(a) 游荡段

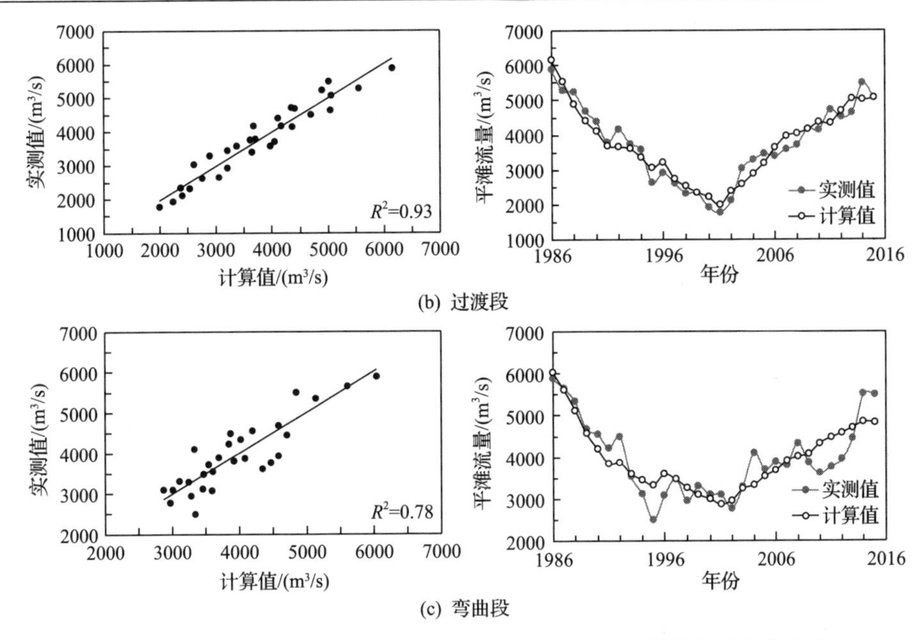

图 4.12　1986～2015 年黄河下游不同河段平滩流量计算值与实测值比较

及在持续冲刷期逐年增大的变化趋势；但三河段平滩流量计算值与实测值在具体数值上有显著差异，其中过渡段平滩流量计算值与实测值吻合度最高，R^2=0.93(图 4.12(b))，其次为游荡段，R^2=0.91(图 4.12(a))，拟合程度最低的为弯曲段，R^2=0.78(图 4.12(c))；从图 4.12(c)中可以看出，弯曲段平滩流量计算值与实测值之间存在较大的偏差，最大误差达 33%。说明该经验公式仅考虑水沙条件仍存在一定的缺陷，需要进一步完善。

4.4.2　河段平滩流量与水流冲刷强度的关系

平均水流冲刷强度是表征水沙条件变化的关键因子，黄河下游各河段在汛期及非汛期均存在不同程度的河床变形，因此用汛期及非汛期水流冲刷强度与河段平滩流量建立经验关系，可以很好地反映水沙条件对主槽过流能力调整的影响。为了确定式(4.8)经验关系中 n 的取值，逐一地取前期不同年数平均的水沙条件与各个河段平滩流量进行多元非线性回归分析，率定得到式(4.8)中各项系数 k_1、k_2 及指数 α_1 与 α_2。随后本节可通过各个经验关系式对应的 R^2 及 MAPE，对计算精度进行评价，选取 n 的最优值。

以游荡段平滩流量为例，分别选取前期 1～7 年汛期及非汛期平均水流冲刷强度代表进入游荡段的水沙条件，与该河段平滩流量进行多元非线性回归分析。相应计算精度指标(R^2 及 MAPE)随前期统计年数的变化情况，如图 4.13 所示。

从图 4.13 中可以发现，当 n 取值从 1 增加到 7 时，决定系数 R^2 经历了先增加后减小的过程，而 MAPE 经历了先减小后增加的过程，说明式(4.8)的计算精度先

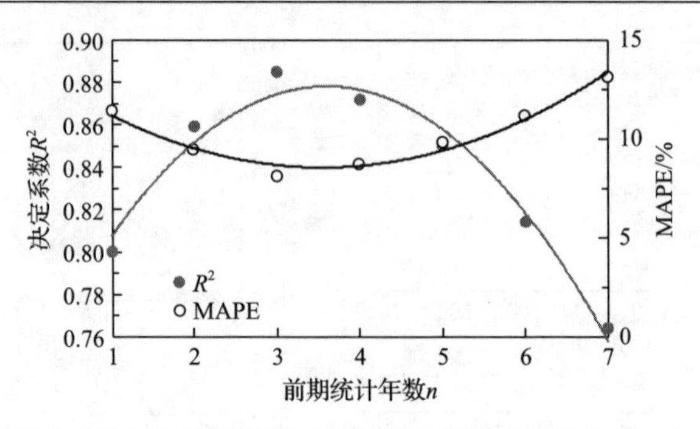

图 4.13　游荡段平滩流量经验关系式计算精度指标随前期统计年数的变化情况

增大后减小。当 n=1，即采用当年的来水来沙条件与游荡段平滩流量建立关系时，该经验关系式的 R^2 为 0.80，对应的 MAPE 较大(11.4%)。随着参与计算的前期水沙条件的年数 n 值增加，R^2 逐渐增大，MAPE 逐渐减小，当 n=3 时，R^2=0.89，达到最大值，而 MAPE=8.1%，达到最小值；当 n=5 时，R^2=0.85，MAPE=9.8%。当 n 取值 3～5 时，R^2 均在 0.85 以上，MAPE 保持在 10%以内，计算精度均在可接受范围内。

本节通过多元非线性回归的方法，发现游荡段、过渡段及弯曲段的平滩流量分别与前期 3 年、5 年及 5 年平均的综合水沙条件之间的决定系数较高，因此分别建立游荡段、过渡段及弯曲段的平滩流量与相应河段进口 3 年、5 年及 5 年平均的汛期及非汛期水流冲刷强度综合参数之间的相关关系，率定得到式(4.8)中系数 k_1 及指数 α_1(汛期参数)，系数 k_2 及指数 α_2(非汛期参数)，结果如表 4.9 所示。如果仅用汛期水沙条件来率定式(4.8)中等号右边的第一项，结果如表 4.10 所示。

表 4.9　河段平滩流量计算式(4.8)中的参数率定结果(同时考虑汛期与非汛期水沙条件)

平滩流量	k_1	α_1	k_2	α_2	R^2
游荡段	1464.997	0.3	1281.637	0.247	0.89
过渡段	1675.995	0.349	155.966	0.304	0.86
弯曲段	0.003	4.039	3064.399	0.157	0.67

$$\bar{Q}_{bf}=k_1(\bar{F}_{nfd})^{\alpha_1}+k_2(\bar{F}_{nnf})^{\alpha_2}$$

表 4.10　河段平滩流量计算式(4.8)中的参数率定结果(仅考虑汛期水沙条件)

平滩流量	k_1	α_1	R^2
游荡段	2921.061	0.282	0.85
过渡段	1846.988	0.342	0.86
弯曲段	2575.507	0.222	0.64

$$\bar{Q}_{bf}=k_1(\bar{F}_{nfd})^{\alpha_1}$$

从表 4.9 和表 4.10 中数据可以得到如下结论：①汛期与非汛期的水流冲刷强度对平滩流量调整的影响权重不同，其中汛期水沙因子所占比重大一些，约占 60%以上，是河段平滩流量调整的主要因素，比较表 4.9 与表 4.10 中的决定系数，增加考虑非汛期水沙条件，各经验公式的决定系数基本上均有一定程度的提高；②三河段平滩流量的调整对平均水流冲刷强度的响应一致，各个经验关系式率定得到的指数均为正值，即 $\alpha_1>0$，$\alpha_2>0$，说明平滩流量随汛期及非汛期平均水流冲刷强度的增大而增大；③黄河下游各河段平滩流量与汛期及非汛期水沙条件综合因子关系密切，决定系数均在 0.65 以上，因此建立的经验公式能较为准确地反演各河段平滩流量的调整过程。

根据各河段进口水沙条件，采用式(4.8)及表 4.9 中率定的参数，计算黄河下游三河段的 $\overline{Q}_{bf}$（计算值），同时采用式(4.6)计算 1986～2015 年黄河下游三个河段的平滩流量(实测值)，计算值与实测值比较如图 4.14 所示。

从图 4.14 可以看到，采用式(4.8)计算得到的平滩流量与实测值变化趋势一致。图 4.13 准确地反演了游荡段、过渡段及弯曲段平滩流量在持续淤积期不断减小以及在持续冲刷期逐年增大的变化趋势，但三个河段平滩流量计算值与实测值在具体数值上有差异，其中游荡段平滩流量计算值与实测值吻合度最高(R^2=0.89)，其次为过渡段(R^2=0.86)，拟合程度最低的为弯曲段(R^2=0.67)。从图 4.14(c)中还可以看出，弯曲段平滩流量计算值与实测值之间存在较大差距，实测弯曲段平滩流量年际间变幅较大，模拟起来较为困难，故而决定系数不高。

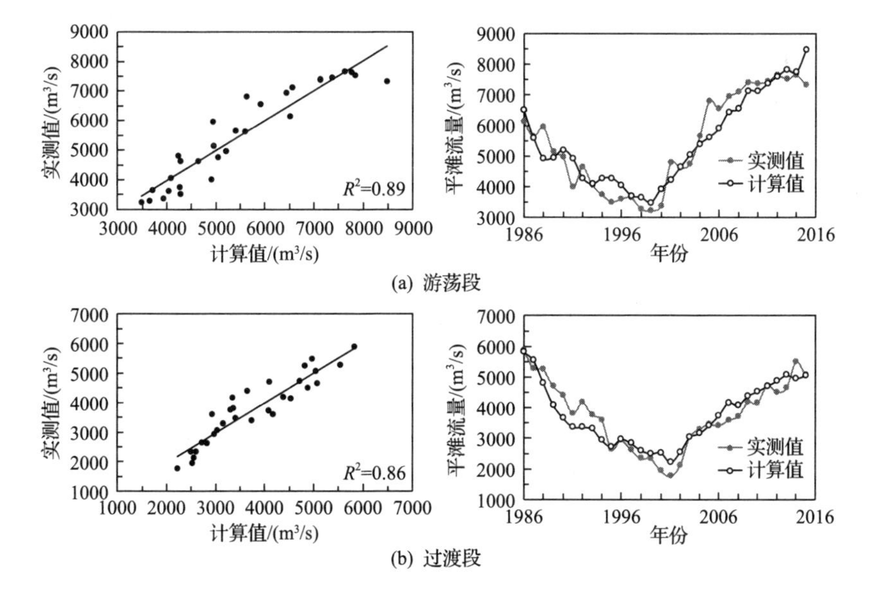

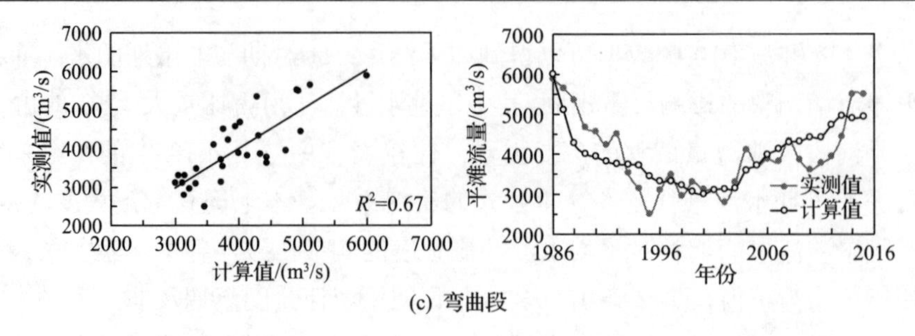

(c) 弯曲段

图 4.14　1986～2015 年黄河下游三个河段的平滩流量计算值与实测值比较

4.5　本 章 小 结

本章以 1986～2015 年黄河下游实测 91 个淤积断面汛后地形和水文资料为基础，结合基于河段尺度的计算方法，分析了黄河下游各河段平滩流量的调整特点，并探讨了河段平滩流量与来水来沙条件的关系。本章首先提出了断面及河段尺度平滩流量的计算方法，然后采用一维水动力学模型计算得到水位-流量关系的方法和基于对数转换的几何平均和断面间距加权平均相结合的方法，计算了 1986～2015 年黄河下游游荡段、过渡段及弯曲段的平滩流量。最后建立了各河段平滩流量与前期 3～5 年平均的水沙条件之间的经验关系。实测资料及计算结果分析表明：

(1) 黄河下游断面平滩流量沿程变化较大，特定断面的平滩流量不能代表整个河段的过流能力，因此本章采用了改进的河段平均法计算下游各个河段的平滩流量。与特定水文断面的平滩流量变化相比，河段尺度的平滩流量变化幅度更小，可以较为合理地反映某一河段主槽过流能力的变化趋势。

(2) 在河床持续淤积期(1986～1999 年)，黄河下游游荡段、过渡段和弯曲段的过流能力大幅度降低，三河段平滩流量的降幅分别为 48%、60%和 44%；小浪底水库运用后(1999～2015 年)，黄河下游河床发生持续冲刷，三河段的平滩流量分别提高了 56%、54%和 40%，主槽过流能力恢复，减轻了黄河下游河道的防洪压力。

(3) 本章建立了黄河下游各河段平滩流量与前期水沙条件(流量与来沙系数的综合参数、平均水流冲刷强度)之间的经验关系式。这些关系式能较好地揭示汛期与非汛期水沙因子对河段平滩流量调整的不同影响，且计算值与实测值总体符合较好。通过分析发现前期 3～5 年综合水沙因子决定了各河段平滩流量的大小；汛期水沙因子是影响各河段平滩流量调整的主要因素，但非汛期水沙因子的影响不能忽略，增加考虑非汛期水沙因子后，各经验关系式的决定系数均有不同程度的提高。

第5章　黄河下游主槽的动床阻力计算

动床阻力在冲积河流洪水演进与河床冲淤计算中具有十分重要的作用，而水流条件和床面形态是影响动床阻力的主要因素。冲积河流的动床阻力与床面形态关系密切，而床面形态又与水流条件紧密相关。不同水沙条件作用下的床面形态变化较大，因此动床阻力计算较为困难。黄河下游具有复杂的河道形态特征与水沙过程，因此动床阻力变化规律复杂。现有半经验、半理论公式都不能较好地描述黄河下游主槽的动床阻力变化特点。因此本章开展黄河下游的动床阻力研究，对揭示冲积河流阻力变化规律，准确预报洪水演进及河床变形过程，提高数学模型的计算精度具有重要的理论意义与实际应用价值。

本章首先介绍动床阻力的基本概念及研究现状，对现有的典型动床阻力计算公式进行总结与归纳；然后分析动床阻力的主要影响因素，并针对冲积河流提出基于水流能态分区的动床阻力公式；最后采用收集的黄河下游各水文站 1958～1990 年实测资料，建立各水流能态区的动床阻力公式，并利用黄河下游 1991～2014 年实测资料对动床阻力公式进行验证。

5.1　冲积河流阻力构成及研究现状

5.1.1　冲积河流阻力构成

冲积河流阻力根据产生来源不同，一般由以下三部分组成：床面阻力、滩地阻力、各种附加阻力(包括岸壁阻力、冰凌阻力与河势阻力等)(钱宁和万兆惠，2003)。

1. 床面阻力

床面阻力包括沙粒阻力与沙波阻力，是动床阻力的重要组成部分。床面阻力的大小与水流条件、床面形态及床沙组成等密切相关。在水深相同的条件下，随着水流强度的增加，床面阻力随沙波的发展而逐渐增大，又随着沙波的衰亡而逐渐减小，大约在动平床时，床面阻力达到最小值。随后水流强度进一步增大，逆行沙波出现，床面阻力又趋于增大(钱宁和万兆惠，2003)。一般把沙纹、沙垄状态称为水流低能态。沙垄消亡而趋于动平整的状态称为过渡态。动平床以后的状态称为高能态(邵学军和王兴奎，2005)。床面形态的变化直接影响动床阻力的大小，而动床阻力计算是水沙数学模型中的一个重要环节。

2. 滩地阻力

滩地阻力是由于洪水漫滩引起的，确切而言它应属于床面阻力。但滩地阻力与床面(主槽)阻力相比，又有明显不同。主槽表面的粗糙程度相对较小，滩地表面由于人类活动的影响，植被生长情况复杂，粗糙度远大于主槽。程进豪等(1997)对黄河下游山东河段的河道阻力进行了分析，发现滩地糙率远大于主槽糙率，一般偏大 2～3 倍。

3. 各种附加阻力

对峡谷型的山区河道，岸壁阻力在整个河道阻力中所占的比例较大；对较宽浅的平原河道，岸壁阻力通常可以忽略不计。一般不易估算其他附加阻力，如冰凌阻力、河势阻力等(惠遇甲等，2000)。

应当指出，在通常情况下床面阻力是最主要的，尤其是对于宽浅型河道，其他阻力仅在特定的条件下，才会构成河道阻力的组成部分。因此一般情况下仅研究床面阻力的变化规律。在黄河下游河道多采用有量纲的曼宁系数表示床面阻力，曼宁系数实际上又是通过谢才公式来反求的，即

$$U = \frac{1}{n} R^{2/3} J^{1/2} \tag{5.1}$$

式中，U 为断面平均流速；n 为曼宁系数；R 为水力半径；J 为能坡。

曼宁系数 n 与无量纲的达西-韦斯巴赫阻力系数 f 之间的关系可表示为

$$\frac{R^{1/6}}{n\sqrt{g}} = \sqrt{\frac{8}{f}} \tag{5.2}$$

式中，g 为重力加速度；其他符号物理意义同前。

5.1.2 动床阻力的计算方法

当河流边界较为稳定时，床面阻力不随水流条件而变，可按定床条件推求阻力。但在动床条件下，床面形态随水流条件的变化而改变，进而影响到动床阻力的大小。动床阻力通常用周界的阻力系数来反映，阻力系数有许多不同的表达形式，包括曼宁系数 n、谢才系数 C 及达西-韦斯巴赫系数 f，虽然各系数有不同的表达式，但是它们可以通过式(5.3)进行相互转化：

$$\frac{C}{\sqrt{g}} = \frac{R^{1/6}}{n\sqrt{g}} = \sqrt{\frac{8}{f}} = \frac{U}{U_*} \tag{5.3}$$

式中，U_*为摩阻流速。

分析式(5.3)可知，上述各阻力系数均可通过变形表示为断面平均流速与摩阻流速的比值，而断面平均流速及摩阻流速又与实际流速分布密切相关，因此动床阻力问题本质上是流速分布的问题。进一步地将式(5.3)变形，可得阻力系数f的表达式为

$$f = \frac{8gRJ}{U^2} \tag{5.4}$$

考虑到曼宁系数与谢才系数均有量纲，而阻力系数 f 为无量纲数，故通常选用阻力系数 f 来表征动床阻力的大小。但在河流水沙数学模型中则更习惯于用曼宁系数 n 来表征阻力的大小。

现有的动床阻力计算方法主要有阻力分割法和综合阻力法两类(钱宁和万兆惠，2003)。阻力分割法是将总阻力分为沙粒阻力和沙波阻力，分别计算后再叠加。综合阻力法则是不区分沙粒阻力、沙波阻力等阻力单元，直接计算总阻力。本章主要采用综合阻力法，计算黄河下游主槽的动床阻力。下面分别简述这两类计算动床阻力的方法。

1. 阻力分割法

冲积河流的床面阻力按成因可分为沙粒阻力和沙波阻力(钱宁和万兆惠，2003)。沙粒阻力也称肤面阻力，它是冲积河流床面上泥沙颗粒的粗糙度与运动水流发生摩擦而产生的水流阻力。沙波阻力也称形状阻力，它是水流强度变化使得床面出现不同沙波形态而产生的水流阻力。Einstein 和 Barbarossa(1952)认为，当床面为静平床形态时，床面阻力与定床阻力类似，仅需考虑沙粒阻力。当床面出现沙波时，则需要同时考虑沙粒阻力和沙波阻力。动床阻力计算应该全面考虑河床形态发展的各个阶段和影响阻力的各类因素。

根据剪切应力的叠加原理，床面总切应力 τ_b 可写成

$$\tau_b = \tau_b' + \tau_b'' \tag{5.5}$$

式中，τ_b'、τ_b'' 分别为相应于沙粒阻力和沙波阻力的剪切应力。由水力学原理可知，床面总切应力的表达式为

$$\tau_b = \rho g R_b J_b \tag{5.6}$$

式中，ρ 为水的密度；R_b、J_b 分别为相应于床面综合阻力的水力半径和水力坡度。

阻力分割法包括两种，一种是 Einstein 和 Barbarossa(1952)提出的水力半径分割法；另一种是 Engelund(1966)提出的能坡分割法。

1) 水力半径分割法

水力半径分割法是将水力半径分为两部分，一部分是与沙粒阻力有关的水力半径，另一部分是与沙波阻力有关的水力半径，即

$$R_b = R_b' + R_b'' \tag{5.7}$$

式中，R_b'、R_b'' 分别为相应于沙粒阻力和沙波阻力的水力半径。则相应的剪切应力可写为

$$\tau_b' = \rho g R_b' J_b ,\quad \tau_b'' = \rho g R_b'' J_b \tag{5.8}$$

若假定两部分相应的流速均等于断面平均流速，即 $U = R_b^{2/3} J_b^{1/2} / n = R_b'^{2/3} J_b^{1/2} / n' = R_b''^{2/3} J_b^{1/2} / n''$，则可推导出 $R_b' = R_b (n'/n)^{3/2}$，$R_b'' = R_b (n''/n)^{3/2}$。其中 n' 和 n'' 分别为相应于沙粒阻力和沙波阻力的曼宁系数。代入式(5.8)整理可得

$$\tau_b' = (n'/n)^{3/2} \tau_b ,\quad \tau_b'' = (n''/n)^{3/2} \tau_b \tag{5.9}$$

将式(5.9)再代入式(5.5)，最终推导得到

$$n^{3/2} = n'^{3/2} + n''^{3/2} \tag{5.10}$$

2) 能坡分割法

能坡分割法则是将能坡分为相应于沙粒阻力和沙波阻力的能坡，即

$$J_b = J_b' + J_b'' \tag{5.11}$$

式中，J_b'、J_b'' 分别为相应于沙粒阻力和沙波阻力的能坡。同理，基于断面平均流速相等，可以得到 $U = R_b^{2/3} J_b^{1/2} / n = R_b^{2/3} J_b'^{1/2} / n' = R_b^{2/3} J_b''^{1/2} / n''$，则可推导出 $J_b' = J_b (n'/n)^2$，$J_b'' = J_b (n''/n)^2$。代入式(5.8)整理可得

$$\tau_b' = (n'/n)^2 \tau_b ,\quad \tau_b'' = (n''/n)^2 \tau_b \tag{5.12}$$

将式(5.12)再代入式(5.5)，最终推导得到

$$n^2 = n'^2 + n''^2 \tag{5.13}$$

需要注意的是，对于不同的分割方法，虽然相应于沙粒阻力与沙波阻力的曼宁系数与床面曼宁系数的表达式不同，但是按照两种不同分割方法均可得到

$$\frac{1}{C_b^2} = \frac{1}{C_b'^2} + \frac{1}{C_b''^2} \tag{5.14}$$

$$f_b = f_b' + f_b'' \tag{5.15}$$

式中，C_b 为总的谢才系数；C_b'、C_b'' 分别为相应于沙粒阻力和沙波阻力的谢才系数；f_b 为总的达西-韦斯巴赫系数；f_b'、f_b'' 分别为相应于沙粒阻力和沙波阻力的达西-韦斯巴赫系数。

2. 综合阻力法

阻力分割法虽然概念上比较明晰，但计算过程较为复杂，实际应用不方便。国内外许多学者直接采用综合阻力法确定床面阻力，至今已取得了丰富的研究成果。研究者通过分析水槽试验资料与冲积河流的实测资料，提出了很多动床阻力计算公式。根据公式推导来源的不同，常用的动床阻力计算方法又可分为以下四类。

(1) 从流速幂函数分布公式出发，建立参数 $A\,(A=D_{50}^{1/6}\,/\,n)$ 与水力、泥沙因子的关系，如钱宁-麦乔威公式(钱宁等, 1959)、李昌华-刘建民公式(李昌华和刘建民, 1963)、Karim 公式(Karim, 1995)及 Wu-Wang 公式(Wu and Wang, 1999)。这些公式都认为床面阻力与床面形态密切相关，即与沙波的发育消长有关，主要区别是对沙波的发育消长用哪些参数来表示。钱宁-麦乔威公式通过水流参数 $\psi' = (\gamma_s - \gamma)D_{35}\,/\,(\gamma R_b' J)$ 来反映；李昌华-刘建民公式通过参数 $U\,/\,U_c$ 来反映；Karim 公式通过参数 $U_*\,/\,\omega$ 来反映；Wu 和 Wang(1999)提出的阻力公式通过水流切应力来考虑沙波形态的变化。上述各个公式中：γ、γ_s 分别为水流及泥沙的容重；D_{50} 为床沙中值粒径；D_{35} 为沙重百分数占 35%时的床沙粒径；R_b' 为与床面沙粒阻力对应的水力半径；U 为平均流速；U_*为摩阻流速；U_c 为泥沙起动流速；ω 为泥沙沉速。

(2) 从流速对数分布公式出发，利用不同阻力系数间的转换关系，建立床面糙率的表达式。如秦荣昱公式(秦荣昱等, 1995)，通过改变卡门常数的变化来考虑不同水流强度下的阻力变化。

(3) 从挟沙水流的流速分布公式出发，建立床面糙率与水沙因子之间的关系式。如赵连军和张红武(1997)提出的公式，通过计算不同水流强度下的摩阻厚度来反映阻力变化。

(4) 从沙粒阻力和沙波阻力的概念来考虑床面阻力，如王士强公式(王士强, 1990)、喻国良公式(喻国良等, 1999)。王士强公式对阻力问题考虑比较全面，认为阻力系数随沙粒阻力的 Shields 数而变化，能反映床面形态整个变化过程(静平床→沙纹→沙垄→动平床→逆行沙波)中的阻力变化。喻国良公式同时考虑了沙粒阻力和沙波阻力，通过分析影响床面阻力的水沙因子，利用水槽试验资料建立了床面总阻力系数 f 的计算公式。

因此上述四类综合阻力的计算方法，可进一步归纳为两大类：一是建立综合系数与反映沙波变化有关的水沙因子之间的关系(钱宁等, 1959; 李昌华和刘建民,

1963; Karim, 1995; Wu and Wang, 1999)；二是建立床面当量粗糙度与沙波影响因子之间的函数(van Rijn, 1982; Brownlie, 1983; 秦荣昱等, 1995; 赵连军和张红武, 1997; Camenen et al., 2006)。这些公式都认为动床阻力与床面形态及水沙运动强度有关，主要区别是如何选用参数来定量地表示沙波的发育及消长。

5.1.3 动床阻力的研究现状

动床阻力不仅是泥沙运动力学的核心问题之一，也是河流水沙数学模型研究的重要内容之一，它不仅与河道的过流能力、水位变化密切相关，而且还影响水流挟沙力、河床冲淤计算等。因此动床阻力问题长期以来受到国内外学者的广泛关注，至今已取得了丰富的研究成果(钱宁等, 1959; Liu and Hwang, 1959; 李昌华和刘建民, 1963; Brownlie, 1983; 刘建民, 1984；王士强, 1990; 赵连军和张红武, 1997; Wu and Wang, 1999; 黄才安, 2004；Huybrechts et al., 2011；刘鹏飞等, 2012; Cheng, 2015)。

国外对于床面形态及阻力已进行过大量的研究(Brownlie, 1983; van Rijn, 1984)。Engelund(1966)提出了低能态和高能态两种不同水流能态区的动床阻力 θ_* (无量纲床面剪切应力)与 θ'_* (无量纲沙粒剪切应力)的关系。θ_*、θ'_* 分别可表示为

$$\theta_* = \gamma R_b J / [(\gamma_s - \gamma)D] \text{ 或 } \theta_* = \gamma h J / [(\gamma_s - \gamma)D] \tag{5.16}$$

$$\theta'_* = \gamma R'_b J / [(\gamma_s - \gamma)D] \text{ 或 } \theta'_* = \gamma h' J / [(\gamma_s - \gamma)D] \tag{5.17}$$

式中，D 为床沙代表粒径；R_b、R'_b 分别为床面阻力和沙粒阻力对应的水力半径；h、h' 分别为与床面阻力及沙粒阻力有关的水深，在宽浅冲积河道中一般有 $R_b = h$、$R'_b = h'$。王士强(1990)认为，Engelund(1966)提出的阻力关系尚存在三个问题：θ_* 不仅随 θ'_* 而变化，还受其他因子的影响；过渡区的阻力关系还是空白；水流能态分区与实际情况不符。Hayashi(1986)根据实际资料分析，提出 $\theta_* = f(\theta'_*, J)$ 的阻力关系，即 θ_* 还与能坡 J 有关。White 等(1987)根据实际资料分析确定的阻力关系中，存在与 θ_*、θ'_* 相似的两个参数，即总剪切应力可动性和有效剪切应力可动性之间，无论在低能态或高能态，都还受到无量纲粒径 D_* 的影响。

国内学者在床面形态及阻力研究方面也取得了大量研究成果。王士强(1990; 1993)通过开展水槽试验，重点研究了不同水深、比降及粒径在低、高能态和过渡区对床面阻力变化的影响规律，分析了床面阻力的影响因素，建立了不同水流能态区的床面阻力公式。为了使研究成果更好地适应工程实际，赵连军和张红武公式(赵连军和张红武，1997)在前人研究的基础上，引入水流摩阻的概念，经理论推导与分析，得出了动床糙率的计算公式。该公式既反映水力泥沙因子变化的影响，又考虑天然河道中各种附加糙率的影响。王士强公式适用于低能态、高能态

及过渡区三个规律不同的水流能态区域(Wang and White, 1993)。

现有的很多动床阻力公式仅适用于某一特定的范围(王士强, 1993)。如 Engelund(1966)的阻力公式缺乏过渡区规律，也不适用于床沙粒径大于 1mm 或小于 0.15mm 的情况；钱宁及爱因斯坦等(钱宁和万兆惠, 2003)的阻力关系，都不适用于低能态和高能态的情况。因此，尽管现有的动床阻力公式有很多，但是各家公式均有各自的适用范围，而且计算结果相差很大，至今仍没有一个公式能够准确地预报冲积河流的动床阻力。另外，大部分动床阻力的研究成果是针对一维问题的，二维阻力问题的研究很少，目前很多二维数学模型还是沿用一维阻力公式进行计算的(李义天, 1988; Wu and Wang, 1999)。

5.2　冲积河流床面形态判别及能态分区

5.2.1　冲积河流的床面形态类型

冲积河流的动床阻力与床面形态关系密切，而床面形态又与水流强度紧密相关，不同床面形态下的动床阻力差别很大。随着水流强度的增大，床面由静平床，发展到出现沙纹、沙垄，然后由沙垄的逐渐衰减恢复到动平床，再发展到驻波或逆行沙波，最后还会出现急滩和深潭(钱宁和万兆惠, 2003)，如图 5.1 所示。

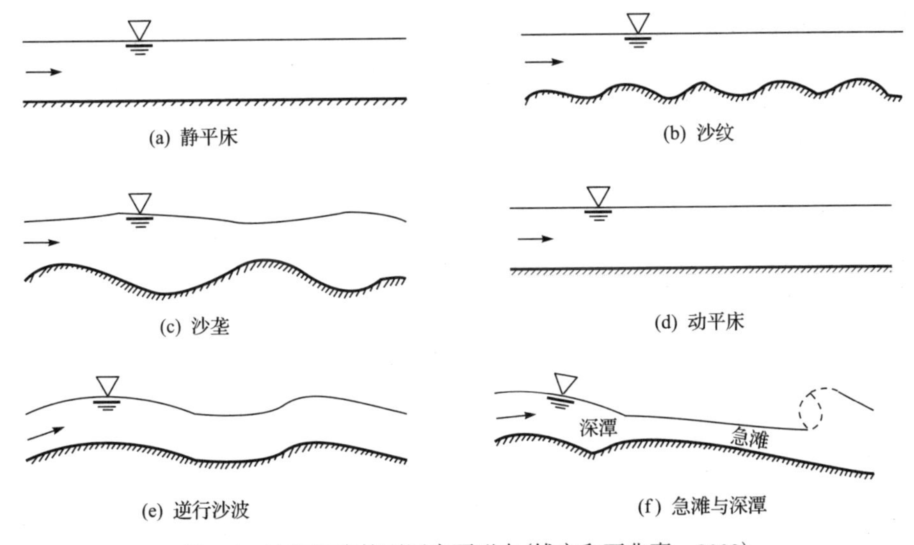

图 5.1　冲积河流的不同床面形态(钱宁和万兆惠，2003)

当床面形态起始为静平床时，水流强度较小，床面仅有极少量泥沙颗粒运动。随着水流强度的增大，部分泥沙颗粒开始发生运动，少量沙粒聚集在床面的某些部分形成小丘，并缓慢地向前移动加长，最后相连接形成形状极其规则的沙纹。

沙纹尺度与床沙粒径 D 关系密切，沙纹的长度 $\lambda=100D$，高度 $\Delta=50\sim100D$。随着水流流速的增加，沙纹逐渐成长而后在床面上形成沙垄。在沙垄的迎流面，水流加速通常会导致冲刷；而在下游背流面，水流减速后在沙波波峰处发生分离，造成泥沙沉积。因此，沙垄以某种特定的形状向下游迁移，其尺寸与水深 h 有关，通常沙垄长度为 $5\sim10h$，高度为 $0.1\sim0.5h$。当水流强度继续增加时，泥沙颗粒可能被悬浮并输送到下游；结果导致沙垄被冲掉，河床可能再次变为平整。虽然河床是平整的，但泥沙颗粒仍在床面上运动。水流强度进一步增大将产生逆行沙波。在逆行沙波阶段，水流弗劳德数通常大于 1，并且泥沙颗粒运动受到自由表面流动的强烈影响。在水沙向下游移动的同时，床面波和水面波实际则向上游传播。它们可能会像海浪一样突如其来或像驻波一般消失。急滩和深潭发生在相对较大的底坡上，具有较大的流速和含沙量，在这个阶段泥沙颗粒运动较为剧烈(钱宁和万兆惠, 2003; 黄才安, 2004; Wu et al., 2008a)。

随着床面形态的发展，床面阻力表现出不同的变化规律：从平整床面到沙纹沙垄，床面阻力逐渐增大；当沙波刚进入动平整状态时阻力达到最大，而后随着动平床的发展逐渐减小；从动平整状态进入逆行沙波状态时，阻力呈增加趋势。要准确地表述阻力关系，合理地判别床面形态是关键所在，但目前关于这方面的研究成果较少且不成熟。

5.2.2 冲积河流阻力的水流能态分区

动床阻力取决于床面形态及其变化，而床面形态不仅与水流流态密切相关，还取决于床沙的组成及特性(邵学军和王兴奎, 2005)。随着水流强度的增加，冲积河流的床面形态由静平床发展到出现沙纹、沙垄；再由沙垄的逐渐衰减而恢复到动平床状态；然后再发展到出现驻波或逆行沙波。床面形态的变化必然影响动床阻力。水流强度决定床面形态，而床面形态又影响水流强度。

Simons(1961)将床面形态与水流强度的关系分为三个能态区：低能态区、过渡区和高能态区。静平床、沙纹及沙垄通常称作低能态区；而动平床、驻波、逆行沙波、急滩和深潭称作高能态区；过渡区主要是沙垄转为动平床或驻波。其中，逆行沙波、急滩和深潭更多的是在实验室水槽中观察到，而在天然河流中很难观察到。另外其他大尺度的床面形态，如成型淤积体(交错边滩、江心洲滩等)，经常出现在天然河流中。它们通常由河道弯曲、扩张和收缩以及支流交汇产生，因此其尺度与河宽、水深及曲率等因素有关(Wu et al., 2008a)。黄河下游出现超高阻力和超低阻力现象，就是不同床面形态的具体反映。床面形态为动平床时，水流阻力小；床面形态为沙垄时，水流阻力大(张原锋等, 2012)。不同床面形态阻力相差很大，因此床面形态的判别对揭示动床阻力的规律有重要意义。

关于床面形态研究，国内外许多学者通过开展大量的水槽试验及天然河流原型观测等研究，积累了丰硕的成果(Simons, 1961; Brownlie, 1983; van Rijn, 1984; 王士强, 1990; 黄才安, 2004; Huybrechts et al., 2011; 刘鹏飞等, 2012; Cheng, 2015)，并取得了显著进展。对于床面形态判别方法，国内外学者大多采用沙粒雷诺数、弗劳德数等参数的组合关系，建立不同床面形态的分区图。

Brownlie(1983)选用沙粒弗劳德数 Fr_d 、中值粒径与近壁层流层厚度的比值 D_{50}/δ 及水力坡度 J 来确定水流能态分区，其中 $Fr_d = U/\sqrt{[(\rho_s-\rho)/\rho]gD_{50}}$ ，δ 为近壁层流层厚度， $\delta = 11.6\nu/u_*$ ， u_* 是高能态区无沙垄时的摩阻流速。根据 F_g 和 J 所绘制的关系曲线(图 5.2)可判别水流能态分区。从图 5.2 中可以看出，当 $J>0.006$ 时，只存在高能态区；当 $J<0.006$ 时，可近似地用分界线方程 $Fr_d^* = 1.74J^{-1/3}$ 来判别低能态区和高能态区。而对于沿该分界线交叠的过渡区，则可分别由低能态区的上限方程及高能态区的下限方程来确定，具体形式如下所示。

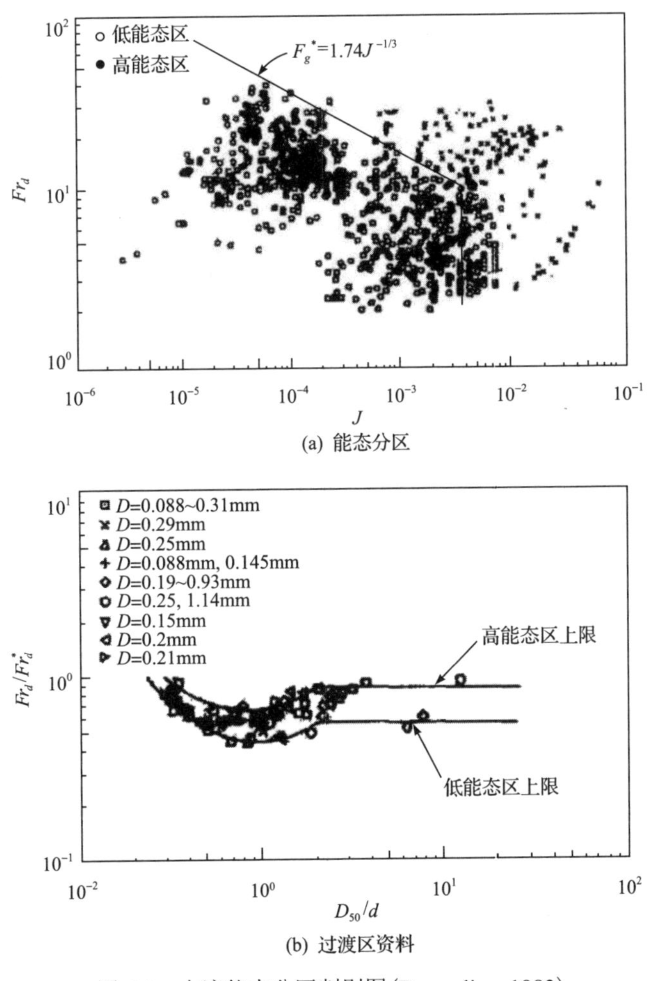

(a) 能态分区

(b) 过渡区资料

图 5.2　水流能态分区判别图(Brownlie，1983)

低能态区的上限方程：

$$\lg\left(\frac{Fr_d}{Fr_d^*}\right)=\begin{cases}-0.2026+0.07026\lg\dfrac{D_{50}}{\delta}+0.9330\left(\lg\dfrac{D_{50}}{\delta}\right)^2, & \dfrac{D_{50}}{\delta}<2\\ \lg 0.8, & \dfrac{D_{50}}{\delta}\geqslant 2\end{cases} \tag{5.18}$$

高能态区的下限方程：

$$\lg\left(\frac{Fr_d}{Fr_d^*}\right)=\begin{cases}-0.02469+0.1517\lg\dfrac{D_{50}}{\delta}+0.838\left(\lg\dfrac{D_{50}}{\delta}\right)^2, & \dfrac{D_{50}}{\delta}<2\\ \lg 1.25, & \dfrac{D_{50}}{\delta}\geqslant 2\end{cases} \tag{5.19}$$

王士强(1990)采用沙粒弗劳德数 Fr_d 和相对水深 R_b/D_{50} 作为判别床面形态发展及高低能态区的主要参数，其中 $Fr_d=U/\sqrt{gD_{50}}$。基于大量水槽和天然河流实测资料，本节绘出了低能态区和高能态区两类床面形态的数据点(图 5.3)，并提出了不同能态区分界线的方程式：

$$\begin{cases}\dfrac{U}{\sqrt{gD_{50}}}=2.8\left(\dfrac{R_b}{D_{50}}\right)^{0.3}, & \dfrac{R_b}{D_{50}}\leqslant 10000\\ \dfrac{U}{\sqrt{gD_{50}}}=44.4, & \dfrac{R_b}{D_{50}}>10000\end{cases} \tag{5.20}$$

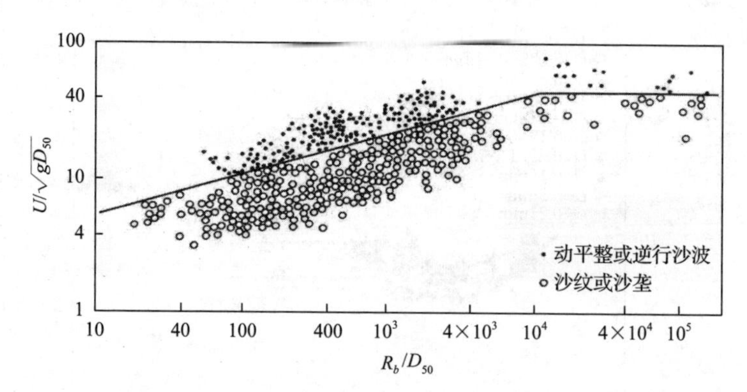

图 5.3　床面形态高低能态区判别图(王士强，1990)

刘鹏飞等(2012)采用无量纲量参数 q_* 和水力坡度 J，其中 $q_*=\dfrac{q}{\sqrt{gD_{50}^3}}=$

$\frac{U}{\sqrt{gD_{50}}}\frac{R}{D_{50}}$，参照 Brownlie(1983)的判别方法，用水槽和天然河流实测资料，计算出高、低能态区和过渡区的点据，点绘出 q_* 和 J 的关系(图 5.4)，从而确定出低能态的上限方程与高能态的下限方程。

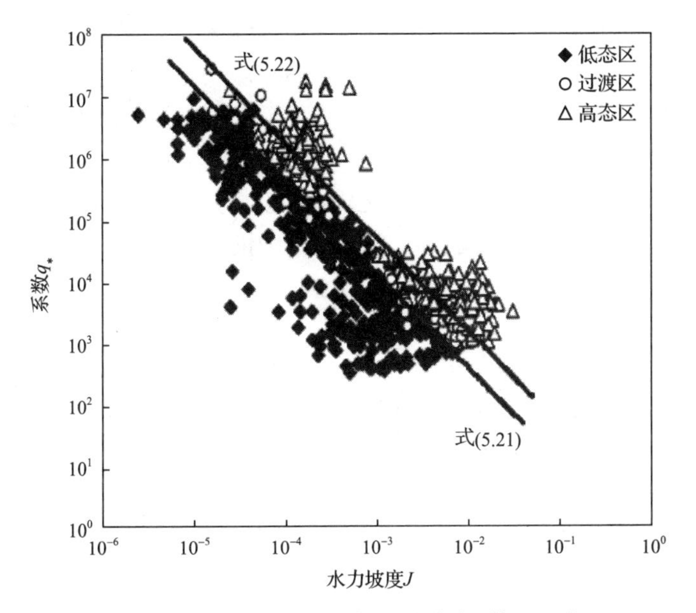

图 5.4　水流能态分区判别图(刘鹏飞等, 2012)

低能态的上限方程：

$$q_{*k1}=0.35J^{-1.54} \tag{5.21}$$

高能态的上限方程：

$$q_{*k2}=1.2J^{-1.54} \tag{5.22}$$

另外还有一些国内学者也对床面形态判别及水流能态分区进行了相关研究。黄才安(2004)引入了泥沙无因次粒径，提出了床面形态判别的人工神经网络方法。张原锋等(2012)基于床面形态控制数理论，提出了包括沙粒弗劳德数及相对水深的床面形态参数 m_b，建立黄河下游床面形态判别方法：$m_b=(U/\sqrt{gD_{50}})(h/D_{50})^{\alpha}$。

尽管床面形态判别方法的研究取得了一定的进展，但是影响床面形态的因素较多，且野外观测难度较大，因此目前还有很多问题没有解决，现有研究成果还不足以精确地划分不同的水流能态区。

5.3　黄河下游主槽动床阻力数据整理及影响因素分析

黄河下游河段为典型的冲积性河道，包括游荡、过渡及弯曲三类河型。黄河下游不同水沙条件作用下的床面形态变化较大，动床阻力计算相当复杂，因此很多动床阻力公式并不能直接用于黄河下游。与一般的定床明渠水流不同，冲积河流的阻力一般主要包括床面阻力、岸壁阻力及河槽形态阻力等。而对于以黄河下游河段为代表的宽浅型河道，水流阻力则主要为床面阻力(赵连白和袁美琦，1999)。为揭示黄河下游主槽的阻力变化规律，收集并整理黄河下游各水文站的实测水沙数据资料，在此基础上本节分析动床阻力的主要影响因素，并进一步地选取适用于黄河下游动床阻力公式的参数。

5.3.1　黄河下游动床阻力数据整理

本书收集了黄河下游 1958～1990 年的 1000 多组与动床阻力相关的实测数据，这些数据均源于花园口、夹河滩、高林、孙口、艾山、泺口、利津 7 个水文站。根据流量测验规范，水文站所在河段通常要求相对顺直匀整，水流集中，且河宽、水深等参数均无明显纵向变化，因此我们可以认为这些实测数据接近均匀流条件。在实际计算中，动床阻力通常根据已知水流条件，采用曼宁阻力公式反求阻力系数 n。同时利用达西-韦斯巴赫公式，计算阻力系数 f。由于受到测量条件的限制，这些实测数据不能全部用于动床阻力分析。为了提高率定结果的精度，本节对实测数据按以下原则进行筛选。

(1) 实测资料中每组数据均须包含流量、河宽、水深、比降、床沙粒径、水温、含沙量等水沙要素，如果这些关键水沙要素的实测值有缺失，应剔除这些数据。

(2) 洪水漫滩后，水深沿横向分布极不均匀，导致实测糙率出现极小值，故应剔除大漫滩时的阻力数据以及实测糙率值小于 0.01 的不合理数据。

(3) 野外测量受条件限制容易产生测验误差，导致部分水力要素明显不合理。目前黄河下游水面纵比降多采用比降水尺法，即在测验断面上下游等距的地方设置比降水尺，同时观测水位，得到瞬时水面纵比降。如果水面纵比降测量存在较大误差，那么此类数据也应被剔除。

依据上述原则对实测数据进行筛选后，最终得到 1958～1990 年的黄河下游实测阻力资料统计，共计 686 组有效数据，如表 5.1 所示。这些资料所涉及的范围如下所示。流量 Q=8～5950m^3/s，含沙量 S=0.11～169kg/m^3，水深 h=0.53～8.37m，宽深比 B/h=16～3211，床沙中值粒径 D_{50}=0.031～0.187mm，水面纵比降 J=(0.30～8.70)×10^{-4}，水流弗劳德数 Fr=0.05～0.73。

表 5.1　黄河下游各水文站实测水沙资料范围(1958～1990 年)

水文站	组数	$Q/(m^3/s)$	$S/(kg/m^3)$	h/m	B/h	D_{50}/mm	$J/10^{-4}$	Fr
花园口	169	118～5950	2.25～169	0.55～3.42	42～3211	0.039～0.187	0.80～7.40	0.16～0.73
夹河滩	70	293～2640	3.00～100	0.68～2.32	94～2112	0.042～0.174	0.56～8.70	0.06～0.63
高村	72	61～1580	0.87～49	0.58～5.30	66～1291	0.041～0.125	0.30～4.00	0.09～0.57
孙口	91	63～716	0.80～119	0.59～3.68	45～587	0.056～0.138	0.50～6.70	0.09～0.57
艾山	23	8～415	0.25～44	0.53～5.02	70～299	0.046～0.079	0.67～4.48	0.10～0.42
泺口	145	47～312	0.41～120	0.79～8.37	16～190	0.031～0.139	0.30～6.50	0.07～0.45
利津	116	30～555	0.11～152	0.67～4.59	59～436	0.049～0.124	0.30～2.70	0.05～0.44
总数据	686	8～5950	0.11～169	0.53～8.37	16～3211	0.031～0.187	0.30～8.70	0.05～0.73

5.3.2　阻力影响因素分析及代表性参数选取

对定床明渠水流而言，当水流属于紊流光滑区时，阻力仅与水流雷诺数 Re 有关，而与边界的粗糙程度无关。对于天然冲积河流而言，水流一般都处于紊流阻力平方区，阻力与雷诺数无关，仅是相对粗糙度的函数。但对于动床挟沙水流而言，阻力问题相对复杂，研究表明动床阻力的主要影响因素为水流强度与床面形态等参数(钱宁, 1958; 王士强, 1990)。

1. 水流强度的影响

反映水流强度的指标很多，这里主要采用能综合反映水流强度的弗劳德数 Fr 表示，但目前弗劳德数对阻力系数影响的定量研究成果相对较少。赵连军和张红武(1997)根据模型试验结果，通过确定摩阻厚度与弗劳德数等因子之间的经验关系，并进一步建立黄河下游河道曼宁阻力系数的计算公式，但该公式结构相对复杂。邓安军(2007)利用黄河水文站实测资料分析了水流弗劳德数对曼宁系数的影响，发现曼宁阻力系数 n 随 Fr 的增大而减小。

针对黄河下游 1958～1990 年筛选后的实测资料，我们绘制阻力系数 f 及 n 与水流弗劳德数 Fr 之间的关系，如图 5.5 与图 5.6 所示。从图 5.5 和图 5.6 中可以看出，两者存在较为明显的相关关系，即阻力系数 f 随 Fr 的增大而减小。由于黄河下游河道宽浅，而水深相对较小，断面平均流速一般不大，水流基本都处于缓流状态，故 Fr 小于 1.0。当 $Fr<0.3$ 时，随着 Fr 的增加阻力系数 f 减小的速率相对较大；当 $Fr>0.3$ 时，随着 Fr 的增加阻力系数 f 减小的速率则相对较小。

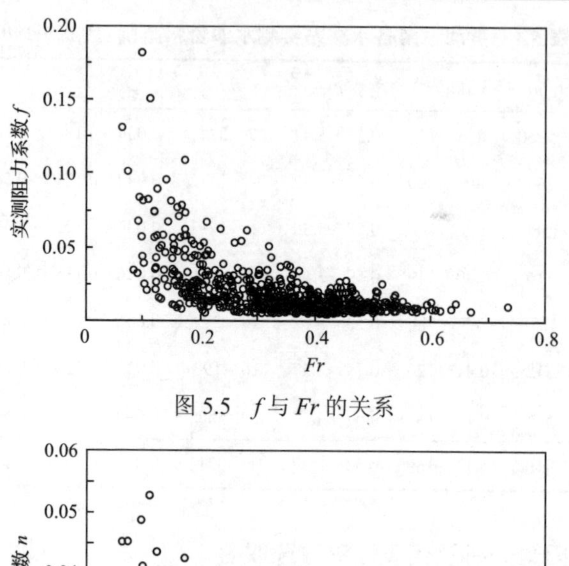

图 5.5　f 与 Fr 的关系

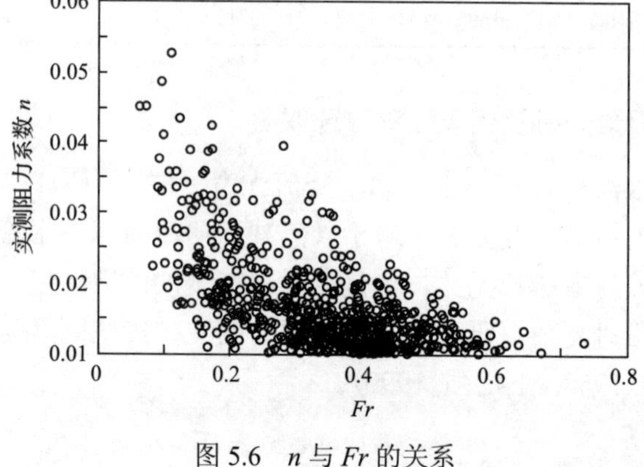

图 5.6　n 与 Fr 的关系

2. 含沙量的影响

钱宁等(1959)通过分析黄河下游阻力系数 n 与实测水位、流量及含沙量等单因素的关系，认为同一流量下，阻力系数 n 不随含沙量的增大而变化，影响糙率的主要因素是水流条件，而含沙量对糙率的影响只是一个派生的结果。含沙量对阻力系数的影响主要表现为含沙量沿垂向分布的不均匀性影响了水流流速的垂向分布特征。卡曼常数是表征水流流速垂向分布的参数，我们可以认为含沙量的变化通过改变卡曼常数来影响流速垂向分布的，从而影响阻力系数的大小。张红武等(1995)根据包含高含沙洪水在内的大量实测资料，建立了卡曼常数与体积比含沙量的关系。惠遇甲等(2000)采用黄河、长江等实测资料研究了含沙量 S 对阻力系数 n 的影响，结果发现 n 随 S 的增大而减小，但由于惠遇甲等所用实测资料中含沙量一般不超过 45kg/m^3，故所得结论适用范围十分有限。邓安军(2007)通过分析大量天然河道实测资料和水槽试验资料，发现阻力系数 n 与含沙量 S 有一定的相关性，阻力系数 n 随含沙量的增加呈先减小后增大的趋势。江恩惠等(2008)

通过分析黄河与渭河大量实测资料后发现阻力系数 n 与水沙因子关系密切，且阻力系数 n 随 Fr 与含沙量的增大而逐渐减小。

此处点绘阻力系数 f 及 n 与含沙量 S 的关系，如图 5.7 及图 5.8 所示。从图 5.7 和图 5.8 中可以看出，尽管两者关系比较分散，但阻力系数 f 总体表现出随着含沙量的增加而减小的趋势。我们采用的实测资料中含沙量最大值不超过 200kg/m^3，因此不易判断高含沙水流中含沙量对阻力系数的具体影响。同时考虑到含沙量对糙率的影响仅是一个派生的结果(钱宁等, 1959)，故后面分析中暂不考虑含沙量大小对动床阻力的影响。

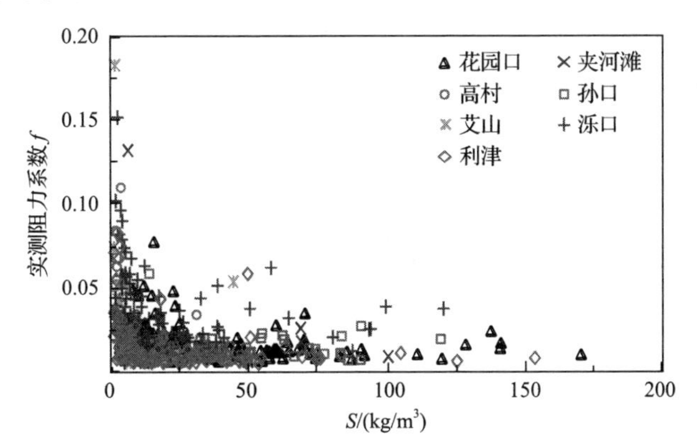

图 5.7　阻力系数 f 与 S 关系

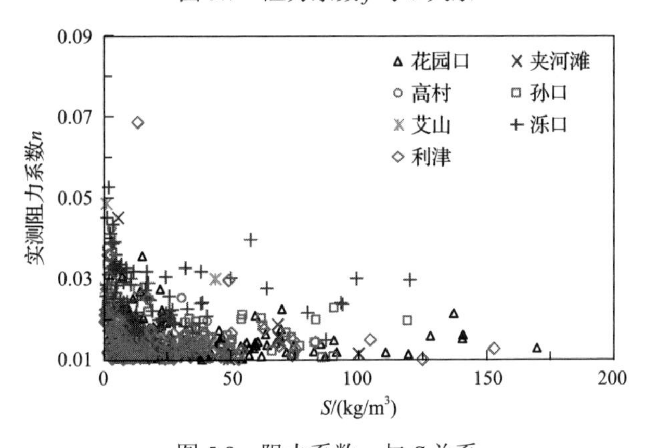

图 5.8　阻力系数 n 与 S 关系

3. 相对水深(粗糙度)的影响

相对水深 h/D_{50} 是影响动床阻力计算的重要因素。Brownlie(1983)、Karim(1995)及 Wang 和 White(1993)都基于相对水深提出了床面形态的判别方法。van Rijn(1982)、秦荣昱等(1995)及王士强(1993)在建立动床阻力公式时都考虑了相对水深的影响。黄才安(2004)则认为大部分动床阻力公式均可以归结为以水流强度、相对水深及无因次粒径为自变量的函数。

本节绘制阻力系数 f 及 n 与相对水深 h/D_{50} 的关系，如图 5.9 与图 5.10 所示。对比图 5.5 及图 5.9 可以看出，阻力系数 f 与相对水深的关系不如阻力系数 f 与 Fr 的关系明显，但仍能看出阻力系数 f 随相对水深 h/D_{50} 的增加呈减小的趋势，这与实际情况也相吻合。

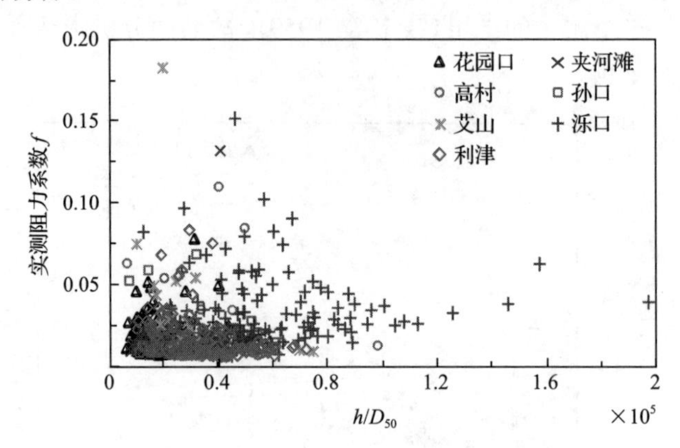

图 5.9　阻力系数 f 与相对水深 h/D_{50} 关系

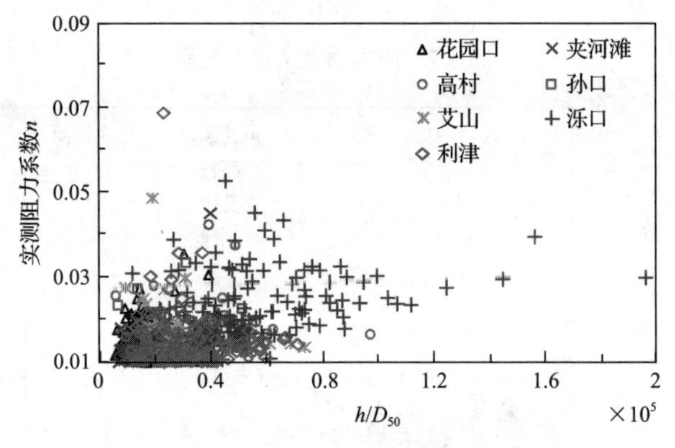

图 5.10　阻力系数 n 与相对水深 h/D_{50} 关系

5.4　现有动床阻力公式的验证及比较

5.4.1　现有代表性动床阻力公式介绍

近年来国内外学者提出了不同形式的动床阻力计算公式。但各家公式结构及形式差异很大，且有各自的适用范围，计算精度也相差较多。还有一些公式在确定动床阻力系数时，需要通过试算确定，如 Wu-Wang 公式(Wu and Wang, 1999)、

Yang 和 Tan(2008)提出的公式等，这就给动床阻力公式直接应用于水沙数学模型带来了较大的困难。因此这里选择了适用范围较广，不需要试算的 4 个代表性的动床阻力公式进行比较。选择的动床阻力公式包括 van Rijn(1984)、秦荣昱等(1995)、吴伟明(1996)及赵连军和张红武(1997)提出的公式，各家公式具体形式见表 5.2。

表 5.2　典型动床阻力公式汇总

序号	公式名称	公式原始形式	备注
1	van Rijn 公式	$C=18\lg\left(12\dfrac{R_b}{k_s}\right)$	C 为谢才系数；R_b 为与河床阻力对应的水力半径；k_s 为粗糙度
2	秦荣昱公式	$n=\dfrac{\kappa R^{1/6}}{7.2\lg(12.22\,R/k_s)}$	n 为曼宁系数；κ 为卡门常数；R 为水力半径；k_s 为综合粗糙度
3	吴伟明公式	$n=\dfrac{D^{1/6}}{A_n}$	n 为曼宁系数；D 为床沙粒径；A_n 为综合糙率参数，与床沙级配、颗粒形状、床面形态及水流强度有关
4	赵连军-张红武公式	$n=\dfrac{c_n\delta_*}{\sqrt{g}h^{5/6}}\left\{0.49\left(\dfrac{\delta_*}{h}\right)^{0.77}+\dfrac{3\pi}{8}\left(1-\dfrac{\delta_*}{h}\right)\left[\sin\left(\dfrac{\delta_*}{h}\right)^{0.2}\right]^5\right\}^{-1}$	n 为曼宁系数；c_n 为涡团参数；δ_* 为摩阻厚度；h 为水深

1. van Rijn 公式

van Rijn(1984)通过研究床面形态特征、谢才系数与水沙参数之间的关系，建立了谢才系数与水流条件、粗糙度的计算关系。van Rijn(1984)首先通过大量实测资料分析，建立了沙波波高和波长的关系式，沙波波高 $\varDelta$ 可表示为

$$\frac{\varDelta}{h}=0.11\left(\frac{D_{50}}{h}\right)^{0.3}(1-\mathrm{e}^{-0.5T})(25-T) \tag{5.23}$$

式中，$\varDelta$ 为沙波波高；h 为水深；D_{50} 为床沙中值粒径；T 为大于床面切应力的无量纲数或输移状态参数，可表示为 $T=(U_*'/U_{*,cr})^2-1$，U_*' 为沙粒的有效床面剪切速度，$U_*'=U\sqrt{g}/C_h'$，$C_h'=18\log(4h/D_{90})$，$U_{*,cr}$ 为泥沙起动时的床面剪切速度，可由希尔兹曲线确定；D_{90} 为床沙级配曲线中的特征粒径。

van Rijn(1984)认为沙波波长 λ 可表示为 $\lambda=7.3h$。在动床有效粗糙度的研究中，综合考虑了沙粒阻力和沙波阻力的作用，认为动床粗糙度由沙粒粗糙度和沙波粗糙度构成。其中沙粒粗糙度为 $3D_{90}$，沙波粗糙度为 $1.1\varDelta(1-\mathrm{e}^{-25\varDelta/\lambda})$。因此动床有效粗糙度 k_s 就可表示为

$$k_s=3D_{90}+1.1\varDelta(1-\mathrm{e}^{-25\varDelta/\lambda}) \tag{5.24}$$

最后得到谢才系数 C 的计算公式为

$$C = 18\log\left(\frac{12R_b}{k_s}\right) \tag{5.25}$$

式中，R_b 为与河床阻力对应的水力半径，可由 Vanoni 和 Brooks（1957）的方法计算得到。由于该方法需要借助图表计算，过程较为烦琐，故这里采用黄才安（2004）提出的方法进行边壁校正，R_b 的具体表达式为

$$R_b = h\left(1 - \frac{2h}{B+2h}\frac{0.398}{Re^{1/5}f^{4/5}}\right) \tag{5.26}$$

2. 秦荣昱公式

秦荣昱等（1995）在计算黄河下游河道动床阻力时，将曼宁阻力系数的变化归结为卡门常数的改变，认为基于动床水流的卡门常数不恒为 0.4，而是可变的，并建立了卡门常数与水沙因子的关系。另外粗糙度只考虑沙粒阻力的作用，且糙率随流量或流速的增加而减小，具体糙率 n 的表达式为

$$n = \frac{\kappa h^{1/6}}{7.2\log(12.22h/k_s)} \tag{5.27}$$

式中，h 为水深；k_s 为粗糙度，这里取 k_s=D_{65}；κ 为动床的水流卡门常数，表征了水流结构变化对糙率的影响，κ=$\kappa_0(FrU/\omega_{50})^m$，$Fr$ 为水流弗劳德数，ω_{50} 为床沙 D_{50} 的沉速，κ_0、m 分别为系数和指数，实测资料分析表明：对于黄河下游河道 κ_0、m 分别取 3.4 和−0.5。该公式可用于含沙量 $S<200\text{kg/m}^3$ 的动床阻力计算。

3. 吴伟明公式

动床曼宁阻力系数 n 通常与床沙粒径 D 有关，可以表示为

$$n = \frac{D^{1/6}}{A_n} \tag{5.28}$$

式中，D 为床沙特征粒径；A_n 为综合糙率参数，与床沙级配、颗粒形状、床面形态及水流强度有关。

对于均匀沙组成的静平床而言，一般 A_n 取值为 21.1。而对于非均匀沙组成的静平床而言，D 采用床沙中值粒径，A_n 为 20。如果泥沙颗粒形状略微不规则，且紧密堆积在床面上，A_n 值可达 24。如果泥沙颗粒形状极为不规则，且松散堆积在

床面上，A_n=17～20。另外，如果床沙粒径采用 D_{65} 或 D_{90} 而不是 D_{50}，A_n 则分别取为 24 或 26。

对于床面形态为沙波的动床，应考虑床面形态的影响。李昌华和刘建民(1963)针对天然河流提出了 A_n～U/U_c 的关系：

$$A_n=\begin{cases}20(U/U_c)^{-3/2}, & 1<U/U_c\leqslant 2.13\\ 3.9(U/U_c)^{2/3}, & U/U_c>2.13\end{cases}\tag{5.29}$$

然而式(5.29)与 Wu 和 Wang(1999)验证采用的多数水槽及野外实测数据不一致。因此，Wu 和 Wang(1999)建立了 $A_n/(g^{1/2}Fr^{1/3})$ 和 τ_b'/τ_{c50} 的关系。$A_n/(g^{1/2}Fr^{1/3})$ 的值随着 τ_b'/τ_{c50} 的增加呈先减小后增大的趋势。从物理机制上来说，这种变化趋势表征沙纹和沙波首先形成，然后逐渐被冲走。为了方便使用，$A_n/(g^{1/2}Fr^{1/3})$ 和 τ_b'/τ_{c50} 的关系可近似表示为

$$\frac{A_n}{g^{1/2}Fr^{1/3}}=\frac{8\left[1+0.0235(\tau_b'/\tau_{c50})^{5/4}\right]}{(\tau_b'/\tau_{c50})^{1/3}},\quad 1\leqslant\tau_b'/\tau_{c50}\leqslant 55\tag{5.30}$$

式中，τ_{c50} 为床面临界切应力，采用钱宁和万兆惠(2003)修正后的希尔兹曲线计算；τ_b' 为沙粒剪切应力，$\tau_b'=\left(\dfrac{D_{50}^{1/6}/20}{n}\right)^{3/2}\rho gR_bJ$ 。河床水力半径 R_b 采用 Williams(1970)的方法确定：$R_b=h\big/(1+0.055h/B^2)$，B 为河宽。

4. 赵连军-张红武公式

赵连军和张红武(1997)为研究黄河高含沙洪水的运动规律，通过引入水流摩阻厚度的概念，经理论推导与分析，得出了动床阻力的计算公式。该公式具体形式为

$$n=\frac{c_n\delta_*}{\sqrt{g}h^{5/6}}\left\{0.49\left(\frac{\delta_*}{h}\right)^{0.77}+\frac{3\pi}{8}\left(1-\frac{\delta_*}{h}\right)\left[\sin\left(\frac{\delta_*}{h}\right)^{1/5}\right]^5\right\}^{-1}\tag{5.31}$$

式中，c_n 为涡团参数；δ_*为摩阻厚度。根据试验资料，考虑水流强度对沙波尺度的影响，可建立摩阻厚度与弗劳德数及床沙中值粒径的经验关系：

$$\delta_*=D_{50}\left\{1+10^{[8.1-13Fr^{1/2}(1-Fr^3)]}\right\}\tag{5.32}$$

式(5.32)虽然形式上比较复杂，但既能反映水力泥沙因子变化的影响，又能考虑天然河道中各种附加粗糙度的影响。

5.4.2　现有动床阻力公式的验证

现有动床阻力公式通常采用综合阻力系数来表征动床阻力大小，其中曼宁系数 n 和达西-韦斯巴赫阻力系数 f 应用较为广泛。曼宁系数是反映河床阻力大小的重要水力参数，一般可根据实测资料通过公式 $n = R^{2/3} J^{1/2} / U$ 反求，其中，R 为水力半径，J 为水面比降，U 为断面平均流速；而达西-韦斯巴赫阻力系数 f 则可通过式(5.4)求得。采用筛选后的黄河下游 1958～1990 年各水文站的 686 组实测数据资料对上述四个动床阻力公式进行验证，阻力系数 f 和阻力系数 n 的计算值与实测值的对比结果，如图 5.11～图 5.14 所示。

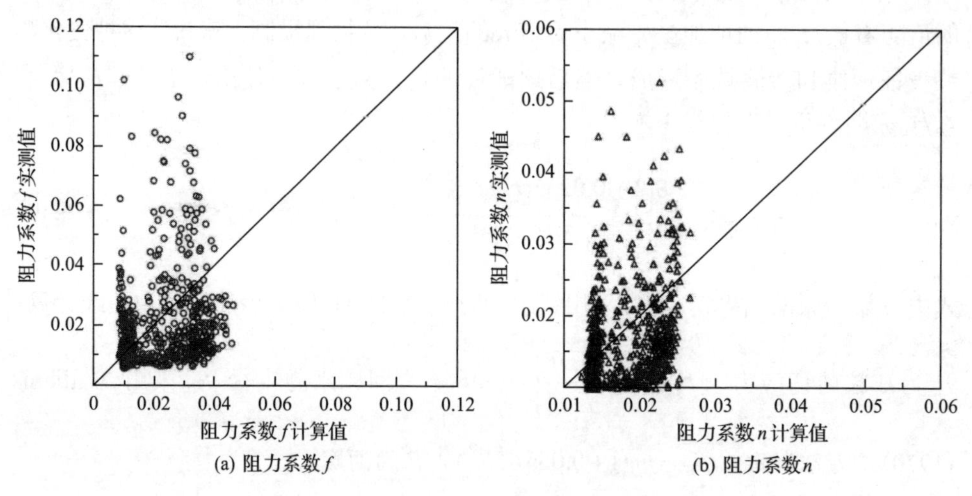

图 5.11　van Rijn 公式的计算值与实测值对比

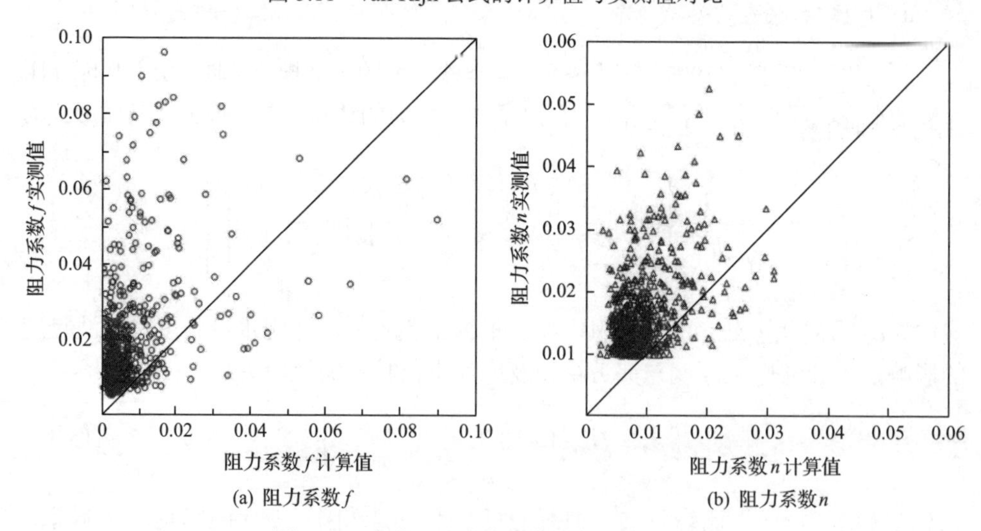

图 5.12　秦荣昱公式的计算值与实测值对比

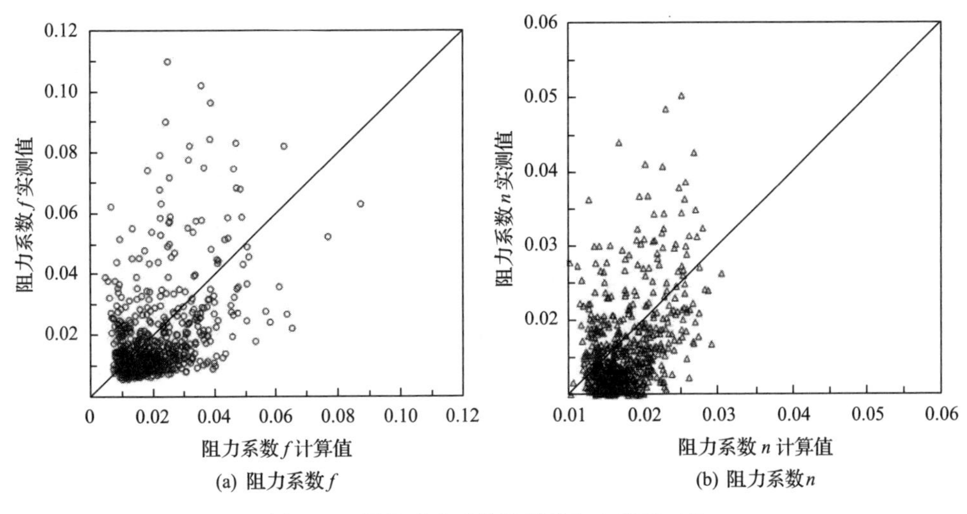

(a) 阻力系数 f　　(b) 阻力系数 n

图 5.13　吴伟明公式的计算值与实测值对比

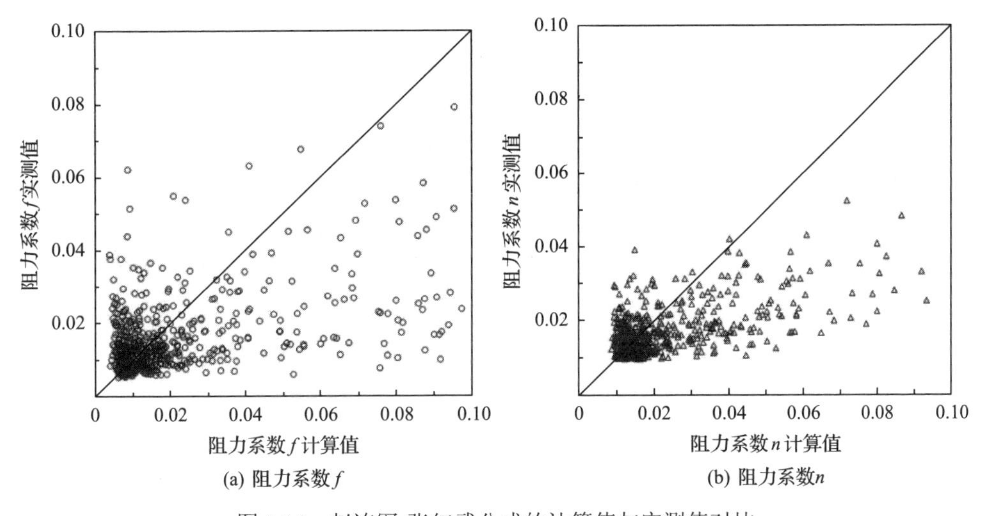

(a) 阻力系数 f　　(b) 阻力系数 n

图 5.14　赵连军-张红武公式的计算值与实测值对比

分析可知：4 个典型动床阻力公式的计算值与实测值相比，均存在较大的误差，计算精度偏低。总体来看，van Rijn 公式、吴伟明公式及赵连军-张红武公式计算的糙率值比实测值偏大，秦荣昱公式计算得到的糙率值比实测值偏小。从图 5.11～图 5.14 中可以看到，赵连军-张红武公式与 van Rijn 公式计算的糙率值比实测值偏大，秦荣昱公式计算的糙率值比实测值偏小。秦荣昱公式计算的糙率最小值可达 0.003，属于超低阻力，且在糙率小于 0.01 范围内计算值与实测值比较接近，说明秦荣昱公式预报黄河下游超低阻力有一定的准确性。从图 5.14 可以看出，糙率在小于 0.03 的范围内，数据相对密集地分布在 45°线两侧，说明赵连军-

张红武公式对较低河道阻力的预报较为精确。分析图 5.11 可知，van Rijn 公式计算得到的点据在 45°线两侧比较分散，说明其计算河道阻力误差较大。由实测资料可知黄河下游床沙中值粒径 D_{50} 介于 0.031～0.187mm，而 van Rijn 公式的适用范围为床沙粒径介于 0.16～3.60mm 的床面阻力计算，这可能是造成误差较大的主要原因。

5.4.3 现有动床阻力公式计算结果的比较

为避免因评价标准不同而导致评估结果的差异，本书选择统一的评价标准对各家公式的计算精度进行比较。对引起误差的影响因素进行分析，有助于相关研究人员选择合适的动床阻力公式进行计算。

1. 评价标准与精度结果

利用偏差比 R、几何标准差(average geometric deviation，AGD)、均方根误差(root mean squared error，RMSE)三个统计参数对曼宁系数的计算值与实测值的符合程度进行衡量，另外给出误差范围在±10%、±20%及±30%内的百分比，作为评价公式计算精度的另一个指标。

表 5.3 给出了上述各公式在计算黄河下游河道糙率时的精度。从表 5.3 中可知，对于赵连军-张红武公式和吴伟明公式，偏差比在 30%内的数据百分比均为 51.02%，但赵连军-张红武公式偏差比在 20%和 10%内的数据百分比分别为 39.21%和 18.37%，均大于吴伟明公式相应偏差比范围内数据所占百分比。秦荣昱公式、van Rijn 公式偏差比在 30%内的百分比分别为 16.76%、31.78%，几何标准差分别为 1.894、1.342，故四个阻力公式的精度由高到低依次为：赵连军-张红武公式、吴伟明公式、van Rijn 公式、秦荣昱公式。

表 5.3 阻力公式精度计算结果

公式	不同偏差比范围内的数据所占百分数/%			几何标准差	均方根误差
	90～110	80～120	70～130		
van Rijn	11.37	20.55	31.78	1.342	0.0095
秦荣昱	5.98	10.79	16.76	1.894	0.0096
吴伟明	18.22	35.13	51.02	1.413	0.0062
赵连军-张红武	18.37	39.21	51.02	1.315	0.0140

2. 误差分析

基于以上计算结果可知，动床阻力公式预报阻力的误差普遍较大。影响阻力计算精度的因素有很多，本书认为主要包括以下几方面。

(1)过水断面形状矩形化。黄河下游河道横断面为不规则断面，断面形态极其复杂，河槽极为宽浅。即使不考虑嫩滩影响，主槽过水断面仍为不规则的几何形状，水深在横断面上分布不均匀。计算时采用平滩水深计算流速，即把断面形状概化为矩形，此处所产生的流速误差必定影响阻力计算精度。

(2)床面形态判别的复杂性。目前对河床形态的判别还没有统一标准，不同学者的判别方法均为基于各自的研究方法。王士强(1990)根据阻力系数 f 随有效剪切应力变化规律划分不同水流能态分区；van Rijn(1984)则根据输移状态参数的值来判别床面形态；法国夏都水利实验室根据希尔兹数与沙粒雷诺数(Re_*)的关系图来判别床面形态。在具体计算中，选择不同的床面形态的判别准则，也会带来相应计算误差。

(3)水沙因子随时间、空间变化的随机性也会影响计算精度。本书采用的花园口站 1958～1990 年实测水沙数据在年内和年际变幅较大：1958 年 1～7 月，流量 Q 由 364m^3/s 增加到 3310m^3/s，增幅达 8 倍之多，含沙量 S 由 8.39kg/m^3 增加到 134.02kg/m^3，增加了 15 倍；1982 年最大流量和含沙量分别为 12400m^3/s、49.45kg/m^3，而 1966 年相应为 2540m^3/s、93.81kg/m^3。黄河下游水沙条件的沿程变化同样较为明显：夹河滩站 1963～1990 年流量介于 293～13600m^3/s，含沙量介于 3.01～99.64kg/m^3；而土城子站相同年份内流量介于 180～7300m^3/s，含沙量介于 2.6～104.33kg/m^3。可见水沙因子变化如此之大，采用各个水文站甚至同一水文站不同时段资料计算得到的公式精度也差别较大。

(4)水文站水沙资料的测量误差。对于天然河流，受设备条件的限制，只能在接近岸边的主槽量测水面比降用来近似代替水面纵比降值，并且测量设备误差和风产生的水面波动也会使比降测量不够准确。

公式率定时所用资料会影响公式的计算精度。赵连军-张红武公式、秦荣昱公式的提出是基于黄河下游阻力特性的分析研究，故比较适用于计算黄河下游床面阻力；而 van Rijn 公式在率定时以水槽资料为主，故在计算水槽阻力时误差相对较小。在以往研究成果中，研究者大多是在特定水流条件下，建立相应的动床阻力计算公式，公式一般不具有普遍性，因此需要继续研究水沙条件与床面形态对动床阻力计算的影响，在此基础上本节提出适用于黄河下游动床阻力的计算方法。

5.5　黄河下游主槽动床阻力公式的建立

5.5.1　不考虑水流能态分区的动床阻力计算公式

如前面所述，经分析后选取阻力系数 f 作为因变量，Fr 和 h/D_{50} 作为自变量，可建立阻力系数f的一般表达式：

$$f = aFr^{b}\left(\frac{h}{D_{50}}\right)^{c} \tag{5.33}$$

式中，a为系数；b、c为指数，可通过实测资料率定得到。

利用5.3节中筛选后的黄河下游各水文站共686组实测数据资料，对式(5.33)进行多元回归，可以得到计算阻力系数f的经验公式：

$$f = 0.007Fr^{-1.472}\left(\frac{h}{D_{50}}\right)^{-0.091} \tag{5.34}$$

用式(5.34)计算黄河下游主槽的动床阻力系数f，然后点绘阻力系数f的计算值与实测值，见图5.15。从图5.15中可以看出，当$f < 0.02$时，数据点相对均匀地分布在45°线两侧，当$f > 0.02$时，数据点偏离45°线较多。与5.4节中4个代表性动床阻力公式的计算结果相比，式(5.34)计算精度还是提高了一些。但总的来说，上述经验公式的计算值与实测值的决定系数R^2仅为0.59，计算值与实测值的分散度还是较大的，公式总体的计算精度有待进一步提高。另外，还可根据f与n之间的关系进一步求得n的计算值。图5.16给出了阻力系数n的计算值与实测值的比较结果。从图5.16中可以看出，曼宁系数的计算值与实测值比较吻合。表5.4进一步统计了动床阻力公式计算值与实测值的偏离误差。可以看出，对于阻力系数f，16.33%的计算值落入实测值的10%偏离误差之内，28.57%的计算值落入实测值的20%偏离误差之内，38.78%的计算值落入实测值的30%偏离误差之内。

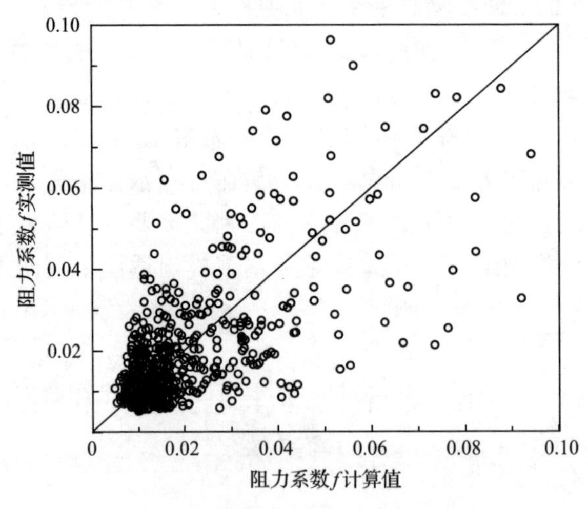

图5.15　阻力系数f计算值与实测值比较

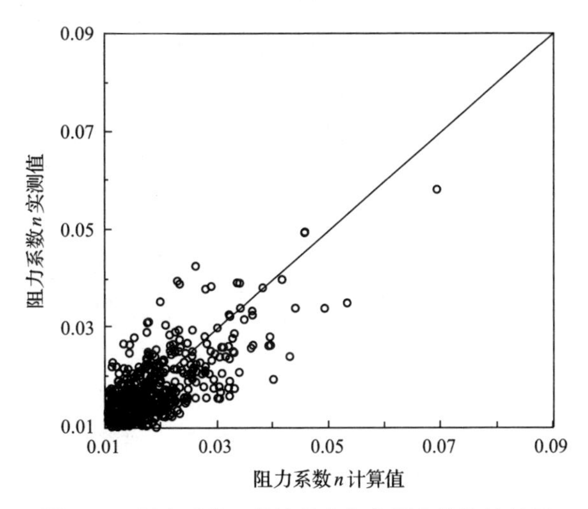

图 5.16　阻力系数 n 的计算值与实测值的比较结果

对于阻力系数 n，29.74%的计算值落入实测值的 10%偏离误差之内，53.64%的计算值落入实测值的 20%偏离误差之内，71.28%的计算值落入实测值的 30%偏离误差之内。

表 5.4　动床阻力公式的计算精度(不考虑水流能态分区)

阻力系数	不同偏差比范围内的数据所占百分数/%			几何标准差	均方根
	90～110	80～120	70～130		
f	16.33	28.57	38.78	1.489	0.0135
n	29.74	53.64	71.28	1.220	0.0048

总体来看，选择参数 Fr 和 h/D_{50} 作为影响因素基本能够反映动床阻力的变化规律，本节提出的动床阻力系数计算公式的结构基本是合理的。由于没有充分地考虑床面形态的影响，本节未对水流能态进行分区，所建立的动床阻力经验公式的决定系数相对较低。这也充分地说明了需要依据水流能态分区建立动床阻力计算公式的必要性。

5.5.2　基于水流能态分区的动床阻力计算公式及其率定

随着水流强度的增加，床面形态由静平床发展为沙纹和沙垄，再到动平床、逆波、急滩和深潭。床面阻力随着床面形态的变化也相应地改变，不同床面形态的阻力相差很大，床面形态的判别对揭示动床阻力规律有十分重要的意义。黄河下游河床组成较细，床沙基本为细沙，中值粒径一般为 0.021～0.304 mm，抗冲性较差，细沙河床具有易冲易淤的特性，且极易形成沙波。因此，黄河下游河床床面形态随着水流强度的变化有较大差异，动床阻力不仅受床面粗糙程度影响，而且还与床面形态密切相关。要精确地计算黄河下游河道的动床阻力，首先要正确地判别床面形态。然而天然河流中床面形态变化过程极其复杂，且野外观测难度较大，难以准确地判别床面形态，因此目前天然河流中床面形态的观测资料十分有限。

目前，观测床面形态主要还是通过在室内进行水槽试验来获取相关数据，本书搜集了 Brownlie（1985）和 Guy 等（1966）整理的水槽资料，其中 Brownlie 整理的水槽试验资料中包含了 Vanoni 和 Hwang（1967）的试验资料。依据黄河下游河段各水文站实测水面比降及床沙中值粒径资料的范围，我们对水槽资料中有床面形态记录的数据进行了筛选，最终选出 360 组水槽资料。这些资料所涉及的床沙中值粒径范围为 D_{50}=0.088～0.93mm，水面比降 J=(0.187～10.0)×10^{-4}，弗劳德数 Fr=0.038～0.77，基本与黄河下游河段的实测资料范围接近。按照水槽试验资料中观测的床面形态，采用无量纲参数 Fr 和 hJ/D_{50} 计算得到低能态区、过渡区及高能态区的点据，点绘出 $\lg(hJ/D_{50})$ 和 Fr 的关系（图 5.17）。从图 5.17 中可以看出，低能态区与过渡区有较为清晰的分界线，过渡区与高能态区之间的界线略显模糊，但也可近似地确定出两区的分界线。

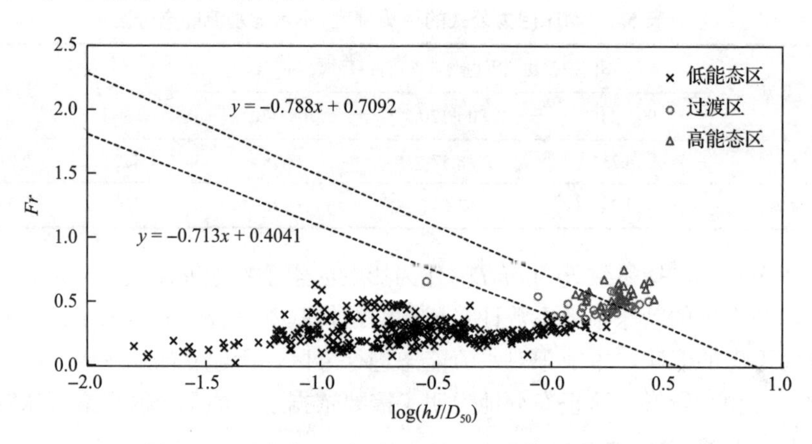

图 5.17　用参数 $\log(hJ/D_{50})$ 与 Fr 进行水流能态分区

由图 5.17 可以确定出低能态区与过渡区的分界线，即低能态区的上限方程：

$$Fr = -0.713\lg(hJ / d_{50}) + 0.4041 \tag{5.35}$$

同理也可确定出过渡区与高能态区的分界线，即高能态区的下限方程：

$$Fr = -0.788\lg(hJ / d_{50}) + 0.7092 \tag{5.36}$$

针对 5.3 节中筛选后的黄河下游花园口、高村、利津等 7 个水文站共计 686 组实测数据资料，首先利用低能态区的上限方程式(5.35)和高能态区的下限方程式(5.36)判别数据点所属的水流能态区(图 5.18)；然后按照水流能态分区的结果，利用落在各水流能态分区的实测点据，分别对式(5.33)进行多元回归分析可得到低能态区、过渡区及高能态区的阻力计算经验公式。

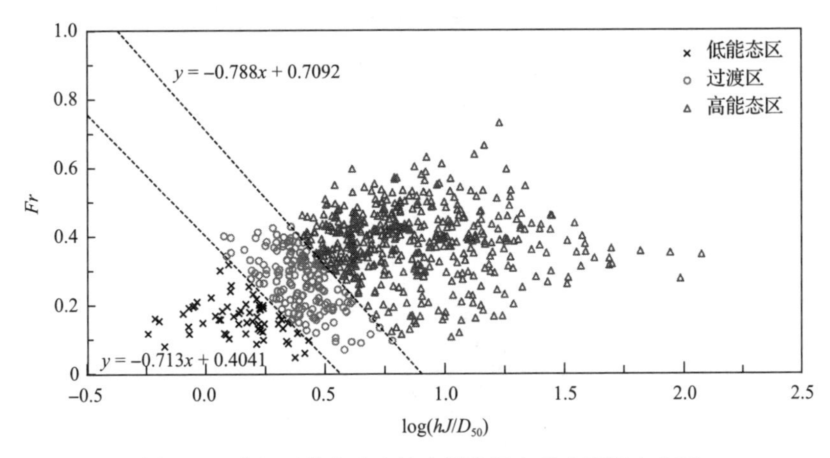

图 5.18　黄河下游各水文站实测数据点的水流能态分区

$$
f=\begin{cases}0.303Fr^{-2.485}\left(\dfrac{h}{d_{50}}\right)^{-0.738}, & \text{低能态区}\\ 4.617Fr^{-2.381}\left(\dfrac{h}{d_{50}}\right)^{-0.904}, & \text{过渡区}\\ 0.006Fr^{-1.665}\left(\dfrac{h}{d_{50}}\right)^{-0.075}, & \text{高能态区}\end{cases} \tag{5.37}
$$

用此经验公式，计算了黄河下游主槽的动床阻力系数 f 和 n。图 5.19 与图 5.20 分别给出了阻力系数 f 与 n 的计算值与实测值的比较结果。在低能态区、过渡区及高能态区，依据经验公式(5.37)计算的阻力系数 f 值与实测值的决定系数 R^2 分别为 0.93、0.93 和 0.67。从图 5.19 和图 5.20 中可以看出，划分水流能态后建立的动床阻力公式的计算精度显著提高。这说明对于冲积河流的动床阻力计算而言，床面形态是影响动床阻力的重要因素，根据床面形态划分不同水流能态区并计算动床阻力是十分必要的。

表 5.5 给出了水流能态分区后动床阻力公式计算值与实测值的偏离误差。可以看出，对于阻力系数 f，19.68%的计算值落入实测值的 10%偏离误差之内，37.61%

的计算值落入实测值的 20%偏离误差之内，50.58%的计算值落入实测值的 30%偏离误差之内。对于阻力系数 n，38.34%的计算值落入实测值的 10%偏离误差之内，66.47%的计算值落入实测值的 20%偏离误差之内，83.67%的计算值落入实测值的 30%偏离误差之内。与未划分水流能态区的动床阻力公式计算结果相比，分区后的动床阻力公式计算精度均有所提高。

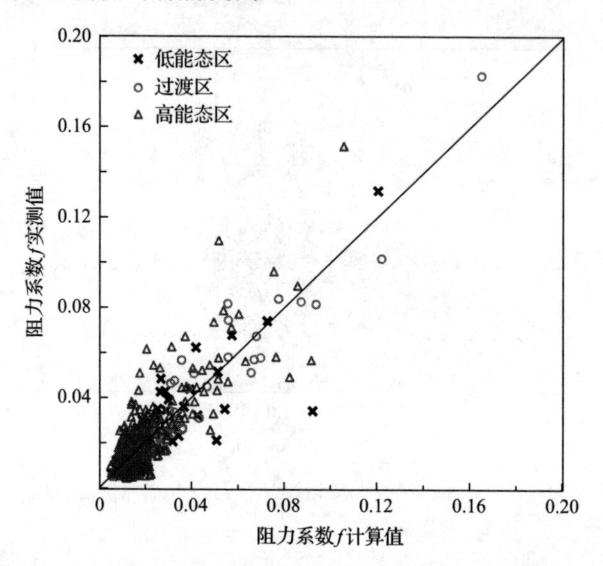

图 5.19　基于水流能态分区阻力系数 f 的计算值与实测值比较结果

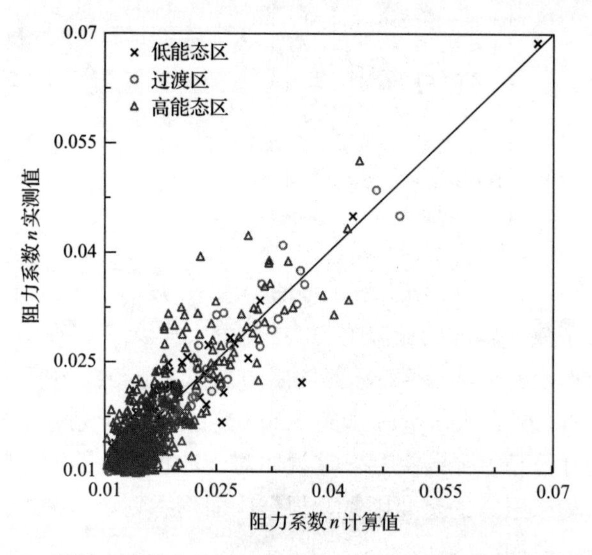

图 5.20　基于水流能态分区阻力系数 n 的计算值与实测值比较结果

表 5.5 水流能态分区后动床阻力公式计算精度

阻力系数	不同偏差比范围内的数据所占百分数/%			几何标准差	均方根
	90～110	80～120	70～130		
f	19.68	37.61	50.58	1.357	0.0085
n	38.34	66.47	83.67	1.165	0.0034

5.5.3 基于水流能态分区的动床阻力公式的验证

本节采用黄河下游 1991～2014 年 6 个水文站(花园口、夹河滩、高村、孙口、泺口、利津)的 2288 组实测数据资料(表 5.6)，对所提出的动床阻力计算公式进行了系统的验证(图 5.21)。从表 5.6 中可以看到，公式验证采用资料所涉及的范围包括：流量 Q=25～7570m^3/s，含沙量 S=0.18～224kg/m^3，水深 h=0.48～9.60m，宽深比 B/h=18.40～2559.14，床沙中值粒径 D_{50}=0.021～0.267mm，水面比降 J=(0.20～8.67)×10^{-4}，弗劳德数 Fr=0.06～0.68。

表 5.6 公式验证采用的黄河下游实测水沙资料范围(1991～2014 年)

水文站	组数	Q/(m^3/s)	S/(kg/m^3)	h/m	B/h	D_{50}/mm	J(×10^{-4})	Fr
花园口	446	41～7570	0.30～196	0.58～5.10	18～2559	0.062～0.267	0.20～6.80	0.11～0.67
夹河滩	248	94～6930	0.24～224	0.66～5.20	27～2224	0.056～0.150	0.37～8.67	0.11～0.68
高村	277	51～6810	0.76～116	0.48～3.15	49～5616	0.056～0.116	0.60～3.10	0.07～0.57
孙口	317	56～3820	0.48～160	0.62～3.63	38～669	0.045～0.114	0.40～4.80	0.06～0.62
泺口	530	27～4670	0.31～148	0.85～9.60	24～180	0.021～0.105	0.20～7.67	0.07～0.51
利津	470	25～3930	0.18～134	0.52～4.61	30～580	0.031～0.086	0.20～3.10	0.07～0.51
总数据	2288	25～7570	0.18～224	0.48～9.60	18～5616	0.021～0.267	0.20～8.67	0.06～0.68

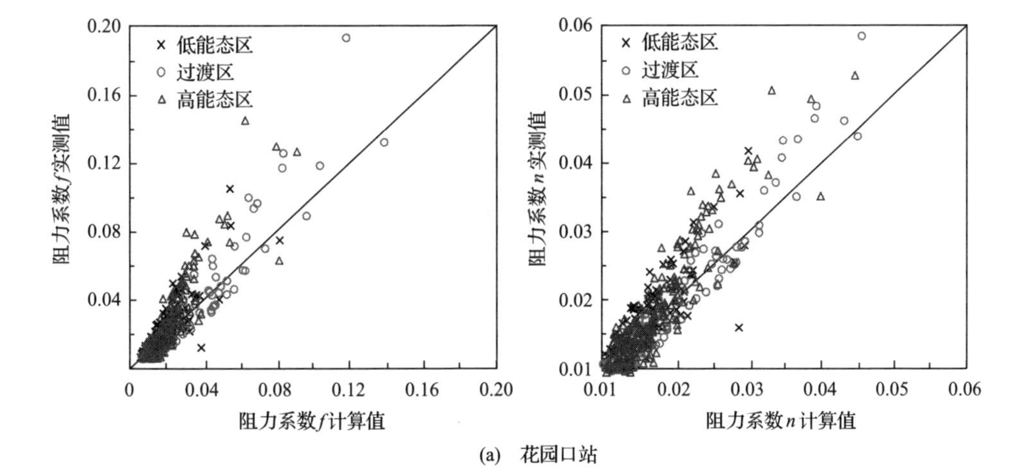

(a) 花园口站

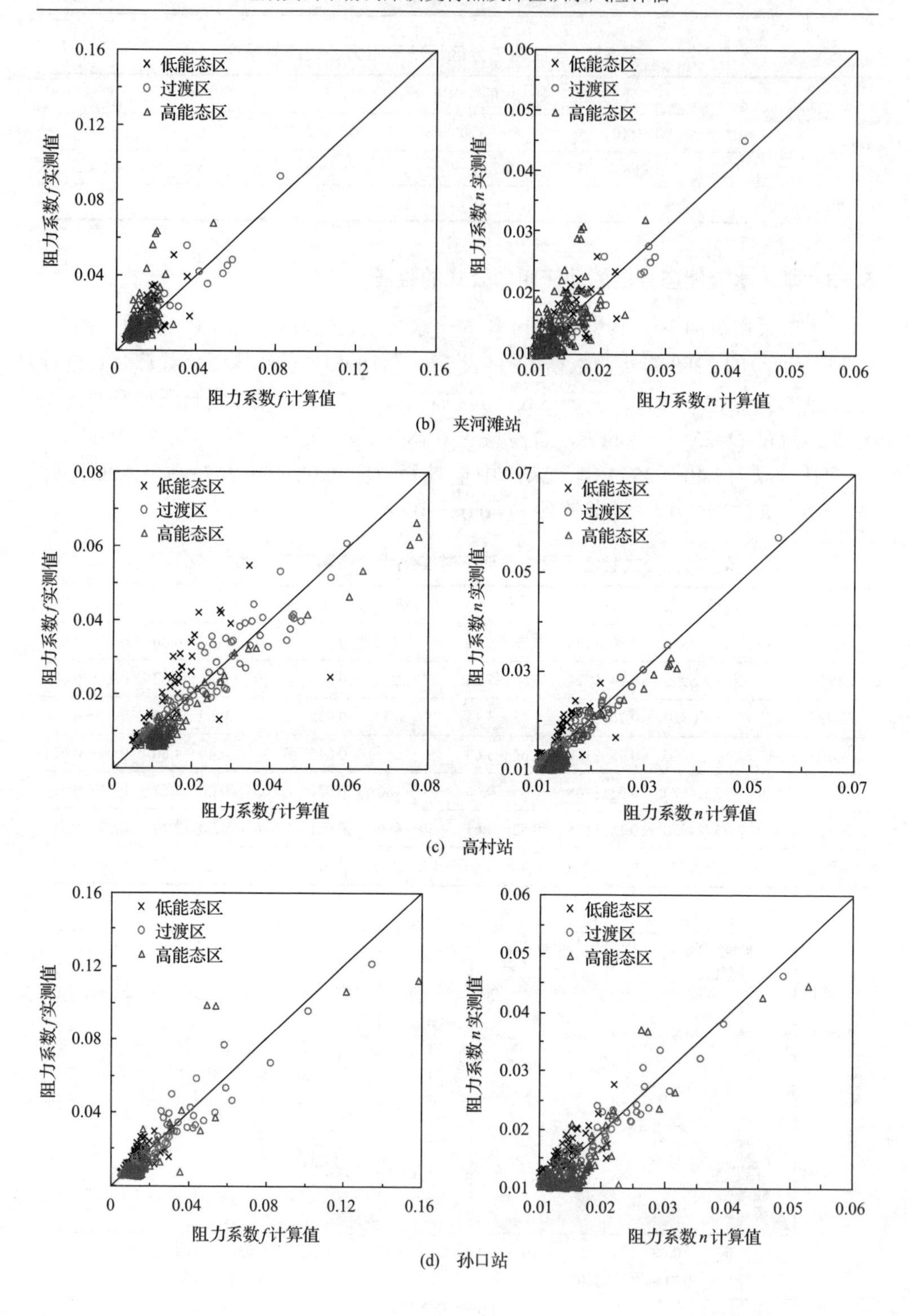

(b)　夹河滩站

(c)　高村站

(d)　孙口站

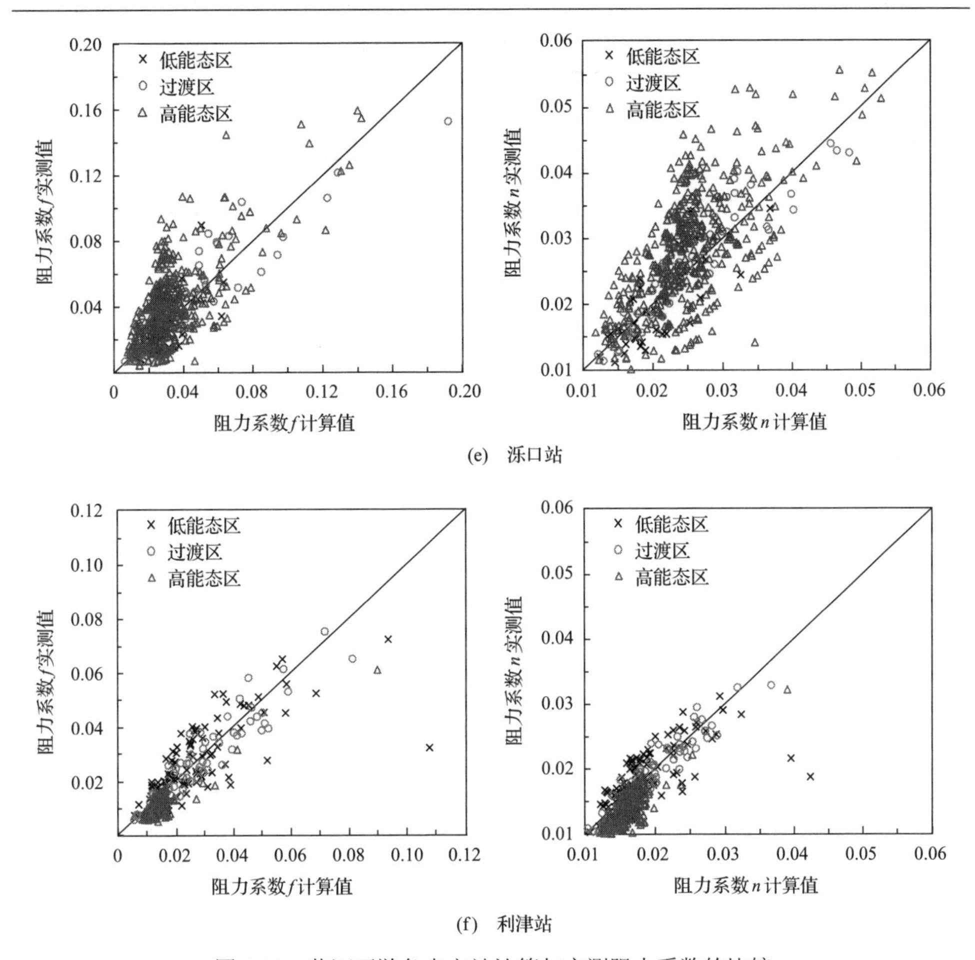

(e) 泺口站

(f) 利津站

图 5.21　黄河下游各水文站计算与实测阻力系数的比较

表 5.7 给出了水流能态分区后黄河下游各水文站(1991～2014 年)动床阻力公式计算值与实测值的偏离误差。可以看出，对于阻力系数 f，15.66%～22.65%的计算值落入实测值的 10%偏离误差之内，26.23%～40.13%的计算值落入实测值的 20%偏离误差之内，36.60%～53.81%的计算值落入实测值的 30%偏离误差之内。对于阻力系数 n，27.92%～42.15%的计算值落入实测值的 10%偏离误差之内，47.36%～73.40%的计算值落入实测值的 20%偏离误差之内，66.42%～88.72%的计算值落入实测值的 30%偏离误差之内。

总体来看，计算结果令人满意，决定系数为 0.50～0.96。其中花园口、高村及孙口三站的阻力系数计算值与实测值的决定系数为 0.81～0.96，均大于 0.80；利津站的阻力系数计算值与实测值的决定系数为 0.72～0.82；夹河滩及泺口两站的阻力系数计算值与实测值的决定系数略低(R^2=0.50～0.60)。因此基于水流能态分区的动床阻力计算公式可以较好地反映黄河下游主槽动床阻力的变化规律。

表 5.7　水流能态分区后动床阻力公式的计算精度(1991～2014 年)

水文站	阻力系数	不同偏差比范围内的数据所占百分数/%			几何标准差	均方根	决定系数
		90～110	80～120	70～130			
花园口	f	22.65	40.13	53.81	1.323	0.012	0.81
	n	42.15	69.06	84.75	1.150	0.0038	0.83
夹河滩	f	16.13	37.10	52.42	1.367	0.0079	0.57
	n	38.31	66.53	81.45	1.169	0.0032	0.57
高村	f	18.18	40.07	49.83	1.335	0.0058	0.88
	n	41.75	62.96	84.85	1.155	0.0025	0.82
孙口	f	18.55	33.96	47.48	1.375	0.0095	0.96
	n	34.91	63.52	81.13	1.173	0.0030	0.87
泺口	f	15.66	26.23	36.60	1.526	0.020	0.55
	n	27.92	47.36	66.42	1.235	0.0070	0.50
利津	f	19.57	37.23	52.34	1.314	0.0084	0.82
	n	38.94	73.40	88.72	1.146	0.0029	0.72

5.6　本 章 小 结

本章收集了黄河下游 1958～1990 年各水文站近 700 组实测水沙资料，根据先进行水流能态分区，再建立相应动床阻力计算公式的方法，建立了适用于黄河下游水沙特点与床面形态的动床阻力公式。最后利用黄河下游 1991～2014 年各水文站近 2300 组实测水沙资料，对所得计算公式进行验证，得到以下主要结论。

(1) 本章定量分析了不同水沙因子对黄河下游动床阻力的影响。动床阻力大小随水流弗劳德数 Fr 或相对水深 h/D_{50} 的增加而减小，因此选取 Fr 与 h/D_{50} 作为影响动床阻力的关键水沙因子。

(2) 本章提出了基于水流能态分区的动床阻力计算公式。首先利用收集到的 360 组床面形态数据，提出了通过建立无量纲参数 Fr 与 $\log(hJ/D_{50})$ 之间的关系式来确定水流能态分区的方法。然后以 Fr 与 h/D_{50} 为自变量，建立了不同水流能态分区下动床阻力系数 f 及 n 的计算公式，并采用不同时期黄河下游各水文站实测资料对公式进行率定与验证。

(3) 计算结果表明：基于水流能态分区的动床阻力公式的计算精度明显优于不考虑水流能态分区的公式和 van Rijn、王士强、秦荣昱及赵连军-张红武提出的阻力公式，决定系数 R^2 总体接近 0.80，说明水流强度与床面相对粗糙度对动床阻力影响十分显著。

第6章　黄河下游滩区的植被阻力计算

黄河下游河道的阻力一般包括床面阻力、滩地阻力及其他各种附加阻力。在洪水漫滩前，水流主要集中在主槽内，水流阻力主要为主槽动床阻力。当发生大洪水时，洪水漫滩将产生滩地阻力，因此滩地阻力也属于床面阻力。然而滩地阻力与主槽的动床阻力相比，又有明显不同。由于人类活动的影响，滩地上存在各类植物与阻水建筑物，滩地表面粗糙度远大于主槽，直接影响漫滩洪水在滩区的演进过程。漫滩洪水多发生在汛期，此时滩区主要生长着各种类型的植物，因此滩地阻力计算与滩地植物分布及生长情况、各类阻水建筑物分布等密切相关。尤其植物的存在使得滩区挟沙水流运动特性不同于一般的明渠水流，水流紊动特性及其流速分布规律均会发生相应的改变；同时受植物阻滞影响，滩区阻力也将明显增加。

含植物水流运动规律是研究黄河下游滩区洪水演进计算及风险分析的重要内容。现有半经验、半理论的阻力公式都不能较好地描述黄河下游滩区植被阻力的变化规律。因此为精确地模拟黄河下游漫滩洪水的演进过程，必须完善滩区植被阻力的计算方法。本章首先总结含植物水流运动特性及阻力特性的国内外研究现状；然后通过开展水槽试验，研究黄河下游滩区具有代表性植物的水流紊动特性、阻力特性及阻力变化规律；最后建立黄河下游滩区植被阻力的计算公式。

6.1　滩区植被阻力研究现状

黄河下游河道内分布有广阔的滩地，总面积约为3154km^2，占下游河道总面积的65%以上(张金良, 2017)。滩地在枯水期不过水，主要生长着各种类型的植物，如农作物(大豆、玉米等)及树木等；在洪水期则主要用于行洪，是滞洪沉沙的主要场所。一方面滩区植被可以保护土壤、减少水土流失及防止河堤被过度冲刷，起到护滩固岸的作用；另一方面，滩区植被阻水作用较为显著，使得滩区水位抬升、流速减小，削弱了滩区的泄洪能力，增加了洪水风险。

含植物水流的运动特性不仅与水深、流速及含沙量等水沙条件有关，还与植物高度、分布密度、植物刚度及排列方式等植物特征参数密切相关(吴福生, 2009)。根据水流中植物的弯曲程度(植物刚度)不同，一般可将植物分为柔性植物和刚性植物两类。柔性植物形态受水流条件影响较大，随着水流强度的增大，含柔性植物的水流阻力逐渐减小；而刚性植物特性受水流影响较小，不会出现弯曲倒伏现象，水流阻力基本与雷诺数无关(Jarvela, 2002)。根据水深 H 与植物高度 H_v 的相对关系或相对淹没度 H/H_v，可将含植物水流分为非淹没水流($H/H_v<1$)和淹没水流($H/H_v\geq 1$)两类。即当水深小于植物高度时为非淹没水流；反之，当水深大于植物高度时则为淹没水流(唐洪武等, 2007; 闫静, 2008)。

6.1.1 含植物水流的紊动特性研究

植物的存在改变了水流的运动特性。受植物的影响，含植物水流表现出较强的紊动特性及三维特性，与一般明渠水流的运动特性相比具有明显的差异，具体表现在水流纵向流速、雷诺应力、紊动强度等特征参数沿垂线分布的不同(唐洪武等, 2007)。

1. 含植物水流的纵向流速研究

含植物水流的纵向流速沿垂线分布不再遵循明渠水流流速的对数分布规律，而是存在两区划分和三区划分的观点(王兴奎等, 2002)。导致流速分布不同的原因主要是研究者采用的植物特征参数及相对淹没度差异较大，难以给出统一的流速分布公式。

两区划分将含植物水流沿垂向分为植物层内和植物层以上区域(唐洪武等, 2007)。植物层内区域流速较小，不满足对数分布；植物层以上区域为外区，流速符合对数分布。研究表明流速对数分布规律的起点始于或低于植物顶端，外区为流速对数分布规律的起点至水面区域。两区流速分布观点中，植物层以上区域的各类流速分布公式见表 6.1。

表 6.1 植物层以上区域的各类流速分布公式

序号	研究者	植物层以上区域流速分布公式
1	Kouwen 等(1969)	$\frac{u}{u_*}=\frac{1}{\kappa}\ln\left(\frac{y}{H_v}\right)+\frac{u_v}{u_*}$
2	Stephan 和 Gutknecht(2002)	$\frac{u}{u_*}=\frac{1}{\kappa}\ln\left(\frac{y-h_p}{h_p}\right)+8.5$
3	Lopez(1997)	$\frac{u}{u_*}=\frac{1}{\kappa}\ln\frac{y-y_0}{k_s}+C$
4	Christensen(1985)	$\frac{u}{u_*}=\frac{1}{\kappa}\ln\left[\frac{y-(h_p-k_s/29.7)}{k_s}\right]+8.5$

注：y 为距床面的高度；u 为距床面 y 处的流速；H_v 为植物高度；u_v 为距床面 H_v 处的流速；u_* 为摩阻流速；κ 为卡门常数；k_s 为当量粗糙度；h_p 为植物弯曲后的平均高度；y_0 为理论床面高度；C 为积分常数。

三区划分是将含植物水流按流速分布从床面至自由水面划分为Ⅰ区、Ⅱ区和Ⅲ区，而各区的范围及其流速分布规律目前还没有统一的观点。纵向流速三区划分的代表性观点归纳见表 6.2(唐洪武等, 2007)。

表6.2　纵向流速三区划分的代表性观点(唐洪武等，2007)

代表者		Gourlay(1970)	Ei-Hakim 和 Salama(1992)	Carollo 等(2002)
Ⅰ区	范围	近床面植物层底部区域	$y\leqslant H_v$	$y<Y_1<H_v$
	流速分布	较小常数	幂函数分布	du/dy 沿水深增加
Ⅱ区	范围	植物层上部至植物顶部	$H_v<y\leqslant\delta$	$Y_1\leqslant y\leqslant Y_2$
	流速分布	迅速增大，对数分布	线性分布	对数分布且存在拐点
Ⅲ区	范围	植物层以上至水面	$\delta<y\leqslant H$	$Y_2<y\leqslant H$
	流速分布	增加幅度小于Ⅱ区，符合对数分布	幂函数或对数分布	近似为垂线分布

注：δ 为略高于植物顶部的一个高度；H_v 为植物高度；H 为水深；Y_1、Y_2 为 Carollo 等(2002)提出的 S 形流速分布的两个重要界限参数，且有 $Y_1<H_v<Y_2<H$。

槐文信等(2009)采用粒子图像流速仪(particle image velocimetry，PIV)测量了室内矩形断面水槽中含刚性植物水流的时均纵向流速的垂向分布，结果表明水流时均纵向流速在非淹没条件下呈J形分布，淹没条件下呈S形分布，植物的存在对水流流场有一定的均化作用。惠二青等(2009)通过开展水槽试验，研究了含灌木群落和草本群落等植物水流的纵向流速的垂向分布特性。结果表明：植物冠层以下区域的流速随植物直径的增加而减小，呈双曲线分布；在植物冠层以上区域，流速分布可近似用幂函数曲线描述。惠二青和江春波(2011)通过建立达西-魏斯巴赫阻力系数 f 与植物特征参数(植物的直径、高度及间距)的关系式，用于计算植物群落之间流速的垂向分布。Chen 和 Kao(2011)基于概率基本原理提出了含淹没植物水流的纵向流速分布公式，水槽试验成果表明该公式对试验水槽内的流速预测较为准确，但该公式仅适用于计算植物段中心处的流速，其他位置的流速分布有待进一步研究。

2. 含植物水流的雷诺应力研究

雷诺应力是因紊动水团的交换在流层之间产生的剪切应力(卢金友等, 2005)。与一般明渠水流相比，含植物水流受植物的影响，沿垂线各点三个方向上的脉动流速会产生一定的变化，从而影响雷诺应力沿垂向的分布特征。因此含植物水流的雷诺应力沿垂向分布特征与一般明渠水流相比，发生了明显的差异。

Choi 和 Kang(2004)提出了含植物水流的雷诺应力模型，采用 Nezu 和 Nakayama(1999)的试验数据对模型进行验证，并与 k-ε 模型和代数应力模型进行比较。结果表明，雷诺应力模型的计算结果优于 k-ε 模型和代数应力模型，但该模型需进一步验证。

吕升齐等(2007)研究了含带枝杈植物水流的紊动特性，并与无植物干扰的明渠均匀流的紊动特性进行对比，发现含植物水流中雷诺应力最大值出现在植物顶部附近($0.9H_v$ 水深处)。Chen 等(2011)针对三种不同植物排列方式，研究了含淹没柔性植物的排列方式对水流紊动结构的影响，发现不同排列方式下雷诺应力在(0.9～1.2) H_v 内出现最大值，且植物间距越小，雷诺应力最大值越接近水面。Li等(2014)开展了含淹没柔性植物水流的水槽试验研究，分析了植物密度对雷诺应力的影响，研究表明雷诺应力在植物顶部达到最大值，且雷诺应力最大值与植物密度成正比。

3. 含植物水流的紊动强度研究

水流紊动强度是描述水流紊动特性的参数，其值与流速和流速梯度有直接关系。一般明渠水流紊动强度沿垂线的分布遵循如下规律：紊动强度自水面沿垂线向下逐渐增加，在近壁处达到最大值，然后又逐渐减小(钱宁和万兆惠, 2003)。与无植物水流情况相比，含植物水流的紊动强度分布明显不同。Wilson 等(2003)通过含柔性植物水流的试验研究发现，紊动强度最大值位置随淹没度的增加而向水面移动。朱红钧等(2006)通过开展复式断面河道的概化模型试验分析了漫滩水流的紊动特性，结果表明滩地种植柔性植物使得滩地糙率增大，水流紊动增强，紊动强度最大值的位置由滩槽交界区转移到滩区，且其最大值出现在植物的冠层。李艳红等(2007)通过建立含淹没植物水流的紊动强度经验公式，证明了紊动强度沿垂向存在最大值，并通过分析实验数据发现了紊动强度最大值的大小及其出现位置与植物排列密度、植物相对高度及水流流速有密切关系。吕升齐等(2007)通过开展含带枝杈植物水流紊动特性的研究，发现含植物水流中紊动强度最大值出现在 $0.9H_v$ 水深处。惠二青等(2010)采用水槽试验分析了植物群落之间水流紊动强度的垂向分布规律，发现紊动强度最大值的位置位于植物冠层顶部，紊动强度最小值位于茎杆向冠层的过渡区。

现有研究成果分析表明：植物分布密度较大时，水流紊动强度最大值的位置更趋于植物顶部；植物分布密度相同时，与柔性植物相比，刚性植物紊动强度最大值的位置更接近植物顶部；另外，枝叶的存在也使得紊动强度最大值接近植物顶部(唐洪武等, 2007)。

6.1.2　含植物水流的阻力特性研究

天然河道两侧滩地通常生长着各种类型的植物，河道中植物的存在，增加了水流阻力问题的复杂性。滩区植被阻力一般可用阻力系数来表示，主要包括拖曳力系数 C_D、达西-魏斯巴赫阻力系数 f 及曼宁阻力系数 n。现有关于植被阻力特性的研究主要以水槽试验为主，研究发现，与无植物水流不同，含植物水流的阻力不仅与水力要素有关，还受植物的相对高度、分布密度、刚度及排列方式等植物特征参数的影响。为了更好地理解滩区植被对水流阻力的影响，下面主要从含刚性植物水流和含柔性植物水流两方面，分别就前人取得的主要研究成果进行总结。

1. 含刚性植物水流的阻力特性研究

早在 20 世纪 20 年代，美国学者就开始研究含植物水流的阻力特性。早期研究是将植物简化为刚性圆柱体，通过水槽试验及原型观测分析含植物水流的阻力变化规律。

Jarvela(2002)采用柳枝进行室内水槽试验，研究了在不同排列方式、植物密度、水深及流速条件下阻力系数 f 的变化规律。对于非淹没的柳枝，阻力系数 f 随水深的增加而增大；在相同排列方式下，有枝叶柳枝的阻力系数 f 是无枝叶柳枝的 2～3 倍。Stone 和 Shen(2002)采用圆柱棒模拟研究了刚性植物在不同水深、植物直径及间距条件下的水流阻力变化特性，发现含植物水流阻力是水深、植物密度、植物高度及直径综合作用的结果。

唐洪武等(2007)基于水力半径分割法和水流阻力等效原则，结合水槽试验资料给出了等效曼宁阻力系数 n_e 的计算公式：

$$n_e = \frac{1}{U}\left(\frac{B\alpha^{5/2}}{2\alpha + B/H}\right)^{2/3} J^{1/2} \tag{6.1}$$

式中，α 为与植物密度有关的参数；B 为水槽宽度；U 为断面平均流速；H 为断面平均水深；J 为水力坡度。

房春艳和罗宪(2013)选择刚性竹签作为模型植物，通过开展变坡水槽试验研究了滩区植被的阻力特性，分析了水深、植物密度及植物淹没度等因素对阻力系数的影响。结果表明阻力系数与植物密度呈线性关系，随水深增加而显著增大，且植物淹没后阻力增加的幅度比非淹没状态小。

2. 含柔性植物水流的阻力特性研究

当水流流经柔性植物时，植物沿流向将发生弯曲和摆动现象。与含刚性植物相比，柔性植物对水流阻力的影响相对复杂。国内外许多学者采用能反映天然柔性植物特性的模型材料进行了试验研究(Fathi-Moghadam and Kouwen, 1997; Wu et al., 1999; Wilson and Horritt, 2002; 顾峰峰和倪汉根, 2006; 胡旭跃等, 2008; Fathi-Moghadam, 2006; 王晓燕, 2007; Noarayanan et al., 2012; Aberle and Jarvela, 2013)。影响含植物水流阻力的主要因素有水流条件和植物特征参数。水流条件主要包括水深与流速；植物特征参数则包括植物高度、排列方式、密度、直径及柔韧度等。

1) 水流条件对植被阻力的影响

Wu 等(1999)在水槽试验中选择马鬃模拟滩地的柔性植物，研究了淹没和非淹没状态下植物拖曳力系数 C_D 与植物糙率 n_b' 的变化规律。结果表明：对于一定高度的植物，非淹没状态下糙率随水深的增加而减小；在水深淹没植物高度后，n'_b 先随水深的增加而增大；后随着水深的继续增加而减小，最终趋向一常数(图 6.1)。非淹没状态下，n_b' 与底坡无关，而 C_D 则随着底坡的增加而增大；淹没状态下，n_b' 与 C_D 随底坡的增加均略有增大。

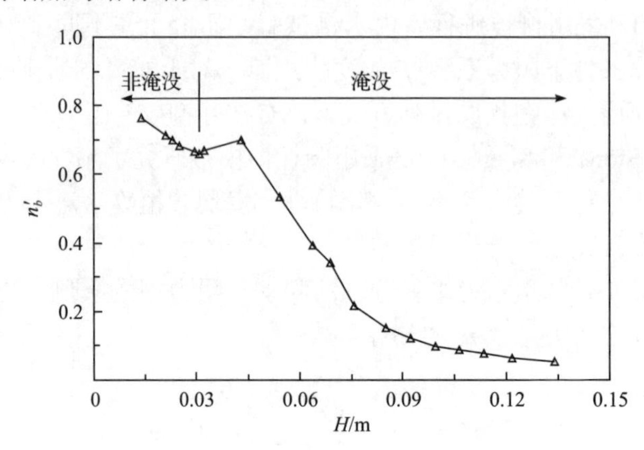

图 6.1　植物糙率与水深的关系(Wu et al., 1999)

Jarvela(2002)通过室内水槽试验研究了天然海草和莎草在不同排列方式、植物密度及水流条件下阻力系数 f 的变化规律。试验结果表明对于淹没的海草和莎草，阻力系数随雷诺数的增加而减小，随相对粗糙度的增加而增大。

Wilson 和 Horritt(2002)通过开展水槽试验研究了含植物水流的阻力特性，分析了水深对阻力的影响。试验表明植物糙率随相对淹没度的增加而减小，且当相对淹没度为 1 时糙率最大；当相对淹没度为 2 时，糙率趋于常数。植物糙率 n_h' 的计算公式为

$$n_b' = \left(\frac{1}{2g} R^{1/3} C_D \frac{A}{a} \right)^{1/2} \tag{6.2}$$

式中，A 为动量吸收面积；a 为横断面面积；g 为重力加速度；R 为水力半径；C_D 为拖曳力系数。

Fathi-Moghadam(2006)通过开展非淹没柔性植物(松树和雪松)的阻力试验，分析了流速和水深对阻力系数的影响。Aberle 和 Jarvela(2013)在已有含淹没柔性植物阻力研究的基础上，利用前人的试验数据分析得出植物形状阻力与流速成反比，而与相对水深呈线性正比关系。

2)植物特征参数对植被阻力的影响

Fathi-Moghadam 和 Kouwen(1997)开展了含非淹没柔性植物(松树和雪松)水

流的阻力试验，通过量纲分析推导出植物拖曳力系数 C_D 与植物的枝叶面积、弯曲刚度、水深、流速之间的关系式。Kouwen 和 Fathi-Moghadam(2000)进一步开展了含柔性植物(针叶树)水流的阻力试验，提出了阻力系数的计算公式，该公式不仅考虑了流速、水深等水力要素，还考虑了植物类型、大小、成熟期及密度等植物特征参数。

顾峰峰与倪汉根(2006)在水槽试验中选用塑料模型模拟柔性植物(芦苇)，研究了非淹没状态下阻力系数与芦苇密度之间的关系。结果表明：在水深相同条件下，糙率与植物密度成正比关系，两者的关系式可表示为

$$\frac{n_1}{n_2}=\sqrt{\frac{N_1}{N_2}} \tag{6.3}$$

式中，n 为糙率；N 为芦苇原型密度；下角标 1 和 2 代表不同密度的植物所在断面的编号。

胡旭跃等(2008)以棕榈毛扎成的小束为模型植物进行了变坡水槽试验，研究了淹没状态下柔性植物的阻力特性，分析了植物高度及排列方式等因素对植物粗糙度 k_s 的影响。结果表明，k_s 值随植物高度、密度的增加而增大，且粗糙度趋向于植物高度。

上述研究均未考虑植物的弯曲程度对水流的影响。Jarvela(2005)以小麦为研究对象，开展了含淹没柔性植物对水流阻力影响的水槽试验，采用植物抗弯刚度来定义剪切流速 u_*，从而可由对数流速分布公式计算得到阻力系数。剪切流速表达式为

$$u_*=\sqrt{g(H-h_{p,m})J} \tag{6.4}$$

式中，$h_{p,m}$ 为植物弯曲高度。

王晓燕(2007)认为决定植物柔韧度的因素为植物特性和水流条件，基于此引入了表征植物抗弯曲能力的无量纲参数 F，其值越大则植物弯曲程度越大，由此得出床面阻力系数及植物拖曳力系数均随雷诺数及参数 F 的增大而减小。无量纲参数 F 的计算式为

$$F=\frac{\rho U^2 T^3 w}{E} \tag{6.5}$$

式中，ρ为水的密度；U 为断面平均流速；T 为植物高度；w 为植物枝叶迎水面宽度；E 为植物抗弯刚度。

Noarayanan 等(2012)选择圆柱体作为柔性植物开展了水槽试验研究，依据实测数据并采用回归分析方法，拟合得到植物糙率 n_b' 与植物的弹性模数、密度、高度及杆径等影响因子的经验关系。

综上所述，含植物水流的运动特性不同于一般明渠水流。受植物阻滞影响，水流阻力明显增加，水流紊动特性及分布规律均会发生相应改变。滩区植被的种类较多，植物特征参数(植物的形状、高度、分布密度等)的差异，使得其对水流紊动特性带来的变化及滩区行洪能力的影响也有所不同，因此有必要研究黄河下游滩区典型植被对漫滩洪水的具体影响。研究滩区植被水流的紊动特性(流速分布、雷诺应力分布、紊动强度分布)以及植物阻力特性等问题，可为黄河下游滩区的洪水演进模拟及风险管理提供科学依据。

6.2　滩区植被阻力的概化水槽试验

黄河下游滩区经济为典型的农业经济，滩区现有耕地 22.7 万 hm^2，种植着大量的农作物。农作物以小麦、大豆和玉米为主，在汛期滩区农作物则主要为大豆和玉米(陈卫宾等, 2013; 张汝印等, 2005)。汛期一旦发生漫滩洪水，这些农作物必然被淹受损；同时农作物等滩区植被的存在，不仅改变了水流的紊动特性，而且还加大了滩区的水流阻力，直接影响了滩区洪水的演进过程及传播速度。因此本节通过开展典型植物大豆的概化水槽试验，研究滩区典型植物的水流紊动特性及阻力特性。

6.2.1　水槽试验介绍

1. 试验水槽概况

在不同流量、水深与含沙量条件下，含植物水流所受到的阻力均有所差异；同时在试验过程中为了保证植物段形成近似均匀流，需要试验水槽的底坡可变，因此本试验采用变坡水槽。含植物挟沙水流的试验在武汉大学泥沙实验室的变坡水槽中进行(图 6.2)。

(a)

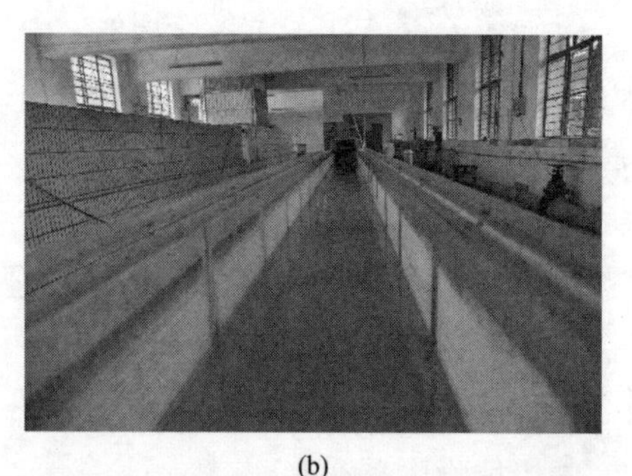

(b)

图 6.2　试验变坡水槽

该水槽长 33m、宽 0.5m、高 0.4m，底坡可调范围为 0%～1%。水槽进口流量通过调节阀门开度控制，设计最大供水流量为 80L/s，末端设有尾门可控制水位，水槽底坡由水准仪测量的上下游底部高程差与相应长度的比值获得。为了平顺水流，消除初始紊动，在水槽进口设有平水栅。植物试验段位于水槽中部位置，植物段长 4m，模型植物沿横向共布置三列，横向间距为 0.16m；顺水流方向共布置 25 排，纵向间距为 0.16m，即植物的布置方式为 0.16m×0.16m。植物试验段平面布置及测验断面布置如图 6.3 所示，试验水槽立面布置图如图 6.4 所示。

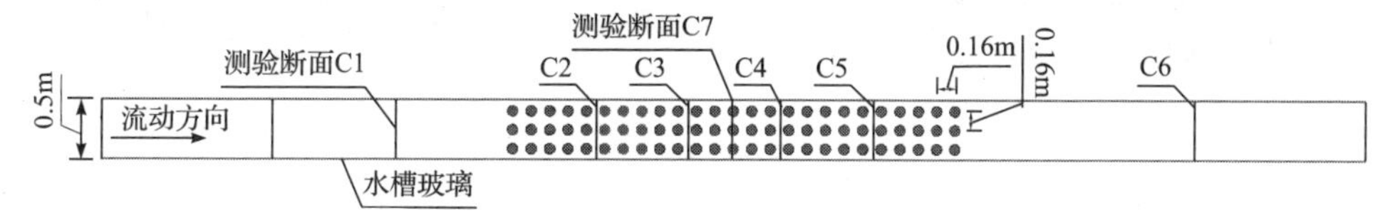

图 6.3　植物试验段平面布置及测验断面布置

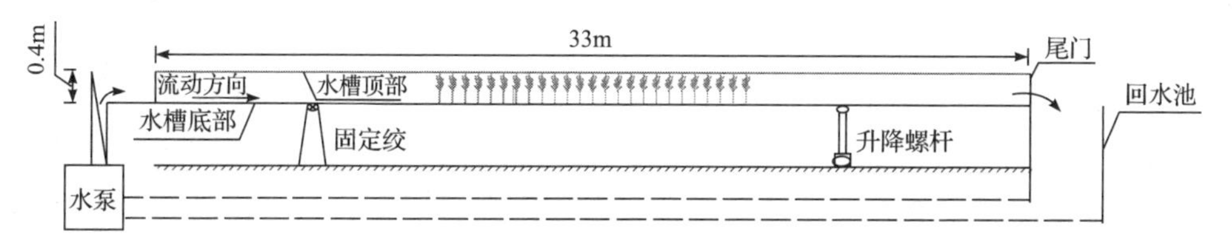

图 6.4　试验水槽立面布置图

2. 模型植物选取

现有含植物水流的试验研究主要针对刚性植物和柔性植物，刚性模型植物多采用铁丝、木条或圆柱形物体，柔性模型植物则根据原型植物选用高仿真的柔性塑料草。为研究黄河下游滩区大豆种植区域过水时的水流紊动特性及阻力特性，本次水槽试验选取与大豆形状相似的柔性塑料草作为模型植物。该模型植物高 26cm，其中下部主茎高度为 11cm，直径为 6mm，上部包含枝叶的分枝部分高 15cm，且具有一定的挠度(图 6.5)。模型植物的固定通过插入聚氯乙烯(polyvinyl chloride，PVC)板上预先钻好的圆孔实现。模型植物在水槽中的布置如图 6.6 所示。

(a) 模型植物

(b) 原型植物

图 6.5　模型植物与原型植物比较

(a)

(b)

图 6.6 模型植物在水槽中的布置

6.2.2 试验流程及组次

为了满足明渠恒定均匀流的试验条件，调节水槽底坡及尾门开度使植物段水流基本形成恒定均匀流。水槽试验主要流程如下：首先调节水槽坡度至规定底坡；然后将预先排列布设植物的 PVC 板放置在水槽预定位置，并将测量仪器布置在测验断面；再开启阀门，通过调节阀门开度和尾门开度，满足试验水流条件；待水流稳定后，进行水深、流速、含沙量等水沙要素的测量。

水槽试验针对选取的模型植物，分别进行 6 kg/m³ 和 11 kg/m³ 两种含沙量的浑水试验，悬沙平均中值粒径 d_{50}=0.0031～0.0042 mm，相应的悬沙级配曲线如图 6.7 所示。

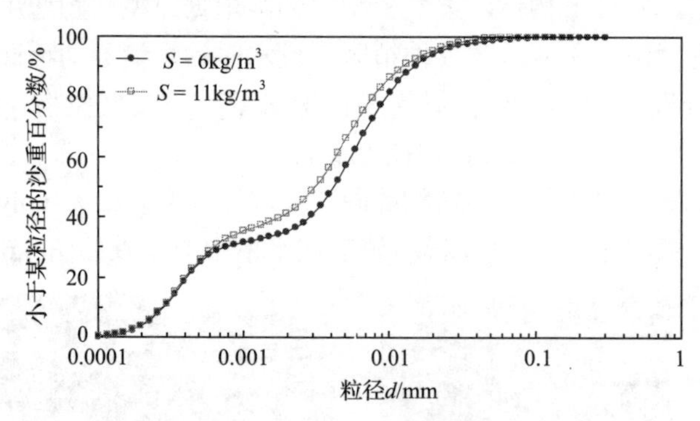

图 6.7 不同试验条件的悬沙级配曲线

每种含沙量条件下的水流控制条件相同，即分别选取 i=0.001、0.002、0.004、0.005、0.0067 五种底坡；每种底坡条件下的试验流量范围为 25～55L/s；相应植物段中心位置的水深 H_0 为 11～29cm；共计 140 组试验，具体试验组次见表 6.3。

表 6.3　不同试验组次下的水沙及底坡控制参数

流量 Q/(L/s)	25					35				45			55	
水深 H_0/cm	11	16	21	26	29	16	21	26	29	21	26	29	26	29
含沙量 S/(kg/m^3)	6、11													
底坡 i	0.001，0.002，0.004，0.005，0.0067													

6.2.3　试验测量内容

1. 流量测量

为了研究典型植物在不同水流强度条件下的紊动特征及阻力特性，分别选取 25L/s、35L/s、45L/s 和 55L/s 四个流量进行试验，待水槽进流稳定后，根据“五点法”测得流量大小。该方法通过水深-流速法测量水槽的流量，其原理如下：首先选取测流断面 C_1(图 6.3)，将断面沿横向进行 7 等分，然后采用五点测速法，利用旋桨流速仪沿第 i 个分区中垂线在相对水深 y/H(测点在槽底以上的高度与总水深之比)分别为 0、0.2、0.6、0.8、1.0 处测得点流速 $v_{0,i}$、$v_{1,i}$、$v_{2,i}$、$v_{3,i}$、$v_{4,i}$；再根据 $v_{m,i}=\dfrac{1}{10}(v_{0,i}+2v_{1,i}+3v_{2,i}+3v_{3,i}+v_{4,i})$ 计算得到每个分区中垂线的平均流速 $v_{m,i}(i=1\sim7)$，再计算各分区中垂线的平均流速与相应分区面积 ΔA_i 的乘积，得出各个分区的流量；然后进行求和得出总流量，即根据连续性方程 $Q=\sum_{i=1}^{7}\Delta A_i v_{m,i}=\sum_{i=1}^{7}\dfrac{1}{7}Bhv_{m,i}$ 求得试验水槽内的流量大小。

2. 水深测量

沿水槽分别布置若干测验断面 C_6(图 6.3)，其中上游水深测验断面 C_1 位于水槽进口下游 1.5m 处，下游水深测验断面距离水槽出口 1.5m；植物试验段沿程也布置若干测验断面($C_2\sim C_5$)测验水深，并采用水尺直接读取水深。其中以植物带中心断面 C_1 处水深为控制水深，在中心断面处设置水位计以测得该处水位，若以槽底为基准，则控制水位即为控制水深，用 H_0 表示。

3. 三维流速测量

含植物浑水的流速分布是研究水流的紊动特性和阻力特性的基础，因此水槽试验中需要逐点地测量各条测线上沿垂向不同测点的三维流速分布，尤其是纵向流速分布。试验采用挪威 Nortek 公司生产的声学多普勒流速仪(acoustic Doppler velocimetry，ADV)(型号为 Vectrino Ⅱ)进行三维流速测量。该流速仪主要由声学传感器、测量探头、信号采集模块及数据处理系统四部分组成，采样频率为 0～200Hz，测量探头由探头末端中心的一个信号发射器和四个 10MHz 的信号接收器组成，四个信号接收器分布在信号发射器的周围，夹角为 90°，如图 6.8 所示。ADV 流速仪采用接收器和发射器分离的单个声音传感器，使光束在某个距离外的水体中相交，相交部分为采样体的位置，采样体的剖面是一个 3cm 范围的水柱。工作时，首先由发射换能器发射一个短的声学脉冲，并由四个声学接收换能器进行接收，然后通过处理反射回来的声波，得到多普勒频移，从而得到流速矢量数据。

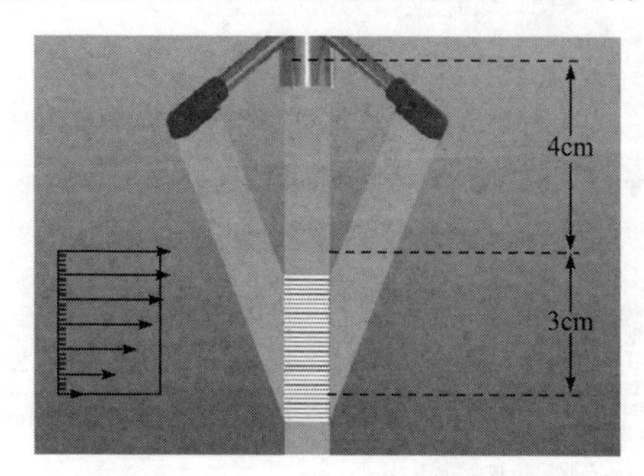

图 6.8　ADV 流速仪收发信号及其工作示意图

当水槽进流稳定，且水深达到要求时，在 P_1～P_5 五条测线上进行垂线流速分布测量。其中 P_1 位于植物段中心点，P_2 位于距中心点右侧 8cm 处，P_3 位于距中心点左侧 8cm 处，P_4 在距 P_3 上游 8cm 处，P_5 在距 P_2 上游 8cm 处，各测线布置见图 6.9。每条测线上所选测点的个数不少于 25 个，测点间距一般为 0.3～1.0cm，对床面附近测点进行加密，间距为 0.1cm。受植物扰动影响，流速测量结果可能会出现相关性较低的数据，因此数据处理过程中剔除了相关系数（correlation coefficient）小于 85%、信噪比（signal to noise ratio，SNR）小于 20dB 的数据。

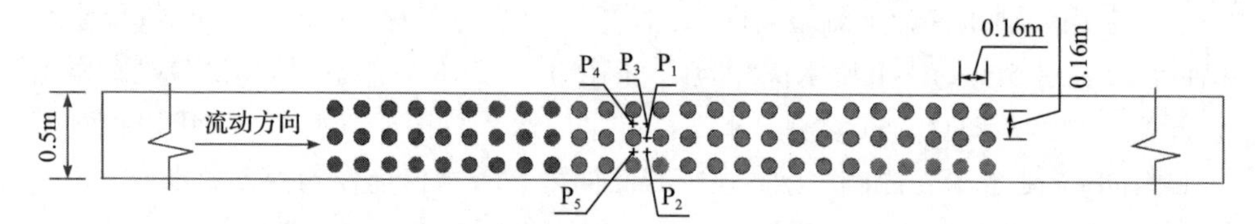

图 6.9　ADV 流速仪测点在水槽内的平面布置

4. 含沙量及悬沙级配测量

为了研究含沙量对水流紊动特性及植物阻力的影响，在试验过程中还需要测量含沙量。为了减小取样对水流扰动的影响，采用 L 形虹吸管在测验断面槽底、20%水深、40%水深、60%水深、80%水深及水面处进行浑水取样（图 6.10（a）），均使用 100mL 的标准取样瓶各取两次沙样，利用高精度电子天平对样品进行称重(图 6.10(b))，然后采用置换法计算得到浑水含沙量，并取两次测量结果的平均值作为取样点的最终含沙量。

(a) 含沙量取样虹吸管　(b) 浑水样品称重

图 6.10　含沙量测量过程示意图

为了进一步地分析含植物浑水中泥沙颗粒对水流紊动特性及植物阻力的影响，本节针对不同试验组次在测验断面距水面 50%水深处采集浑水样品，并利用马尔文 MS2000 粒度仪对所取沙样中的悬移质泥沙级配进行了测量。MS2000 粒度仪采用激光衍射法对颗粒粒度进行测量，其测量原理是基于激光束穿过颗粒时发生衍射，衍射光的角度与颗粒粒径有关，颗粒粒径越大，衍射光的角度越小。不同粒径的颗粒所衍射的光落在不同的位置，故通过衍射光的位置可判断粒径大小，该仪器可精确地测量粒径在 2μm～2mm 内的泥沙颗粒。

6.3　含植物浑水的紊动特性试验结果

滩区挟沙水流的紊动特性参数主要包括纵向流速、雷诺应力、紊动强度分布，以及能谱分析、动量交换等。这些参数直接影响滩区的洪水演进及泥沙淤积分布，因此有必要对含植物浑水的紊动特性进行研究。含植物浑水受植物特性(植物高度、刚度等)、分布特点(植物间距、密度)、含沙量及相对淹没度的影响，表现出与一般明渠水流不同的紊动特性，尤其在纵向流速、雷诺应力及紊动强度三个特征参数的垂向分布规律方面。

6.3.1　纵向流速分布特性

目前，国内外学者对含植物水流紊动特性的研究，大多是关注含植物明渠水流的流速分布(Shimizu and Tsujimoto, 1994; Naot et al., 1996; 吴福生, 2009; 郝文龙等, 2015)。含植物明渠水流的流速分布主要是针对纵向流速进行分析。时均纵向流速$\overline{u}$的计算公式为

$$\overline{u}=\frac{1}{\Delta t}\int_{t_0}^{t_0+\Delta t}u(t)\mathrm{d}t \tag{6.6}$$

式中，$u(t)$为t时刻的瞬时纵向流速；t_0为流速仪采样初始时刻；Δt为采样时间。

根据式(6.6)计算可以得到各测点的时均纵向流速，从而得到时均纵向流速沿垂线分布的情况。掌握含植物水流的纵向流速沿垂线分布规律，对于分析水流的结构、紊动特性及阻力特性有重要意义。根据含植物浑水的水深与植物高度的关系，植物可处于淹没状态和非淹没状态。当水深小于模型植物高度时，植物处于非淹没状态(图 6.11)；当水深等于或大于模型植物高度时，植物处于淹没状态(图 6.12)。下面分别分析植物处于非淹没状态和淹没状态下的纵向流速分布特性。

图 6.11 植物处于非淹没状态

图 6.12 植物处于淹没状态

1. 非淹没状态下的纵向流速分布

图 6.13 给出了含沙量S=6kg/m^3、底坡i=0.002、流量Q=25L/s 时，非淹没状态下纵向流速的垂线分布。由图 6.13 可知，在不同水深条件下，各测线处纵向流速沿垂线分布规律基本一致，但P_1测线处流速明显偏小，主要原因是P_1测线位于单株植物正后方 8cm 处，受植物阻滞作用较大，水流流速较小。不同水深条件下的纵向流速沿垂线分布特性具体表现如下。

(1)当H_0=11cm(植物主茎高度)时，植物区水流运动近似为圆柱绕流，位于茎杆正后方的P_1测线受尾流影响，其纵向流速沿垂线变化不明显。P_2～P_5测线的纵向流速在近底区域(y/H<0.21)随相对水深增加明显增大，在距河底约 0.21H处流速达到最大，在y/H>0.21 的区域内纵向流速随相对水深增加呈减小趋势。

(2)当H_0=16 与H_0=21cm 时，水深达到主茎之上的分枝区域，受枝叶影响，阻水面积明显增人，P_1测线处纵向流速在近底区域内迅速增加，流速梯度较大，

而后随相对水深增加而减小，在接近水面处基本为零。P_2～P_5 测线处纵向流速随着相对水深的增加呈现先增大后减小的趋势，纵向流速达到最大值的位置分别为 y/H=0.18（H_0=16cm）和 y/H=0.14（H_0=21cm），控制水深越大，出现最大流速值的位置越靠近底部。

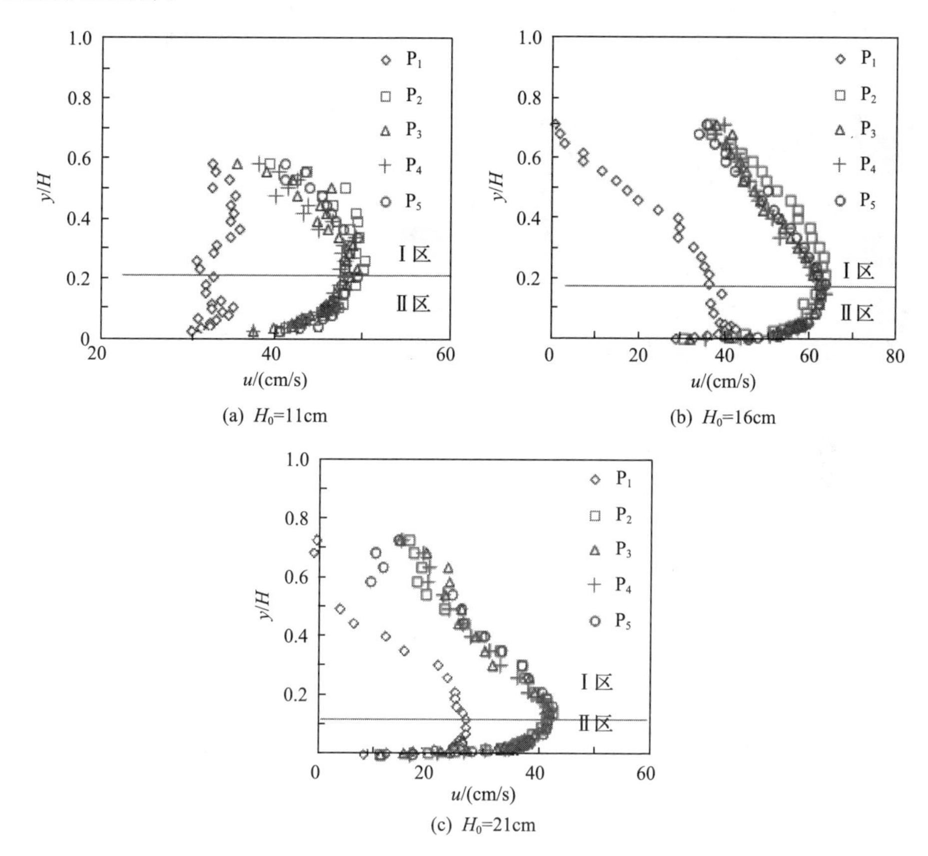

(a) H_0=11cm　(b) H_0=16cm　(c) H_0=21cm

图 6.13　非淹没状态下纵向流速沿垂线分布（S =6 kg/m^3、i=0.002、Q=25 L/s）

上述分析表明，受植物影响，纵向流速沿垂线分布规律与明渠均匀流差异较大。无植物矩形明渠水流的纵向流速沿垂线分布可划分为内区、外区和表面区（胡春宏和惠遇甲，1987），且内区范围为 $y/H<0.2$，外区范围为 $y/H>0.2$（赵明登等，2010）。而对于含非淹没植物水流，植物区水流纵向时均流速分布呈分层特性，可将含植物水流分为内、外两区，内区范围为 $0<y/H<y/H_{(u_{max})}$，外区范围为 $y/H_{(u_{max})}<y/H<1$，$H_{(u_{max})}$ 为纵向流速最大值出现位置距底部的高度。

图 6.14 给出了 S=11kg/m^3、i=0.002、Q=25L/s 时，非淹没状态下纵向流速沿垂线分布。从图 6.14 中可以看出，S=11 kg/m^3 时各条测线纵向流速沿垂线分布与 S=6 kg/m^3 规律基本相同。

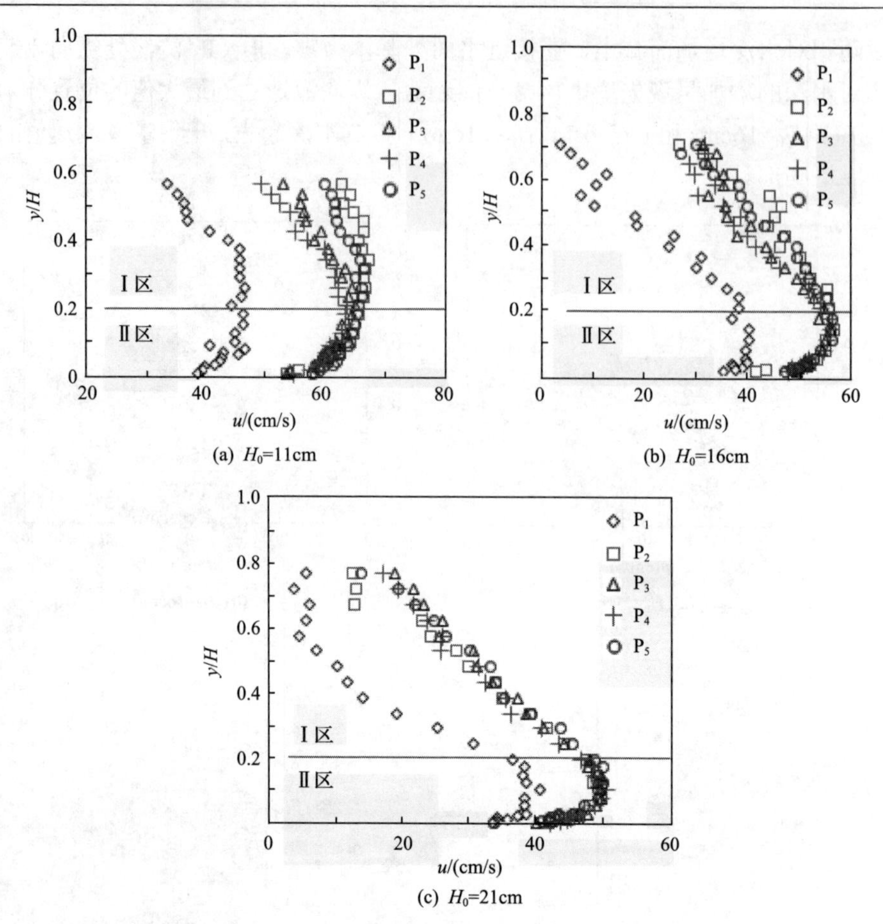

图 6.14　非淹没状态下纵向流速沿垂线分布(S =11 kg/m^3, i=0.002, Q=25 L/s)

2. 淹没状态下的纵向流速分布

图 6.15 给出了 S=6kg/m^3、i=0.002、Q=25L/s 时，淹没状态下的纵向流速沿垂线分布。从图 6.15 中可以看出，受模型植物上下结构变化影响(上部为散乱的枝叶，下部为圆柱形刚性主茎)，各测线的水流纵向流速沿垂向均呈 S 形分布，需要注意的是，由于 P_1 测线位于单株植物的正后方，与其他测线相比，纵向流速相对较小，且在枝叶附近纵向流速近似为零。纵向流速沿垂线分布特性具体表现如下：当水深 H_0=26cm 时，在 y/H＜0.13(H_0=29cm 时，y/H＜0.11)范围内，水流仅淹没植物主茎，流经植物区单个植株的水流可近似地概化为圆柱绕流，阻水面积较上层枝叶部分小，纵向流速随相对水深增加而增大；当 y/H=0.13(H_0=29cm 时，y/H=0.11)时，纵向流速达到最大值；当 y/H＞0.13(H_0=29cm 时，y/H＞0.11)时，植物枝叶影响逐渐增大，流速随相对水深的增加逐渐减小；当 y/H=0.67(H_0=29cm

时，y/H=0.60）时，纵向流速达到最小值；当 y/H＞0.67（H_0=29cm 时，y/H＞0.60）时，随着相对水深的增加，植物淹没度逐渐增大，水流受植物影响逐渐减小，纵向流速呈增大趋势。

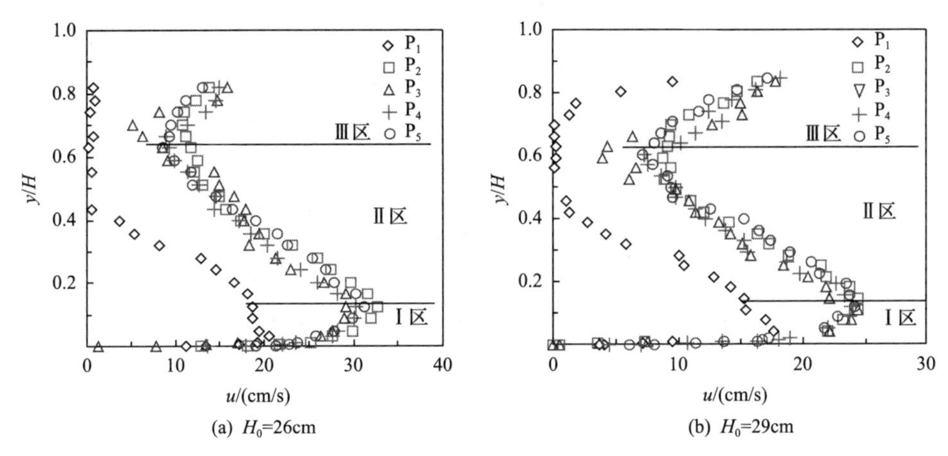

图 6.15　淹没状态下纵向流速沿垂线分布（S=6 kg/m^3、i=0.002、Q=25 L/s）

图 6.16 为 S=11kg/m^3、i=0.002、Q=25 L/s 时，淹没状态下的纵向流速沿垂线分布。从图 6.16 中可以看出，S=11kg/m^3 时各测线纵向流速沿垂线分布规律与 S=6kg/m^3 大致相同。当 H_0=26cm 时，纵向流速最大值为 36.9cm/s，对应的相对水深为 y/H=0.13；当 H_0=29cm 时，纵向流速最大值为 30.1cm/s，对应的相对水深为 y/H=0.11。

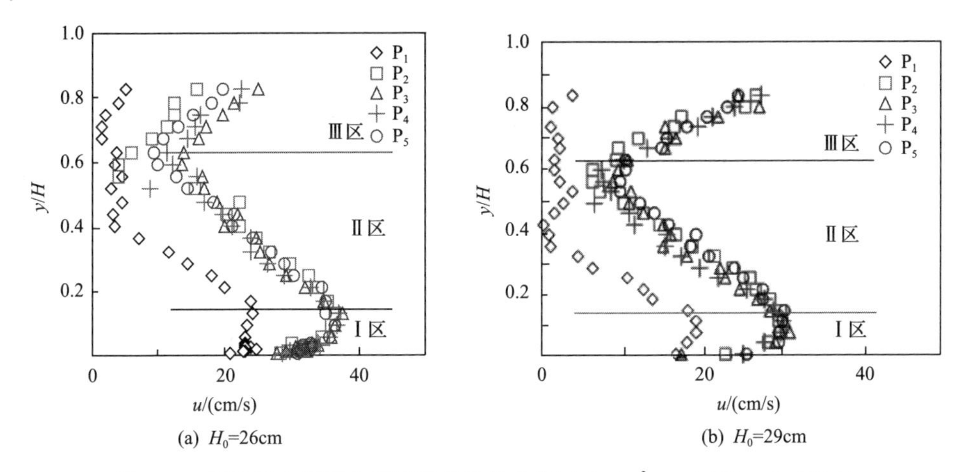

图 6.16　淹没状态下纵向流速沿垂线分布（S=11kg/m^3、i=0.002、Q=25L/s）

上述分析表明，在相同流量下，随着水深增大，纵向流速的最大值逐渐减小，流速最大值出现位置逐渐靠近床面。植物处于淹没状态下的纵向流速沿垂向呈 S

形分布，在植物主茎与河床之间纵向流速存在最大值，在主茎与枝叶之间纵向流速存在最小值。纵向流速沿垂线分布存在明显的分层现象，从床面至水面依次划分为Ⅰ区、Ⅱ区和Ⅲ区，各区的纵向流速沿垂线分布规律不同，故其垂线分布公式有所区别。Ⅰ区的流速梯度较大，呈幂函数分布；Ⅱ区的流速呈线性变化；Ⅲ区的流速变化接近对数分布规律(Ei-Hakim and Salama, 1992)。

6.3.2 雷诺应力分布特性

计算结果表明：在本次 140 组水槽试验中，水流弗劳德数 Fr 的变化范围为 0.102～0.499，均小于 1，说明试验水流均为缓流。另外，试验水流雷诺数 Re 的变化范围为 110951～283438，均大于临界雷诺数，说明试验水流均为紊流。紊流存在附加切应力，即雷诺应力。雷诺应力在漫滩洪水水流中表现为边界切应力，是挟沙水流的重要参数，雷诺应力对滩区行洪至关重要。尤其在汛期，雷诺应力越大，滩区水位越高，这给防洪带来不利的影响。紊流中脉动流速 $u' = u - \overline{u}$（式中，u 为紊流的瞬时流速，$\overline{u}$ 为时均流速)，雷诺应力 $\tau_2 = -\rho\overline{u'v'}$（$u'$、$v'$ 分别为纵向、垂向脉动流速)。本节根据 ADV 流速仪测出的瞬时流速值，可计算得到垂线上各测点的雷诺应力。

1. 非淹没状态下的雷诺应力分布

图 6.17 给出了 S=6kg/m^3、i=0.002、Q=25L/s 时，非淹没状态下的水流雷诺应力分布。从图 6.17 中可以看出，当 H_0=11cm 时，P_2～P_5 测线的雷诺应力在河底处为负值，且随水深的增加而逐渐增大；P_1 测线处的雷诺应力沿垂向近似为零。当 H_0=16 cm 时，各测线的雷诺应力沿垂线分布规律基本相似，即雷诺应力先随相对水深的增加逐渐增大，增加到某一位置处雷诺应力达到最大(y/H=0.46，P_5 测线雷诺应力最大值为 2.00N/m^2)，后随相对水深的增加逐渐减小。与 H_0=11cm 工况对比可知，当水深 H_0=11cm 时，雷诺应力达到最大，说明在主茎与分枝交界处相邻水体之间存在很强的相对运动。当水深增加至分枝处时，受枝叶阻滞作用，雷诺应力减小。当 H_0=21cm 时，雷诺应力的变化与 H_0=16cm 相似，呈先增大后减小的规律，不同之处在于雷诺应力最大值出现的位置为 y/H=0.41，且 P_5 测线雷诺应力最大值为 0.93N/m^2，较 H_0=16cm 工况有所减小。

图 6.18 给出了 S=11kg/m^3、i=0.002、Q=25L/s 时，植物非淹没时雷诺应力沿垂线分布。从图 6.18 中可以看出，各测线雷诺应力的变化规律与 S=6kg/m^3 大致相同，即当 H_0=11cm 时，P_2～P_5 测线的雷诺应力随相对水深的增加而增大，P_1 测线处的雷诺应力沿垂向近似为零；当 H_0=16cm 时，各测线的雷诺应力沿垂线分布规律基本相似，从床面开始雷诺应力逐渐增加，增加到某一位置处雷诺应力达到

最大(y/H =0.39，P_5 测线雷诺应力最大值为 2.69N/m^2)，随后开始减小直至水面处；当 H_0=21cm 时，雷诺应力沿垂线分布呈现先增大后减小的规律，并在 y/H=0.34 处达到最大值 1.36N/m^2。

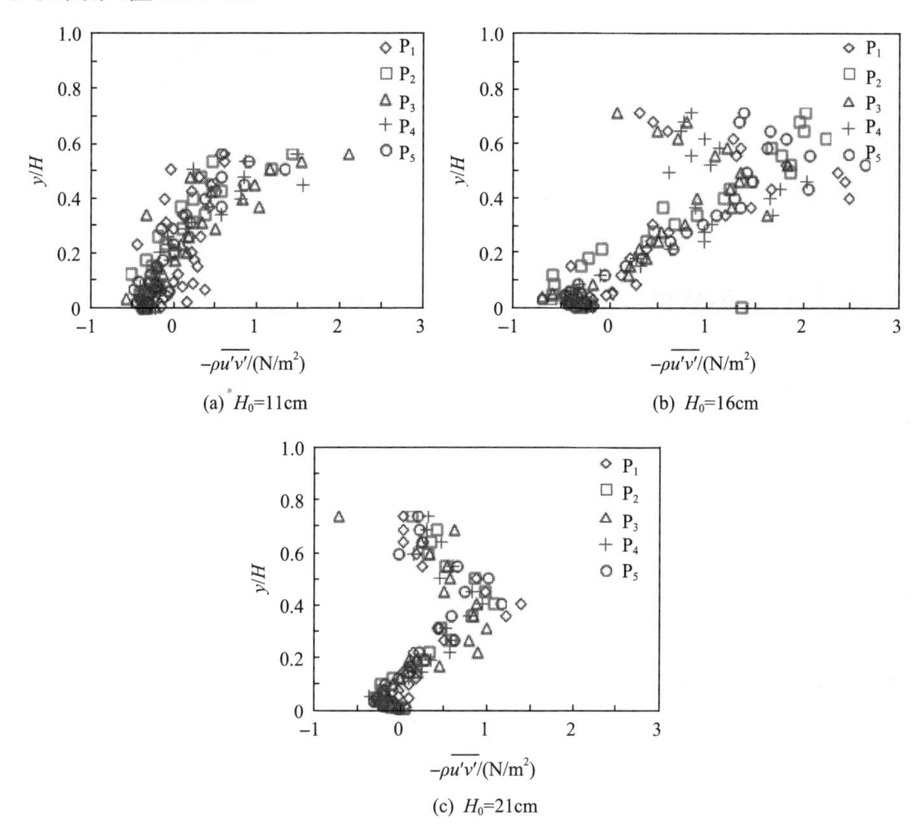

图 6.17　非淹没状态下雷诺应力沿垂线分布(S=6kg/m^3、i=0.002、Q=25L/s)

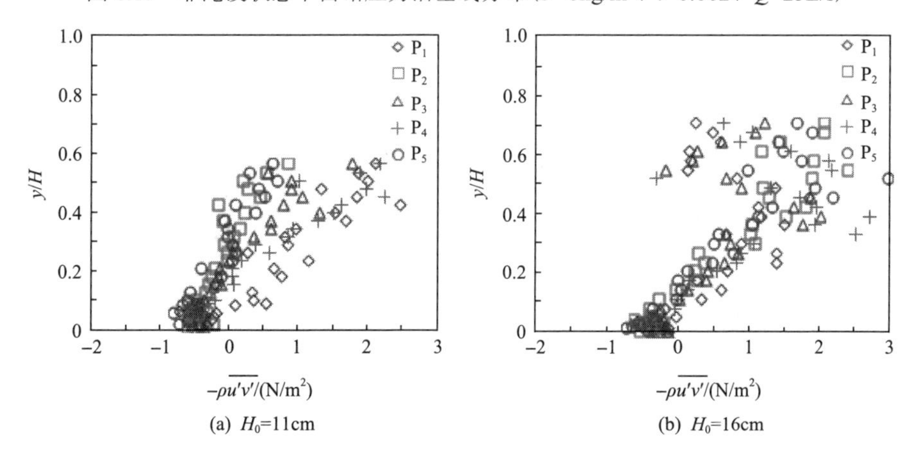

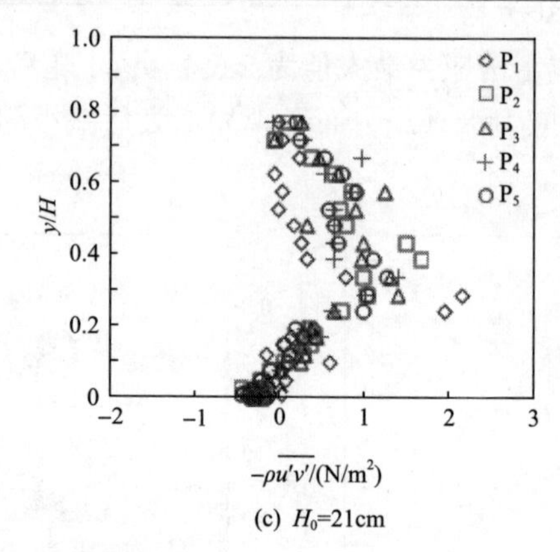

(c) H_0=21cm

图 6.18　非淹没状态下雷诺应力沿垂线分布（S=11 kg/m³、i=0.002、Q=25 L/s）

上述分析表明，在非淹没状态下，水深越大，雷诺应力最大值的位置越靠近床面（H_0=11cm 除外），且最大值越小；在相同流量和底坡条件下，含沙量越大，雷诺应力的最大值越大。

2. 淹没状态下的雷诺应力分布

图 6.19 给出了 S=6kg/m³、i=0.002、Q=25L/s 时，植物处于淹没状态下雷诺应力沿垂线分布。从图 6.19 中可以看出，不同水深下水流雷诺应力沿垂线分布规律基本相同。在近床面区域很小的范围内，雷诺应力从床面处的零值开始略有减小，然后随相对水深的增加而逐渐增大至最大值，最后随相对水深的增加而减小。雷诺应力最大值处的水流受植物扰动最为强烈，H_0=26cm 时雷诺应力最大值为 0.66N/m²，出现的位置为 y/H=0.24；H_0=29cm 时雷诺应力最大值为 0.37N/m²，出现的位置为 y/H=0.23。

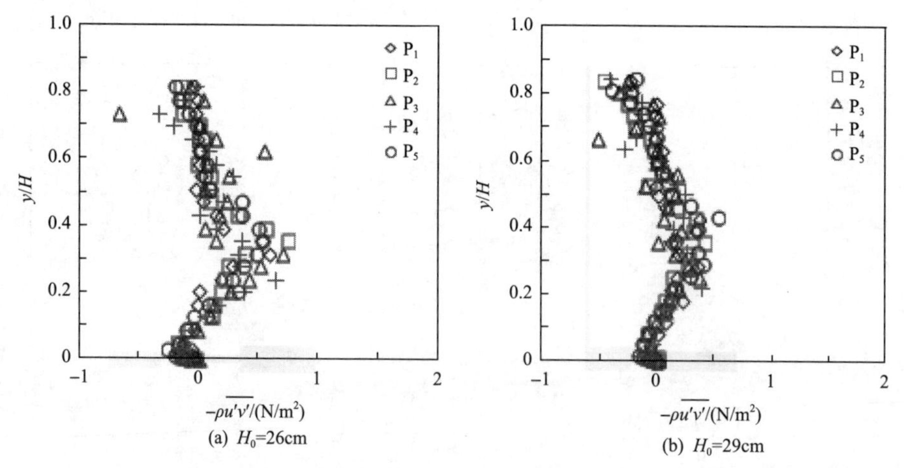

图 6.19　淹没状态下雷诺应力沿垂线分布（S =6 kg/m³、i=0.002、Q=25 L/s）

图 6.20 给出了 S=11kg/m^3、i=0.002、Q=25L/s 时，植物处于淹没状态下雷诺应力沿垂线分布。从图 6.20 中可以看出，S=11kg/m^3 时各测线雷诺应力沿垂线分布规律与 S=6kg/m^3 时大致相同。H_0=26cm 时雷诺应力最大值为 0.87N/m^2，出现的位置为 y/H=0.25；H_0=29cm 时雷诺应力最大值为 0.78N/m^2，出现的位置为 y/H=0.23。对比不同含沙量条件下雷诺应力最大值的结果表明，在相同的流量和底坡条件下，雷诺应力最大值随含沙量的增大而略有增大。

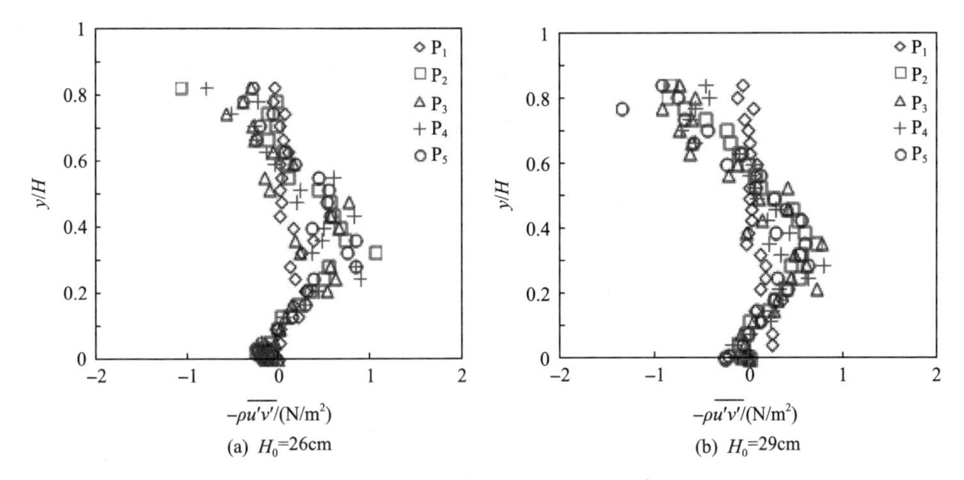

图 6.20　淹没状态下雷诺应力沿垂线分布(S=11 kg/m^3、i=0.002、Q=25 L/s)

需要注意的是，无植物水流的纵向雷诺应力一般为正值，而在本次含植物浑水试验中，植物的存在改变了水流结构，导致各水深条件下雷诺应力在部分区域均出现负值。该现象在一些学者的研究中也有发生(槐文信等, 2009; 渠庚, 2014)。

6.3.3　紊动强度分布特性

挟沙水流紊动强度特性的研究是河流动力学的核心问题之一，特别对于滩区的挟沙水流，植物的存在增加了水流紊动的复杂性。滩区挟沙水流中紊动强度的变化影响着泥沙运动及滩区淤积情况，因此本节有必要结合试验数据深入地分析含植物挟沙水流紊动强度的分布特性。

紊动强度的表达式为

$$\sigma_x = \sqrt{u'^2} = \sqrt{\frac{1}{M}\sum_{i=1}^{M}(u_i - \overline{u})^2} \tag{6.7}$$

式中，σ_x 为流速测点在 x 方向上的紊动强度；u_i 为采样点瞬时流速；$\overline{u}$ 为时均流速；M 为采样点个数。

业内通常采用相对紊动强度来表征水流的紊动强弱。相对紊动强度一般采用该方向的紊动强度与摩阻流速的比值（σ_z/u_*、σ_y/u_*、σ_z/u_*）来表示。摩阻流速是反映床面阻力的流速，也称为剪切流速。摩阻流速对于分析相对紊动强度分布至关重要。

1. 相对紊动强度分布

1）摩阻流速的计算

明渠二维水流摩阻流速的定义为$u_* = \sqrt{\tau_b/\rho}$（τ_b为床面剪切应力），Nezu 和 Nakagawa（1993）将明渠二维水流摩阻流速的计算方法总结为以下几种（刘春晶等，2005）。

（1）根据明渠均匀流公式推导摩阻流速。

根据摩阻流速与水力坡度J、水力半径R的关系式$u_* = \sqrt{\tau_b/\rho} = \sqrt{gRJ}$计算摩阻流速，它反映了边壁及床面的综合平均切应力，且独立于流场内部结构而仅与流动的平均特性有关，在研究局部流场的紊动特性时不再适用。若水流为均匀流，可通过测量水面比降代替水力坡度，则该方法最为简单且较精确，在早期的紊流研究及目前的工程计算中使用较为广泛。对于宽浅河道，可忽略边壁切应力的影响，只考虑床面切应力，此时$u_* = \sqrt{gHJ}$。

（2）根据实测雷诺应力分布和明渠水流切应力线性分布计算摩阻流速。

对明渠二维水流的雷诺方程进行积分，可以得到

$$\frac{\tau}{\rho} = -\overline{u'v'} + w\frac{\partial u}{\partial y} = u_*{}^2(1 - y/h) \tag{6.8}$$

式中，τ为总切应力，从床面（$\tau = \tau_b$）线性减小至水面（$\tau = 0$），u'、v'分别为纵向、垂向脉动流速。根据主流区实测的雷诺应力进行线性回归并外延至床面，这样即可得到床面切应力τ_b，进而计算得到摩阻流速。摩阻流速计算公式为

$$u_* = \sqrt{\tau_b/\rho} = \sqrt{\left|-\overline{u'v'}\right|_{\text{线性延长}\,y\to 0}} \tag{6.9}$$

（3）根据实测黏性底层流速分布和清水黏性底层流速分布规律计算摩阻流速。

根据测量的黏性底层流速分布，利用明渠均匀水流纵向流速沿垂向分布的对数公式反算出摩阻流速，但黏性底层厚度很薄，难以精确测量。

（4）利用实测流速分布和对数分布规律计算摩阻流速。

根据实测的黏性底层流速分布，结合式（6.10）反算出摩阻流速：

$$\frac{u}{u_*} = \frac{1}{\kappa}\ln\left(\frac{yu_*}{\nu}\right) + C \tag{6.10}$$

式中，C 为积分常数，与床面粗糙度有关，光滑床面一般取为 5.5；关于 κ 的取值，Nezu 和 Rodi (1986) 认为 κ=0.401～0.423，Cardoso 等 (1989) 则认为 κ=0.385～0.417。

(5)采用剪切盘或 Preston 管直接测量床面的剪切应力 τ_b，然后计算摩阻流速：

$$u_* = \sqrt{\tau_b/\rho} \tag{6.11}$$

该方法常被用来验证摩擦定律，但由于测量仪器会对流场产生一定的干扰，进而影响测量精度，目前该方法实际应用较少。

这里计算摩阻流速采用第二种方法，即雷诺应力法，采用该方法计算的摩阻流速见表 6.4。

表 6.4　不同水深条件下摩阻流速计算结果 (S =6kg/m³、i =0.002、Q =25L/s)

水深 H_0/cm	测点	摩阻流速 u_*/(cm/s)
16	P_1	58.33
	P_5	64.27
21	P_1	30.59
	P_5	30.45
26	P_1	10.55
	P_5	11.29
29	P_1	8.47
	P_5	9.61

2) 相对紊动强度的分布

根据摩阻流速可计算纵向、垂向及横向的相对紊动强度。图 6.21 给出了 S = 6kg/m³、i = 0.002、Q = 25L/s 时，P_1 测线处相对水流紊动强度沿垂线分布。从图 6.21 中可看出，不同水深条件下横向相对紊动最小，而纵向与垂向相对紊动强度分布形态及大小基本相似。相对紊动强度在近床面区域 (y/H<0.05) 的变化规律一致，即受槽底对紊动的抑制作用，紊动强度在紧邻槽底处较小，自槽底向上迅速增加。在 y/H>0.05 区域内，不同水深条件下相对紊动强度沿垂线变化规律不同：非淹没状态下 (H_0=16cm 与 H_0=21cm)，相对紊动强度随相对水深的增加先增大后减小。在植物主茎向分枝过渡区域存在强烈的动量和质量交换，紊动最为强烈，因此在水深约 11cm 处相对紊动强度达到最大值。当水深 (H_0=26cm 与 H_0=29cm) 大于植物高度时，植物处于淹没状态，枝叶对上层水流的扰动增强，因此相对紊动强度随相对水深的增加呈先增大后减小再增大的变化趋势。相对紊动强度沿垂向存在最大值和最小值，最大值出现在主茎区域，最小值出现在枝叶区域。

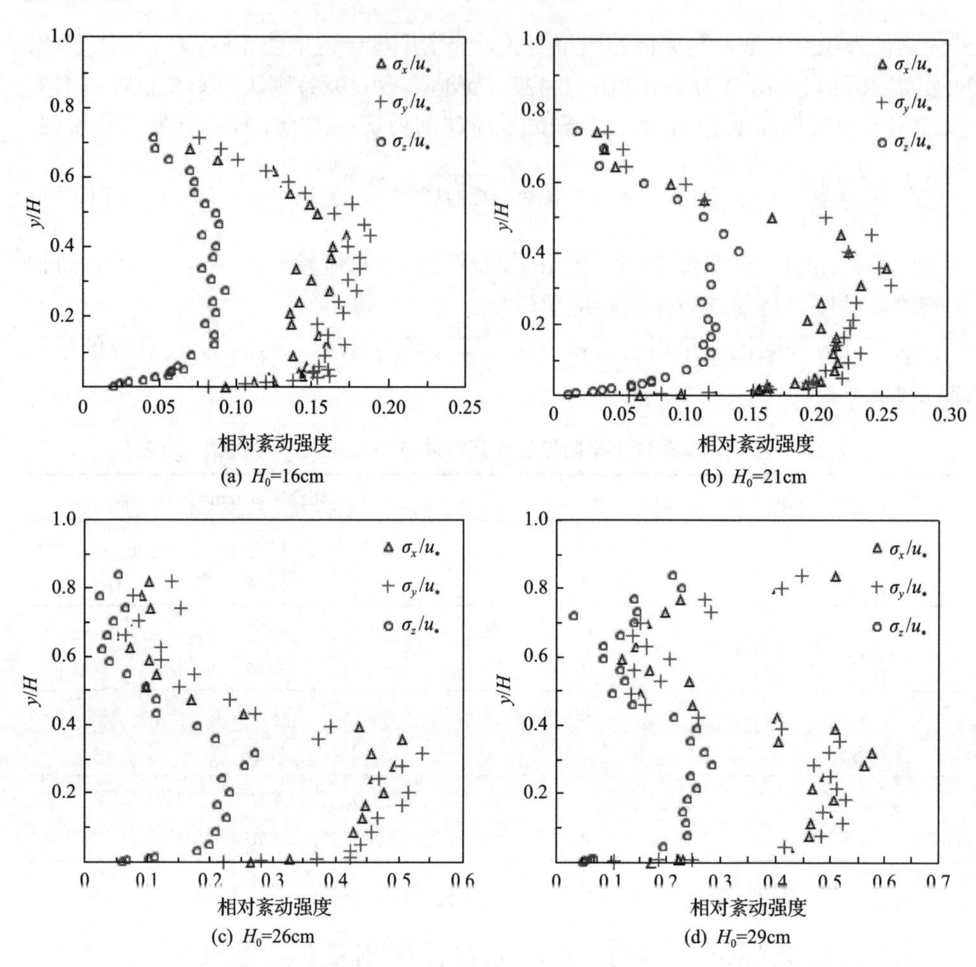

图 6.21　P_1 测线处相对紊动强度沿垂线分布（S=6kg/m³、i=0.002、Q=25L/s）

图 6.22 给出了 S=6kg/m³、i=0.002、Q=25L/s 时，位于植物间隙的 P_5 测线处相对紊动强度沿垂线变化。从图 6.22 中可以看出，与 P_1 测线相比，不同水深条件下横向相对紊动仍最小，在 y/H=0.2 以上区域内纵向与垂向相对紊动强度分布形态也基本相似，但相对紊动强度数值相对较小。与 P_1 测线相比，P_5 测线处相对紊动强度沿垂线分布规律具体表现为：相对紊动强度从槽底向上增大幅度较大，随着水深增加至枝叶，相对紊动强度逐渐增大（H_0=16cm），后随着水深持续增加，枝叶阻滞作用大于自身所引起的水流扰动，使其紊动减弱（H_0=21cm）；当水深达到植物高度至完全淹没时（H_0=26cm, 29cm），上层水流相对紊动强度受枝叶扰动的作用反而增大。

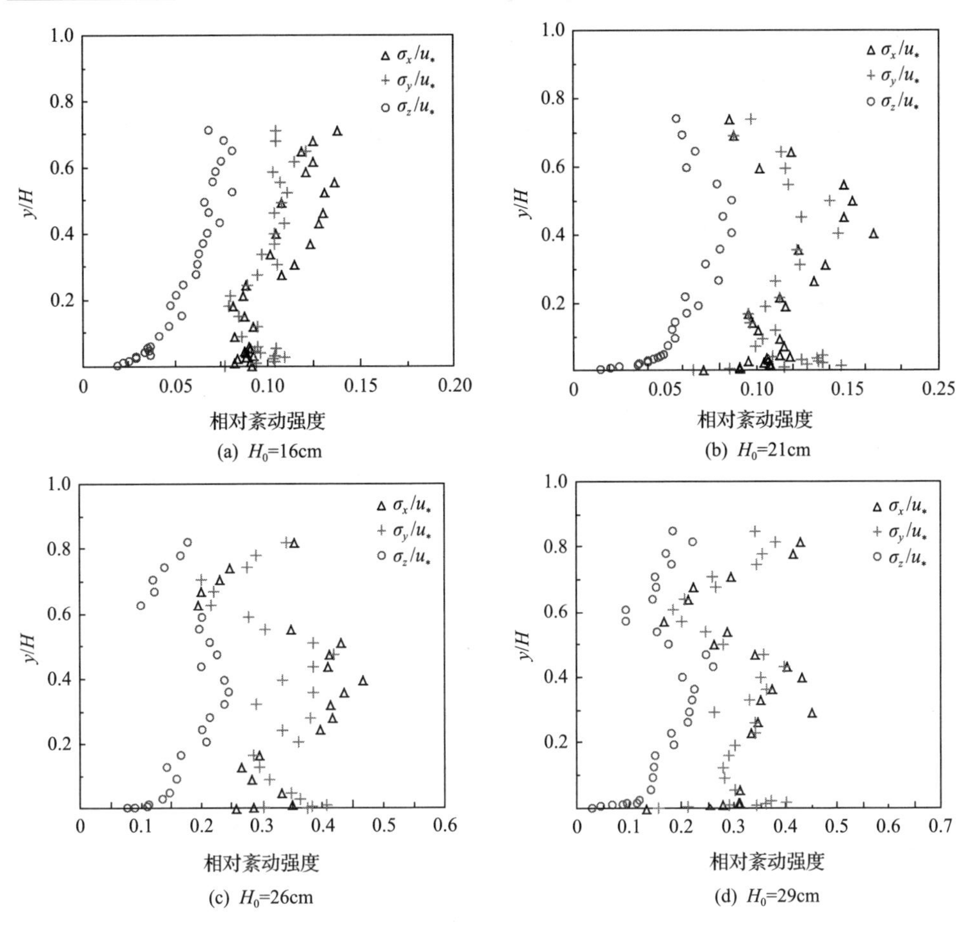

图 6.22　P_5 测线处相对紊动强度沿垂线分布(S=6kg/m^3、i=0.002、Q=25L/s)

综合分析不同测线相对紊动强度沿垂线分布可知，含植物浑水水流结构发生了较大的变化，相对紊动强度沿垂线分布与明渠水流差异较大，不再符合指数分布。

2. 纵向紊动强度影响因素分析

1) 水深对纵向紊动强度的影响

图 6.23 给出了 S=6kg/m^3、i=0.004、Q=25L/s 时，不同水深条件下 P_1 和 P_5 测线处纵向紊动强度沿垂线分布。从图 6.23 中可以看出，不同淹没状态下水流纵向紊动强度沿垂线分布规律不同。非淹没状态下，H_0=16cm 与 H_0=21cm 时水流纵向紊动强度沿垂线分布均呈先增大后减小的变化趋势。在淹没状态下，受植物上下不同结构(上部为分枝，下部为圆柱形主茎)的影响，在植物主茎与上层枝叶之间及主茎与床面之间的过渡区，水流纵向紊动强度存在分层现象，沿垂线呈明显的

S 形分布特性。以 H_0=26cm 为例，在植物茎杆区域，水流纵向紊动强度随相对水深的增加而增大，并在 y/H=0.25 处达到最大（P_1 测线纵向紊动强度最大值为 6.27cm/s，P_5 测线纵向紊动强度最大值为 5.34cm/s）；对于主茎以上的区域，受枝叶阻水的影响，纵向紊动强度随相对水深的增加而逐渐减小，特别是位于枝叶正后方的 P_1 测线，纵向紊动强度减小幅度较大（y/H=0.64 时，P_1 测线纵向紊动强度最大值为 1.24cm/s，P_5 测线纵向紊动强度最大值为 2.95cm/s）；对于 y/H>0.64 的区域，纵向紊动强度随相对水深的增加又逐渐增大。

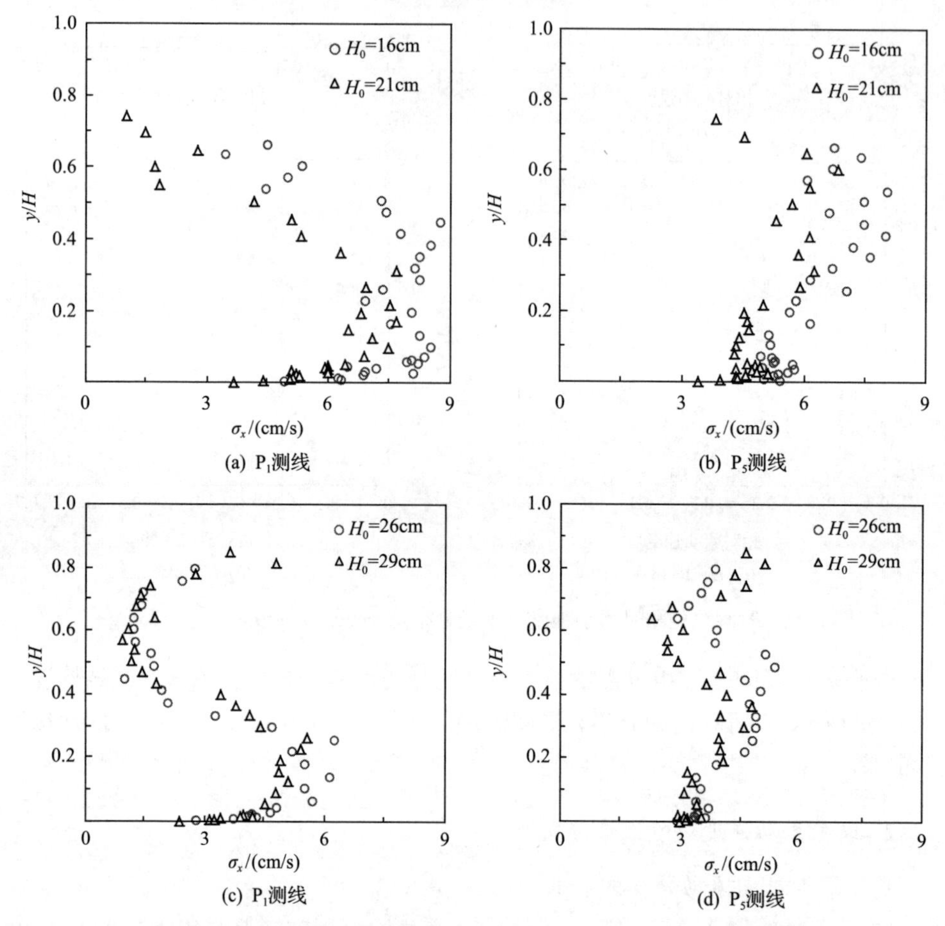

图 6.23　不同水深条件下纵向紊动强度沿垂线分布（S=6kg/m³、i=0.004、Q=25L/s）

2）含沙量对纵向紊动强度的影响

挟沙水流中水流与泥沙相互影响、相互制约，一方面泥沙在水流作用下发生运动，另一方面泥沙影响水流紊动结构。研究表明：挟沙水流在运动过程中，泥沙颗粒的存在使水流紊动有增强的趋势，也可抑制紊动使紊动强度减小（胡春宏和惠遇甲, 1995)。从紊动起源对泥沙颗粒影响紊动强度的机理进行分析，紊动的产生是水流内因(不稳定性)和外因(外界干扰)共同作用的结果。泥沙颗粒对水流紊动的影响方式可根据紊动起因分为两类：一是改变水流稳定性，泥沙颗粒的存在通过影响水流的黏滞性和惯性来增强水流稳定性，稳定性越强则紊动越弱；二是改变外界干扰源，通过泥沙颗粒对边壁粗糙度的掩蔽作用、泥沙颗粒与水体的相对运动、泥沙颗粒之间及其与边壁的摩擦、碰撞，可以改变紊动干扰源，干扰源越多则紊动作用越强。当稳定性作用较强时，泥沙颗粒的存在使紊动减弱，反之则紊动增强(惠遇甲等, 2000)。下面就根据水槽试验结果分析含沙量对纵向紊动强度的影响。

图 6.24 给出了 i=0.002 和 Q=35L/s 时，植物处于非淹没状态下(H_0=16cm)，不同含沙量条件下 P_1 和 P_5 测线处水流纵向紊动强度沿垂线分布。从图 6.24 中可以看出，P_1 和 P_5 测线的纵向紊动强度沿垂线分布规律不同。P_1 处纵向紊动强度随相对水深的增加呈先增大后减小的变化趋势，因此纵向紊动强度存在极大值。当含沙量 S=6kg/m^3 时，σ_x 极大值为 13.73cm/s；当含沙量 S=11kg/m^3 时，σ_x 最大值为 11.10cm/s。P_5 处纵向紊动强度随相对水深的增加呈先减小后增大的变化趋势，因此纵向紊动强度存在极小值。当含沙量 S=6kg/m^3 时，σ_x 极小值为 5.53cm/s；当含沙量 S=11kg/m^3 时，σ_x 极小值为 5.39cm/s。

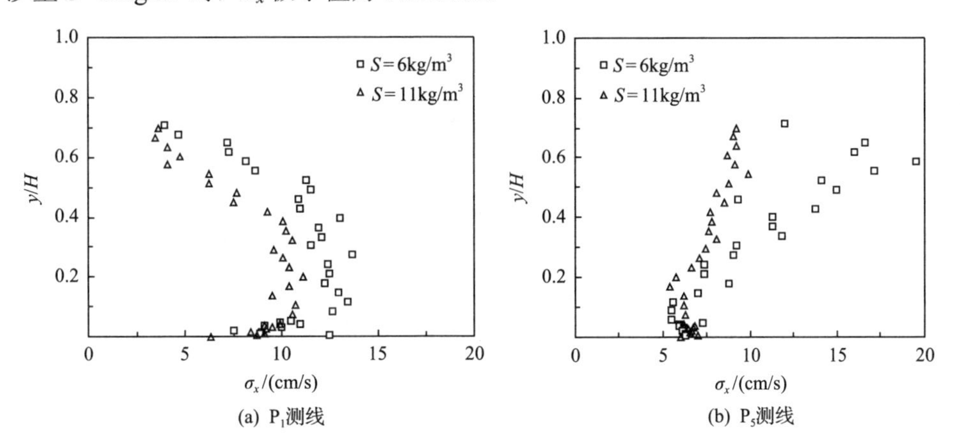

图 6.24　不同含沙量条件下纵向紊动强度沿垂线分布(i=0.002、Q=35L/s、H_0=16cm)

图 6.25 给出了 i=0.002 和 Q=35L/s 时，植物处于淹没状态(H_0=29cm)下，不同含沙量条件下 P_1 和 P_5 测线处水流纵向紊动强度沿垂线分布。从图 6.25 中可以看出，P_1 和 P_5 测线的纵向紊动强度沿垂线均呈 S 形分布，即纵向紊动强度随相对水深的增加呈先增大后减小再增大的变化趋势，因此纵向紊动强度存在极小值和极大值。

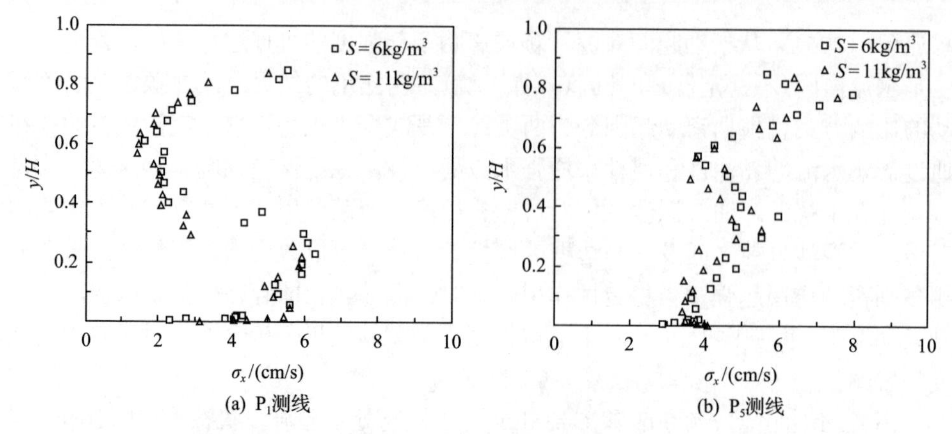

图 6.25　不同含沙量条件下纵向紊动强度沿垂线分布(i=0.002、Q=35L/s、H_0=29cm)

当含沙量 S=6kg/m^3 时，P_1 测线在 y/H=0.224 处存在纵向紊动强度极大值(σ_{xmax}=6.34cm/s)，在 y/H=0.603 处存在纵向紊动强度极小值(σ_{xmin}=1.67cm/s)；P_5 测线在 y/H=0.362 处存在纵向紊动强度极大值(σ_{xmax}=6.00cm/s)，在 y/H=0.569 处存在纵向紊动强度极小值(σ_{xmin}=3.83cm/s)。当含沙量 S=11kg/m^3 时，P_1 测线在 y/H=0.221 处存在纵向紊动强度极大值(σ_{xmax}=5.92cm/s)，在 y/H=0.566 处存在纵向紊动强度极小值(σ_{xmin}=1.44cm/s)；P_5 测线在 y/H=0.325 处存在纵向紊动强度极大值(σ_{xmax}=7.98cm/s)，在 y/H=0.606 处存在纵向紊动强度极小值(σ_{xmin}=8.64cm/s)。

综上所述，含沙量的存在使含植物浑水的水流纵向紊动强度减弱，且含沙量越大水流纵向紊动强度越小。出现这种现象的主要原因为水槽试验中挟沙水流的泥沙中值粒径 d_{50}=2.32～4.65μm，属于黏性细颗粒泥沙，而极细沙对增加水流黏滞性的影响大于其与水流的相对运动产生的摩擦，使得泥沙对水流的制紊作用大于干扰作用，从而抑制了紊动的发展，且含沙量越大抑制作用越强，水流紊动强度越小。现有研究表明，随着含沙量的增加，颗粒间碰撞所产生的剪切应力传递的势能所占的比重越来越大，而流体间应力传递的势能所占的比重越来越小，从而导致紊动受到阻滞，紊动强度越来越小(胡春宏和惠遇甲, 1995)。

6.4　含植物浑水的阻力特性试验结果

滩区阻力问题是黄河下游滩区洪水演进计算的核心内容之一，然而受水沙条件多变性及植物多样性的影响，阻力问题极为复杂。目前，多采用拖曳力系数 C_D、达西-魏斯巴赫阻力系数 f 和曼宁阻力系数 n 来表征滩区植被阻力的大小。

6.4.1　植物拖曳力系数的试验结果

水流流经植物时，植物对水流产生拖曳作用，从而产生植物拖曳力，通常采

用拖曳力系数 C_D 反映植物拖曳力大小。为计算植物拖曳力的大小，下面根据控制体的受力平衡条件推导拖曳力系数的表达式。

1. 非淹没状态下的拖曳力系数

非淹没状态下植物段水体的受力情况如图 6.26 所示。

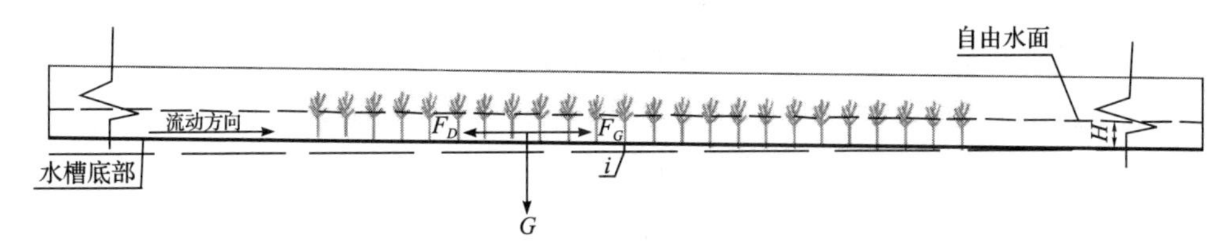

图 6.26　非淹没状态下植物段水体的受力情况

取单位长度的植物段水流为控制体，忽略植物所占体积，则植物处于非淹没状态下控制体的受力平衡方程及受力表达式为

$$F_G = F_D + F_S \tag{6.12}$$

$$F_G = \rho_S gAJ \tag{6.13}$$

$$F_D = C_D A_S N \frac{\rho_S U^2}{2} \tag{6.14}$$

式(6.12)～式(6.14)中，F_G 为控制体重力沿水流方向的分力；F_D 为植物拖曳力；F_S 为水槽边界和底部产生的阻力；ρ_S 为浑水密度；A 为过水断面面积，$A=BH$，B 为水面宽度，H 为水深；C_D 为植物拖曳力系数，与物体形状、攻角 α 及来流的雷诺数有关；A_S 为垂直水流流动方向的植物截面积，与植物的形状有关；N 为研究控制体内植物的株数；U 为断面平均流速。水槽边界为光滑的玻璃，床面为 PVC 板，边壁阻力和床面阻力与植物拖曳力相比很小，故 F_S 可以忽略不计(Wu et al., 1999)，因此拖曳力等于重力沿水流方向的分力。根据式(6.12)～式(6.14)可得

$$C_D A_S N \frac{\rho_S U^2}{2} = \rho_S gAJ \tag{6.15}$$

化简式(6.15)可得拖曳力系数的表达式

$$C_D = \frac{2gJ}{NU^2} \frac{A}{A_S} \tag{6.16}$$

2. 淹没状态下的拖曳力系数

淹没状态下植物段水体的受力情况，如图 6.27 所示。

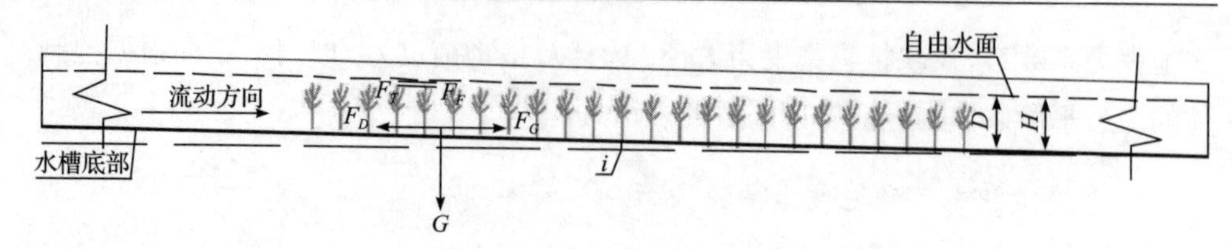

图 6.27　淹没状态下植物段水体的受力情况

与非淹没状态相比，淹没状态下的植物段水体受力有所不同，在植物顶部与水流的交界处存在剪切力，在植物高度以上的水体并无植物拖曳力。淹没状态下植物顶部与水流的交界处的剪切应力 F_τ 可表示为

$$F_\tau = \rho gB(H - H_v)J \tag{6.17}$$

式中，H_v 为植物高度。

控制体的受力平衡方程为

$$F_G + F_\tau = F_D + F_S + F_\tau \tag{6.18}$$

结合式(6.13)、式(6.14)可得拖曳力系数表达式为

$$C_D = \frac{2gJ}{NU^2}\frac{BH}{A_S} \tag{6.19}$$

式(6.16)与式(6.19)的主要区别为迎流面植物截面面积 A_S 的计算方法不同，若模型植物为圆柱形物体，则 A_S 的计算较为简便，如 Cheng(2013)、Stone 和 Shen(2002)在含植物水流的研究中令 A_S=DH(D 为圆柱直径，H 为水深)。

本次水槽试验中采用的模型植物下部茎杆为圆柱形，上部枝叶较多且密集，迎流面截面面积难以确定。本次计算采用分段简化处理的方法，将模型植物下部简化为圆柱体，上部简化为倒锥体的结构(惠二青和江春波, 2011)。简化后的植物截面面积则可由矩形和梯形面积公式计算。结合实际主茎高度 h_2=0.11m，直径 D_2=0.006m，锥体高 h_1=0.15m，底部直径 D_1=0.1m，则 A_S 的表达如下：

$$\begin{cases} A_S = D_2 H, & H \leqslant h_2 \\ A_S = D_2 h_2 + \dfrac{(H - h_2)}{2}\left[2D_2 + \dfrac{D_1 - D_2}{h_1}(H - h_2)\right], & h_2 < H \leqslant (h_1 + h_2) \\ A_S = D_2 h_2 + \dfrac{1}{2}(D_1 + D_2)h_1, & H > (h_1 + h_2) \end{cases} \tag{6.20}$$

通过式(6.20)可以计算得到 A_S，然后根据控制体内的植物株数 N 则可确定 C_D。由于植物排列规则，故 N 可表示为

$$N = \frac{L \times B}{\Delta x \times \Delta y} \tag{6.21}$$

式中，L、B 分别为控制体的长度和宽度；Δx、Δy 分别为植物之间纵向距离和横向距离。

根据式(6.16)和式(6.19)，可以计算得到非淹没和淹没状态下的拖曳力系数。图6.28和图6.29分别给出了植物处于非淹没和淹没状态时不同比降条件下拖曳力系数 C_D 与雷诺数 Re 之间的关系。由图6.28和图6.29可知，相同比降条件下，C_D 随 Re 的增加而减小；Re 一定时，C_D 随比降的增大而增大。

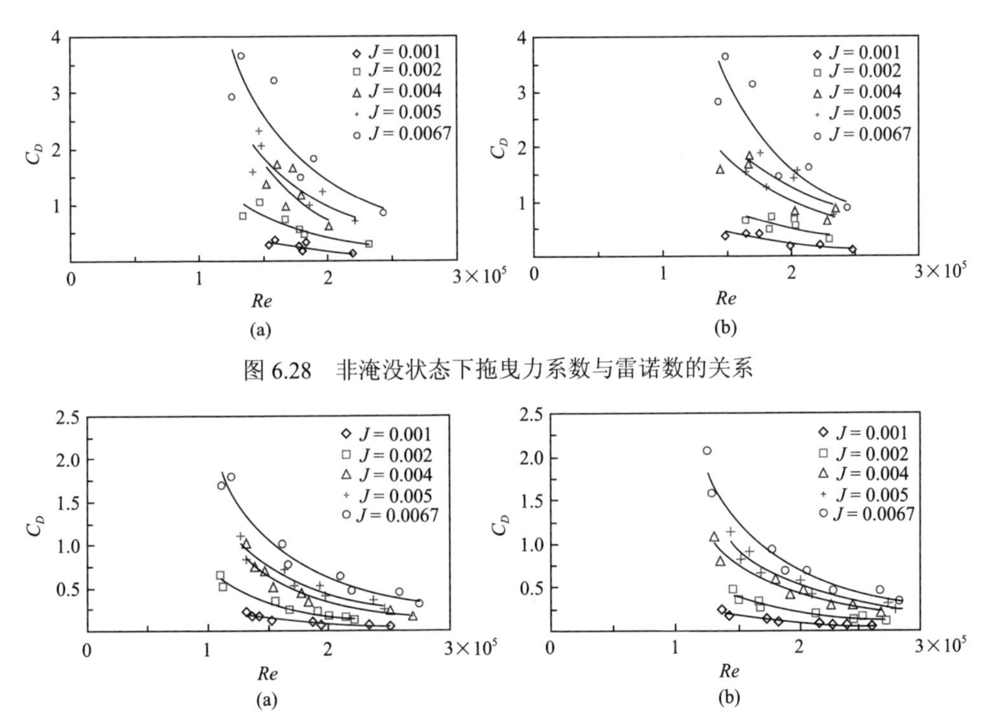

图6.28　非淹没状态下拖曳力系数与雷诺数的关系

图6.29　淹没状态下拖曳力系数与雷诺数的关系

当拖曳力系数减小时，植物阻力则是不断增大的。类比圆柱绕流情况：在雷诺数较小时，阻力系数随雷诺数的增大而减小；当边界层与植物分离的位置基本稳定时，阻力系数随雷诺数的增加不再变化。由于试验条件的限制，雷诺数的最大值为 logRe=5.44，尚未形成紊流边界层，故没有出现阻力系数趋于常数及随后突然下跌的现象(圆柱绕流中当雷诺数约 2×10^5 时，阻力系数突然下跌)。雷诺数一定时，比降越大阻力系数越大，出现这种现象的原因是随着比降增大，水流贯穿更深的树冠区或树冠向上延长进入上层流动，从而导致阻力增大(Nikora et al.，2013)。

6.4.2 达西-魏斯巴赫阻力系数的试验结果

现对滩区含植物浑水的水流阻力特性进行分析，根据达西-魏斯巴赫公式，可推导出达西-魏斯巴赫阻力系数 $f = 8gRJ/U^2$ 。利用水槽试验结果计算可得到不同工况下的阻力系数f，图 6.30 给出了不同比降下含植物浑水的阻力系数f与雷诺数 Re 的关系。

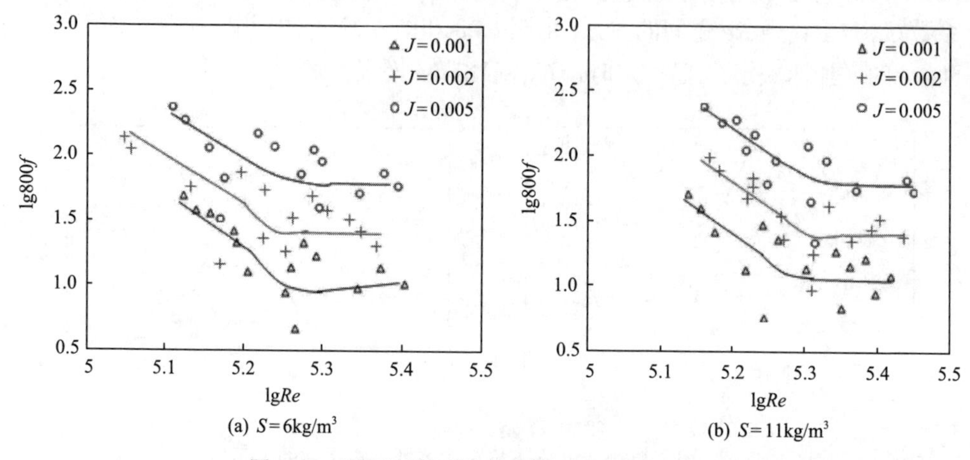

图 6.30 不同比降下阻力系数f与雷诺数的关系

由图 6.30 可知，不同比降下阻力系数f变化曲线与尼古拉兹曲线基本相似。阻力系数 f 随水流条件的变化规律为：当雷诺数较小时，阻力系数随雷诺数基本呈线性变化；当雷诺数增加到一定值后，阻力系数与雷诺数的关系逐渐由线性转变为非线性，且随雷诺数的增加而减小；随后雷诺数继续增大，但阻力系数基本趋于恒定。以 S=11kg/m^3 工况为例，当阻力系数f达到恒定值时，比降为 0.001、0.002 和 0.005 时的雷诺数 logRe 分别为 5.30、5.31 和 5.36。从图 6.30 中还可看出当雷诺数一定时，阻力系数f随着比降的增大而增大。

6.4.3 曼宁阻力系数的试验结果

明渠均匀流的曼宁阻力系数计算公式为 $n = \frac{1}{U}R^{2/3}J^{1/2}$（$U$ 为断面平均流速、R 为水力半径、J 为水面比降，因植物段水流近似为均匀流，水面比降等于底坡）。最早国外学者研究含植物水流的阻力特性时，主要根据野外资料和室内水槽试验资料，绘制出不同类型植物的 n～URe 关系曲线(Ree and Palmer, 1949)。相关研究表明该关系曲线仅适用于底坡大于 5%的情况(Kouwen et al., 1969)。考虑本次水槽试验的底坡可调范围为 0%～1%，故 n～URe 关系曲线不再适用。因此对于含植物浑水的糙率，需区分水槽产生的糙率和植物引起的糙率，下面对植物糙率进行分析。

综合阻力包括河岸阻力与河床阻力，其中河床阻力包括床面和植物产生的阻力，综合阻力与阻力单元有如下关系式：

$$\tau=\tau_w+\tau_b \tag{6.22}$$

式中，τ 为周界的总切应力；τ_w、τ_b 分别表示作用在河岸与床面的阻力。根据水力半径分割法，河岸阻力与河床阻力的表达式分别为

$$\tau_w=\gamma R_w J \tag{6.23}$$

$$\tau_b=\gamma R_b J \tag{6.24}$$

式中，R_w 为相应于河岸阻力的水力半径；R_b 为相应于床面阻力的水力半径，并有 $R_w=A_w/2H$，$R_b=A_b/B$。

根据水流连续性方程和谢才公式，则有

$$AU=A_wU_w+A_bU_b \tag{6.25}$$

$$U_w=\frac{1}{n_w}R_w{}^{2/3}J^{1/2} \tag{6.26}$$

$$U_b=\frac{1}{n_b}R_b{}^{2/3}J^{1/2} \tag{6.27}$$

式中，n_w、n_b 分别表示河岸与床面的糙率。根据 Wu 等(1999)的试验结果，床面所产生的糙率远小于植物糙率，故将床面糙率略去不计，n_b 可用来表示植物糙率。根据爱因斯坦的处理方法(钱宁和万兆惠，2003)，假定

$$U=U_w=U_b \tag{6.28}$$

则根据式(6.26)～式(6.28)可以得到

$$R_w=\left(\frac{n_wU}{J^{1/2}}\right)^{3/2} \tag{6.29}$$

$$R_b=H\left(1-2\frac{R_w}{B}\right) \tag{6.30}$$

试验水槽中玻璃的糙率 n_w=0.01，则由式(6.26)～式(6.30)可以计算得到植物糙率 n_b。本节主要分析弗劳德数及含沙量对植物糙率的影响，并对现有的植物阻

力公式进行验证，在此基础上提出适于黄河下游滩区典型植物的阻力公式。

1. 植物糙率的影响因素

1) 植物糙率与弗劳德数的关系

图 6.31 给出了不同含沙量下植物曼宁糙率系数与弗劳德数之间的变化关系，由图 6.31 可知：在含沙量与比降相同条件下，植物糙率与弗劳德数呈负相关，即植物糙率随弗劳德数的增加而逐渐减小；当弗劳德数一定、比降变化时，比降越大则植物糙率越大，比降越小则植物糙率越小，但当 $Fr>0.4$ 之后，各比降下的植物糙率趋于稳定并达到各自最小值。

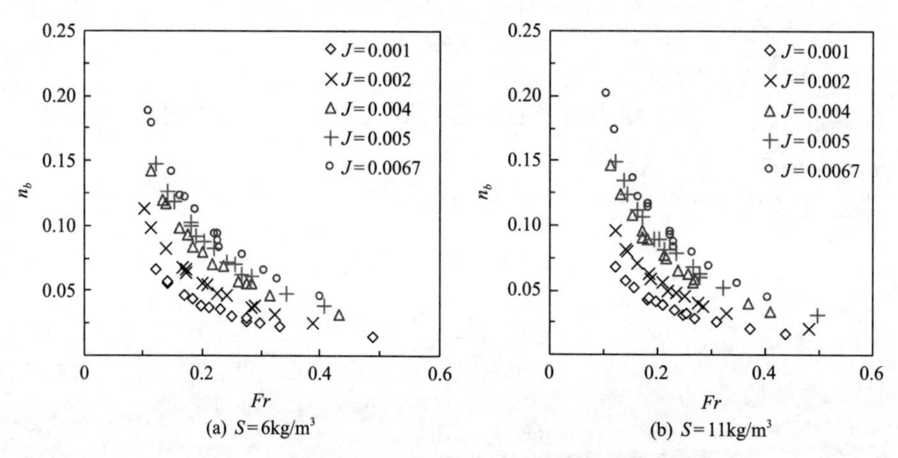

图 6.31　植物曼宁糙率系数与弗劳德数之间的关系

图 6.32 给出了同一流量下 (Q=25L/s)，比降分别为 0.002、0.004 时，含沙量与水深之间的关系。从图 6.32 中可知：含沙量变化与水深关系明显，即随着水深

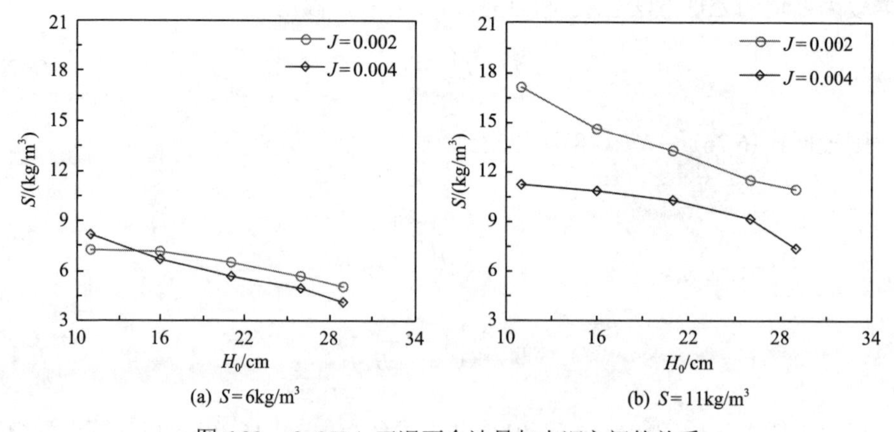

图 6.32　Q=25L/s 工况下含沙量与水深之间的关系

增大，含沙量出现减小的趋势，主要原因为当流量不变水深增加时平均流速减小，根据张瑞瑾(1998)提出的水流挟沙力公式，水流挟沙力与平均流速呈正比关系，故流速越小挟沙能力越小，从而导致泥沙落淤，悬移质含沙量减小。

2) 植物糙率与含沙量的关系

在流量一定(Q=25L/s)的情况下，当控制水深变化时，比降分别为 0.002、0.004 时，植物糙率与含沙量之间的关系如图 6.33 所示。分析可知：比降一定时，植物糙率随含沙量的增加而减小，并且 S=11kg/m^3 时植物糙率小于同等条件下 S=6kg/m^3 时的植物糙率。植物糙率随含沙量增加而减小的主要原因为：挟沙水流中泥沙颗粒的存在增加了水流黏性，从而使近壁区流层的厚度增大，假使水流周界原处于水力粗糙区或过渡区，则近壁层流层厚度的增大将使周界变得相对光滑，从而使得阻力减小，特别对于细颗粒泥沙，含沙量越大则更加显著地增加挟沙水流黏性。另外，对比图 6.33(a)与(b)可知，相同条件下比降越大植物糙率越大。

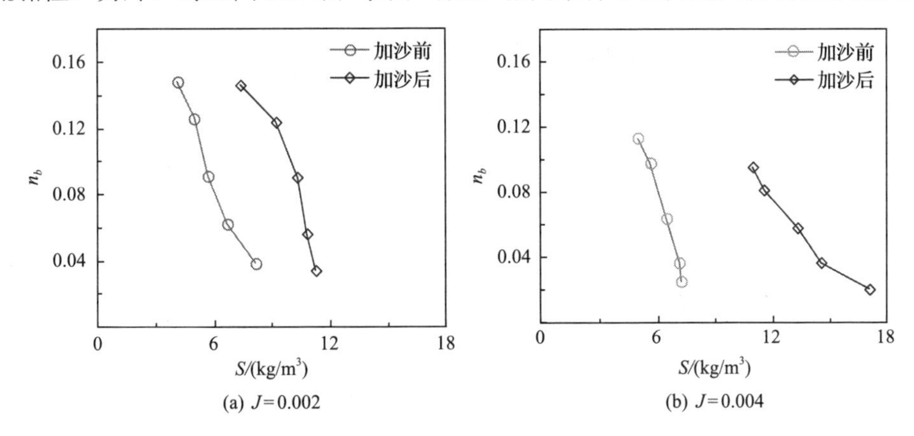

图 6.33 Q=25L/s 工况下植物糙率与含沙量之间的关系

2. 滩区植被阻力公式的建立

在植物阻力计算中，多采用植物糙率反映植物阻力变化。尽管这方面的研究成果较多，但部分学者的研究成果只给出了定性规律，没有定量公式(Jarvela, 2002)。部分学者提出计算公式的适用条件与本次试验资料相去甚远(姬昌辉等, 2013)，故这里选择适用范围较广的两个阻力公式(Wu 等(1999)和 Cheng(2013)提出的植物阻力计算公式)进行比较，验证数据采用本次试验实测资料。

Wu 等(1999)在水槽试验中采用马鬃研究了含植物水流中植物阻力随水深的变化规律，试验结果表明，非淹没状态下植物糙率 n_b 随水深的增加而减小；当水深接近植物高度时，n_b 随水深增加而增大；而后 n_b 随着水深的增加而减小，并最终趋向一常数。试验得到植物糙率与其拖曳力系数的关系式如式(6.31)所示。

$$\begin{cases} n_b = \left(\dfrac{R_b^{\ 2/3}}{\sqrt{2g}}\right)\sqrt{C_D}, & \text{非淹没状态} \\ n_b = \left(\dfrac{D^{1/6}H_v^{\ 1/2}}{\sqrt{2g}}\right)\sqrt{C_D}, & \text{淹没状态} \end{cases} \tag{6.31}$$

式中，R_b为对应植物阻力的水力半径；H_v为植物高度；C_D为植物拖曳力系数。

Cheng（2013）采用圆柱体模拟研究植物的拖曳力系数，在含均匀排列的圆柱体水流中提出了概化的拖曳力系数C_D'及雷诺数Re'的概念，其中

$$Re' = \frac{1+J}{1+80\lambda}Re \tag{6.32}$$

式中，λ为与植物有关的系数，λ=0.03。

$$C_D' = 11Re'^{-0.75} + 0.9\left[1-\exp\left(-\frac{1000}{Re'}\right)\right] + 1.2\left(1-\exp\left[-\left(\frac{Re'}{4500}\right)^{0.7}\right]\right) \tag{6.33}$$

通过阻力公式的转化可以得到植物糙率n_b的表达式：

$$n_b = \left(\frac{R_b^{\ 2/3}}{\sqrt{2g}}\right)\sqrt{C_D'} \tag{6.34}$$

针对本次水槽试验结果，采用上述两种阻力公式分别计算植物糙率，并与实测值对比，具体结果如图 6.34 所示，图中n_{bc}、n_{bm}分别代表植物糙率的计算值与实测值。从图 6.34 中可以看出，Wu 等（1999）和 Cheng（2013）提出的公式计算得到的糙率值均散乱地分布在 45°线两侧，说明糙率计算值与实测值偏差较大。

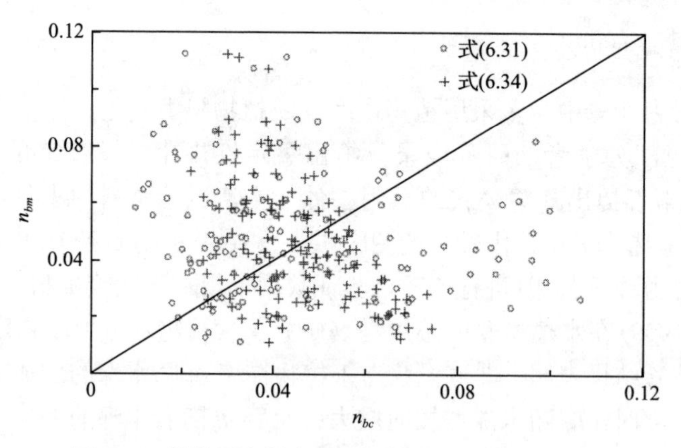

图 6.34　植物曼宁糙率系数计算值与实测值的比较

为了对阻力公式的计算精度进行评价，避免因评价标准不同而导致评价结果产生差异，本节选择统一的评价标准对公式精度进行比较。利用三个统计参数(偏差比 R、几何标准差 AGD、均方根 RMSE)对计算值与实测值的符合程度进行衡量，并给出偏差比在±10%、±20%及±30%内的比例。

表 6.5 给出了式(6.31)和式(6.34)在计算本次试验植物糙率时的精度。可以看出，Wu 等(1999)和 Cheng(2013)提出公式的偏差比在±30%内的百分比分别为26.43%和 36.43%，几何标准差分别为 1.035 和 1.034，均方根分别为 0.025 和 0.018，根据统计参数值可知式(6.31)和式(6.34)的计算误差均较大。

表 6.5　不同植被阻力公式的计算精度

公式	不同偏差比范围内的数据所占百分数/%			AGD	RMSE
	0.9～1.1	0.8～1.2	0.7～1.3		
Wu 等(1999)	9.29	18.57	26.43	1.035	0.025
Cheng(2013)	10.0	26.43	36.43	1.034	0.018

洪水漫滩后，植物阻力使滩区水位升高，降低滩区过流能力，增大洪水风险。在以往的植被阻力研究中，虽然取得了大量的研究成果，但大多是定性地给出了植被阻力系数(拖曳力系数、达西-韦斯巴赫系数、当量粗糙度或曼宁糙率系数)的变化特性，直接计算植被阻力的经验公式多为刚性植被的，且以往研究得到的阻力计算公式不具有普适性；针对柔性植被阻力的计算公式还很少见(Jarvela, 2002; 姬昌辉等, 2013)。如 Wu 等(1999)和 Cheng(2013)提出的植被阻力公式。

前面分析了水沙因子及植被特征参数对植被阻力的影响。通过分析可知：对于含植物挟沙水流，泥沙对植物糙率影响较小，因此植物糙率计算主要考虑水深、流速等水力要素及植被密度、高度等表征植被特征的参数。为了建立挟沙水流中植被阻力的计算公式，这里选取表征综合阻力参数的曼宁糙率系数 n_b 作为因变量，表征水流条件的弗劳德数 Fr 和表征植被特征参数的相对粗糙度的 H_v/H 作为自变量，把曼宁糙率系数写成如下形式：

$$n_b = aFr^b \left(\frac{H_v}{H} \right)^c \tag{6.35}$$

式中，a 为系数；b、c 为指数，可通过实测资料率定得到。

利用水槽试验实测的 140 组数据资料，对式(6.35)进行多元回归分析得到系数和指数的具体数值：$a = 0.013$，$b = -1.098$，$c = -0.022$。最终得到计算曼宁糙率系数的经验公式：

$$n_b = 0.013 Fr^{-1.098} \left(\frac{H_v}{H} \right)^{-0.022} \tag{6.36}$$

用式(6.36)计算了曼宁糙率系数 n_{bc}，然后点绘曼宁糙率系数 n_b 的计算值与实测值，见图 6.35。从图 6.35 中可以看出，植被糙率计算值与实测值的分散度较大，特别是在植被糙率较大的情况下，计算误差较大。上述经验公式的计算值与实测值的决定系数 R^2 为 0.60。

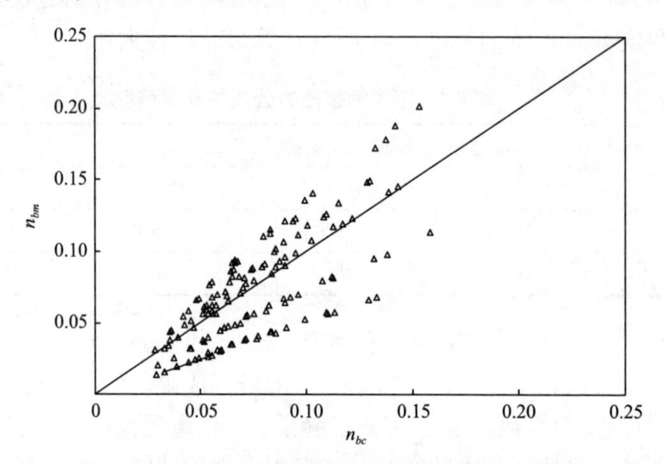

图 6.35　植物曼宁糙率系数计算值与实测值的比较

表 6.6 进一步统计了植被阻力公式计算值与实测值的偏离误差。可以看出，对于曼宁糙率系数，20.71%的计算值落入实测值的 10%偏离误差之内，37.14%的计算值落入实测值的 20%偏离误差之内，44.29%的计算值落入实测值的 30%偏离误差之内。

表 6.6　植物糙率公式计算精度

植物糙率	不同偏差比范围内的数据所占百分数/%			AGD	RMSE
	90～110	80～120	70～130		
n_b	20.71	37.14	44.29	1.038	0.024

总体来看，选择 Fr 和 H_v/H 作为影响参数，基本能够反映挟沙水流中植被阻力的变化规律，本节提出的植物糙率计算公式的结构基本是合理的，但公式的精度有待提高。

6.5　本 章 小 结

本章以黄河下游滩区典型植被(大豆)为研究对象，通过开展不同比降、流量、水深及含沙量组合条件下含植物浑水的概化水槽试验，研究了含植物浑水条件下的水流紊动特性及阻力特性，得到以下主要结论。

1) 含植物浑水的紊动特性

(1) 植物在非淹没情况下，水流纵向流速沿垂向呈两区分布特性：内区呈指数分布，纵向流速随相对水深的增加而增大；外区呈对数分布，纵向流速随相对水深的增加而减小。植物在淹没情况下，纵向流速沿垂向呈三区“S”形分布特性：在河床附近的Ⅰ区呈指数关系，在Ⅱ区呈线性关系，在Ⅲ区呈对数关系。另外在植物茎杆与河床及枝叶与茎杆之间的过渡区存在明显的分层现象。

(2) 植物在非淹没情况下，雷诺应力沿水深方向呈对数分布，随相对水深的增加而增大；当水深达到分枝处后，雷诺应力的分布在分枝与主茎之间的过渡区存在分层现象，在紊流核心区呈线性分布，在黏性区呈对数分布。受植物影响，雷诺应力在河床附近区域出现负值，且略有减小。

(3) 水流与泥沙条件对紊动强度均有影响。相同条件下，紊动强度随水深的增大而减小；泥沙的存在对水流具有制紊作用，且紊动强度随含沙量的增大而减小。含植物浑水的紊动强度沿垂向分布具有分层特性，水流紊动强度与流速梯度及水深呈幂函数正相关关系。

2) 含植物浑水的阻力特性

(1) 含植物浑水的拖曳力系数 C_D 随 Re 的增大而减小，而达西-魏斯巴赫阻力系数 f 随 Re 的增大先减小后趋于常数。

(2) 植物糙率 n_b 与 Fr 呈幂函数关系，n_b 随 Fr 的增加而减小；植物糙率 n_b 与 J 呈正相关关系，与含沙量呈负相关关系。采用多元回归分析拟合得到了植被糙率 n_b 与弗劳德数 Fr 及相对粗糙度 H_v/H 的关系式，该式考虑了水流条件及植被高度等因素的影响，其决定系数为 0.6，可用于计算黄河下游漫滩洪水演进过程中的滩区植被阻力。

第 7 章　黄河下游河道洪水演进过程的一维水沙数学模型

黄河下游汛期经常发生高含沙洪水，是造成下游河道严重淤积的重要原因之一。高含沙洪水过程常伴随出现异常高水位现象，直接威胁防洪安全，还会引起局部河段河床强烈冲刷，危及控导工程及险工安全。因此，采用一维水沙数学模型研究黄河下游高含沙洪水演进及河床冲淤过程，但以往数学模型通常采用非耦合解法，一般不考虑高含沙量与床面冲淤对水沙演进的影响，这必将影响高含沙洪水过程的模拟精度。本章首先采用浑水控制方程，建立基于耦合解法的一维非恒定非均匀沙数学模型，用于模拟高含沙洪水演进时的河床冲淤过程。然后采用黄河下游游荡段 1977 年 7、8 月份实测高含沙洪水资料对该模型进行率定，基于水沙耦合解法的各水文断面流量、总含沙量及分组含沙量的计算值与实测值符合更好，计算的沿程最高水位及累积河段冲淤量与实测值也较为符合。最后还采用 1992 年及 2004 年高含沙洪水资料对该模型进行详细验证。模型率定及验证计算结果表明，采用一维水沙耦合模型计算高含沙洪水过程，能取得较高的精度。此外还定量分析不同断面间距与冲淤面积分配模式对流量、含沙量、水位及河段冲淤量等计算结果的影响，同时将前面提出的黄河下游动床阻力计算公式用于一维水沙数学模型，并计算 2004 年 8 月黄河下游游荡段发生的高含沙洪水过程。

7.1　一维水沙数学模型研究现状

黄河下游洪水暴涨暴落，含沙量变幅很大，河床冲淤变化剧烈，洪水演进过程十分复杂，严重威胁险工及河道防洪的安全(赵连军等, 2007)。尤其在汛期，黄河下游经常发生含沙量超过 200～300kg/m^3 的高含沙洪水，这些高含沙洪水过程是造成下游河道严重淤积的重要原因之一(赵业安等, 1998)。统计表明，1969～1989 年三门峡站瞬时最大含沙量超过 300kg/m^3 的 16 次高含沙洪水过程在黄河下游河道累积淤积泥沙 34.9 亿 t，占同期下游淤积量的 82%，且绝大部分淤积在高村以上的游荡段(赵业安等, 1998)。受到黄河水资源的进一步开发利用、上游干支流大型水库建设以及水土保持工程实施等人类活动的影响，汛期进入下游的水沙量总体均呈减少趋势，但个别年份仍会发生丰水丰沙过程(姚文艺等, 2013)。小浪底水库自 1999 年蓄水拦沙运用后，在异重流排沙期间经常下泄高含沙洪水(江恩惠等, 2006; 李国英, 2008; 齐璞和孙赞盈, 2013)。高含沙洪水演进时还伴随出现"异常"高水位现象，对河道防洪安全造成威胁(齐璞等, 1984)；此外还会引起局部河段河床的强烈冲刷，导致险工出险等问题(赵业安等, 1998)。因此我们迫切需要掌握黄河下游高含沙洪水的演进特点与河床冲淤规律，而一维水沙数学模型仍是研究此类问题的重要手段之一。

一维水沙数学模型常用于模拟长河段及长时段的河床冲淤过程，在理论和实践上都比较成熟。近年来，国内许多学者针对一维模型中的数值计算方法及关键参数取值等问题进行了深入研究，并采用一维数学模型计算黄河下游洪水演进及河床变形过程。钟德钰等(2004)基于流量与水位交错布置网格，采用总变差递减(total variation diminishing，TVD)格式求解水沙控制方程，建立了适用于多沙河流的一维非恒定水沙模型。Ni 等(2004)将一维数学模型与人工神经网络模型集成，提出了快速预报黄河下游高含沙洪水过程的计算方法。赵连军等(2007)构建了一维非恒定非耦合解数学模型，利用实测历史洪水过程对模型进行验证。贺莉等(2009)采用浑水连续方程与动量方程，并考虑高含沙量的影响，建立了黄河下游高含沙洪水演进过程的一维非耦合数学模型。Guo 等(2008)采用非均匀沙不平衡输移理论(韩其为, 1979)建立了一维恒定水沙数学模型，计算了黄河下游一般洪水和高含沙洪水的泥沙输移及其河床变形过程。以往水沙数学模型通常采用非耦合解法，即水流过程与泥沙冲淤分开计算，一般不考虑高含沙量及床面冲淤对洪水演进的影响，故这类模型通常适用于来流含沙量低、床面冲淤速率较小的情况(张红武等, 2002; Ni et al., 2004; 江恩惠等, 2006)。张红武等(2002)建立了黄河下游一维非恒定水沙数学模型，修正了以往常用的泥沙输移及河床变形方程，并引入符合黄河下游河道水沙特点的水流挟沙力及河床糙率计算公式。在黄河下游高含沙洪水演进过程中，河床冲淤变化迅速，即床面冲淤速率远大于水流变化速率，故需要采用基于浑水控制方程的水沙耦合模型才能较好地计算出高含沙洪水输移过程。目前已有一维水沙数学模型采用半耦合或全耦合解法模拟高含沙洪水过程。如贺莉等(2009)采用半耦合解法模拟了黄河下游高含沙洪水的演进过程，通过引入滩槽划分及"二级悬河"处理等技术考虑断面地形较为复杂的情况。Cao 等(2006)、Li 等(2014)建立了一维全耦合水沙数学模型，用于研究黄河高含沙洪水引起的"揭河底"及流量沿程增值等特殊现象。但这类模型通常将计算断面形态概化为矩形，断面概化具有一定的任意性，概化后的断面地形很难反映出河道实际的断面形态，且不考虑河宽沿程变化，故不适用于模拟实际游荡段洪水的演进过程。因此还需要进一步完善现有的一维水沙耦合数学模型，使其适用于模拟高含沙洪水在实际河流复杂断面形态下的演进及其冲淤过程。另外现有一维数学模型研究成果多集中于数值方法及关键参数的处理，对于计算断面间距对模拟结果影响的研究很少。因此有必要通过模拟不同实测断面数量下高含沙洪水的演进过程，深入分析断面间距对高含沙洪水模拟结果的影响。

7.2　一维水沙耦合模型框架及其构成

与一般挟沙水流不同，高含沙洪水在黄河下游游荡段演进时，相对于水流条件的变化，河床冲淤速率较大，因此需要采用水沙耦合解法(Cao et al., 2006; Wu, 2007)。这里提出的一维水沙耦合数学模型，主要由浑水控制方程、相应数值解法及关键问题处理等组成。关键问题处理主要包括复杂断面形态的滩槽划分、动床阻力确定及水流挟沙力计算等部分。

7.2.1　控制方程及数值计算方法

1. 控制方程

基于不规则断面的一维水沙耦合模型的控制方程包括：一维非恒定流控制方程、悬沙不平衡输移方程及河床变形方程，一维数学模型控制体示意图及主要变量如图 7.1 所示。考虑到含沙量及河床变形的影响，一维非恒定流控制方程采用了修正后的圣维南方程(浑水控制方程)。泥沙输移方程基于扩散模型，将泥沙颗粒的运动视为一种连续介质的扩散现象(谢鉴衡, 1990; Wu, 2007)。一维浑水控制方程可以写为

$$\frac{\partial Q}{\partial x}+B\frac{\partial Z}{\partial t}=q_l\underbrace{-\frac{\partial A_0}{\partial t}}_{\text{附加项 I}} \tag{7.1}$$

$$\begin{aligned}&\frac{\partial Q}{\partial t}+\left(gA-\alpha_f B\frac{Q^2}{A^2}\right)\frac{\partial Z}{\partial x}+2\alpha_f\frac{Q}{A}\frac{\partial Q}{\partial x}\\&=\frac{Q^2}{A^2}\left(\frac{\partial A}{\partial x}\right)\bigg|_Z-gA(J_f+J_l)-\frac{\rho_l q_l u_l}{\rho_m}\underbrace{-\frac{1}{\rho_m}\frac{\Delta\rho}{\rho_s}Q\frac{\partial S}{\partial t}-\frac{1}{\rho_m}\frac{\Delta\rho}{\rho_s}\left(\frac{Q^2}{A}+gAh_c\right)\frac{\partial S}{\partial x}}_{\text{附加项 II}}\end{aligned} \tag{7.2}$$

式中，Q 为流量；Z 为水位；A_0 为河床冲淤断面积；A、B 分别为过水断面的面积及水面宽度；α_f 为动量修正系数；S 为断面平均含沙量；$\Delta\rho=\rho_s-\rho_f$，ρ_f、ρ_s 为清水及泥沙密度；ρ_m 为浑水密度，且 $\rho_m=\rho_f+(\Delta\rho/\rho_s)S$；$u_l$、$q_l$、$\rho_l$ 分别为侧向入出流流速在主流方向的分量、单位河长入出流的流量及侧向入出流密度；J_f 为水力坡度，一般可用曼宁公式计算，即 $J_f=(Q/A)^2n^2/h^{4/3}$，h 为断面平滩水深，n 为床面的曼宁阻力系数；J_l 为断面扩张与收缩引起的局部阻力；h_c 为过水断

面形心的淹没深度；g 为重力加速度；x、t 分别为沿程距离及时间。

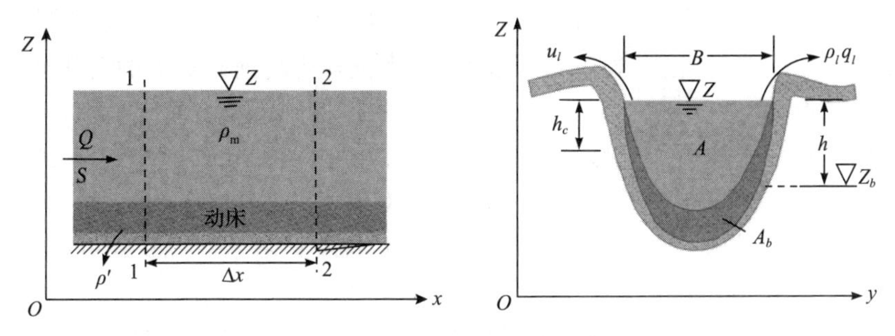

图 7.1　一维数学模型控制体示意图及主要变量

非均匀悬沙不平衡输移方程及河床冲淤方程，可分别写成如下形式：

$$\frac{\partial}{\partial t}(AS_k)+\frac{\partial}{\partial x}(AUS_k)=B\omega_k\alpha_k(S_{*k}-S_k)+S_{lk}q_l \tag{7.3}$$

$$\rho'\frac{\partial A_0}{\partial t}=\sum_{k=1}^{N}B\omega_k\alpha_k(S_k-S_{*k}) \tag{7.4}$$

式中，U 为断面平均流速；S_k、S_{*k}、ω_k、α_k 分别为第 k 粒径组悬沙的分组含沙量、挟沙力、浑水沉速及恢复饱和系数；S_{lk} 为侧向入出流的分组含沙量；N 为悬沙分组数；ρ'为床沙干密度。在悬移质泥沙不平衡输移方程中，α_k 取值反映了不平衡输沙时含沙量向挟沙力靠近的恢复速度，它既与来水来沙条件有关，也与河床边界条件有关，是一个较为复杂的参数。目前在数学模型中，多是根据实测资料来率定 α_k 的取值(钱意颖等, 1998)。本模型采用韦直林等(1997)在黄河下游泥沙数学模型中提出的计算方法，对不同粒径组泥沙采用不同的 α_k 值，即 $\alpha_k=m/(\omega_{sk})^n$。该式中系数 m 一般取 0.001，指数 n 与河床冲淤状态有关。

上述浑水控制方程的详细推导过程，详见相关文献(谢鉴衡, 1990)。式(7.1)中的附加项Ⅰ为河床冲淤面积的变化速率，式(7.2)中的附加项Ⅱ为浑水密度因时空变化而产生的动量附加项。如果含沙量很低，且河床冲淤变化很缓慢，则可忽略这些附加项，这样式(7.1)～式(7.2)就与常见的定床条件下的水流控制方程相同。但在模拟高含沙洪水或伴随有床面冲淤速率较大的洪水过程时，浑水控制方程中的两附加项通常不能忽略，否则会引起较大的计算误差(Cao et al., 2006)。高含沙洪水在黄河下游游荡段输移过程中引起河床剧烈调整，造成洪水各部位水体传播速度不同，主槽冲刷引起含沙量增大，进而使得洪峰流量沿程增大。考虑这些附加项后对洪峰流量传播历时基本没有影响，而对洪水位及洪峰量值则会产生一定影响。考虑附加项后对河床冲淤及含沙量过程的影响较为明显。总体而言，基于耦合解法的计算结果与实测值符合更好。

实测资料表明，黄河下游高含沙洪水通常会产生显著的河床变形，表 7.1 给出了黄河下游水文年鉴记录的花园口站两次高含沙洪水的实测水力要素变化过程。由表 7.1 可知，在高含沙洪水过程中，水位与平均河底高程的变化速率在同一数量级。例如，在 1977 年 7 月的高含沙洪水过程中，下游河床淤积较为严重，花园口断面平均河底高程在较短时段内（$\Delta t\approx 17\text{h}$）由 88.96m 抬升到 89.42m，即 ΔZ_b=0.46m，同时期平均水位下降值ΔZ 仅为 0.07m。因此高含沙洪水过程中个别断面的河床淤积速率（$\Delta Z_b/\Delta t$=0.027m/h）远大于水位变化速率（$\Delta Z/\Delta t$=0.004m/h）。2004 年 8 月小浪底水库下泄高含沙洪水过程，引起坝下游河床冲刷。在较短时段内（$\Delta t\approx 25.3\text{h}$），花园口断面的平均河底高程由 89.33m 冲深到 88.82m，下切幅度达 0.51m，而水位上涨仅为 0.14m。因此在本次高含沙洪水过程中典型断面的床面冲刷速率（$\Delta Z_b/\Delta t$=0.020m/h）也远大于水位变化速率（$\Delta Z/\Delta t$=0.005m/h）。这些实测数据表明：以往常用的基于非耦合解法的水沙数学模型，不适用于计算高含沙洪水演进及其床面冲淤过程，需采用耦合模型计算黄河下游的高含沙洪水过程。

表 7.1　高含沙洪水过程中花园口站实测水力要素变化过程

河床冲淤情况	时间	Z/m	Q/(m^3/s)	A/m^2	B/m	h/m	Z_b/m
过程Ⅰ（河床淤积）	1977-07-11 15:10/16:30	91.53	3760	1670	651	2.57	88.96
	1977-07-12 08:30/09:50	91.46	3230	1330	651	2.04	89.42
过程Ⅱ（河床冲刷）	2004-08-26 08:00/09:00	92.25	2140	1270	435	2.57	89.33
	2004-08-27 09:12/10:24	92.39	2280	1590	445	2.04	88.82

注：Z_b 为平均河底高程。

2. 数值计算方法

模型中的浑水控制方程采用非守恒形式的控制方程。对于一维数学模型，在求解微分方程时，常采用不同差分格式来离散。普列斯曼（Preissmann）隐格式是专门针对一维水流控制方程的非守恒形式提出的，该格式的一个突出优点为质量守恒性及数值稳定性较好，在国内外应用较为普遍（Wu, 2007; 谢鉴衡, 1990）。故在一维非恒定水流演进过程的模拟中，采用 Preissmann 隐格式离散浑水控制方程，并用追赶法求解各个水流变量，如 Z、Q，进而推求各断面内的其他水力要素。计算中直接用显格式离散式（7.1）和式（7.2）中的附加项。

对非均匀悬沙不平衡输移方程，由于需考虑区间的来水来沙过程，求解悬移质含沙量的沿程变化，直接采用下面的显式迎风格式进行离散（杨国录, 1993）：

$$S_i^{N+1}=\frac{\dfrac{\Delta t}{\Delta x_i}Q_{i-1}^{N+1}S_{i-1}^{N+1}+A_i^N S_i^N+\Delta t[B\omega\alpha S_*]_i^N+\Delta t[S_l q_l]_{i-1,i}^{N,N+1}}{A_i^{N+1}+Q_i^{N+1}\Delta t/\Delta x_l+\Delta t[B\omega\alpha\beta]_i^{N+1}} \tag{7.5}$$

式中，上标 N 为时间步；下标 i 为空间断面编号；Δx_i 为第 i 个断面与第 i+1 个断面之间的间距。

采用显格式离散床面冲淤方程式(7.4)，可得该时段内的冲淤面积ΔA_0，并按等厚冲淤模式分配，确定冲淤后断面内各节点的高程：

$$\Delta Z_{b(i,k)} = \frac{\Delta t}{\rho'} \alpha_{(i,k)} \omega_{S(i,k)} (S_{(i,k)} - S_{*(i,k)}) \tag{7.6}$$

$$\Delta Z_{b(i)} = \sum_{k=1}^{N} \Delta Z_{b(i,k)} \tag{7.7}$$

式中，$\Delta Z_{b(i,k)}$ 为第 i 个断面第 k 粒径组泥沙的冲淤厚度；$\Delta Z_{b(i)}$ 为第 i 个断面总的冲淤厚度。当淤积时，淤积面积等厚沿湿周分布；当冲刷时，仅对主槽区域的河床进行等厚冲刷修正。根据计算得到的各粒径组的冲淤厚度，采用床沙活动层与分层记忆层来考虑冲淤过程中的床沙级配调整。

7.2.2　模型关键问题处理

黄河下游游荡段不仅地貌特征独特，如断面宽浅、滩槽高差较小，而且演变过程复杂，如洪水暴涨暴落，河床易冲易淤，且冲淤幅度较大。因此需要对模型中的几个关键问题进行特别处理，包括断面滩槽划分与“二级悬河”处理、动床阻力确定、悬移质水流挟沙力计算及恢复饱和系数计算等。

1. 断面滩槽划分及“二级悬河”处理

黄河下游断面形态较为复杂，同一断面的不同区域，滩槽阻力和冲淤厚度沿横向分布变化较大，因此采用在大断面上划分主槽与滩地的方法进行计算，即主槽与滩区节点分别用不同的代码值表示。计算中主槽糙率随流量与床面冲淤状况而调整；低滩与高滩的糙率根据不同的河段取某一固定值。

自 1964 年到小浪底水库运用前，黄河下游游荡段主槽淤积严重，导致部分断面的主槽平均高程大于生产堤后的滩地高程，如图 7.2 所示。在一维水力要素计算中，若不考虑这一差别，就会出现当主槽内水位较低时，滩地已经过流的现象。因此在程序中必须对这种“二级悬河”地形进行特殊处理。在计算前根据实际地

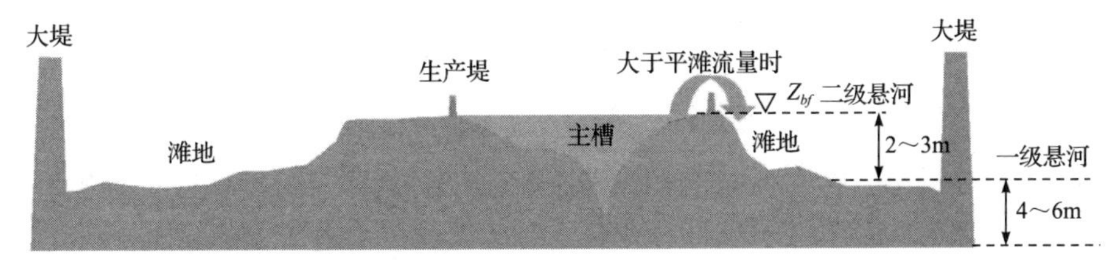

图 7.2　黄河下游“二级悬河”示意图

形与过水情况，可将每个计算断面划分为若干个滩地和主槽，同时给定滩、槽的代码特征值。计算中优先满足主槽区域过流，只有在满足主槽过流且水位大于主槽两侧滩唇高程(Z_{bf})的情况下，才能使两侧滩地区域过水(夏军强等, 2015b)。

2. 动床阻力确定

动床阻力是一维水沙数学模型的关键参数之一，它不仅与河道的过流能力、水位变化密切相关，而且还影响河道水流的挟沙能力及冲淤状况等。但不同于定床明渠水流，动床阻力问题比较复杂(Wu et al., 1999)。目前确定动床阻力主要有两类方法。一是建立阻力与各水沙要素、河床形态等之间的计算关系式，具体可参见第5章内容。该方法能较为详细地反映沙波消长对糙率的影响，但无法考虑天然河道的各种附加阻力(钱意颖等, 1998)。二是根据计算河段上下游水文站的实测资料，确定该河段在不同流量级下的阻力变化特点(钱意颖等, 1998)。黄河下游游荡段河床形态及冲淤特性较为复杂，不同水沙条件下的糙率值变化很大，因此只能从大尺度、长时间平均的角度确定该动床阻力。大量实测资料分析表明，黄河下游河道糙率并非常数，不同河段糙率值不同，即使同一断面的河道糙率变幅也很大，故本书一维模型主要采用第二类方法确定动床阻力系数，即先建立各水文断面糙率与流量的关系曲线，其他非水文断面的糙率根据这些水文断面的率定值插值得到。此外在计算中还要根据河床的冲淤状况，适当地调整各流量级下的糙率大小(Xia et al., 2018b)。

3. 悬移质水流挟沙力计算

悬移质水流挟沙力公式及其参数选取的合理与否直接影响河床冲淤变形的计算精度。国内外众多学者对它进行了深入研究，或从理论出发，或从不同的河流实测资料和水槽试验资料出发，推导出半经验半理论的计算公式。本书模型采用在水沙数学模型中应用较广、考虑因素较全面的张红武公式计算水流挟沙力(钱意颖等, 1998)。该公式通过对二维水流单位水体的能量平衡方程式沿垂线积分，经分析整理得出包括全部悬移质泥沙在内的水流挟沙力公式，即

$$S_* = 2.5\left[\frac{(0.0022+S_V)U^3}{\kappa\dfrac{\rho_s-\rho_m}{\rho_m}gh\omega_m}\ln\left(\frac{h}{6D_{50}}\right)\right]^{0.62} \tag{7.8}$$

式中，κ 为 Karman 常数，与含沙量大小有关；S_V为体积比含沙量；ω_m为非均匀悬沙的代表沉速；D_{50} 为床沙的中值粒径。式(7.8)不仅适用于一般挟沙水流，而且更适用于高含沙紊流，充分地考虑了含沙量对挟沙力的影响。已有验证结果表

明(图 7.3)，式(7.8)计算精度明显优于其他公式(Xia et al., 2013)。

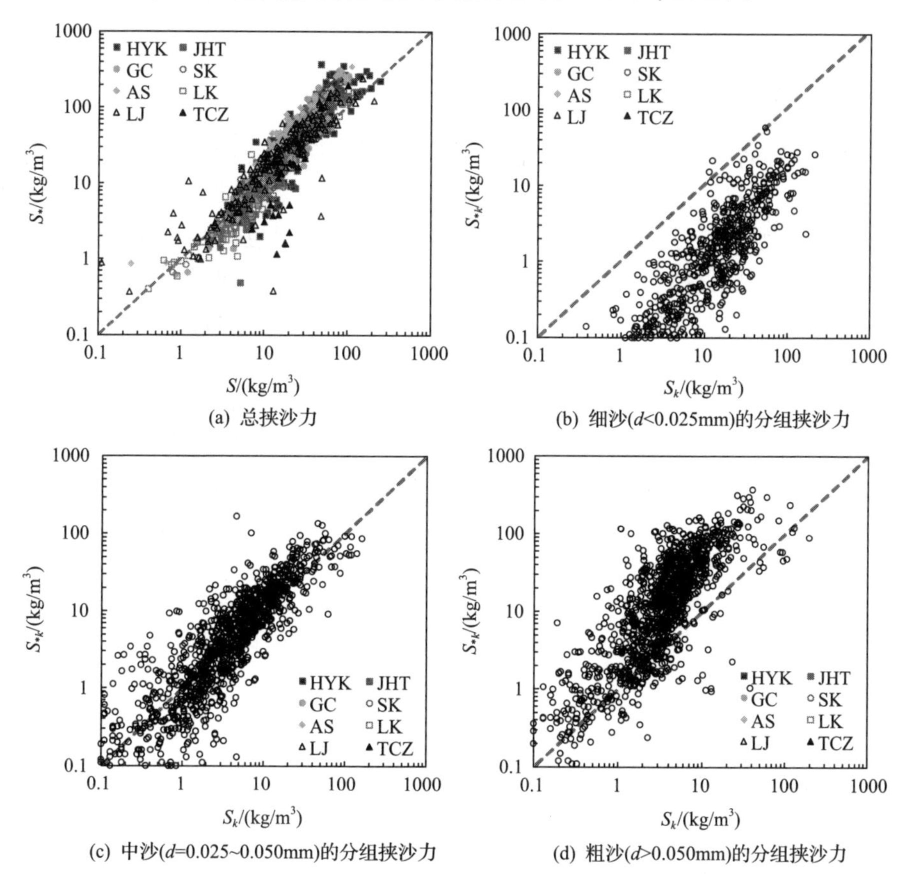

(a) 总挟沙力　(b) 细沙(d<0.025mm)的分组挟沙力

(c) 中沙(d=0.025~0.050mm)的分组挟沙力　(d) 粗沙(d>0.050mm)的分组挟沙力

图 7.3　悬移质水流挟沙力计算值与实测值比较

HYK 为花园口；JHT 为夹河滩；SK 为孙口；AS 为艾山；LK 为泺口；LJ 为利津；TCZ 为土城子

在复式断面的挟沙力计算中发现，当水流漫滩后，水面宽度急剧增加。尽管断面平均流速变化不大，但平滩水深会减小较多，引起断面挟沙力急剧增加，这显然与实际情况不符。为避免这种现象，在实际计算中，暂不考虑非均匀沙代表沉速及含沙量的横向变化。首先分别计算出主槽与滩区的挟沙力大小，即 S_{*mc} 和 S_{*fp}，然后根据已知主槽与滩区的过流量(Q_{mc} 和 Q_{fp})，确定出大断面的总挟沙力，即 $S_*=(Q_{mc}\times S_{*mc}+Q_{fp}\times S_{*fp})/(Q_{mc}+Q_{fp})$。

天然河流中挟带的泥沙多为非均匀沙，但目前常用均匀沙的方法来处理非均匀沙问题。当前对非均匀沙挟沙力的研究不够深入，影响非均匀沙挟沙力的因素一般为水流、床沙与来沙条件。前两者对挟沙力的影响机理已经比较明确，而来沙条件的影响尚不清楚。本书模型采用水流条件和床沙级配推求分组挟沙力(李义天, 1987)。这种方法认为：在输沙平衡时，第 k 粒径组泥沙在单位时间内沉降在床面上的总沙量等于冲起的总沙量，然后根据垂线平均含沙量与河底含沙量之间的关系，确定悬移质挟沙力级配和床沙级配的关系。

4. 恢复饱和系数计算

黄河下游高含沙洪水为不平衡输沙，可用泥沙恢复饱和系数 α 表示含沙量恢复到挟沙力的速率，其值越大，表示含沙量向水流挟沙力靠近得越快；反之，则表示含沙量向水流挟沙力靠近得越慢。恢复饱和系数直接影响床面冲淤厚度的大小，是一维水沙数学模型的重要参数。α 与来水来沙条件及河床边界条件均有关，取值十分复杂，但具体如何取值，至今还没有统一的规定。目前数学模型大多都是根据实测资料来率定泥沙恢复饱和系数的，这就导致率定所得泥沙恢复饱和系数的值差别很大。从理论上讲，推导得出的 α 值应该大于 1，然而在实际天然河流的冲淤计算时，为使数学模型的计算值与实测值相符，α 取值均小于 1。尤其是在计算黄河这样细沙、多沙河流的冲淤变化时，无论河道冲刷或淤积，α 取值远小于 1，且不同数学模型率定的 α 值变化很大。此处模型中采用韦直林等(1997)提出的方法计算恢复饱和系数，即 $\alpha_k = m / \omega_{sk}^n$，式中参数 m 和 n 具体取值如下：冲刷时取 m=0.001，n=0.74；淤积时取 m=0.001，n=0.28。

7.3 一维水沙耦合数学模型的率定及验证

7.3.1 研究河段概况

黄河下游河道按河型不同可分为三个河段：铁谢(TX)—高村(GC)河段，属于典型的游荡型河段；高村—陶城铺河段属于过渡型河段；陶城铺—利津河段属于稳定的弯曲型河段。根据实测数据，1950～1999 年，黄河下游河道总淤积量约为 55.2 亿 m^3，其中 60%淤积在游荡段。因此此处选取黄河下游发生高含沙洪水时冲淤变化最为显著的游荡段作为研究河段，如图 7.4 所示。

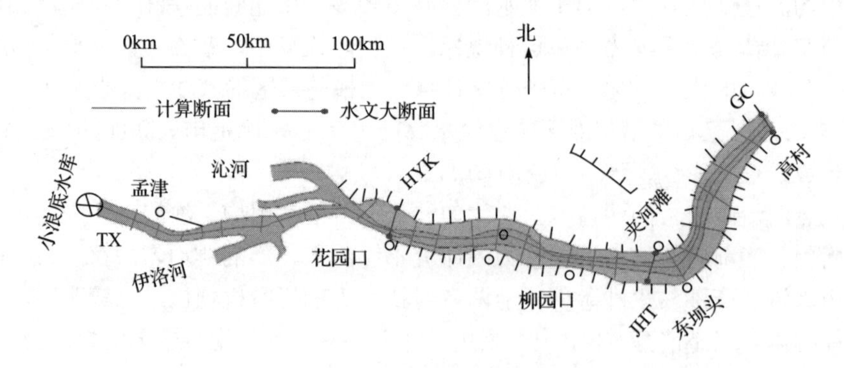

图 7.4 黄河下游游荡段示意图

黄河下游游荡段河道内遍布生产堤、险工及控导工程，一些局部河段出现了“二级悬河”，即河槽平均高程高于滩地高程。故河床横断面形态极其复杂(图 7.5)。悬河现象主要发生在花园口至高村河段，在东坝头至高村河段更加突出。图 7.5 为 1999 年汛后杨小寨断面形态。从图 7.5 中可以看到，该断面主槽区域受当地生产堤及控导工程限制，河槽平均高程(66.1m)明显高于左侧滩地平均高程(左滩 64.3m)。在悬河河段，槽高滩低的断面形态需要特别处理，否则就会出现主槽水位没有超过滩唇高程，洪水已过早漫滩，这显然与洪水实际漫滩情形不符。本节提出的模型中，采用一个特定算法来解决该问题，即在计算过程中假定主槽区域优先过水，当主槽水位超过滩唇高程或生产堤高程时，洪水才逐渐漫溢到两侧滩地。

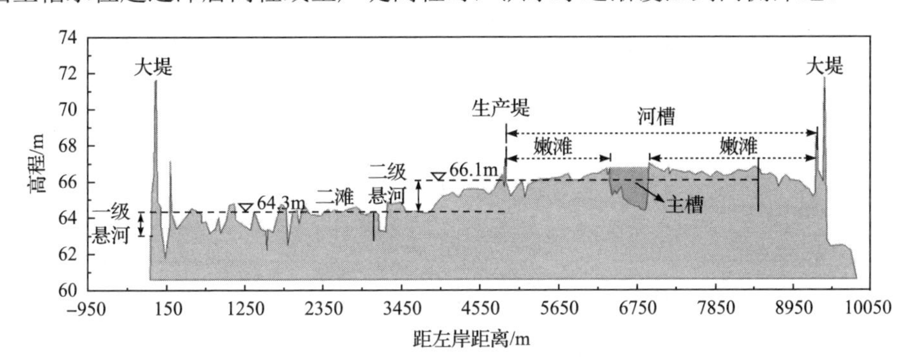

图 7.5　黄河下游“二级悬河”的典型断面形态(杨小寨断面)

7.3.2　一维水沙数学模型率定

黄河下游铁谢至高村河段长约 284km，属于典型的游荡型河段(汪岗和徐明权, 2000)。该河段内布设有花园口、夹河滩、高村 3 个水文站及若干个淤积观测断面，如图 7.4 所示。在三门峡水库滞洪排沙运用期间(1964～1973 年)，游荡段累积淤积泥沙达 15.0 亿 m^3，并且主槽淤得多，滩地淤得少。因此局部河段出现了河槽高于滩地、滩地高于背河地面的“二级悬河”现象(赵业安等, 1998; 胡一三和张晓华, 2006)。到 1977 年汛前，下游游荡段纵比降仅为 0.19‰，主槽宽 0.8～3.9km，滩槽高差一般为 1～2m，最小值仅为 0.50m。1977 年黄河下游连续两次出现高含沙洪水过程，此处采用这两场洪水资料来率定一维水沙耦合数学模型。

1. 1977 年高含沙洪水过程

在黄河中下游，1977 年是枯水丰沙年，7～8 月连续出现两场高含沙洪水(赵业安等, 1998; 齐璞等, 1984)。7 月份洪水主要来自渭河、北洛河及延水等支流降雨，小浪底站洪峰流量达 $8100m^3/s$，最大含沙量为 $535kg/m^3$，该场次洪水泥沙组成较粗，悬沙中值粒径为 0.040mm。8 月份洪水主要来自龙门以上偏关河至秃尾河之间的降雨，小浪底站最大流量为 10100m^3/s，最大含沙量为 941kg/m^3，洪水期间悬沙组成较粗，中值粒径达 0.105mm。7～8 月份的两场高含沙洪水在黄河下游河道中均发生了槽冲滩淤过程，但滩地淤积量远远大于主槽冲刷量，因而整个游荡段表现为严重淤积，采用输沙量法计算得到的累积淤积量达 7.3 亿 t。图 7.6 给出了 1977 年下游游荡段 3 个典型断面的汛前及汛后实测断面形态变化。

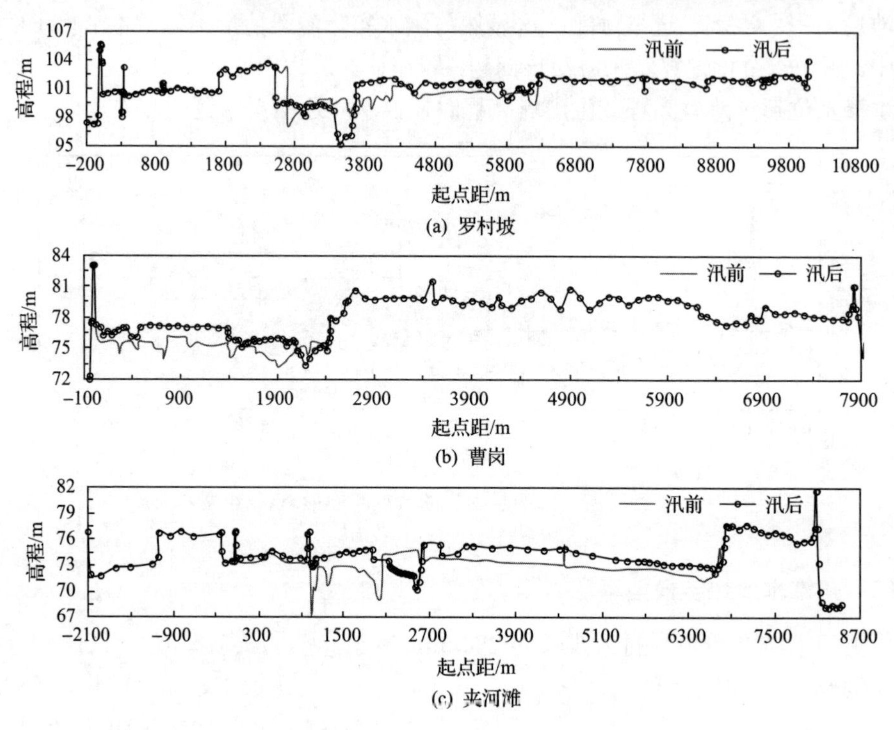

图 7.6　游荡段 1977 年汛前及汛后实测断面形态变化

2. 计算条件

模型率定计算中选取下游铁谢至高村河段为研究对象，以该河段 1977 年汛前 6 月份实测的 28 个淤积断面作为初始地形，并对各断面划分滩槽。各断面的初始床沙级配，由该河段水文断面的汛前床沙级配插值求得，并取床沙干密度为 1.4t/m^3。因小浪底至铁谢河段为山区性河道，河道冲淤变化很小，故小浪底(XLD)站实测流量、含沙量过程及悬沙组成作为模型进口的水沙条件。同时考虑伊洛河、沁河的侧向入流条件，模型出口采用高村站实测水位过程控制。实测资料表明，该河段悬沙及床沙级配变化范围为 0.002～1.0mm，故计算中将非均匀泥沙划分为 9 组。因初始地形条件采用汛前 6 月份的实测断面，故本次计算时段为 1977 年 6 月 14 日～9 月 15 日，共计 2232h。模型进出口断面的水沙边界条件如图 7.7 所示。

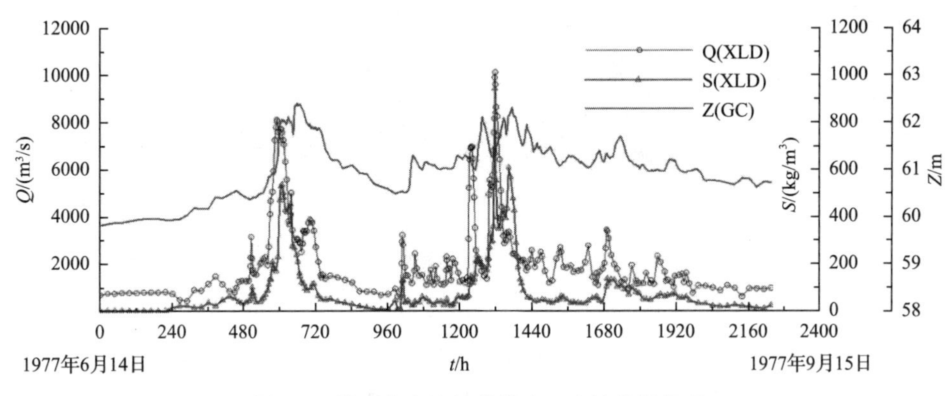

图 7.7　模型率定计算的进出口水沙边界条件

3. 模型率定结果及分析

1977 年高含沙洪水过程的计算结果分析表明，动量方程右端附加项Ⅱ的值远小于摩阻项 $gA(J_f+J_l)$，就该场次洪水而言，这个动量附加项对计算结果影响十分有限。但在计算过程中的某些特征时刻，浑水连续方程中右侧附加项$\partial A_0/\partial t$ 的数量级与$\partial A/\partial t$ 基本相当；甚至在某些时刻，附加项$\partial A_0/\partial t$ 的数值还要更大一些。因此，总体来看，浑水控制方程中的右端附加项对数值模拟结果有一定的影响，有必要考虑这些附加项。

图 7.8 给出了花园口站及高村站断面的流量变化过程。从图 7.8 中看，计算与实测的流量过程相当符合。在花园口站断面，计算的 7 月份洪水过程中的最大流量为 7544m^3/s，而实测值为 8100m^3/s，两者误差不到 6.8%；8 月份洪水中计算最大流量为 8490m^3/s，小于实测最大流量(10800m^3/s)。在高村站断面，这两场高含沙洪水过程中计算与实测最大流量相差不多，尤其是 8 月份洪水过程。7 月份洪水中小浪底至高村河段的实际洪峰传播时间为 23h，计算的传播时间约为 26h，两者误差仅为 3h。因此可以认为，该一维水沙耦合模型能较好地模拟出高含沙洪水在游荡段的演进过程。从图 7.8 中还可看出，基于水沙耦合解法的流量计算过程与实测值更符合，尤其在高村站断面。

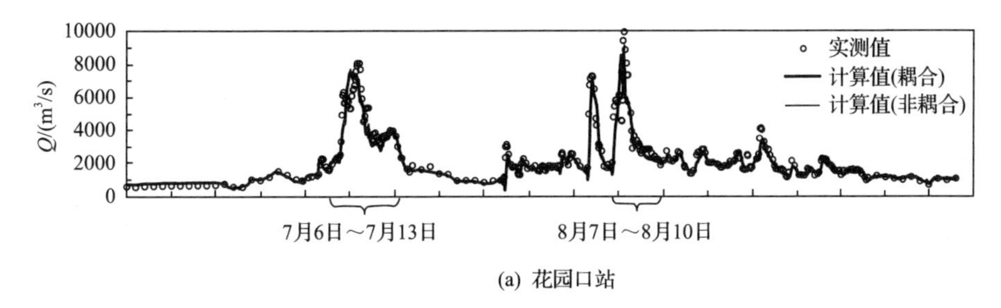

(a) 花园口站

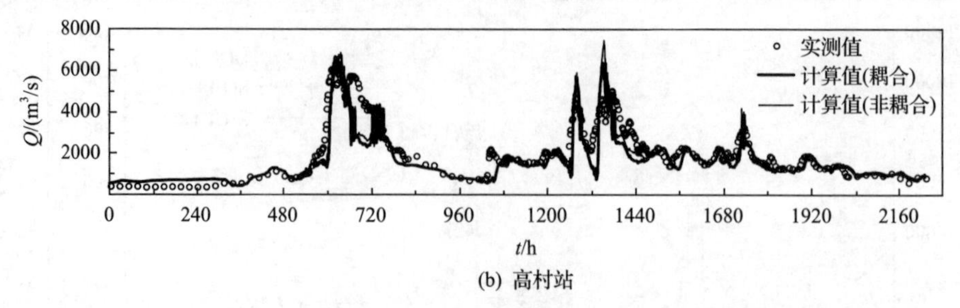

(b) 高村站

图 7.8　1977 年洪水花园口站及高村站计算与实测流量过程比较

图 7.9 给出了花园口站及高村站断面的含沙量变化过程。从图 7.9 中看，计算的含沙量过程与实测值总体符合较好。在花园口站断面(图 7.9(a))，7 月份洪水中计算的最大含沙量为 458kg/m^3，比实测最大值(546kg/m^3)偏小 16%；8 月份洪水中计算的最大含沙量为 510kg/m^3，大于实测最大值(437kg/m^3)。高含沙洪水演进过程中通常发生沿程淤积，因此洪水演进到高村站时最大含沙量已有所降低，如图 7.9(b)所示。此外从图 7.9 中还可看出，基于耦合解法的含沙量计算过程与实测值符合更好。

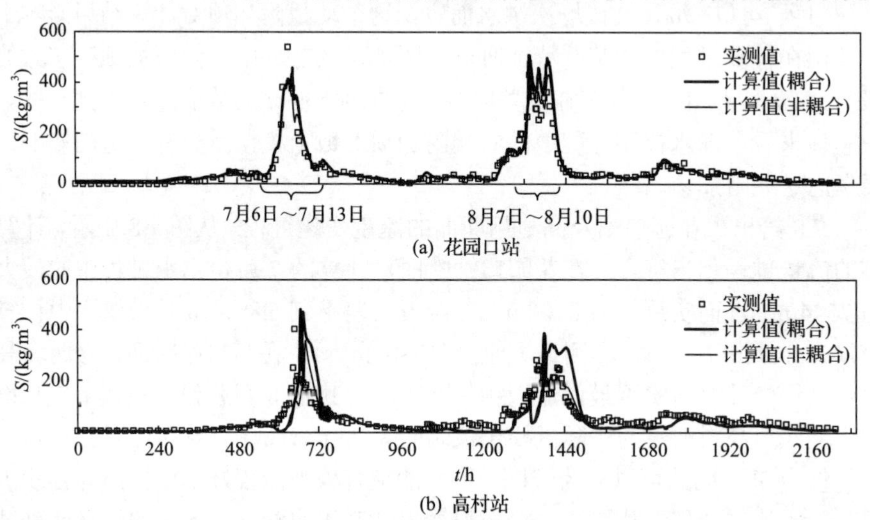

(b) 高村站

图 7.9　1977 年洪水花园口站及高村站计算与实测含沙量过程比较

分析 1977 年高含沙洪水中花园口站及高村站耦合解与非耦合解流量与含沙量计算结果的整体精度，结果表明耦合解法与非耦合解法的计算精度基本相当。对 1977 年洪水花园口站及高村站而言，耦合解与非耦合解流量计算值的整体精度(计算值与实测值的决定系数)分别为 0.93 和 0.97，而含沙量计算值的整体精度分别为 0.81 和 0.71。

图 7.10 和图 7.11 分别给出了 1977 年洪水花园口及高村站流量与含沙量峰值附近耦合解与非耦合解计算结果的对比。总体来看，在低含沙量情况下，耦合解与非耦合解的计算结果基本一致；但在高含沙量情况下，耦合解计算的含沙量峰

值较大，与实测值更为接近；耦合解与非耦合解计算的流量过程基本一致，但在洪峰附近与实测结果相比均偏小。

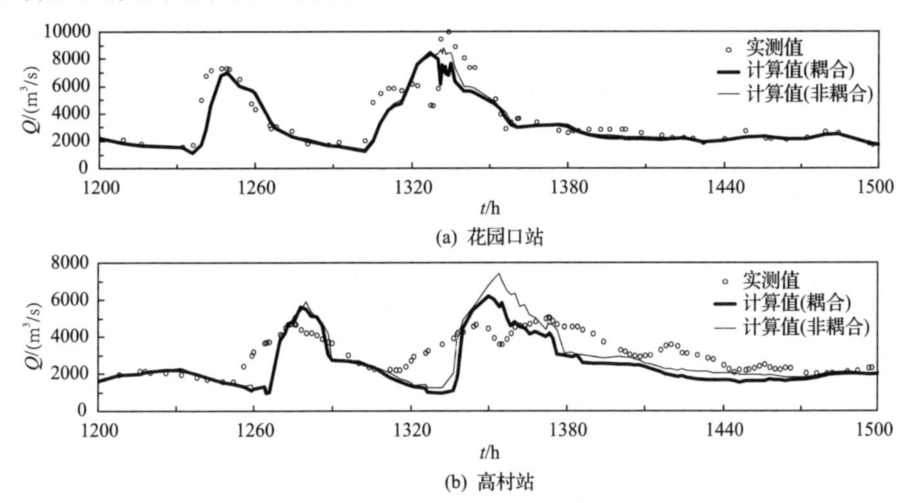

图 7.10　1977 年洪水花园口站及高村站耦合解与非耦合解计算的洪峰过程比较

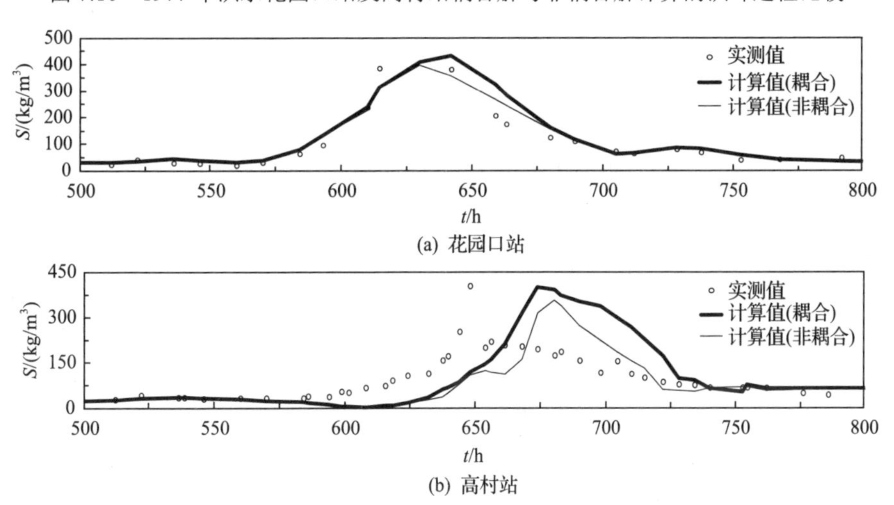

图 7.11　1977 年洪水花园口站及高村站耦合解与非耦合解计算的含沙量峰值比较

以夹河滩断面为例，图 7.12 给出了 1977 年洪水中该断面计算值与实测值的分组含沙量过程比较。从图 7.12 中可知，在游荡段高含沙洪水输移过程中，细沙(d＜0.025mm)及粗沙(d＞0.050mm)部分所占比例较多，而中沙(d=0.025～0.050mm)部分相对较少。在 7 月份洪水中，尽管计算的沙峰出现时刻略滞后于实测过程，但各组的最大含沙量计算值与实测值比较符合。在 8 月份洪水中，与实测值相比，计算的细沙及中沙部分最大含沙量偏大。但对粗沙部分，计算与实测的最大含沙量分别为 130kg/m^3、141kg/m^3，两者非常接近。从图 7.12 中还可看出，基于耦合解法的分组含沙量计算结果与实测过程更为符合，尤其是粗沙部分。

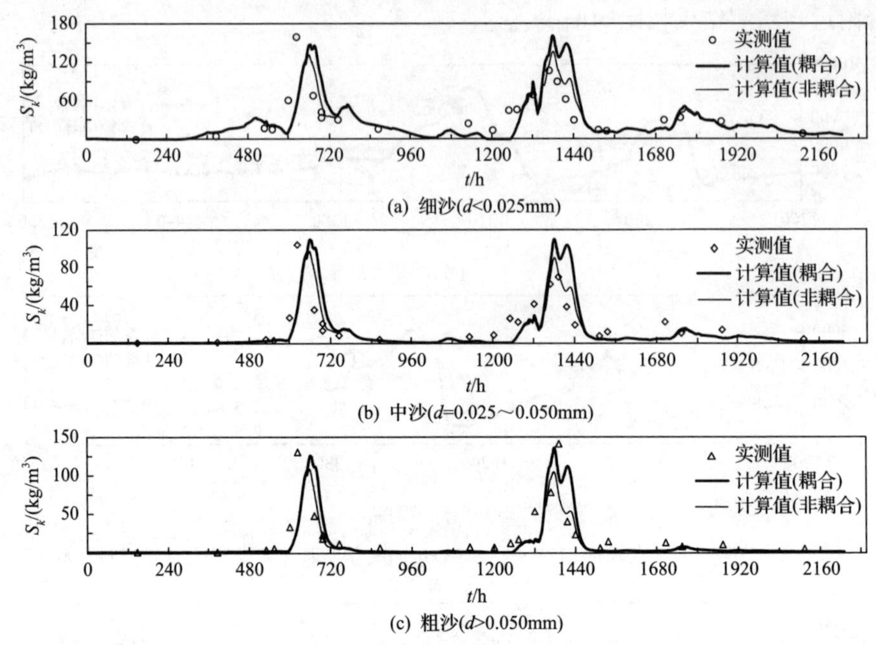

图 7.12　1977 年洪水中夹河滩断面计算与实测的分组含沙量过程比较

图 7.13 给出了 1977 年 8 月份洪水中沿程最高水位计算值(耦合解)与实测值的对比结果。从图 7.13 中可以看出，除京广铁路桥两者略有差别外，其余两者符合较好。在京广铁路桥位置计算值比实测值偏高约 2.2m，误差较大。综合分析，导致京广铁路桥位置处水位误差较大的原因有以下几方面：计算值为断面平均水位，由于京广铁路桥位置处于马峪沟断面与裴峪断面之间，计算值由这两个断面平均水位线性插值求得，而京广铁路桥位置实测水位是该断面上某一点水位；沿程水位变化受河势变化及主流顶冲与否影响较大，有可能在局部位置造成严重壅水或跌水，从而导致水位过高或偏低；京广铁路桥附近水位受桥墩局部阻水作用影响，不同位置处水位值可能差别也较大。水位变化与河床变形直接相关，因此图 7.13 也能间接地证明模拟的河床变形结果与实际河床变形过程较为符合。

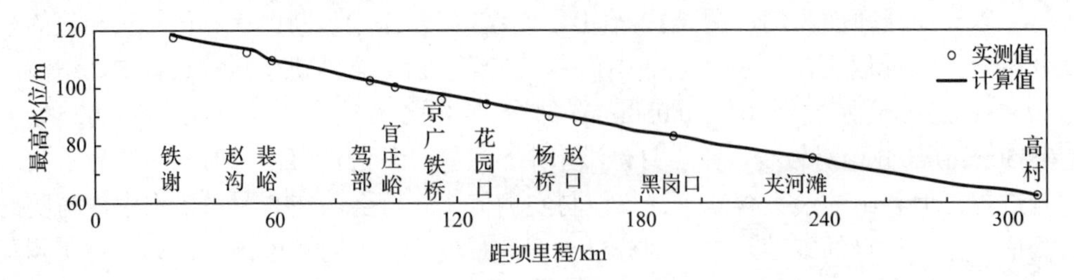

图 7.13　1977 年 8 月洪水沿程最高水位计算值与实测值比较

1977 年高含沙洪水过程在黄河下游河道中造成严重淤积，尤其在游荡段。如按输沙量法统计结果，该计算时段内（6 月 14 日～9 月 15 日）整个游荡段淤积泥沙 7.3 亿 t，而数学模型计算结果为 7.12 亿 t，因此计算的总淤积量与实测值非常接近，如图 7.14 所示。从分河段的淤积量来看，花园口以上及花园口至夹河滩河段的计算值与实测值相差不大，但夹河滩至高村河段计算值偏小较多。从不同时段的淤积量统计结果看，计算的 7～8 月份这两场洪水的沿程淤积分布与实测值也较为符合。从图 7.14 中还看出，基于耦合解的河段冲淤量计算结果与实测值更为符合。

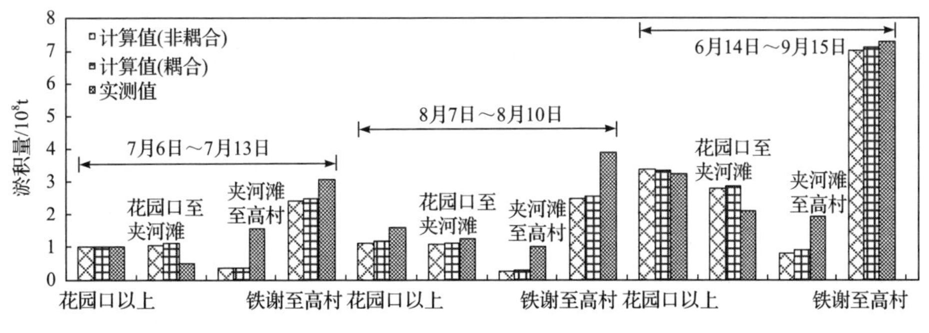

图 7.14　1977 年高含沙洪水过程冲淤量沿程分布

7.3.3　模型验证（1992 年游荡段高含沙洪水过程）

本节采用 1992 年 5～10 月黄河下游发生的高含沙洪水过程资料，对率定后的一维水沙耦合模型进行验证，并详细地比较沿程水位、各水文断面流量与含沙量过程及河段淤积量计算值与实测值的差异。

1. 1992 年洪水过程介绍

1992 年 8 月，黄河中游陕西省境内水土严重流失地区连续发生三场大暴雨，雨区时程分布为从陕北逐渐向陕南延伸（汪岗和徐明权, 2000）。8 月份洪水主要来自小北干流、渭河等支流降雨，小浪底站实测最大日均洪峰流量达 4180m^3/s，最大日均含沙量为 445kg/m^3，该场次洪水属于含沙量中等偏高的高含沙水流。根据小浪底站的实测资料统计，洪水期间悬沙组成并不很粗，悬沙中值粒径为 0.03～0.05mm，粒径小于 0.01mm 的泥沙占 15%～25%。1992 年汛期，三门峡大坝所有泄洪设施全部敞开泄洪排沙，库区冲刷的泥沙大量淤积在黄河下游高村以上河段，导致整个游荡段严重淤积。这次洪水的特点是洪峰小、含沙量大、水位高、历时长。根据小浪底站的实测资料统计，“92·8”洪水含沙量大于 300kg/m^3 的洪水持续时间达 67h。本节采用该场次洪水资料来验证一维水沙耦合数学模型。

2. 计算条件

模型验证过程仍选取铁谢至高村河段作为研究对象，选用该河段1992年汛前5月份实测的28个淤积断面资料作为计算初始地形，并对各断面划分滩槽。计算断面的平面位置如图7.4所示。在模型验证中断面冲淤面积采用等厚度分配模式进行分配，各断面的初始床沙组成根据黄河下游花园口、夹河滩及高村等3站的实测床沙组成按断面间距线性插值求得，并取床沙干密度为1.4t/m^3。铁谢断面距上游小浪底水文站较近，故直接采用小浪底站实测水沙过程及悬沙组成作为进口边界条件。另外小浪底站与花园口站之间有伊洛河与沁河两大支流汇入，这两条支流的入黄水沙及泥沙级配过程分别采用黑石关、小董站实测资料，同时考虑计算河段沿程的引水引沙量，出口边界条件采用高村站实测水位过程。实测资料表明，该河段悬沙及床沙级配范围为0.002～0.5mm，故计算中将非均匀沙划分为7组。因初始地形条件采用汛前5月份实测断面，故本次计算时段为1992年5月13日～10月30日，共计4080h，时间步长为40s。模型验证计算的进出口边界条件如图7.15所示。

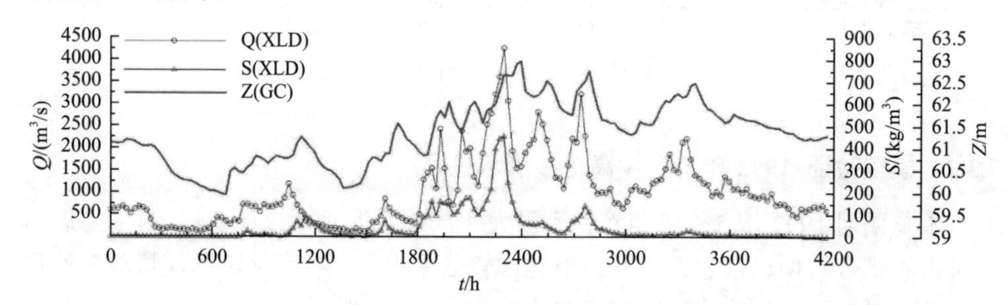

图7.15　模型验证计算的进出口边界条件(1992年高含沙洪水过程)

3. 模型验证结果及分析

图7.16(a)给出了花园口断面的流量及含沙量变化过程。分析图7.16(a)可知，计算与实测的花园口站流量过程总体符合较好，尤其是在洪水过程中流量较小的时刻，流量计算值与实测值相当符合。另外该场次洪水中计算的花园口站最大流量为3750m^3/s，而实测值为4850m^3/s，两者误差较大。从图7.16(a)中还可看出，计算的含沙量过程与实测过程也较为符合。花园口断面计算的最大含沙量为300kg/m^3，而实测最大值为297kg/m^3，仅比实测最大值偏大1%。

图7.16(b)给出了夹河滩断面的流量及含沙量变化过程。从图7.16(b)中可知，计算与实测的夹河滩站流量过程总体也较为符合。该场次洪水中计算的夹河滩站最大流量为3352m^3/s，而实测值则为4220m^3/s。另外，夹河滩断面计算的含沙量过程与实测过程符合较好，计算的最大含沙量为193kg/m^3，而实测最大值为199kg/m^3，

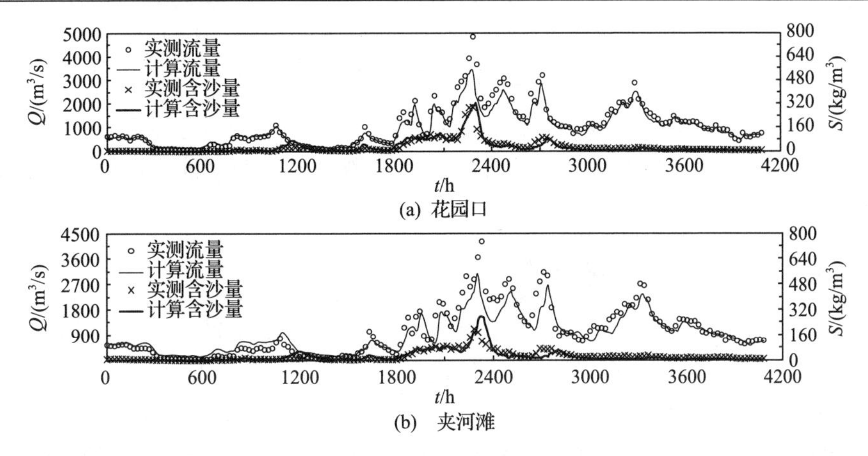

图 7.16　1992 年洪水花园口站及夹河滩站计算流量与实测流量、含沙量过程比较

仅比实测最大值偏小 3%。需要说明的是，本节所建模型暂时尚未考虑高含沙洪水演进过程中含沙量及床沙级配变化等因素对河床糙率的影响，故本次计算的洪峰流量与实测值相比存在一定程度的偏差，计算值均偏小。

图 7.17 给出了 1992 年洪水中沿程最高水位计算值与实测值的对比结果。从图 7.17 中可以看出，除个别断面附近两者略有差别外，其余两者均符合较好。由于水位变化与河床变形直接相关，这也能间接地证明模拟的河床变形结果与实际河床变形过程基本符合。

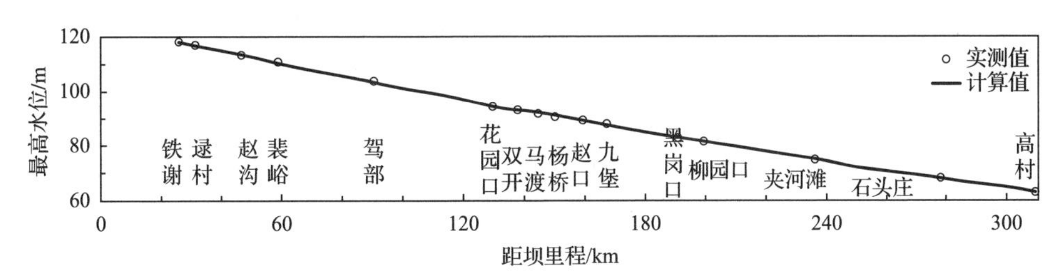

图 7.17　1992 年洪水沿程最高水位计算值与实测值比较

1992 年高含沙洪水过程导致黄河下游游荡段淤积严重。按输沙率法统计，计算时段内整个游荡段淤积泥沙约为 5.37 亿 t，而数学模型计算结果为 5.28 亿 t，因此河段淤积量计算值与实测值较为接近。从分河段的淤积量来看，各河段计算结果均为淤积，但夹河滩至高村河段计算淤积量偏小较多，其余两个河段的计算淤积量与实测值则较为符合。

上述分析表明计算的洪水流量过程、含沙量过程、沿程水位及河段淤积量总体与实测值吻合较好，因此，该一维水沙耦合模型能较好地模拟出高含沙洪水在黄河下游游荡河段的演进过程。

7.3.4 模型验证(2004 年游荡段高含沙洪水过程)

本节进一步采用 2004 年 8 月黄河下游发生的高含沙洪水过程资料，对建立的一维水沙耦合模型进行验证，重点比较各水文断面流量及含沙量过程等计算值与实测值的差异。

1. 2004 年高含沙洪水过程

2004 年 8 月 21 日，黄河中游出现强降雨过程，受此影响黄河干支流相继形成洪水过程。为控制库水位不超汛限水位，小浪底水库于 8 月 22 日～8 月 30 日进行异重流排沙运用，故黄河下游河道经历了一次较为明显的高含沙洪水过程(江恩惠等, 2006; 李国英, 2008)。小浪底水库出库洪水中含沙量较高，在下游演进过程中出现了洪峰增值现象，其中小浪底站最大流量为 2690m^3/s，花园口站最大流量为 3990m^3/s。出库最大含沙量为 352kg/m^3，平均含沙量为 112kg/m^3，泥沙颗粒级配较细，中值粒径约为 0.008mm。该场高含沙洪水过程时间较短且仅在游荡段主槽内演进，因此花园口以上河段河床冲刷较为明显，累积冲刷量达 0.172 亿 t，但花园口以下河段以微淤为主。

2. 计算条件

模型验证计算选取该游荡段 2004 年 7 月份实测的 156 个大断面形态作为初始地形，同样对各断面进行滩槽划分。鉴于黄河下游实测大断面形态极为复杂，将断面形状适当地进行概化处理，但仍维持原始断面形态的变化趋势。基于这些淤积断面形态的统计结果分析，该河段主槽宽在 0.3～3.3km 变化，平均滩槽高差达 2.7m。各断面的初始床沙级配，由同年 7 月份实测的 42 个断面的床沙级配插值求得。本次验证计算时段为 2004 年 8 月 20 日～9 月 5 日，总模拟时长为 408h，计算时间步长取 20s。

上游进口边界条件采用 2004 年汛期小浪底站实测流量与含沙量过程，下游出口边界条件采用高村站实测水位过程，并考虑伊洛河与沁河两支流入汇及沿程引水引沙过程。模型中的上下游边界条件如图 7.18 所示。

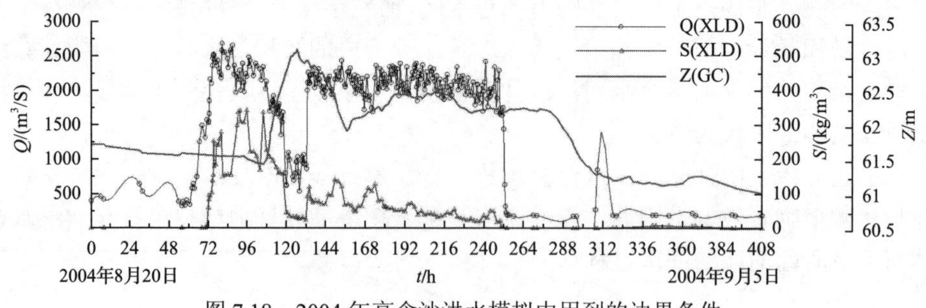

图 7.18 2004 年高含沙洪水模拟中用到的边界条件

3. 模型验证结果及分析

采用一维水沙耦合数学模型反演了上述洪水演进与河床变形过程。图 7.19 给出了花园口站及高村站断面的流量变化过程。从图 7.19 中看，2004 年 8 月高含沙洪水中小浪底至高村河段的实际洪峰传播时间约为 46.4h，计算的传播时间约为 47.4h，两者误差仅 1h。计算与实测的流量过程在其他时段符合较好，但在洪峰前后存在一定程度偏差，且计算值均偏小。在花园口站断面(图 7.19(a))，该场高含沙洪水中计算最大流量为 2816m^3/s，而实测最大流量为 3990m^3/s，两者误差达 29.4%；在高村站断面(图 7.19(b))，计算最大流量为 2637m^3/s，也小于实测最大流量 3840m^3/s。现有实测资料表明，小浪底水库在异重流排沙期间下泄极细沙的高含沙水流，导致坝下游河道阻力突然减小，是引起流量沿程增大的主要原因(江恩惠等, 2006; 齐璞和孙赞盈, 2013; Li et al., 2014)。阻力减小程度与上游含沙量大小及级配有关。一般来讲，含沙量越高、泥沙组成越细，糙率减小幅度越大(江恩惠等，2006)。但目前该模型暂时还未考虑高含沙洪水演进过程中含沙量及床沙级配变化等因素对河床糙率的影响。

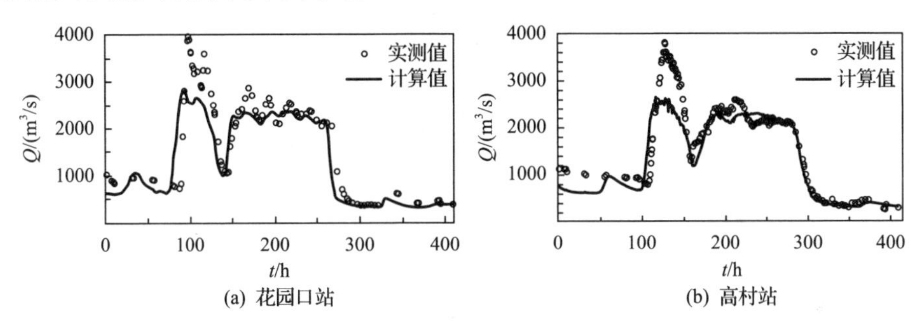

(a) 花园口站　(b) 高村站

图 7.19　2004 年高含沙洪水花园口站及高村站计算与实测的流量过程比较

图 7.20 给出了花园口站及高村站断面的含沙量变化过程。从图 7.20 中看，计算的含沙量过程与实测过程总体符合较好。在花园口站断面(图 7.20(a))，2004 年高含沙洪水中计算的最大含沙量为 322kg/m^3，比实测最大值(359kg/m^3)偏小

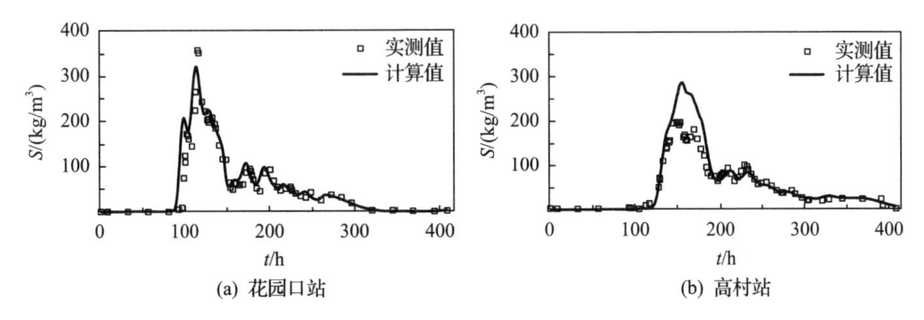

(a) 花园口站　(b) 高村站

图 7.20　2004 年高含沙洪水花园口站及高村站计算与实测的含沙量过程比较

10%；在高村站断面(图 7.20(b))，最大含沙量的计算值与实测值分别为 288kg/m^3 和 199kg/m^3，计算值偏大较多。这主要是由于数学模型计算的花园口至夹河滩河段冲刷量偏大，而实测数据表明该河段发生淤积，因此洪水演进到高村站时计算的含沙量峰值偏大。

此外为了更好地反映不同粒径组含沙量的情况，还统计了花园口和夹河滩两站不同粒径组(细沙：d<0.031mm；中沙：d=0.031～0.062mm；粗沙：d>0.062mm)悬移质含沙量的计算值与实测值。图 7.21 和图 7.22 分别点绘了花园口和夹河滩两站不同粒径组悬移质含沙量计算值与实测值的比较。

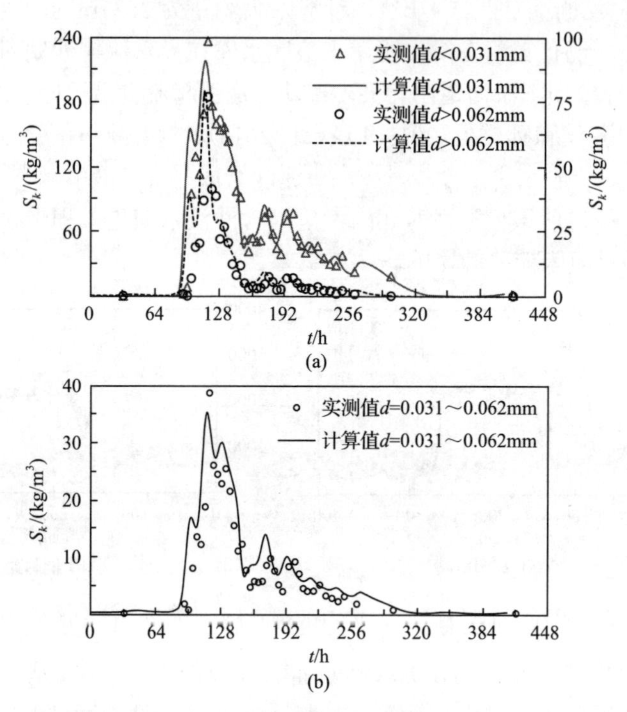

图 7.21　2004 年高含沙洪水中花园口站断面计算与实测分组含沙量过程比较

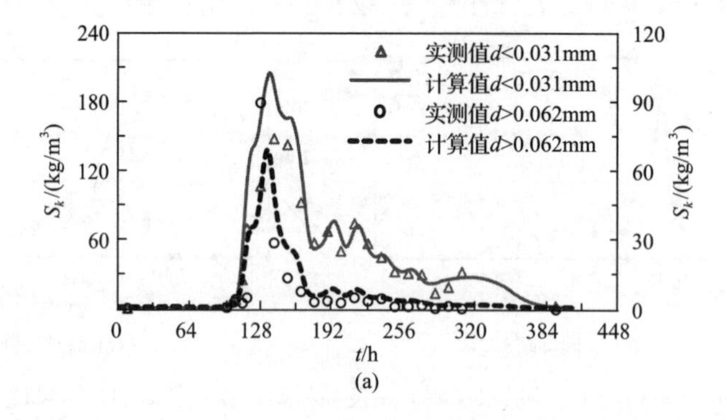

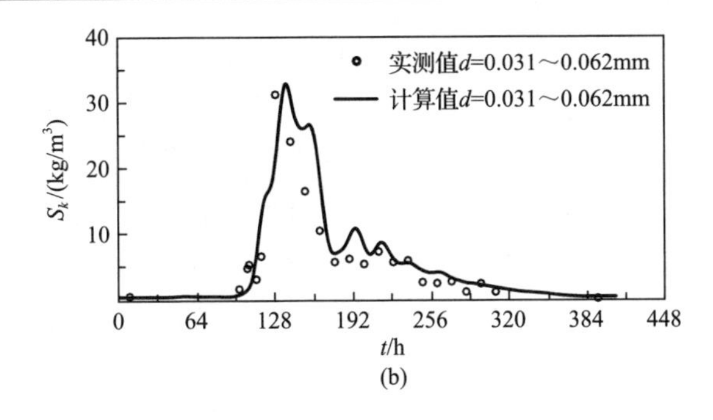

图 7.22　2004 年高含沙洪水中夹河滩站断面计算与实测分组含沙量过程比较

从图 7.21 及图 7.22 中可知，在游荡段高含沙洪水输移过程中，细沙(d<0.031mm)部分所占比例较多，而中沙(d=0.031～0.062mm)及粗沙(d>0.062mm)部分相对较少。花园口站断面计算的细沙、中沙及粗沙部分最大含沙量分别为 217kg/m^3、35kg/m^3、80kg/m^3，而相应各部分的实测最大含沙量分别为 237kg/m^3、39kg/m^3、77kg/m^3，因此分组沙的最大含沙量计算值与实测值十分接近。夹河滩站悬沙细、中、粗三部分的实测最大含沙量值分别为 149kg/m^3、31kg/m^3 及 90kg/m^3，计算最大值则为 206kg/m^3、33kg/m^3 及 69kg/m^3，因此细沙及粗沙部分的分组含沙量计算误差稍大。总体来看，在 2004 年这场高含沙洪水演进过程中，计算的分组最大含沙量及其沙峰出现时刻与实测值均较为符合。

2004 年 8 月发生的这场高含沙洪水过程主要在主槽内演进，在黄河下游游荡段造成一定的冲刷，尤其在花园口站以上河段冲刷较为明显。如果按输沙量法统计结果，该计算时段内(8 月 20 日～9 月 5 日)整个游荡段河床累积冲刷量达 0.07 亿 t，而数学模型计算结果为 0.11 亿 t，因此计算的总冲刷量与实测值相差不大。从分河段的冲淤量来看，夹河滩至高村河段淤积量计算值(0.030 亿 t)与实测值(0.031 亿 t)符合很好。花园口站以上河段冲刷量的计算值与实测值也较为接近，分别为 0.172 亿 t 和 0.132 亿 t。但花园口至夹河滩河段的计算值与实测值相比，偏差比较明显。按输沙量法统计该河段为淤积，淤积量为 0.072 亿 t，而数学模型计算该河段为冲刷，冲刷量为 0.013 亿 t。冲淤量的计算精度与实际冲淤量大小有关，冲淤量越小计算相对误差越大。分析计算表明：若计算时段相当长，当单次冲淤量为 0.5 亿 m^3 以上时，其准确度可达 70%以上；当冲淤量很小时计算值精度将大大降低，甚至可能会出现定性结果的不一致(张原锋等, 2005；申冠卿等, 2006)。

7.4　不同断面间距对模型计算结果的影响

完整的河道断面地形资料是采用一维数学模型的基础。就一维数学模型而言，计算单元即为计算断面，研究河段内的计算断面数量不同，表明计算断面间距不同。一般来讲，采用不同数量的断面对计算结果会有所影响。减小断面间距即增加计算断面数量，理论上能够提高计算精度。但现有一维数学模型研究成果多集中于数值计算方法及关键参数的处理，鲜有研究计算断面间距对模拟结果影响。黄河下游游荡段河道断面形态较为复杂，且沿程变化较大，高含沙洪水演进及河床冲淤过程是许多学者关注的热点问题，采用一维水沙模型计算高含沙洪水演进是重要的研究手段，迫切需要弄清断面间距对高含沙洪水模拟结果的影响。本节针对黄河下游铁谢至高村游荡河段，利用前述已验证的一维水沙耦合模型，计算不同实测断面数量下2004年8月高含沙洪水演进过程，详细分析断面间距对流量、含沙量、水位及河段冲淤量等计算结果的影响。

7.4.1　黄河下游统测断面介绍

长期以来，黄河水利委员会为及时地了解黄河下游河道的断面形态及冲淤过程变化，在该河段布测了若干统测断面(一般称淤积统测断面)，并且适时对统测断面进行调整。小浪底水库修建以前，黄河下游游荡段(铁谢至高村河段)统测断面数量仅为28个，断面最大间距为19.8km，平均间距为10.4km。小浪底水库建成运用以后，对黄河下游淤积断面观测普遍进行加密，黄河游荡段统测断面数量增至156个。此次模拟采用的初始地形为2004年7月统测断面，计算河段为铁谢至高村河段。该河段布设统测断面共计156个，相邻两断面平均间距约为2.0km，将156个计算断面(156CS)的模拟结果作为对比参照。本节为了研究不同断面间距对一维模拟结果的影响，将现有的156个计算断面依次减少为132个、98个、72个、42个及28个，同时在减少计算断面数量的过程中保证任意相邻两断面的间距相对变化不大。这五种不同计算工况(132CS、98CS、72CS、42CS及28CS)相应的平均断面间距 $\Delta\overline{x}$ 分别为2.3km、3.1km、4.2km、7.0km和10.4km。为便于对比模拟结果，各种计算工况均包含了花园口站及夹河滩站两个水文断面。图7.23给出了各工况计算断面的位置分布，不同计算工况断面参数及其计算结果详见表7.2。

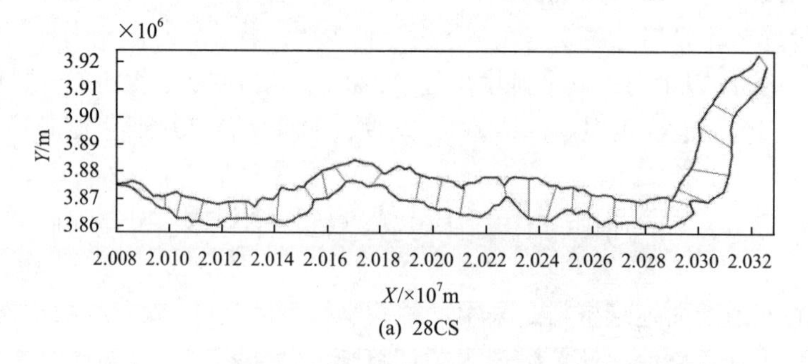

(a) 28CS

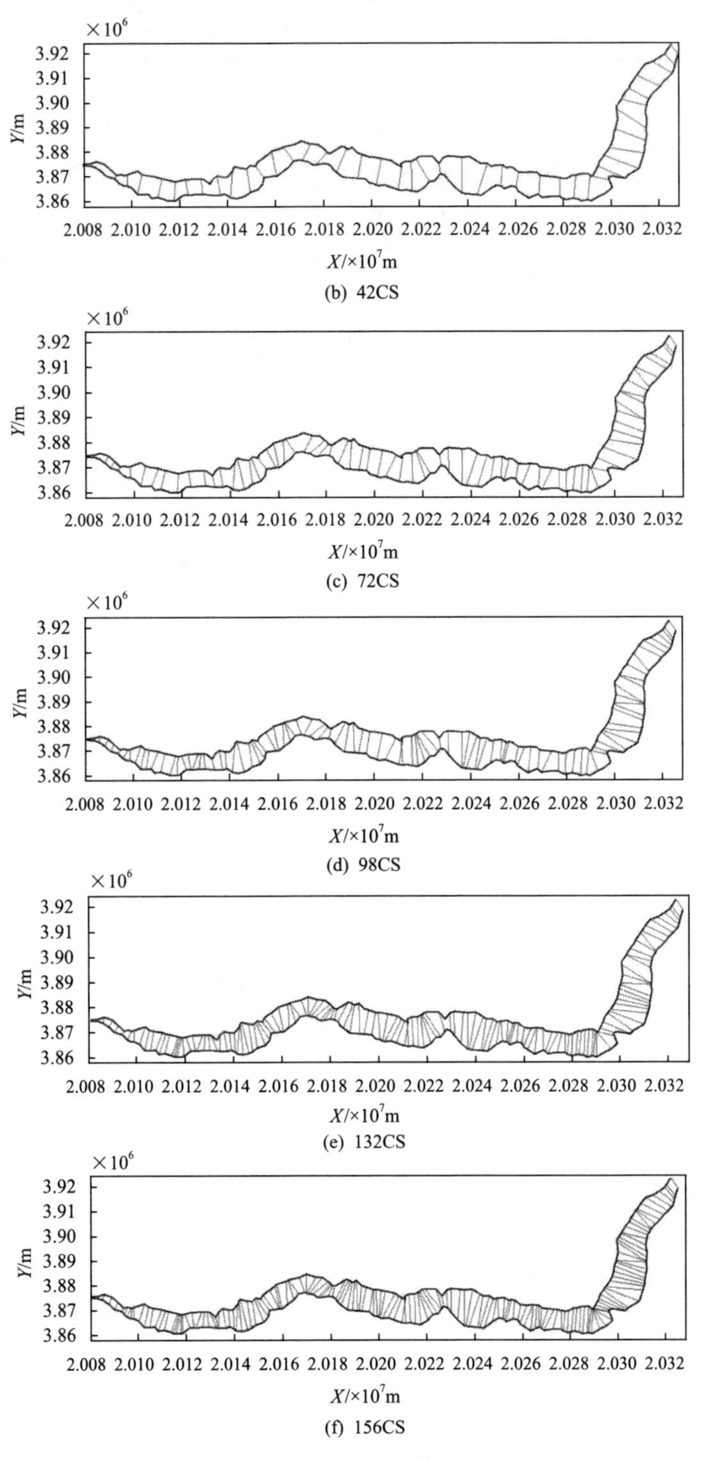

(b) 42CS

(c) 72CS

(d) 98CS

(e) 132CS

(f) 156CS

图 7.23　不同间距的计算断面分布

表 7.2 不同计算工况断面参数及其计算结果

计算工况	计算断面数量	$\Delta\bar{x}$ /km	Q_{max}/(m³/s)		Z_{max}/m		S_{max}/(kg/m³)		累积冲淤量 $W/10^8m^3$			
			HYK	JHT	HYK	JHT	HYK	JHT	TX-HYK	HYK-JHT	JHT-GC	TX-GC
28CS	28	10.4	2710	2533	92.89	74.39	239	213	0.011	–0.001	0.022	0.031
42CS	42	7.0	2700	2628	92.97	74.60	266	255	–0.027	–0.040	0.005	–0.062
72CS	72	4.2	2658	2607	93.22	74.50	266	250	0.007	–0.006	0.005	0.007
98CS	98	3.1	2695	2665	93.24	74.43	299	283	–0.047	–0.024	0.018	–0.053
132CS	132	2.3	2816	2662	93.19	74.20	317	301	–0.085	–0.010	0.023	–0.072
156CS	156	2.0	2816	2719	93.19	74.34	322	307	–0.094	–0.009	0.022	–0.081
实测值			3990	3850	93.35	74.62	359	258	–0.123	0.051	0.022	–0.050

7.4.2 断面间距对模拟结果的影响分析

采用前面已验证的一维模型分别模拟了五种不同断面间距工况下 2004 年 8 月高含沙洪水过程。为了分析断面间距对计算结果的影响，一维模型中的泥沙恢复饱和系数、水流挟沙力公式及滩槽糙率的计算方法及有关参数取值均保持不变。

五种计算工况模拟得到花园口和夹河滩两站的计算流量、水位及含沙量过程。图 7.24 分别点绘了花园口与夹河滩两站 28CS 工况与 156CS 工况流量与含沙量计算过程的对比。表 7.2 给出了不同工况下两个水文测站计算的最大流量、最高水位及最大含沙量。图 7.25 给出了不同工况下整个计算河段的河床冲淤变化过程。对比不同计算工况下的结果，可以看到这些计算结果均有所差异。

(1) 从流量过程看，不同断面间距下的计算结果差别不大。分析各工况下花园口站洪峰流量可知，132CS 工况下计算的洪峰流量与 156CS 工况的结果相同，均为 2816m³/s，28CS、42CS 及 98CS 工况计算的流量次之，分别为 2710m³/s、2700m³/s 和 2695m³/s，而 72CS 工况计算的洪峰流量最小，为 2658m³/s。与 156CS 工况计算结果相比，花园口站最大相对误差仅为 5.62%。各工况下计算的夹河滩站洪峰流量相差不大，132CS 和 98CS 工况的洪峰流量相差不大，分别为 2662m³/s 和 2665m³/s，而 28CS 工况的洪峰流量最小，为 2533m³/s。与 156CS 工况计算结果相比，夹河滩站最大相对误差为 6.83%。

(2) 从水位过程看，不同断面间距的计算结果差别也很小，与 156CS 工况计算的最高水位相比，各工况下花园口与夹河滩两站最高水位的最大误差分别为 0.30m 和 0.26m。以花园口站为例，156CS 工况计算的最高水位为 93.19m，28CS 工况计算的最高水位值最小(92.89m)，98CS 工况计算的最高水位值最大(93.24m)。

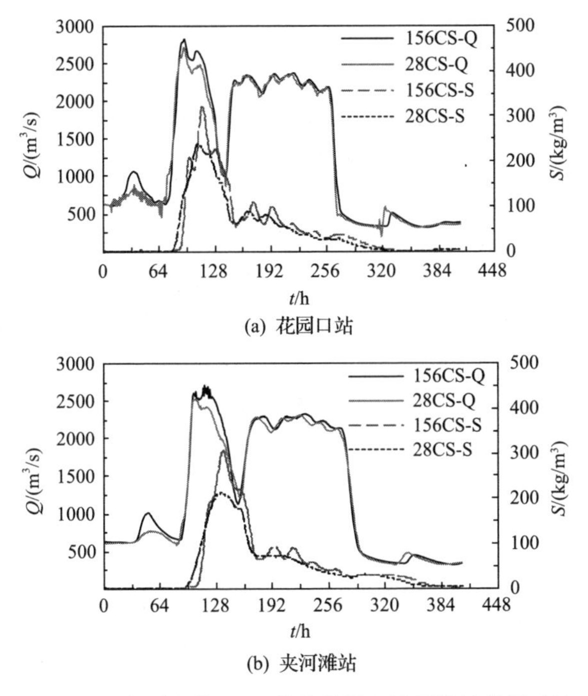

(a) 花园口站

(b) 夹河滩站

图 7.24　不同断面间距下的流量及含沙量计算结果对比

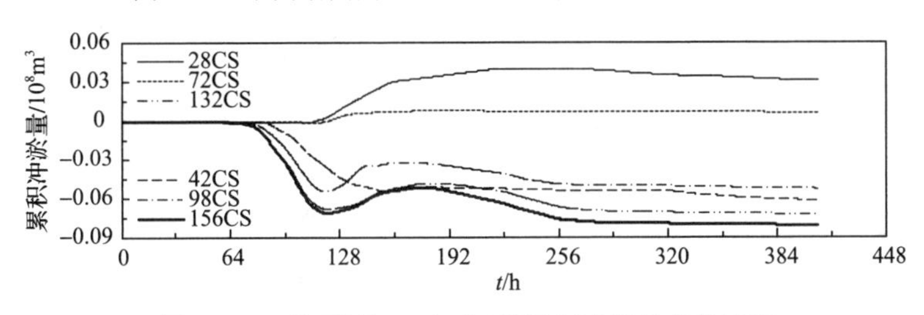

图 7.25　不同计算工况下河段累积冲淤量变化过程

(3) 从含沙量过程看，随着断面间距增大，计算的花园口与夹河滩两站最大含沙量基本呈递减趋势。156CS 工况计算的花园口与夹河滩两站最大含沙量分别为 322kg/m^3 和 307kg/m^3，28CS 工况计算的最大含沙量最小，分别为 239kg/m^3 和 213kg/m^3，与 156CS 工况相比分别减小了 83kg/m^3 与 94kg/m^3。

(4) 从分河段冲淤量来看，断面间距的大小对计算结果影响明显。以 TX-HYK 河段为例，该河段冲刷量实测值为 0.123 亿 m^3，156CS、132CS、98CS 及 42CS 工况下计算的河段冲刷量分别为 0.094 亿 m^3、0.085 亿 m^3、0.047 亿 m^3 及 0.027 亿 m^3，而 28CS 和 72CS 工况下计算的河段冲淤量为淤积，量值分别为 0.011 亿 m^3 和 0.007 亿 m^3。从河段总冲淤量看，不同断面间距的计算结果差别也较大，个别工况计算的河段总冲淤量与实测值明显偏离。河段冲淤量实测结果为冲刷，而

28CS 与 72CS 工况计算的河段冲淤量为淤积，这两个工况下计算冲淤量结果产生明显定性的偏差。其余工况计算的河段冲淤量变化过程较为相似，均表现为冲刷，计算值与实测值虽有一定差异，但量值变化不大。因此就该场次高含沙洪水而言，平均断面间距不超过 3.0km 时(相应计算断面数量不少于 98 个)，对河段冲淤量计算结果影响很小。

综合分析上述计算结果可知，不同的计算断面间距对一维模拟结果有一定影响，主要表现为受到计算上边界所给定的流量过程及下边界水位过程的制约，计算断面间距增加或减少对于水位和流量影响相对较小；而河段冲淤量结果与所参与的计算断面数量及其冲淤状况密切相关，考虑到黄河下游断面形态沿程变化较大的特点及高含沙洪水过程复杂冲淤特性的双重影响，断面间距对于河床变形的影响则更为明显。对于黄河下游复杂的地形边界条件及其水沙运动特性，开展一维数值模拟应适当地考虑计算断面间距的影响，就该场次高含沙洪水过程而言，断面间距不宜大于 3.0km。

7.5 不同冲淤分配模式对计算结果的影响

一维水沙数学模型可计算各断面总的冲淤面积，但要进一步弄清断面上各节点的冲淤变化特性，还须对冲淤面积沿河宽方向进行合理分配(杨国录等, 1994)。韩其为和何明民(1987)在一维模型计算水库淤积时采用等厚度分配模式进行处理。史英标等(2005)在钱塘江河口的河床演变模型中按过水面积进行分配。杨国录等(1994)开发的全沙(悬移质，推移质)(suspended and bed load，SUSBED)模型按水流挟沙的饱和程度进行分配。陆永军和张华庆(1993)建立的坝下游河床冲刷数学模型在处理推移质引起的冲淤面积时，则采用了按水流切应力分配的模式。这些一维水沙数学模型均采用特定的模式进行冲淤面积分配，而不同冲淤面积分配模式对模拟结果影响的研究成果很少涉及。

本节利用建立的适用于模拟实际游荡河流复杂断面形态下洪水演进的一维水沙耦合数学模型，采用不同冲淤面积分配模式模拟 1992 年高含沙洪水在黄河下游游荡段的演进过程，详细地分析不同分配模式对计算结果的影响。

7.5.1 现有冲淤分配模式介绍

断面冲淤面积分配的合理性是保证一维水沙数学模型计算精度的关键问题之一，然而没有一种适合于各种不规则断面冲淤面积分配的通用方法。目前常用的分配方法包括经验法、极值假说法及水沙条件构造法(杨国录等, 1994)。其中，经验法任意性较大，极值假说法所得结论往往与实测结果不一致。本书主要采用水沙条件构造法进行断面冲淤面积分配，即根据水沙条件与河床冲淤的数学关系式对冲淤面积进行分配(杨国录等, 1994)。具体分配模式包括：等厚度分配、按子断面流量分配、按过水面积分配、按挟沙力分配及按水流切应力分配五种，如表 7.3 所示。黄河下游游荡段计算断面的冲淤变化如图 7.26 所示。

表 7.3　断面冲淤面积的不同分配模式

分配模式	冲淤面积分配标准	子断面平均冲淤厚度的计算公式
模式 1	等厚度分配	$\Delta Z_{sj}=\Delta A_s/B$
模式 2	按子断面流量分配	$\Delta Z_{sj}=\Delta A_s q_j/Q$
模式 3	按过水面积分配	$\Delta Z_{sj}=\Delta A_s h_j/A$
模式 4	按挟沙力分配	$\Delta Z_{sj}=\Delta A_s(S_j-S_{*j})q_j/\sum_j(S_j-S_{*j})Q$
模式 5	按水流切应力分配	$\Delta Z_{sj}=\Delta A_s(\tau_j-\tau_{jc})q_j/\sum_j(\tau_j-\tau_{jc})\Delta Y_j$

注：ΔA_s 为冲淤面积；ΔZ_{sj} 为 j 子断面的平均冲淤厚度；B 为水面宽度；q_j 为 j 子断面的过流量；Q 为流量；h_j 为 j 子断面的平滩水深；A 为全断面过流面积；S_j 为 j 子断面平均含沙量；S_{*j} 为相应子断面的水流挟沙力；(S_j-S_{*j}) 反映了 j 子断面的水流挟沙非饱和程度。$\tau_j=\gamma h_j J_f$ 为 j 子断面切应力，τ_{jc} 为 j 子断面的泥沙起动临界切应力；$(\tau_j-\tau_{jc})$ 的大小反映了床面泥沙的起动强度；ΔY_j 为第 j 子断面的宽度。

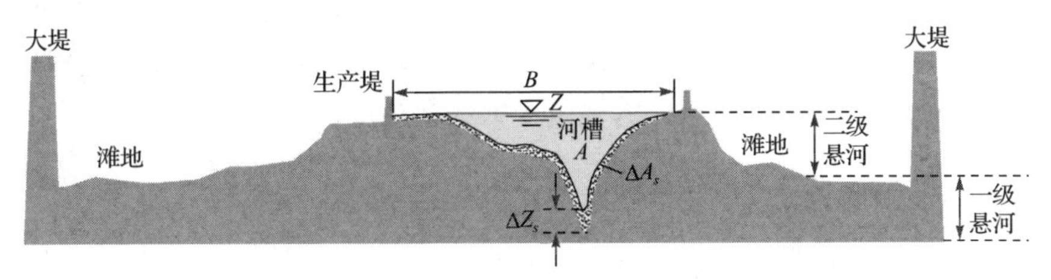

图 7.26　黄河下游游荡段的断面形态及冲淤变化

断面冲淤面积分配时需要确定各子断面的流量、含沙量等水沙要素。采用一维水沙数学模型可以得到各大断面的水沙要素，然后再按照一定的方法分配到子断面上。具体来说，各子断面的流量可根据关系式 $Q_{ij}=Q_i(h_{ij}^{3/2}A_{ij}/n_{ij})/K_i$ 计算得到；子断面含沙量采用韦直林等(1997)提出的经验关系式由断面平均含沙量计算得到；挟沙力的计算则是先计算出各子断面的挟沙力 S_{*i}，然后根据各子断面的挟沙力和过水流量 Q_{ij}，采用关系式 $S_{*i}=\left(\sum_j Q_{ij}\times S_{*ij}\right)\Big/Q_i$ 确定出大断面的挟沙力。

(1) 等厚度分配(模式 1)是指沿河宽(或沿湿周)平均等厚度分布。该方法在进行冲淤面积分配时，若计算断面淤积，则沿整个河宽等厚度平铺的模式进行分配；若计算断面冲刷，则认为仅在主槽内冲刷，沿主槽河宽进行等厚度平铺分配。

(2) 按子断面流量分配(模式 2)是依据各子断面的过流量与总流量之比进行

分配的。该方法在进行冲淤面积分配时，过流量大的子断面冲淤分配量就大，反之亦然。

(3)按过水面积分配(模式 3)是根据各子断面的过水面积之比(各节点水深大小)进行分配的。对确定的计算断面，水深大的地方，淤积量分配就大，反之亦然。就淤积过程而言，水深大则淤积多，水深小则淤积少，因此该方法可以缩小滩槽差，促使子断面沿河宽方向呈均匀变化。

(4)在悬移质输沙模型中，从不平衡输沙概念可知，河床变形是由水流作不平衡输沙引起的。按挟沙力分配(模式 4)就是根据断面含沙量与挟沙力的差值比来考虑分配的。若子断面的含沙量大于其挟沙力，则子断面发生淤积，反之为冲刷。这个差值越大，冲淤分配量就越多。这对于悬移质输沙模型有明显的合理性，问题关键在于考虑子断面水流挟沙力的计算。

(5)按水流切应力分配(模式 5)是根据断面切应力与泥沙起动切应力的差值比来考虑分配的。该模式可以综合考虑水流泥沙条件，能够反映床面泥沙的起动强度，但无法反映出起动后的泥沙是否起悬，所以该模式常用于推移质运动引起的河床变形问题。

上述 5 种分配模式，没有哪一种方法都能普遍地适用于各种河段，应根据具体问题结合河段冲淤特点来选择冲淤面积分配模式。不同分配模式对一维模型计算精度的影响，则需要根据实际模拟结果进行深入分析。

7.5.2 冲淤分配模式对计算结果的影响分析

一维水沙数学模型计算得到各断面的冲淤面积后，根据冲淤分配模式确定断面内各节点的高程变化，进而影响过水断面的各水力要素。因此冲淤面积分配模式不同，计算得到的各断面水位、流量、含沙量及冲淤量等结果也会有所差异。本节利用已验证的模型，采用不同分配模式分别计算了 1992 年 8 月份的高含沙洪水过程，并对模拟结果进行分析。

采用五种分配模式计算得到花园口站、夹河滩站及高村站的流量、水位、含沙量过程及河段淤积量。表 7.4 统计了不同冲淤面积分配模式下三个水文站最大流量、最高水位、最大含沙量及河段淤积量的计算结果。从表 7.4 中可以看出，不同冲淤面积分配模式的计算结果均有所差异。从水位过程看，不同冲淤面积分配模式下计算的各水文站最高水位基本无变化，最大误差仅为 0.01m；从流量过程看，以高村站为例，按模式 1 计算的洪峰流量最大，为 2982m^3/s，按模式 5 及模式 3 计算的流量次之，分别为 2933m^3/s 和 2915m^3/s，而按模式 2 及模式 4 计算的洪峰流量最小，分别为 2887m^3/s 和 2699m^3/s。花园口与夹河滩两站洪峰流量的计算值具有相同的变化规律。与实测流量值相比，等厚度分配模式的计算结果与实测值更为接近，而按挟沙力分配模式计算的结果误差最大。

表 7.4　不同冲淤面积分配模式下计算结果统计

分配模式	Q_{max}/(m³/s)			Z_{max}/m			S_{max}/(kg/m³)			河段淤积量/亿 t			
	HYK	JHT	GC	HYK	JHT	GC	HYK	JHT	GC	TX-HYK	HYK-JHT	JHT-GC	TX-GC
模式 1	3804	3589	2982	93.90	74.91	62.89	300	234	167	3.34	1.61	0.33	5.28
模式 2	3423	3473	2887	93.89	74.90	62.89	340	277	306	4.02	1.53	0.43	5.97
模式 3	3564	3555	2915	93.90	74.90	62.89	365	292	265	3.84	1.53	0.43	5.81
模式 4	3410	3446	2699	93.90	74.90	62.89	337	276	301	4.03	1.54	0.38	5.95
模式 5	3565	3596	2933	93.90	74.90	62.89	371	311	268	4.97	1.93	0.66	7.56
实测值	4850	4220	3380	94.05	74.82	62.89	297	199	160	2.23	1.91	1.23	5.37

从含沙量过程看，以花园口站为例，按模式 5 及模式 3 计算的含沙量最大，分别为 371kg/m³ 和 365kg/m³，按模式 2 及模式 4 计算的含沙量次之，分别为 340kg/m³ 和 337kg/m³，而按模式 1 计算的含沙量最小，为 300kg/m³。夹河滩与高村两站最大含沙量的计算值具有相似的变化规律。与实测含沙量相比，等厚度分配模式的计算结果与实测值更为接近，误差最大的为水流切应力分配模式。

从整个计算河段的淤积量看，按模式 5 计算的淤积量最大，为 7.56 亿 t，按模式 1 计算的淤积量最小，为 5.28 亿 t；另外三种分配模式计算的河段淤积量基本相当，分别为 5.97 亿 t(模式 2)、5.95 亿 t(模式 4)和 5.81 亿 t(模式 3)。与实测淤积量相比，等厚度分配模式的计算结果最好，水流切应力分配模式的误差最大。从分河段淤积量来看，按五种模式计算的 TX-HYK 河段淤积量的变化规律与整个计算河段相同；但是就 HYK-JHT 及 JHT-GC 两河段的计算淤积量而言，水流切应力分配模式的计算值与实测值最为符合。

综合分析上述计算结果可知，采用一维水沙数学模型进行洪水演进及河床变形计算，为保证计算精度，应合理地选择冲淤面积分配模式。就本次高含沙洪水过程模拟而言，等厚度分配模式的计算结果与实测值更为吻合。不同的冲淤面积分配模式对一维模拟结果有一定的影响，主要表现为对水位影响相对较小，而对流量、含沙量及河道冲淤特性影响较为明显。其中按子断面流量分配与按挟沙力分配模式计算的结果基本一致。

7.6　新动床阻力公式的模拟结果及其分析

将第 5 章中提出的黄河下游动床阻力公式用于一维水沙数学模型中动床阻力的计算。然后采用改进后的一维水沙数学模型复演了 2004 年 8 月黄河下游游荡段发生的高含沙洪水演进与河床变形过程，对比分析了模型计算的流量与含沙量过程、沿程最高水位及河段冲淤量与相应实测值的差异。

图7.27给出了计算的夹河滩站流量及含沙量过程与实测值的对比。分析可知，计算的流量及含沙量过程与实测值总体符合较好，但在洪峰和沙峰前后仍存在一定程度偏差，且流量计算值相对实测值偏小，含沙量计算值相对偏大。计算的夹河滩站最大流量为2650m^3/s，小于实测最大流量3850m^3/s；计算值与实测值的夹河滩断面最大含沙量分别为318kg/m^{3}和258kg/m^3。另外，从该场高含沙洪水洪峰传播时间来看，洪峰从小浪底至高村的实际传播时间约为46.4h，计算的传播时间约为47h，两者仅相差0.6h。

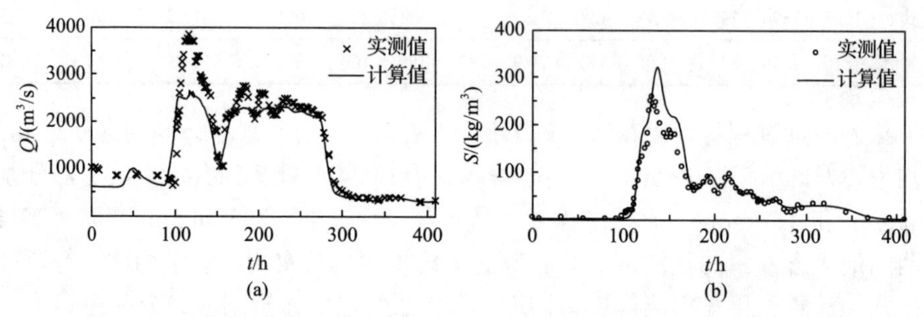

图7.27　2004年高含沙洪水夹河滩站计算与实测流量及含沙量过程比较

此外，图7.28还给出夹河滩站不同粒径组悬移质含沙量计算值与实测值的对比。从图7.28中可知，模型计算的各分组含沙量过程与实测值总体较为吻合，但计算与实测的最大含沙量存在一定差异，模型计算的夹河滩站悬沙细、中、粗三

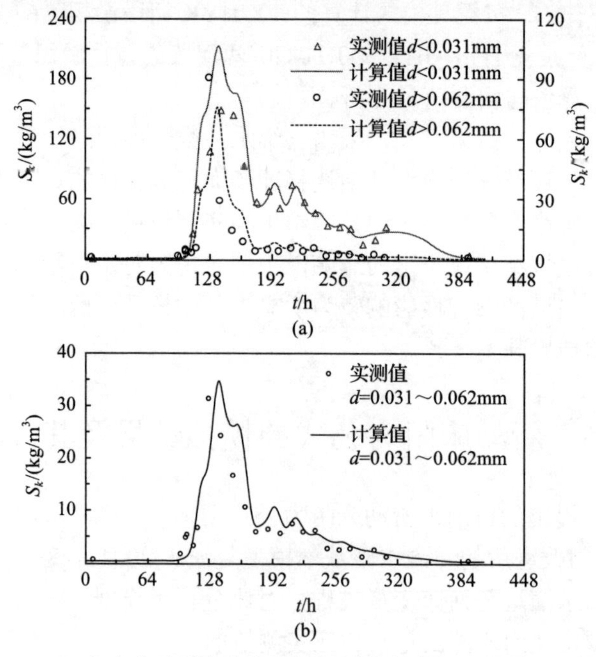

图7.28　2004年高含沙洪水中夹河滩站计算与实测分组含沙量过程比较

部分最大含沙量分别为 213kg/m^3、35kg/m^3 及 76kg/m^3，其中细沙与中沙部分比实测最大含沙量分别增加了 43%和 13%，而粗沙部分比实测最大含沙量减小了 16%。虽然最大含沙量的计算值与实测值相差较大，但总体来看，基于新动床阻力公式的一维水沙数学模型计算的分组含沙量过程及其沙峰出现时刻与实测值比较吻合。

图 7.29 给出了 2004 年 8 月高含沙洪水过程中沿程最高水位的计算值与实测值的比较。由图 7.29 可知，除个别断面位置两者差别较大外，其余两者符合较好。另外从河段冲淤量来看，模型计算值与实测值虽然有一定偏差，但总体冲淤趋势符合较好。模型计算的该河段冲刷量为 0.09 亿 t，而按输沙率法统计该河段冲刷量为 0.07 亿 t。其中花园口以上河段及夹河滩至高村河段的冲淤量与实测值均较为符合，前者冲刷量计算值与实测值分别为 0.154 亿 t 和 0.172 亿 t，后者淤积量计算值与实测值分别为 0.028 亿 t 和 0.031 亿 t；花园口至夹河滩河段的计算淤积量与实测值相差较大，分别为 0.008 亿 t 和 0.072 亿 t。

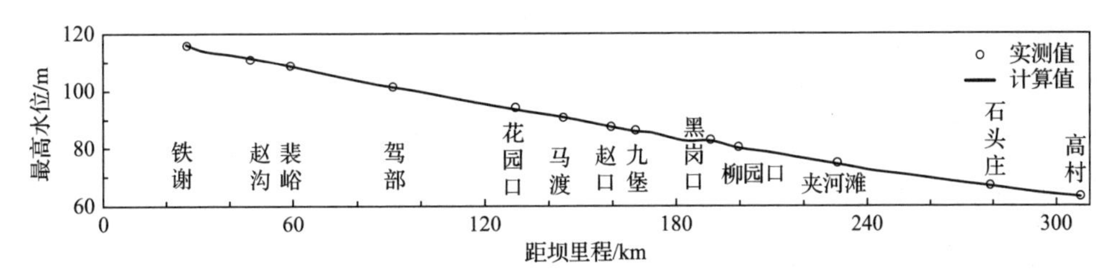

图 7.29　2004 年 8 月高含沙洪水沿程最高水位计算值与实测值比较

上述分析表明一维水沙数学模型采用新的动床阻力公式计算的高含沙洪水流量过程、含沙量过程、沿程水位及河段淤积量总体与实测值较为符合，因此，采用新的动床阻力公式后，该一维水沙耦合模型能较好地模拟出高含沙洪水在黄河下游游荡河段的演进过程。

7.7　本 章 小 结

高含沙洪水是造成黄河下游河道严重淤积的主要原因，并伴随有各种特殊的河床演变现象，如“异常”高水位、局部河段的强烈冲淤等。高含沙洪水挟带大量泥沙，对河床调整远比一般挟沙洪水强烈而迅速。本章采用一维水沙耦合模型研究了黄河下游不同类型的高含沙洪水过程，并分析了不同断面间距及冲淤面积分配模式对一维数学模型计算结果的影响。取得如下结论：

(1) 本章建立了基于一维浑水控制方程的水沙耦合数学模型，模型控制方程包括一维浑水连续方程及动量方程、非均匀悬沙不平衡输移方程及床面冲淤方程等。该模型考虑了非均匀泥沙不平衡输移及河床冲淤对水流运动的影响，而且适用于计算实际游荡型河流复杂断面形态下的洪水演进过程。

(2)本章采用黄河下游游荡段多场实测高含沙洪水过程资料，对所建模型进行了率定和验证。结果表明：各水文断面流量、总含沙量及分组含沙量的计算过程与实测过程总体符合较好，且沿程最高水位及累积河段淤积量的计算值与实测值较为一致。对高含沙洪水过程模拟而言，基于水沙耦合解法的计算结果与实测值更为符合。

(3)不同断面间距对黄河下游高含沙洪水模拟结果的影响表明：在计算边界条件及其他参数相同的条件下，断面间距对下游高含沙洪水模拟结果的影响，主要表现为对沿程水位及流量过程影响相对较小，而对河段冲淤量影响较大。考虑到黄河下游水沙输移及河床冲淤的复杂特性，就该场次高含沙洪水过程而言，计算断面间距的平均值应不超过 3.0km，可使冲淤量计算结果与实测值符合较好。

(4)不同冲淤面积分配模式下，一维数学模型计算结果表明：等厚度分配模式的计算结果与实际符合相对较好，按子断面流量分配与按挟沙力分配模式计算的结果基本一致。冲淤面积分配模式对水位影响相对较小，而对流量、含沙量及河道冲淤过程影响较为明显，尤其在淤积严重的游荡河段。

第8章　黄河下游滩区洪水的二维水沙数学模型

黄河下游滩区是下游河道的重要组成部分，同时又是当地群众生产及生活的栖息地。当高含沙洪水进入滩区后，往往伴随强烈的水沙输移及滩面冲淤过程，通常采用二维水沙耦合数学模型模拟滩区洪水的演进过程。本章提出的二维水沙耦合数学模型，主要由二维浑水控制方程、非均匀沙不平衡输移方程及床面冲淤方程组成，采用水沙耦合解法以及基于无结构三角网格下的有限体积法离散。同时利用 Roe-MUSCL 方法以及时间方向的预估-校正格式，使模型在时空方向具有二阶计算精度。然后采用已有算例及水槽试验资料验证了该模型的计算精度。最后开展黄河下游典型滩区的概化模型试验，研究不同流量下溃堤洪水的演进特性，再采用二维数学模型计算模型滩区与原型滩区的洪水演进过程，深入分析不同网格尺度及不同糙率取值等对计算结果的影响。

8.1　二维水沙数学模型研究现状

漫滩洪水往往导致群众财产及生命损失等灾难性后果，而二维水沙数学模型是开展洪水风险评估的重要工具。在过去数十年中，随着计算机性能及数值计算方法的进步，一维及二维水流的数值模拟变得十分普遍，但这些模型大部分仅适用于模拟定床条件下的水流演进过程（Stoker, 1957; Sleigh et al., 1998; Bradford and Sanders, 2002; Zhou et al., 2004; Liao et al., 2007）。在黄河下游主槽或滩区内的洪水演进过程中，床面冲淤速率可与水流变化速率相当。因此需要开展动床条件下洪水演进的数值模拟，采用水沙耦合方法求解浑水控制方程。

水沙数值模拟一直是河流动力学研究的热点问题之一，国内外许多学者都开展了这方面的研究。刘树坤等（1991）开发了能反映滩区水沙运动规律的二维模型，对滩唇地形进行了概化处理，采用结构化网格模拟了小清河分洪区的洪水演进过程。采用二维水沙数学模型模拟洪水在主槽与滩区内的演进过程，可得到滩区的淹没范围及生产堤、道路、村庄等阻水情况（程晓陶等, 1998; 刘树坤等, 1999）。孙东坡等（2007）建立了基于交替方向隐格式（alternating direction implicit）的平面二维水沙数学模型，用于模拟黄河下游夹河滩至高村河段的洪水演进。李大鸣等（2009）采用有限体积法建立了适应河道、滞洪区复杂情况的洪水演进一、二维衔接数学模型，并模拟了大清河滞洪区的洪水演进。目前，滩区洪水模型采用常见的矩形或不规则四边形网格，且网格尺寸较大，故模型对各类边界适应性相对较差。万洪涛等(2002)对渠堤、道路等阻水建筑物按内部边界条件处理，采用基于无结构网格的有限体积法建立了花园口至夹河滩河段的二维洪水演进模型。Xia等(2012)建立了基于无结构三角网格下采用有限体积法求解的二维水动力学模型，用于模拟调水调沙试验期间夹河滩至高村河段洪水在主槽内的演进过程。国外学者模拟滩区洪水演进时一般不考虑泥沙输移及床面变形过程，且大部分采用扩散波模型(Bates and de Roo, 2000; Horritt, 2004; Horritt et al., 2006; Yu and Lane, 2006)。Caleffi 等(2003)采用二维浅水方程模拟了 Toce 河的洪水演进。Bates 等(2006)基于高精度的数字地形高程，采用扩散波模型计算了英国 Severn 河滩区的洪水演进过程。目前，具有 TVD 特性的有限体积算法被认为是模拟溃坝洪水流动较为成功的计算方法之一，因此该算法已广泛地应用于漫滩洪水演进过程的数值模拟。考虑到滩区洪水演进具有地形复杂且急缓流交替等特点，因此采用基于无结构三角网格下的有限体积法求解的二维模型，具有明显的优越性，能够更好地模拟洪水演进过程。

由于人类活动的影响，滩地上存在各类植被与阻水建筑物，因此具有复杂的地貌类型是黄河下游滩区的一项重要特征。黄河下游滩区包括耕地、村庄及避水台、道路、生产堤及渠堤、控导护滩工程等多种地貌类型，因此滩地阻力分布复杂，在数值模拟过程中需要进行特别处理。孙东坡等(2007)在模拟村庄阻水作用时，认为水深较浅时村庄不过流；水深较大时，村庄可以过流但一般将曼宁糙率系数设为 0.06～0.08。程晓陶等(1998)对滩地不同植被下的糙率按常用惯例取值，并用面积修正率考虑村庄密集程度对水流运动的影响。万洪涛等(2002)按滩地土地利用分布图确定各个网格的糙率。国外研究者在模拟滩区洪水时，所用地形精度相对较高(如激光雷达(light detection and ranging，LiDAR)数据)，计算植被阻力较为精细。如 Mason 等(2003)在模拟英国 Severn 河洪水时考虑了不同植被高度对阻力的影响；Yu 和 Lane(2006)研究网格内地形变化对洪水传播的影响；Forzieri 等(2011)采用卫星遥感资料确定滩区不同类型的植被阻力；Horritt 等(2006)的研究表明，滩区洪水模拟中计算网格密度比地形精度更影响计算结果。因此需要在二维水沙数值模拟过程中合理地选用计算网格，并考虑滩地下垫面类型及地貌阻力对洪水演进的影响。

8.2　二维水沙耦合数学模型的建立

平面二维水沙耦合数学模型采用浑水控制方程，主要由二维浑水动力学控制方程、非均匀沙不平衡输移方程及床面冲淤方程组成，采用水沙耦合解法以及基于无结构三角网格下的有限体积法离散(夏军强等, 2011)。采用 Roe-MUSCL 方法以及时间方向的预估-校正格式，使模型在时空方向具有二阶计算精度。下面将详细地给出模型的控制方程、数值解法及关键问题的处理。

8.2.1　二维浑水控制方程

1. 水动力学控制方程

动床条件下溃坝水流的水动力学控制方程由二维浑水连续方程及 x、y 方向的运动方程组成（谢鉴衡, 1990），可以写成如下形式：

$$\frac{\partial}{\partial t}(h)+\frac{\partial}{\partial x}(hu)+\frac{\partial}{\partial y}(hv)=-\frac{\partial Z_b}{\partial t} \tag{8.1}$$

$$\frac{\partial}{\partial t}(hu)+\frac{\partial}{\partial x}\left(hu^2+\frac{1}{2}gh^2\right)+\frac{\partial}{\partial y}(huv)=gh(S_{bx}-S_{fx})+hv_t\left(\frac{\partial^2 u}{\partial x^2}+\frac{\partial^2 u}{\partial y^2}\right)-\frac{\Delta\rho gh^2}{2\rho_s\rho_m}\frac{\partial S}{\partial x}+\frac{\rho_0-\rho_m}{\rho_m}\frac{u\partial Z_b}{\partial t} \tag{8.2}$$

$$\frac{\partial}{\partial t}(hv)+\frac{\partial}{\partial x}(huv)+\frac{\partial}{\partial y}\left(hv^2+\frac{1}{2}gh^2\right)=gh(S_{by}-S_{fy})+hv_t\left(\frac{\partial^2 v}{\partial x^2}+\frac{\partial^2 v}{\partial y^2}\right)-\frac{\Delta\rho gh^2}{2\rho_m\rho_s}\frac{\partial S}{\partial y}+\frac{\rho_0-\rho_m}{\rho_m}\frac{v\partial Z_b}{\partial t} \tag{8.3}$$

式中，t 为时间；h 为水深；u、v 分别为 x、y 方向的水流流速；g 为重力加速度；v_t 为水流的紊动黏滞系数；$\Delta\rho=\rho_s-\rho_f$，ρ_s 为泥沙密度，ρ_f 为清水密度；ρ_m 为浑水密度；S 为总含沙量；ρ_0、ρ' 分别为床沙的饱和湿密度及干密度；S_{bx}、S_{by} 为床面底坡项，S_{fx}、S_{fy} 为床面摩阻项，可分别表示为 $S_{bx}=-\partial Z_b/\partial x$、$S_{by}=-\partial Z_b/\partial y$、$S_{fx}=n^2u\sqrt{u^2+v^2}/h^{4/3}$ 及 $S_{fy}=n^2v\sqrt{u^2+v^2}/h^{4/3}$，$n$ 为曼宁糙率系数；Z_b 为床面高程。

2. 非均匀沙不平衡输移方程

二维悬移质泥沙的不平衡输移方程可以写成如下形式：

$$\frac{\partial}{\partial t}(hS_k)+\frac{\partial}{\partial x}(huS_k)+\frac{\partial}{\partial y}(hvS_k)=\frac{\partial}{\partial x}\left(h\varepsilon_s\frac{\partial S_k}{\partial x}\right)+\frac{\partial}{\partial y}\left(h\varepsilon_s\frac{\partial S_k}{\partial y}\right)-\alpha_{sk}\omega_{sk}(S_k-S_{*k}) \tag{8.4}$$

式中，ε_s 为泥沙的紊动扩散系数；S_k、S_{*k}、ω_{sk} 及 α_{sk} 分别为第 k 粒径组泥沙的含沙量、水流挟沙力、浑水沉速及恢复饱和系数。

3. 床面变形方程

由悬移质及推移质泥沙不平衡输移引起的床面变形方程，可分别表示为

$$\rho' \frac{\Delta Z_{sk}}{\Delta t} = \alpha_k \omega_{sk} (S_k - S_{*k}) \text{ 与 } \rho' \frac{\Delta Z_{bk}}{\Delta t} = \alpha_{bk} \omega_{bk} (q_{bk} - q_{b*k}) \tag{8.5}$$

因此总的床面冲淤厚度可表示为

$$\Delta Z_t = \sum_{k=1}^{N_s} \Delta Z_{sk} + \sum_{k=N_s+1}^{N} \Delta Z_{bk} \tag{8.6}$$

式(8.5)和式(8.6)中，N 为非均匀沙分组数；N_s 为悬移质泥沙的分组数；ΔZ_{sk}、ΔZ_{bk} 分别为悬移质及推移质输移在一个时间步长内引起的分组冲淤厚度；ΔZ_t 为相应时段内总的床面冲淤厚度。因此时段末单元中心的河底高程可以表示为 $(Z_b)^{l+1} = (Z_b)^l + \Delta Z_t$，上标 l 指某一时间层。

4. 水流挟沙力计算

此处采用吴保生和龙毓骞(1993)提出的悬移质挟沙力计算公式：

$$S_* = 0.452 \left[\frac{\gamma_m}{\gamma_s - \gamma_m} \frac{U^3}{gh\omega_m} \right]^{0.762} \tag{8.7}$$

式中，U 为垂线平均流速，且 $U = \sqrt{u^2 + v^2}$；γ_s、γ_m 分别为泥沙及浑水容重；ω_m 为群体沉速，可用韩其为(1979)提出的方法计算；S_* 为水流挟沙力。

采用窦国仁(2001)提出的公式计算分组推移质挟沙力，可由式(8.8)表示(窦希萍, 2005)：

$$q_{b0k} = \frac{K_b}{C_0^2} \frac{\rho_s \rho_m}{\rho_s - \rho_m} (U - U_{ck}) \frac{U^3}{g\omega_{bk}} \cdot \Delta P_{bk} \tag{8.8}$$

式中，q_{b0k} 为第 k 粒径组推移质泥沙的单宽挟沙力；K_b 为一系数；U_{ck} 为起动流速；C_0 为无量纲的谢才系数，且 $C_0 = C / \sqrt{g}$，$C = h^{1/6} / n$；ΔP_{bk} 为床沙级配。故单位水体中推移质分组挟沙力可表示为 $q_{b*k} = q_{b0k} / hU$。

5. 床沙级配调整

为模拟床面冲淤过程中的床沙粗化或细化现象，本模型将床沙分为两层：最上层的床沙活动层及其该层以下的分层记忆层。床沙活动层厚度为 H_m，相应级

配为 ΔP_{bk}。分层记忆层可根据实际情况共分 N 层，各层厚度及相应级配分别为 ΔH_N、ΔP_{Nk}。在计算中，当 t+1 时刻各粒径组泥沙发生淤积时，则记忆层数相应增加，且该层级配为 t 时刻的床沙活动层级配 ΔP_{bk}^t。当各粒径组泥沙均发生冲刷时，根据冲刷量的大小，记忆层数相应地减少若干层，且级配作相应的调整。关于冲淤过程中床沙级配的调整计算，可详见相关文献(Wang et al., 2008)。

6. 滩区阻力取值

考虑到滩地不同类型地物地貌单元的差异，各单元阻力以综合曼宁系数的形式分别考虑。一般根据滩区土地的不同利用类型，主要考虑一般闲置滩地、村庄、田地、林地 4 种，分别对计算单元的糙率进行单独赋值。田地植被区域阻力采用第 6 章提出的植被糙率公式(6.36)计算；其他土地类型的阻力一般按常用惯例取定值。

8.2.2　浑水控制方程的数值求解

本模型采用无结构三角网格下的有限体积算法离散浑水控制方程，同时采用单元中心方式，即所有守恒变量值存储于单元中心，相邻两个单元的公共面为计算界面。无结构三角网格下的控制单元，如图 8.1 所示。

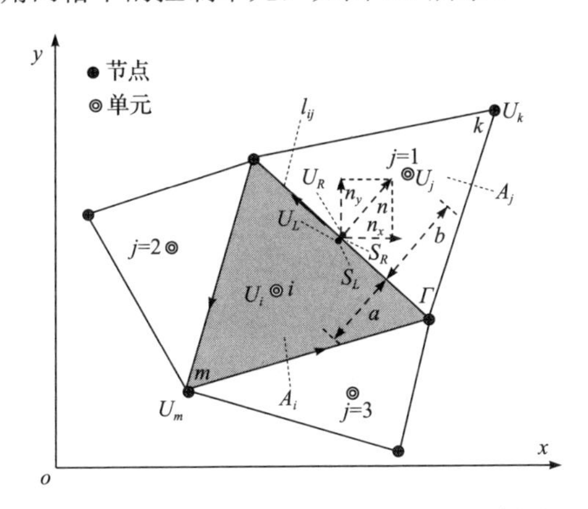

图 8.1　无结构三角网格的控制单元示意图

采用有限体积算法离散控制方程，式(8.1)～式(8.4)可以进一步写成如下守恒形式：

$$\frac{\partial \boldsymbol{U}}{\partial t}+\frac{\partial \boldsymbol{E}}{\partial x}+\frac{\partial \boldsymbol{G}}{\partial y}=\frac{\partial \tilde{\boldsymbol{E}}}{\partial x}+\frac{\partial \tilde{\boldsymbol{G}}}{\partial y}+\boldsymbol{S} \tag{8.9}$$

式中，$\boldsymbol{U}$ 为守恒向量；$\boldsymbol{E}$、$\boldsymbol{G}$ 分别为 x、y 方向的对流通量；$\tilde{\boldsymbol{E}}$、$\tilde{\boldsymbol{G}}$ 分别为 x、y 方向的扩散通量；$\boldsymbol{S}$ 为源项向量，包括床面坡降项、摩阻项及泥沙输移与床面变形引起的附加项。式(8.9)中各项可进一步表示为

$$\boldsymbol{U}=\begin{bmatrix} h \\ hu \\ hv \\ hS_k \end{bmatrix}、\boldsymbol{E}=\begin{bmatrix} hu \\ hu^2+\frac{1}{2}gh^2 \\ huv \\ huS_k \end{bmatrix}、\boldsymbol{G}=\begin{bmatrix} hv \\ huv \\ hv^2+\frac{1}{2}gh^2 \\ hvS_k \end{bmatrix}、\tilde{\boldsymbol{E}}=\begin{bmatrix} 0 \\ \nu_t h(\partial u/\partial x) \\ \nu_t h(\partial v/\partial x) \\ \varepsilon_s h(\partial S_k/\partial x) \end{bmatrix}、$$

$$\tilde{\boldsymbol{G}}=\begin{bmatrix} 0 \\ \nu_t h(\partial u/\partial y) \\ \nu_t h(\partial v/\partial y) \\ \varepsilon_s h(\partial S_k/\partial y) \end{bmatrix} 与 \boldsymbol{S}=\begin{bmatrix} 0 \\ +gh(S_{bx}-S_{fx}) \\ +gh(S_{by}-S_{fy}) \\ -\alpha_{sk}\omega_{sk}(S_k-S_{*k}) \end{bmatrix}+\begin{bmatrix} -\partial Z_b/\partial t \\ -\frac{\Delta\rho g h^2}{2\rho_m\rho_s}\frac{\partial S}{\partial x}+\frac{\rho_0-\rho_m}{\rho_m}u\frac{\partial Z_b}{\partial t} \\ -\frac{\Delta\rho g h^2}{2\rho_m\rho_s}\frac{\partial S}{\partial y}+\frac{\rho_0-\rho_m}{\rho_m}v\frac{\partial Z_b}{\partial t} \\ 0 \end{bmatrix} \tag{8.10}$$

式(8.10)仅考虑悬移质泥沙输移方程。如果忽略泥沙扩散项，式(8.10)很容易增加考虑推移质输移。将式(8.10)沿控制体 A_i 积分可得

$$\int_{A_i}\frac{\partial \boldsymbol{U}}{\partial t}\mathrm{d}A+\int_{A_i}\nabla\cdot\boldsymbol{F}\mathrm{d}A=\int_{A_i}\nabla\cdot\boldsymbol{T}\mathrm{d}A+\int_{A_i}\boldsymbol{S}\mathrm{d}A \tag{8.11}$$

式中，$\boldsymbol{F}=(\boldsymbol{E},\boldsymbol{G})$；$\boldsymbol{T}=(\tilde{\boldsymbol{E}},\tilde{\boldsymbol{G}})$。假设单元平均值 $\boldsymbol{U}$ 存储于单元中心，则式(8.11)中的面积分可用线积分进一步表示为

$$\frac{\partial \boldsymbol{U}}{\partial t}\Delta A_i+\oint_{\Gamma}F_n(\boldsymbol{U})\mathrm{d}\Gamma=\oint_{\Gamma}T_n(\boldsymbol{U})\mathrm{d}\Gamma+\boldsymbol{S}(\boldsymbol{U})\Delta A_i \tag{8.12}$$

式中，Γ 为控制体 A_i 的边界；$F_n(\boldsymbol{U})=\boldsymbol{F}\cdot\boldsymbol{n}=\boldsymbol{E}n_x+\boldsymbol{G}n_y$；$T_n(\boldsymbol{U})=\boldsymbol{T}\cdot\boldsymbol{n}=\tilde{\boldsymbol{E}}n_x+\tilde{\boldsymbol{G}}n_y$；$\boldsymbol{n}$ 为边界 Γ 外法线方向的单位向量，n_x、n_y 分别为 $\boldsymbol{n}$ 在 x、y 方向分量。式(8.12)中线积分在三角单元中还可近似表示为

$$\oint_{\Gamma}F_n(\boldsymbol{U})\mathrm{d}\Gamma=\sum_{j=1}^{3}F_{ij}\Delta l_{ij} 与 \oint_{\Gamma}T_n(\boldsymbol{U})\mathrm{d}\Gamma=\sum_{j=1}^{3}T_{ij}\Delta l_{ij} \tag{8.13}$$

式中，Δl_{ij} 为第 i 单元第 j 条边的长度；F_{ij}、T_{ij} 分别为通过界面 Γ 的对流通量与扩散通量。其中扩散通量一般可表示为 $T_{ij}=\tilde{\boldsymbol{E}}n_x+\tilde{\boldsymbol{G}}n_y$。这样式(8.11)最终可表示为

$$\frac{\partial \boldsymbol{U}_i}{\partial t}=-\frac{1}{\Delta A_i}\sum_{j=1}^{3}F_{ij}\Delta l_{ij}+\frac{1}{\Delta A_i}\sum_{j=1}^{3}(\tilde{\boldsymbol{E}}n_x+\tilde{\boldsymbol{G}}n_y)\Delta l_{ij}+\boldsymbol{S}(\boldsymbol{U}_i) \tag{8.14}$$

因此有限体积算法的关键问题是如何计算通过界面的水流及泥沙的对流通量 F_{ij}（谭维炎, 1998）。

1. Roe-MUSCL 方法计算水流对流通量

利用二维浅水方程的旋转不变性，可以将界面通量计算转换为求解局部的一维 Riemann 问题（Godunov, 1959）。通过单元 A_i 与 A_j 界面 $\varGamma$ 的法向通量可以用近似 Riemann 解求出，即

$$F_{ij}=F^{*}\left[(\boldsymbol{U}_L)_{ij},(\boldsymbol{U}_R)_{ij}\right] \tag{8.15}$$

式中，F^{*} 为近似 Riemann 解；$(\boldsymbol{U}_L)_{ij}$、$(\boldsymbol{U}_R)_{ij}$ 分别为状态变量在界面两侧的值。采用不同的近似 Riemann 解及状态变量插值方法，可以得到不同的计算格式。基于 Roe 近似的 Riemann 解与 MUSCL 方法结合，即 Roe-MUSCL 方法的计算精度较高（Wang and Liu, 2000）。因此本节采用该方法计算水流对流通量，则式(8.15)可进一步表示为

$$F^{*}\left[(\boldsymbol{U}_L)_{ij},(\boldsymbol{U}_R)_{ij}\right]=0.5\left\{[\boldsymbol{F}(\boldsymbol{U}_R)_{ij}+\boldsymbol{F}(\boldsymbol{U}_L)_{ij}]\cdot\boldsymbol{n}-\left|\widehat{\boldsymbol{A}}\right|[(\boldsymbol{U}_R)_{ij}-(\boldsymbol{U}_L)_{ij}]\right\} \tag{8.16}$$

式中，$\boldsymbol{F}(\boldsymbol{U}_L)_{ij}$、$\boldsymbol{F}(\boldsymbol{U}_R)_{ij}$ 分别为界面 $\varGamma$ 两侧的法向通量；$\widehat{\boldsymbol{A}}$ 为基于 Roe 平均下的 Jacobian 矩阵（Roe, 1981）。本模型采用 van Leer（1979）提出的 MUSCL 方法重构界面两侧的状态变量值（$\boldsymbol{U}_R$ 与 $\boldsymbol{U}_L$），同时采用 Roe 和 Baines（1981）提出的 minmod 函数对变量坡度进行限制。这类限制器可确保解的正性，且已广泛地应用于具有 TVD 特性的计算格式中。因此采用 Roe-MUSCL 方法可使计算格式在空间方向具有二阶计算精度。

2. 迎风格式计算泥沙对流通量

式(8.14)中的泥沙对流通量不采用近似 Riemann 求解，可由泥沙浓度与通过界面的水流通量直接相乘求得。在图 8.1 中，假设 S_R、S_L 分别为界面两侧的浓度，P、Q 分别为通过界面的单宽流量在 x、y 方向的分量。故通过界面的单宽流量 F_f 等于 Pn_x+Qn_y，这样界面两侧的泥沙通量分别为 $F_f\cdot S_L$ 及 $F_f\cdot S_R$。采用迎风格式计算通过界面的泥沙对流通量，可由式(8.17)表示：

$$F_s=[F_f\cdot S_L+F_f\cdot S_R-\left|F_f\right|(S_R-S_L)]/2 \tag{8.17}$$

3. 控制方程中的源项处理

式(8.9)中的源项 $\boldsymbol{S}$ 主要包括床面底坡项、摩阻项以及由泥沙输移与床面冲淤

引起的附加项。在三角形网格中，其三个顶点位于同一平面上，故床面底坡项较容易处理。根据已知三个顶点的坐标及高程，可求出该网格上的平面函数及相应底坡项。对于摩阻项，一般显式处理会导致计算不稳定，尤其在小水深时(Caleffi et al., 2003; Yoon and Kang, 2004)。故在本模型中采用半隐式的计算格式处理该项，即

$$(S_{fx},S_{fy})=\left[\left(n^2\sqrt{u^2+v^2}\ /\ h^{7/3}\right)^l (hu)^{l+1},\left(n^2\sqrt{u^2+v^2}\ /\ h^{7/3}\right)^l (hv)^{l+1}\right] \tag{8.18}$$

式中，l 为某一时间层。将式(8.18)代入式(8.14)，便可求得时段末的状态变量 $(hu)^{l+1}$ 及 $(hv)^{l+1}$。

通过直接求解单元内总含沙量变化梯度以及已知上一时刻的床面冲淤速率，可求出由泥沙输移与床面冲淤引起的附加项。

4. 时间二阶积分

为获得高阶的时间离散格式，可以通过多种计算格式实现(谭维炎, 1998)。本书采用 Runge-Kutta 方法获得二阶精度的时间离散格式，即常见的预估-校正格式。令式(8.14)中右侧各项为 $L(\boldsymbol{U})$，则时间二阶积分可由式(8.19)表示：

$$\boldsymbol{U}^{l+1}=\boldsymbol{U}^l+\Delta tL\left(\boldsymbol{U}^{l+\frac{1}{2}}\right) \tag{8.19}$$

式中，$\boldsymbol{U}^{l+\frac{1}{2}}=(\boldsymbol{U}^l+\boldsymbol{U}^*)/2$，$\boldsymbol{U}^*=\boldsymbol{U}^n+\Delta tL(\boldsymbol{U}^l)$。由于该格式为显式，时间步长受收敛条件判断(Courant-Friedrichs-Lewy)条件限制。

5. 干湿界面处理

在模拟溃坝洪水流动时，水位变化使得实际计算区域不断变化。为准确地模拟这种动边界过程，通常需要引入界面干湿处理方法。在二维浅水流动控制方程的有限体积算法中，已有很多界面干湿处理方法。如 Zhao 等(1996)、Sleigh 等(1998)提出了类似的界面干湿处理方法，他们在计算中将单元分为三类，即湿单元、干单元及半干单元。对半干单元的界面，仅考虑水流质量输移，而不考虑动量传递。大部分模型在实际计算中，通常引入最小水深来判断单元的干湿(Bradford and Sanders, 2002; Zhou et al., 2004; Yoon and Kang, 2004; Liao et al., 2007)。在本模型中，同样引入最小水深来判断单元干湿，同时借鉴并改进了 Falconer 和 Chen(1991)提出的规则计算网格中的干湿处理方法，使其能适用于无结构三角网格。该方法可具体描述如下(夏军强等, 2010a)：

(1)首先在每一个计算时间步之前判断各单元的属性。所有计算单元可划分为以下 3 类：湿单元、有效干单元及无效干单元。如某一单元 i 中心的水深 h_i 大于

最小水深 $h_{\min}$，则该单元为湿单元，如果 h_i 小于 $h_{\min}$，则该单元为干单元，且令流速为 0。同时干单元可以进一步划分为有效干单元及无效干单元两类。如某一干单元相邻的 3 个单元均为干单元，则该单元为无效干单元；如干单元相邻的 3 个单元中至少有一个单元为湿单元，则该单元为有效干单元。对于有效干单元，与湿单元一起参与计算；对于无效干单元，可暂时从计算区域中剔除。当某一时段内无效干单元较多时，这种处理方法可提高计算效率。

(2) 然后检查每一计算时间步之后湿单元或有效干单元转为干单元的可能性。如果计算的单元中心水深 h_i 小于 $h_{\min}$，则该单元变为干单元。此外，如某一单元 h_i 大于 $h_{\min}$，但其周围单元的最大水深 $\max(h_j)$ 小于某一小水深 h_{set} 但大于 $h_{\min}$，则该单元转为有效干单元，令其水位保持在上一时刻湿单元时的水位。该方法中，h_{set} 一般可取 2～2.5 $h_{\min}$。

(3) 最后检查每一时间步后无效干单元转为有效干单元的可能性。如果某无效干单元 i 相邻的一个湿单元 j 中心的水位既大于单元 i 中心的高程，同时又大于其公共界面中心的高程，则该无效干单元将转变为有效干单元，并重新纳入计算区域，参与下一时间步的计算。

上述过程将在每一计算时间步中依次使用，因此改进后的干湿界面处理方法系统地考虑了无效干单元重新参与或不参与计算的过程。在该方法中不允许水流从干单元中流出，有效干单元只有当足够的水流通量流入后，才有可能变为湿单元。因此该方法与 Bradford 和 Sanders (2002) 及 Liao 等 (2007) 采用的方法不同，不仅考虑了界面干湿处理时的水流流向，而且可将无效干单元暂时从计算区域中剔除，有利于减少计算时间。

6. 边界条件处理

实际的浅水流动问题一般包括两类边界：闭边界 (陆地边界) 及开边界。在陆地边界，一般采用滑移边界条件，即设边界处法向流速为零、切向流速不为零且水深及含沙量等变量在边界上的法向梯度为零。对开边界，一般给定水位过程、流量过程、水位流量关系，而相应的其他变量则采用 Riemann 不变问题求解 (Sleigh et al., 1998; Zhao et al., 1994; 1996)。自由出流的开边界条件，一般设定各变量在边界上的法向梯度为零 (Zhou et al., 2004; Liao et al., 2007)。

7. 床面变形计算

采用显格式离散床面变形方程 (8.5)，第 l 时间层到第 $l+1$ 时间层内的 ΔZ_{sk} 及 ΔZ_{bk} 分别为

$$\Delta Z_{sk} = \Delta t \left\{ [\alpha_{sk}\omega_{sk}(S_k - S_{*k})]^l + [\alpha_{sk}\omega_{sk}(S_k - S_{*k})]^{l+1} \right\} \Big/ (2\rho') \tag{8.20}$$

$$\Delta Z_{bk}=\Delta t\left\{[\alpha_{bk}\omega_{bk}(q_{bk}-q_{b*k})]^{l}+[\alpha_{bk}\omega_{bk}(q_{bk}-q_{b*k})]^{l+1}\right\}\Big/(2\rho') \qquad (8.21)$$

因此，根据式(8.20)及式(8.21)，很容易求得总冲淤厚度及时段末单元中心的床面高程。

8.3　二维水沙耦合数学模型的率定及验证

运用已有模型的算例结果及动床水槽试验数据对本章提出的二维水沙耦合模型进行初步验证，包括 2 个定床溃坝算例：理想条件下二维瞬时局部溃坝水流模拟；逐渐收缩及放宽水槽内溃坝水流模拟。2 个动床溃坝算例：突然展宽水槽内溃坝水流演进与床面冲淤模拟；局部可冲刷水槽内溃坝水流引起的床面冲淤模拟。

8.3.1　理想条件下二维瞬时局部溃坝水流模拟

Fennema 和 Chaudhry(1990)提出了一个理想条件下二维瞬时局部溃坝水流的经典数值算例。尽管该算例没有解析解，但仍广泛地用于溃坝水流模型中各种算法的检验（Zhao et al., 1996; Wang and Liu, 2000; Caleffi et al., 2003）。该算例计算域是一面积为 200m×200m 平底、无阻力、床面不可冲刷的矩形区域，中间有一薄挡水坝将该区域分成两部分，坝上游水深为 10m，坝下游水深为 5m。计算中取下游边界(x=200m)处为自由出流边界，其余侧面均为固壁边界。假设时段初位于 y=95～170m 处的坝体突然溃决，溃坝水流以顺行正波向下游演进，同时以逆行负波向上游传播。采用本模型模拟局部坝体瞬间溃决后的水流演进过程，图 8.2 所示为模拟所得溃坝后 7.2s 的水位及流速分布。该模拟结果与其他模型的计算结果十分吻合（Zhao et al., 1996; Wang and Liu, 2000; Caleffi et al., 2003）。

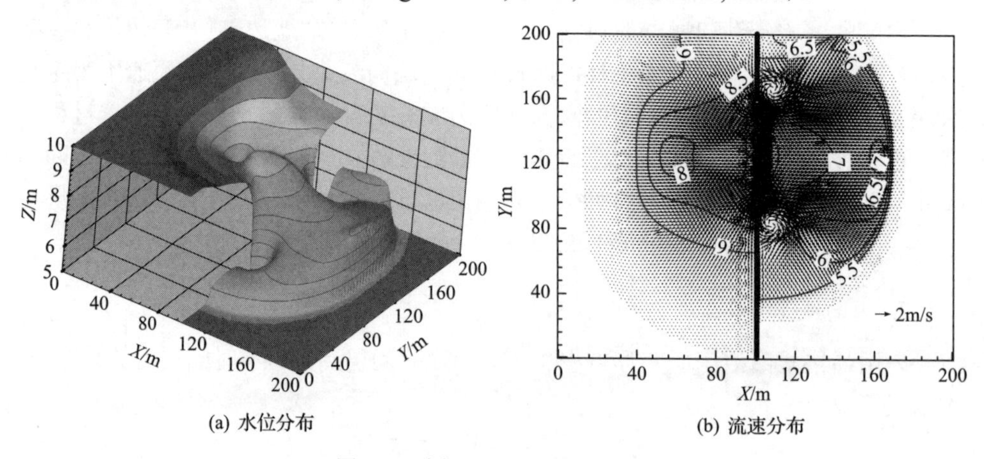

(a) 水位分布　　(b) 流速分布

图 8.2　溃坝 7.2s 后的模拟结果

8.3.2　逐渐收缩及放宽水槽内溃坝水流模拟

Bellos 等(1992)开展了不同水流及床面底坡条件下溃坝水流的定床水槽试验，本章仅模拟其中的一组试验。该试验在一个长 21.2m、宽 1.40m、深 0.60m、底坡为 0.006 的水槽内进行。为达到具有二维特性的溃坝水流，试验中一侧边壁具有逐渐收缩及放宽过程的外形。一可活动坝体位于水槽中部最窄断面处，宽度为 0.6m，如图 8.3 所示。坝上游初始水位为 0.376m，坝下游为干河床。初始时刻该活动坝体突然打开，溃坝水流向下游演进。

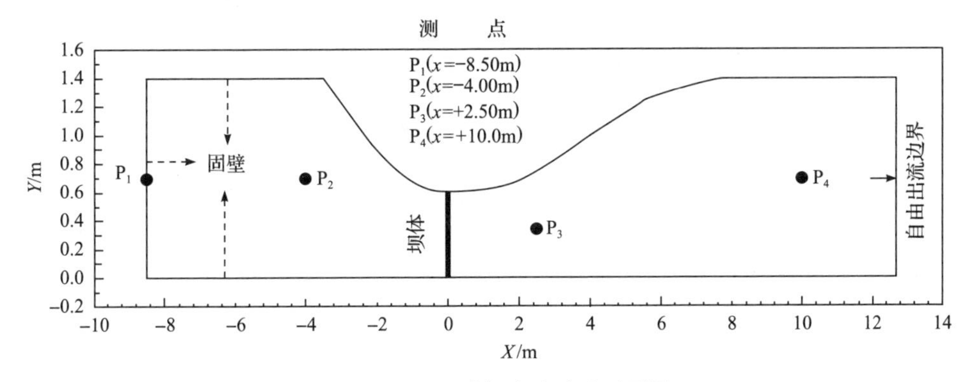

图 8.3　Bellos 溃坝水流试验平面图

采用本书提出的模型模拟这次溃坝水流过程。坝下游出口采用自由出流边界条件，其余侧面均采用固壁边界条件。整个计算区域划分为 3213 个无结构三角网格，且在坝址附近对网格进行了局部加密。计算中曼宁糙率取 0.012，时间步长为 0.05s，干湿界面处理的最小水深为 0.5mm。图 8.4 给出了不同位置处计算与实测的水深变化过程。模拟结果表明：坝上游两测点计算的水深过程与实测过程较为符合，而坝下游两测点计算的最大水深略大于实测值。

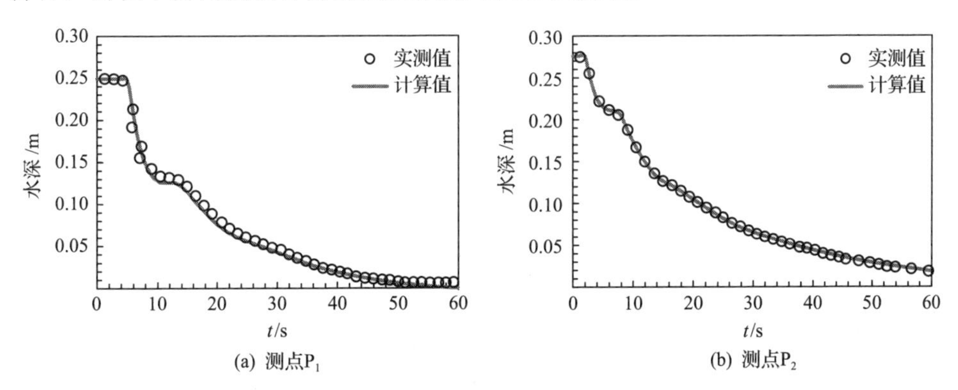

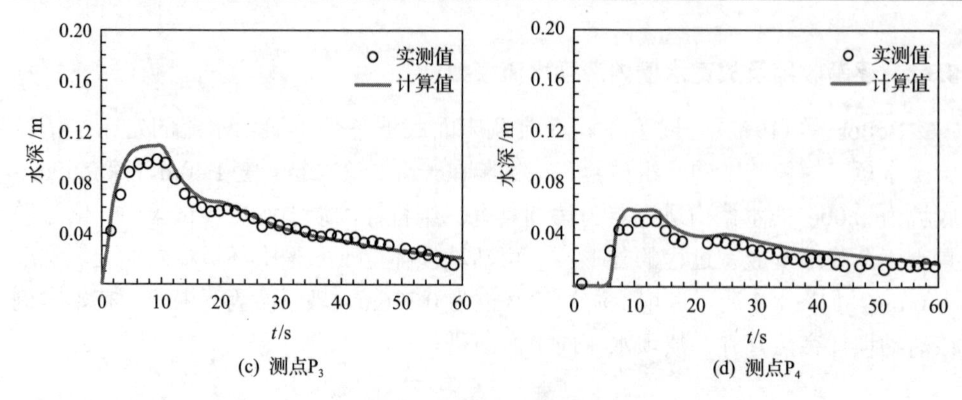

图 8.4 不同位置处计算值与实测值的水深过程比较

8.3.3 突然展宽水槽内溃坝水流演进与床面冲淤模拟

比利时鲁汶大学土木工程实验室近年来开展了一系列动床条件下的溃坝水流试验(Zech et al., 2008; Spinewine and Zech, 2007)。本书模拟的试验是在长 6m、床面可冲刷的水槽内进行。一活动坝体位于 x=3.0m 处，在该坝下游 1.0m 处水槽宽度由 0.25m 突然展宽到 0.5m，如图 8.5 所示。整个水槽内平铺一层 10cm 厚均匀的天然粗沙，其中值粒径为 1.82mm，密度为 2680kg/m^3。初始时刻坝上游水深为 0.25m，坝下游没有水。采用本章提出的模型计算溃坝水流在动床上的演进过程。模型中计算区域包括 8156 个三角形计算网格，并在坝下游局域区域进行了网格加密。下游出口边界采用自由出流边界条件，其余边界采用固壁边界条件。由于床面泥沙较粗，故模型中仅采用推移质泥沙输移模块来计算床面冲淤。

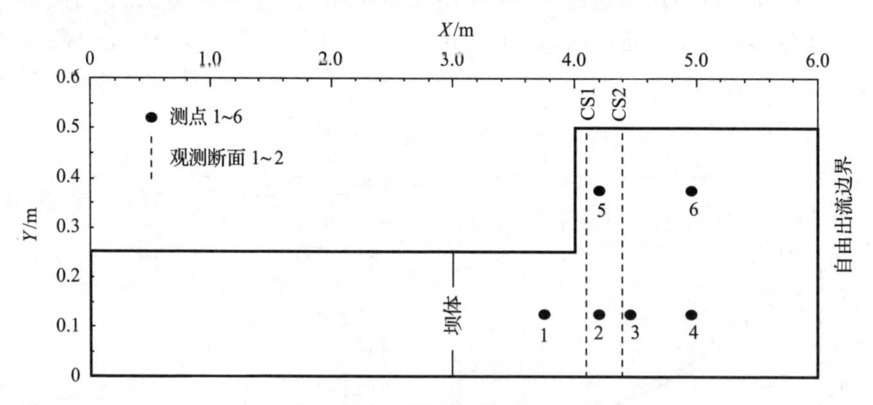

图 8.5 突然展宽水槽内溃坝水流试验平面图

图 8.6 给出了不同测点 1～6 计算与实测的水位过程。尽管溃坝水流在动床上演进，但水位模拟结果总体上与实测过程较为符合。而溃坝水流作用下的床面冲淤相对较为复杂，计算的最终断面形态可以反映床面变形的趋势，如图 8.7 所示，

但与试验结果差别较大。这可能与推移质挟沙力公式适用条件有关。现有公式往往适用于水深相对较大而流速较缓的冲积河流，而溃坝水流往往表现为水深相对较浅而流速较大。

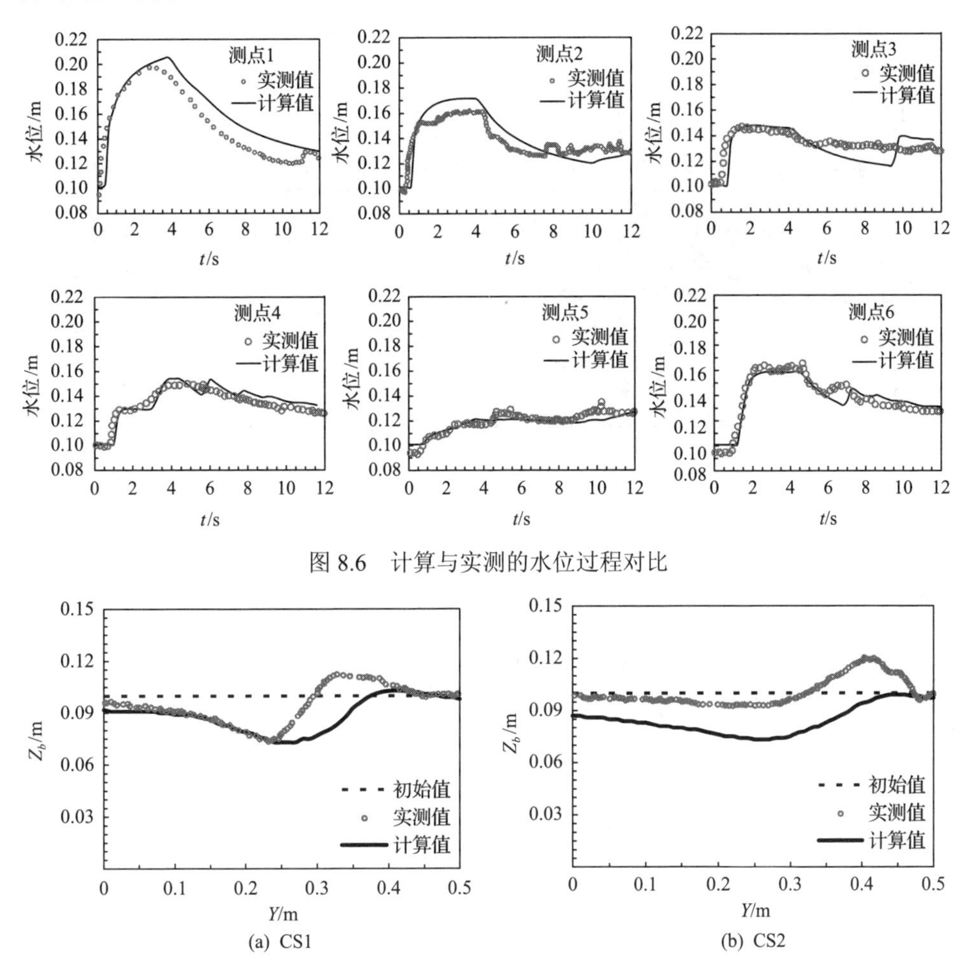

图 8.6　计算与实测的水位过程对比

图 8.7　计算与实测的断面形态对比

8.3.4　局部可冲刷水槽内溃坝水流引起的床面冲淤模拟

清华大学水力学实验室开展了局部可冲刷水槽内溃坝水流演进时床面冲淤的试验研究。该试验是在长 18.5m、宽 1.6m 的水槽内进行的(图 8.8)。坝体位于进口以下 2m 处，仅在坝址到坝下游 4.5m 范围内平铺一层可冲刷的粉煤灰，其他区域床面不可冲刷。初始时刻坝上游水深 40cm，坝下游水深 12cm。此处模拟坝体中间 20cm 宽范围内瞬间溃决后引起的坝下游床面冲淤过程。试验中的粉煤灰为非均匀沙，密度为 2248kg/m^3，中值粒径约为 0.135mm。计算中取非均匀床沙干密度为 720kg/m^3，同时将其分成 6 组计算，代表粒径分别为 0.022mm、0.054mm、0.103mm、0.193mm、0.375mm 及 0.750mm，各粒径组泥沙相应级配的占比分别为 9.0%、18.7%、22.8%、14.4%、27.5%及 7.7%。图 8.9 给出了 20s 后计算与实测断面形态的比较。由图 8.9 可知，模型计算结果总体上与试验结果较为符合。在 CS1 断面（x=2.5m），计算的最大冲深略偏小 2cm。在 CS2 断面（x=3.5m），模型难以较好地预测边壁两侧因回流引起的淤积过程。

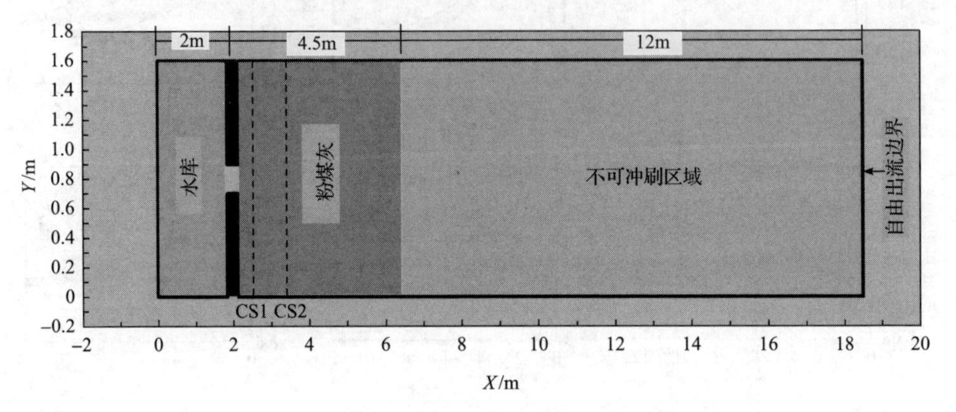

图 8.8　局部可冲刷水槽内溃坝试验平面图

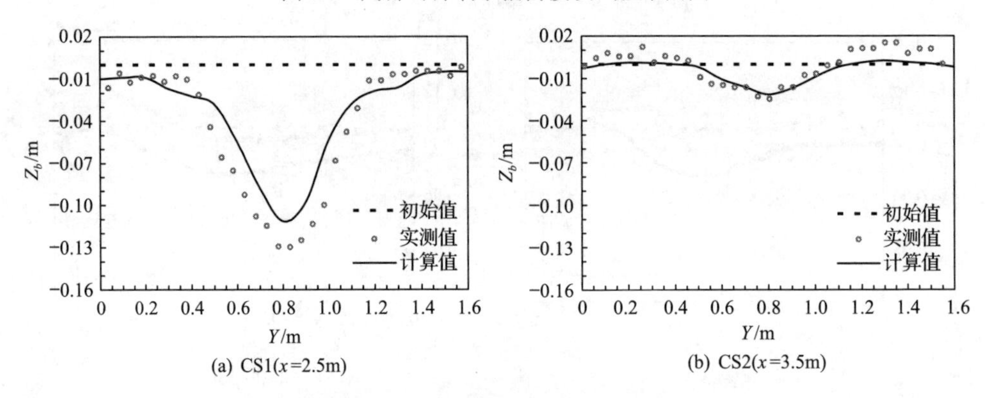

图 8.9　计算与实测的断面形态比较

8.4　黄河下游典型滩区洪水演进过程模拟

针对黄河下游典型滩区——兰考东明滩区，采用概化模型试验和数学模型计算研究漫滩洪水的演进过程。本节通过概化模型试验研究不同流量条件下与不同滩区下垫面组成情况下漫滩水流的特点；本节采用上述提出的二维水沙数学模型中的水流计算模块，模拟概化模型滩区的水流运动过程。

8.4.1　黄河下游典型滩区概况

黄河下游河道沿程流经河南、山东两省的 15 个地(市)43 个县(区)，全长 786km。黄河下游河道的断面形态一般为复式河槽，平面呈宽窄相间的藕节状，收缩与开阔段交替出现，开阔段两岸有宽阔的滩地。其中东坝头至陶城铺河段是铜瓦厢决口改道后形成的河道，长 235km，两岸堤距 1.4～20km，河槽宽 1.0～6.5km，是黄河下游河道的主要削峰区。用于生产堤的束水作用，主槽淤积大于滩面淤积，使滩唇高于滩面更高于临黄堤根，形成“槽高、滩低、堤根洼”的地势，滩面横比降增大为 1/3000～1/2000。该河段滩区面积 1760km^2，耕地 170 万亩，村庄 994 个，人口 88.8 万人；长垣县、东明县、濮阳县和封丘倒灌区的滩区面积约占该河段滩区总面积的 67%(刘红珍等, 2008)。滩区经济是典型的农业经济，基本无工业。农作物以小麦、大豆、玉米、花生、棉花为主。由于汛期洪水漫滩的影响，秋作物有时种不保收，产量低而不稳。按 2000 年资料，黄河下游滩区粮食年总产量为 208.92 万 t，其中夏粮 113.45 万 t，秋粮 95.47 万 t，年均纯收入 600 元～2200 元/人(翟家瑞, 2007)。东坝头以上滩区农业生产相对稳定，粮食单产高，漫滩机遇较下段滩区少。东坝头至陶城埠河段的低滩区，漫滩机遇较多，生产环境较差，不少滩地洪水漫滩后，秋作物受淹，若退水不及时，还影响小麦的播种。

1958 年大洪水以后，为了解决滩区群众生产、生活及财产安全，黄河下游滩区普遍修起了生产堤。生产堤修建后，行洪河道束窄，主槽淤积严重，数年后逐渐认识到对黄河防洪极为不利。由此，国务院〔1974〕国发 27 号文在批转黄河治理领导小组《关于黄河下游治理工作会议报告》中指出：从全局和长远考虑，黄河滩区应迅速废除生产堤，修筑避水台，实行“一水一麦，一季留足群众全年口粮”的政策。其后滩区群众便开始有计划地修建避水工程。

1982 年以前，修建的避水台主要有公共台和房台，公共台不盖房子，人均面积为 3m^2，用于人员临时避洪；公共避水台避水不方便，只能保护人员，不能保护财产。所修建的孤立房台之间易走溜，抗冲能力低，经水浸泡又极易出现不均匀沉陷，造成房子裂缝甚至倒塌。因此，1982 年洪水之后开始修建村台、联台，但也只是对房基进行垫高，绝大多数街道、胡同及其他公共部分没有连起来，洪水仍然走街串巷，房基经过浸泡，仍有不均匀沉陷，倒塌房屋虽有所减少，但房屋裂缝仍较为普遍。因而滩区群众迫切要求建设以村为单元的整体联台，将街道、胡同及公共设施部分全部垫高。截至 2003 年底，黄河下游滩区已有 1046 个村庄 87.44 万人有了避水设施，还有 878 个村庄 92 万人没有避水设施，分别占滩区总人口的 48.7%和 51.3%。

据不完全统计，中华人民共和国成立以来滩区遭受不同程度的洪水漫滩 20 余次，累计受灾人口 887.16 万人次，受灾村庄 13275 个，受淹耕地 2560 万亩，其中河南受灾人口 491 万人次，受灾村庄 5777 个；山东受灾人口 397 万人次，受灾村庄 7498 个。详见表 8.1。

表 8.1 黄河下游滩区历年受灾情况统计(李亚敏, 2013)

年份	花园口最大流量/(m³/s)	淹没村庄个数/个	人口/万人	耕地/万亩	淹没房屋数/万间
1949	12300	275	21.43	44.76	0.77
1950	7250	145	6.90	14.00	0.03
1951	9220	167	7.32	25.18	0.09
1953	10700	422	25.20	69.96	0.32
1954	15000	585	34.61	76.74	0.46
1955	6800	13	0.99	3.55	0.24
1956	8360	229	13.48	27.17	0.09
1957	13000	1065	61.86	197.79	6.07
1958	22300	1708	74.08	304.79	29.53
1961	6300	155	9.32	24.80	0.26
1964	9430	320	12.80	72.30	0.32
1967	7280	45	2.00	30.00	0.30
1973	5890	155	12.20	57.90	0.26
1975	7580	1289	41.80	114.10	13.00
1976	9210	1639	103.60	225.00	30.80
1977	10800	543	42.85	83.77	0.29
1978	5640	117	5.90	7.50	0.18
1981	8060	636	45.82	152.77	2.27
1982	15300	1297	90.72	217.44	40.08
1983	8180	219	11.22	42.72	0.13
1984	6990	94	4.38	38.02	0.02
1985	8260	141	10.89	15.60	1.41
1988	7000	100	26.69	102.41	0.04
1992	6430	14	0.85	95.09	
1993	4300	28	19.28	75.28	0.02
1994	6300	20	10.44	68.82	
1996	7600	1374	118.80	247.60	26.54
1997	3860	53	10.52	33.03	
1998	4700	427	66.61	92.20	
合计		13275	887.16	2560.29	153.52

近年来受气候变化及人类活动的影响，黄河上游来水偏少，黄河下游洪水出槽漫滩概率明显降低，但下游河道“槽高、滩低、堤根洼”的“二级悬河”形势依然严峻。2003 年 9～10 月，黄河下游发生了严重秋汛，兰考东明滩区因蔡集工程生产堤决口出现大漫滩洪水，造成了严重的灾害。漫滩范围上起兰考黄河大堤桩号 146+700，下至东明谢寨闸，黄河大堤偎水 35km，152 个自然村被水围困，淹没面积 27.75 万亩(黄河水利委员会, 2008)。该河段滩槽演变特性复杂，而且又

是黄河滩区中受灾频繁且灾情较重的地区，为了掌握该河段的洪水演进特点，本节为此专门开展了兰考东明滩区的概化模型试验及数值模拟的研究。

8.4.2　滩区漫滩洪水的概化模型试验

依据黄河下游夹河滩至高村河段的河槽形态及兰考东明滩区的地形特点，本节进行了滩区漫滩洪水的概化模型试验设计。黄河下游夹河滩至高村河段为典型的游荡型宽滩河段，该河段纵比降约为 1.9‰。兰考东明滩区(图 8.10(a))位于该河段右侧，纵向长约 32.5km，横向最大宽度约 12.0km，纵横比为 2.7∶1。滩面横比降为 1/3000～1/2000，滩面横比降远大于河床纵比降。

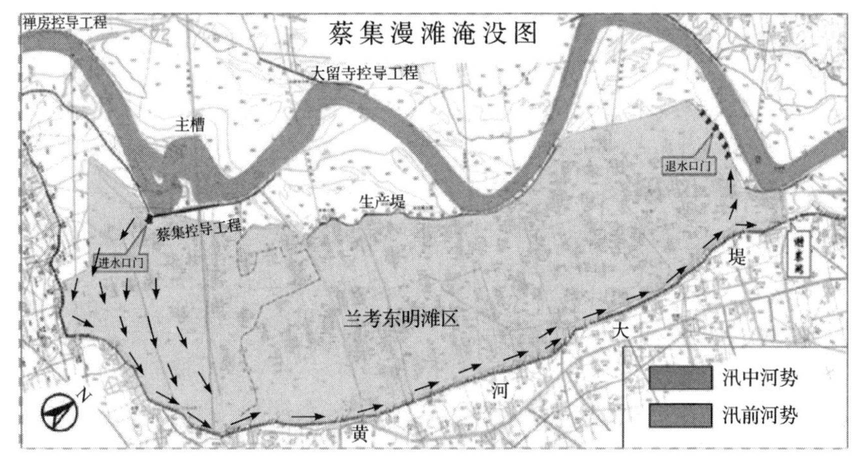

(a) 2003年10月兰考东明滩区淹没范围

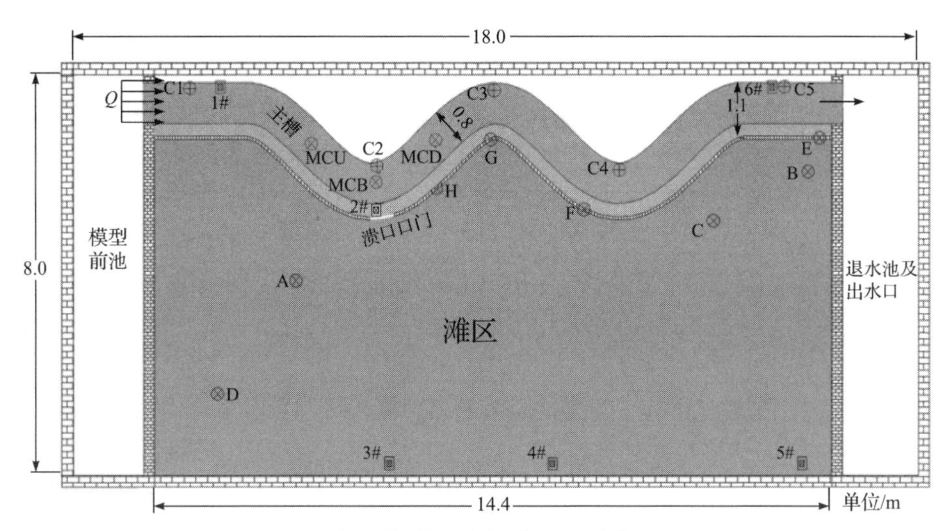

(b) 概化滩区模型的平面布置及测点位置

图 8.10　2003 年 10 月兰考东明滩区淹没范围与概化滩区模型的平面布置及测点位置

1. 滩区概化模型设计

本节选择兰考东明滩区为研究河段，综合考虑该研究河段的滩槽地形特点，进行了滩区概化模型设计，其平面布置如图 8.10(b)所示。概化模型全长 18m，宽度为 8m，包含了主槽、嫩滩、右侧滩区及生产堤。模型前池尺寸为 8m×1.5m(长×宽)，模型尾水池尺寸为 8m×1.6m(长×宽)，模型有效长度为 14.4m，有效宽度为 8m。河槽部分横向由 0.8m 宽的主槽和 0.3m 宽的嫩滩组成，滩槽高差为 0.1m；河床纵比降取 8‰，滩区横比降取 2%。纵向进出口段分别设置两个直线段，长度为 2.0m，中间段包含三个连续弯道。概化模型试验采用循环式供水系统，包括实验室内的地下水库、输水管路、模型前池、尾水池等，均可满足模型试验流量及退水要求。进口流量采用流量控制系统控制。我们利用变频水泵、E-MAG (electromagnetic flowmeter) 电磁流量计、阀门及输水管道系统，实现地下水库水流循环输送。

滩区概化模型中河槽与滩区之间设有一连续隔堤，堤宽约为 6cm，且洪水无法漫过堤顶。在连续隔堤的第一个弯道顶端设有一个溃口口门，口门宽度为 0.5m。滩区初始条件为干河床，通过控制口门的突然开启塑造出溃堤洪水在滩区干河床上的演进过程，并引起主槽水位的变化。模型进口通过电磁流量计精确控制给定恒定流量，模型的出口通过尾门控制给定一个水位边界。实际生产堤溃决过程受堤身土质、溃口流速等多种因素影响，溃堤位置及溃口宽度具有随意性，对溃堤水流的演进过程有直接影响。因此根据弯道水流运动特性，将溃口口门固定选取在弯道顶冲部位，且每组试验工况下溃口口门宽度保持不变。

2. 漫滩洪水的试验方案

漫滩水流试验在概化模型中进行，通过控制生产堤高度保证河槽内水位不发生漫顶，水流只能通过预留的溃口口门流入滩区。在试验初始阶段，生产堤溃口口门关闭，水流仅在河槽内流动，通过调节电磁流量计控制进口流量稳定，同时保证下游尾门开度始终不变，河槽内水流逐渐趋于恒定；待主槽内水流最终稳定后，瞬间打开预留口门，形成溃堤洪水，同时引起滩槽内水位变化。经验证，该试验流程可保证漫滩洪水演进的重复性，极大地提高试验成果的可信度。

滩地阻力是由洪水漫滩引起的，由于人类活动的影响，黄河下游滩区地貌种类较多，涉及耕地、村庄及避水台、道路、生产堤及渠堤、控导护滩工程等，直接影响滩区洪水的演进过程。因此试验中考虑到滩区阻力的影响，对滩区进行了加糙处理。黄河下游滩区植被种类较多，且阻水建筑物分布复杂，滩地阻力不易确定。故本次试验滩区糙率采用统一数值。试验采用草垫加糙的方法，所用草垫为塑料草，草垫上花(槽)间距为 1cm，花开度(槽宽)为 0.8cm，花高(槽深)1cm，如图 8.11 所示。研究表明该型草垫加糙后，糙率能达到 0.0282～0.0621(赵海镜等, 2015)。

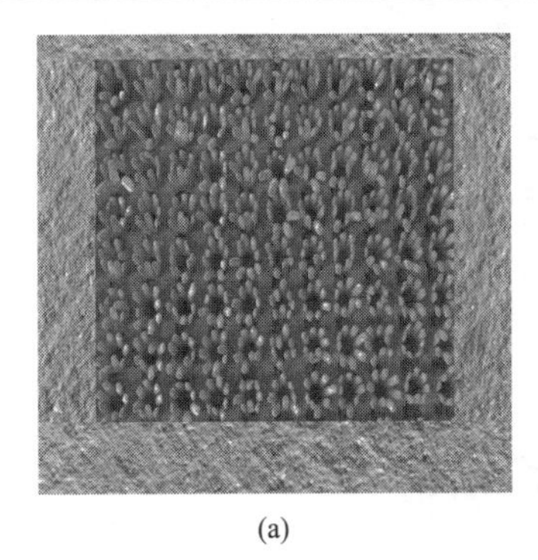
(a)

(b)

图 8.11　滩区模型加糙草垫照片

为了分析生产堤瞬间溃决后，不同洪水量级及滩区阻力对主槽内水位变化特性及溃堤水流在滩区演进过程的影响，共设计了六组不同漫滩洪水的试验工况。各工况具体的进口流量、主槽出口水位及滩区植被情况如表 8.2 所示。

表 8.2　滩区概化模型试验工况

试验工况	进口流量/(L/s)	出口水位/cm	滩区植被情况
EXP-1	30	23.40	无草皮
EXP-2	34	24.39	
EXP-3	38	25.50	
EXP-4	30	23.40	有草皮
EXP-5	34	24.39	
EXP-6	38	25.50	

流量采用 E-MAG 电磁流量计(配合变频器和电子阀门实现自动控制)控制；概化模型试验测量采用水位自动跟踪仪(水位仪)记录由于生产堤溃决引起主槽和滩区非恒定流的水位变化过程，同时配合水位测针记录稳定时的水位；漫滩洪水演进速度采用秒表人工计时。另外还通过模型上方安装的高分辨率摄像机全程跟踪溃堤后漫滩洪水在滩区的演进过程。

3. 试验结果及分析

本节选择一组具有代表性的试验成果(EXP-2)进行重点分析。该组试验工况下的进口流量为 34L/s，下边界水位为 25.50cm。为了分析试验中主槽与滩区内的水位变化过程，采用水位测针及水位仪进行测量，在主槽内布设五个水位测针(C1～C5)用于测量主槽水流稳定后的水位，同时还在主槽进口、溃口口门附近及主槽出口设有三台水位仪(1#、2#、6#)用于全程记录主槽内特征点(MC1～MC3)的水位变化过程；同时在滩区内布设三台水位仪(3#～5#)用于记录生产堤溃决后滩区内特征点(FP1～FP3)的水位变化过程，见图 8.12(b)。另外还利用秒表人工记录了溃堤后漫滩水流波前到达滩区 11 个特征点(FP1～FP3、A～H)的时间。

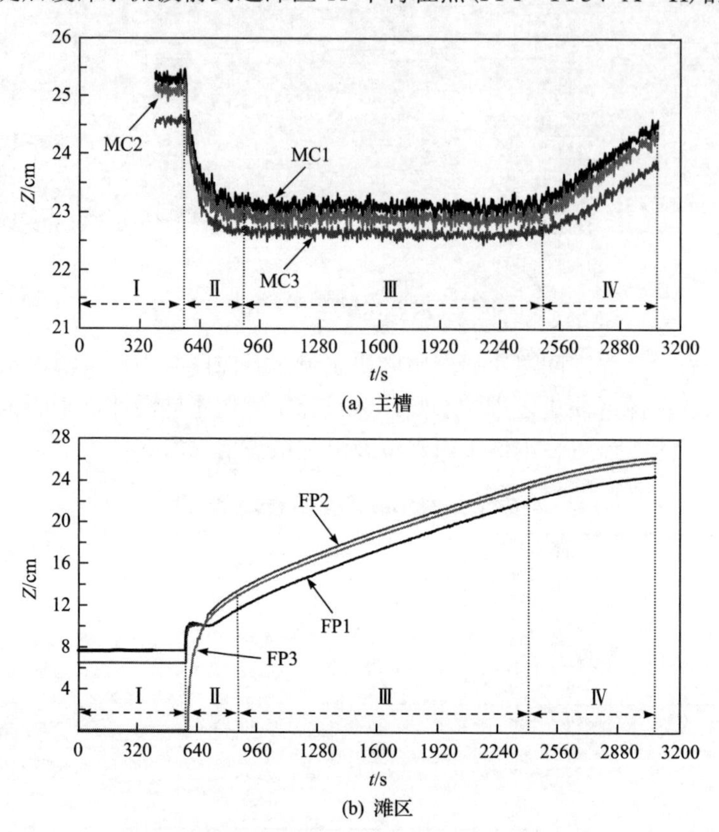

图 8.12　EXP-2 工况下各测点的水位变化过程

1) 滩槽水位变化过程分析

图 8.12(a)给出了 EXP-2 工况时主槽内测点 MC1～MC3 的水位变化过程。这些水位观测结果表明：在试验过程中，主槽内水位的变化过程主要包括四个阶段：Ⅰ生产堤溃决前，主槽内水流基本达到稳定，水位较为平缓，水面纵比降为 0.93‰；Ⅱ生产堤溃决发生后，水流进滩导致主槽内水位迅速降低，溃口口门附近 MC2 点处主槽水位下降 2.20cm，MC1 与 MC3 点处主槽水位分别下降了 2.20cm 和 1.94cm；Ⅲ待进滩流量基本稳定后，主槽内水位在一定时段(1500s)内将保持稳定，该阶段持续时间与进口流量成反比；Ⅳ随着滩区水位增加，溃口两侧滩槽水位差减小，使得进滩流量也随之减少，导致主槽内水位逐渐增加，直至主槽内水位升至与溃口前相同，主槽内水流再次趋于稳定。

溃堤发生前，滩区为干河床；溃堤发生后，主槽内水流迅速向滩区扩散，使得滩区内水位迅速增加。与主槽内的水位变化过程相对应，滩区内水位变化也经历四个阶段，见图 8.12(b)。由图 8.12(b)可知：Ⅰ各测点起始读数为相应滩面高程，溃堤发生后，主槽内水流以扇形扩散波的形式通过溃口口门，依次演进至测点 FP1～FP3，使得各点水位迅速抬升。相应主槽区的水位降落，发生落水波，滩区内水位则呈上升趋势，发生涨水波。生产堤溃决前，溃口两侧水位落差最大；Ⅱ溃堤发生后，主槽水流迅速向滩区演进，滩区内水位随之增加，溃口附近主槽内水位迅速降低，溃口两侧水位落差相应减小；Ⅲ待主槽内水位达到稳定后，进滩流量基本保持不变，此后一段时间内，各测点水位升高的速率维持不变，水位继续增加；Ⅳ当滩区内水位的增加影响到紧邻溃口滩面处的水流时，溃口两侧水位落差将进一步减小，使得各测点水位升高的速率也随之减缓，直至溃口两侧水位基本相同时，滩区不再进流，滩区内各测点水位也将维持不变。EXP-2 工况下，溃堤后 8.31s，漫滩水流传播至 FP1 点，短时间内引起该处水位迅速增加，水位增加速率约为 0.23cm/s，在后续 120s 内该处水位基本维持不变，直到受下边界反射后的水流向上游壅高影响到 FP1 点时，该处水位将继续升高，此后水位增加速率明显减缓，约为 0.006cm/s，进入第四阶段后，水位增加速率进一步减小，直至水位基本稳定。FP2 点的水位变化过程与 FP1 点类似。值得注意的是，由于 FP3 点位置的特殊性，在第二阶段其水位变化过程与前述两测点不同，该点水位始终在增加，水位平均增加速率约为 0.012cm/s。

2）滩区洪水演进分析

溃堤发生后，溃口两侧水位差使得漫滩水流将以溃堤波的形式在滩区传播。分析 EXP-2 工况下溃堤洪水的演进过程可知，溃堤波前到达时间与滩区地形及距溃口的距离关系密切。在溃堤后 8.31s 内，溃堤波前到达的时间以溃口为中心近似呈对称式扇形分布，波前到达各点的时间与距溃口的距离有直接关系；距溃口的距离相同时，溃堤波沿溃口轴线方向到达时间较短，这与滩区较大的横比降有关，该时段内溃堤涨水波的传播速率约为 0.6m/s。在 8.31s 以后，已到达 FP1 测点的溃堤波前顺模型右侧边墙继续传播，受滩面纵、横比降的影响，溃堤波前顺边墙向下游传播的速率明显较大，约为 0.54m/s，向上游传播的速率约为 0.08m/s；溃堤波前到达的时间以溃口为中心呈非对称分布的特征，分析该非对称分布可知，滩区地形对于溃堤波前的到达时间有显著影响，波前到达各点的时间不仅与距溃口的距离有关，还与滩区地形有较大关系，此时距溃口的距离相同时，溃堤波前到达的时间相差很大。在溃堤后 24.53s 时，溃堤波前基本到达滩区最低处 FP3 测点，然后受边墙反射作用，分别向左侧及上游扩散，此时向上游传播的水流尚未达到上游边墙。

试验过程中记录了溃堤后滩区内形成的涨水波波前到达滩区各特征点的时间，溃堤漫滩洪水依次演进至各特征点的次序为 FP1→FP2→FP3→C→D→B→E→F→A→G→H。分析该水流演进路线可知，溃堤洪水波前到达各特征点的先后次序主要受滩区纵比降及横比降差异影响所致。波前到达各特征点的时间均随着主槽进流流量的增大而缩短。FP1 测点基本正对溃口位置，受滩区横比降的影响，溃堤漫滩洪水最快演进至该点，EXP-2 工况下到达时间为 8.31s。

8.4.3　滩区概化模型中洪水演进过程的数值模拟

受人类活动的影响，滩地上存在各类植被与阻水建筑物，直接影响滩区洪水的演进过程。黄河下游滩区植被种类多，阻水建筑物分布复杂，故不易确定滩地阻力(钱宁等, 1959; 程晓陶等, 1998)。本次计算过程中直接采用平均综合糙率来反映滩区地物地貌对洪水演进的影响。计算采用的滩区当量糙率为 0.015～0.045。本节采用数学模型模拟滩区不同粗糙度情况下溃堤漫滩洪水的演进过程，通过计算结果与概化模型试验结果进行比较，检验模型的计算精度，同时分析滩区糙率取值对计算结果的影响。

1. 数学模型验证

本节采用所建二维水沙数学模型中水流模块，计算了无草皮条件下不同量级洪水在溃堤发生后主槽的水位变化及滩区水流演进过程，并与概化模型的试验结果进行了对比。图 8.13 给出了 EXP-3 工况下，数值模拟与模型试验所得主槽与滩区内各测点水位的变化过程。从图 8.13 中可知，在生产堤溃口发生至水流最终达

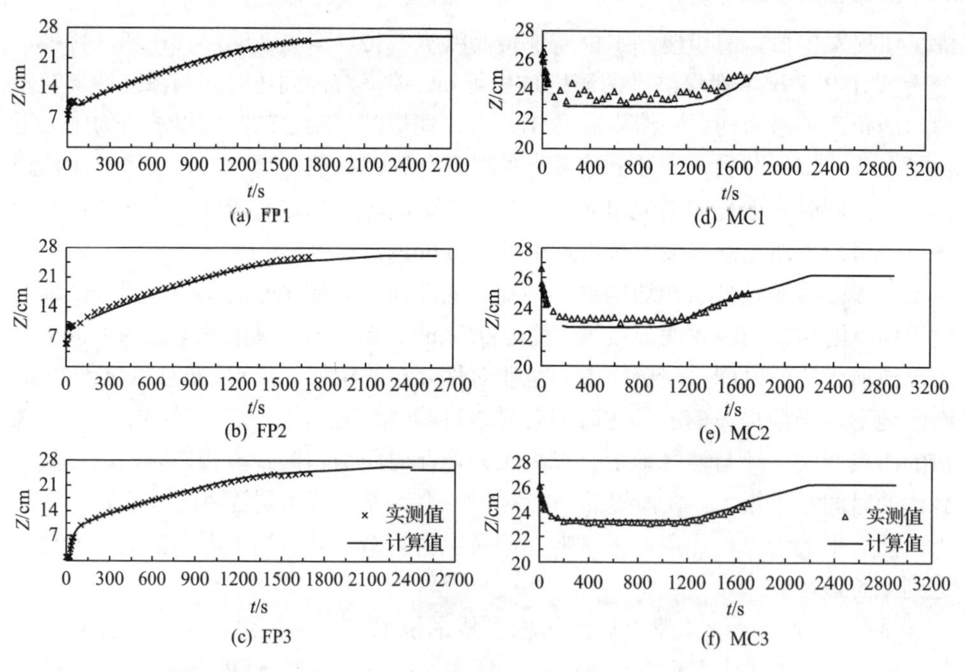

图 8.13　EXP-3 工况下各测点计算值与实测值的水位过程比较

到稳定的整个过程中，数学模型计算的主槽与滩区内各测点的水位变化过程总体与模型试验结果吻合较好。验证结果表明该模型能够较好地模拟生产堤溃决产生的溃堤洪水在滩区的演进过程。

图 8.14 给出了 EXP-3 工况下，生产堤溃决后 2s 和 10s 时溃堤水流的水深流速分布。从图 8.14 中可以看出，生产堤溃决后溃堤洪水波前的形状及演进过程随时间的变化，同时溃堤水流进滩还引起了河槽内水位与流速的变化。从图 8.14 中还可以看到，考虑主槽水流流动及滩区纵、横比降影响下的溃堤水流演进过程不同于静水条件下的溃堤水流。由于主槽内水流运动的影响，溃堤后滩区水流波前形状为近似对称的扇形。

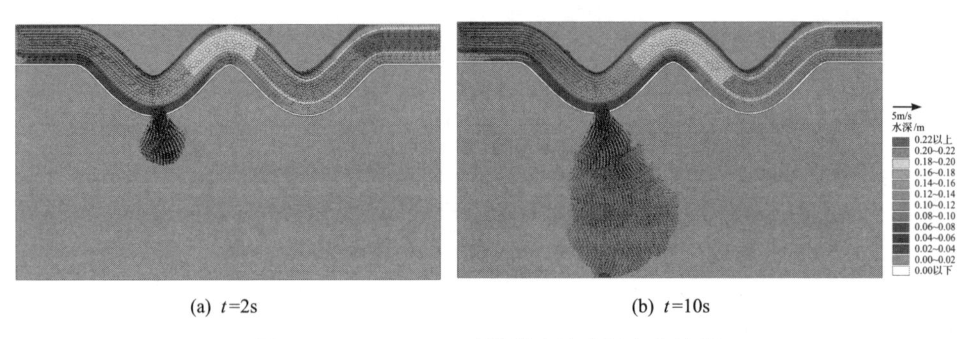

(a) t=2s　　(b) t=10s

图 8.14　EXP-3 工况溃堤洪水流速场变化过程

2. 滩区洪水演进过程的计算结果分析

1) 主槽水位及流速变化

伴随生产堤发生溃决，主槽内的水流通过溃口口门进入滩区，导致主槽内形成洪水波。图 8.15(a)给出了 Q=38L/s、n=0.045 时，生产堤溃决后，主槽内沿程水位的变化过程。由图 8.15 可知，溃堤发生前主槽水面线较为平缓。溃堤发生后，紧邻溃口位置区域的主槽水位迅速下降；然后主槽内产生的落水波分别向主槽上游和下游传播，所到之处引起水位的降低。受主槽内运动水流的影响，落水波从溃口位置沿主槽分别向上下游传播的速度大小不同，通常落水波向上游传播速度较小，相同时刻下降的水位也较下游略小。分析主槽水位变化过程表明，溃堤发生后，主槽区水面线变化大致包括两个阶段。第一阶段是落水波在河槽内的传播过程，引起主槽内水位的下降，这个阶段持续的时间约为 7s。随后受边界反射波的影响，主槽水位产生一定的波动。第二阶段就是由于主槽内水流通过溃口口门向滩区演进，整个主槽区的水位逐渐持续降低，在溃堤后 200s 时，主槽区水位基本达到稳定，溃口两侧滩槽水位差基本维持恒定。在溃堤后 970s，滩区进流使得滩区紧邻溃口附近处水位开始增加，溃口两侧滩槽水位差开始逐渐减小，通过溃口流入滩区的流量减小，主槽区水位开始逐渐上升，在溃堤 2200s 后，溃口两侧滩槽水位差减小为 0，滩区不再进流，主槽水位基本恢复到溃口前时的水位。

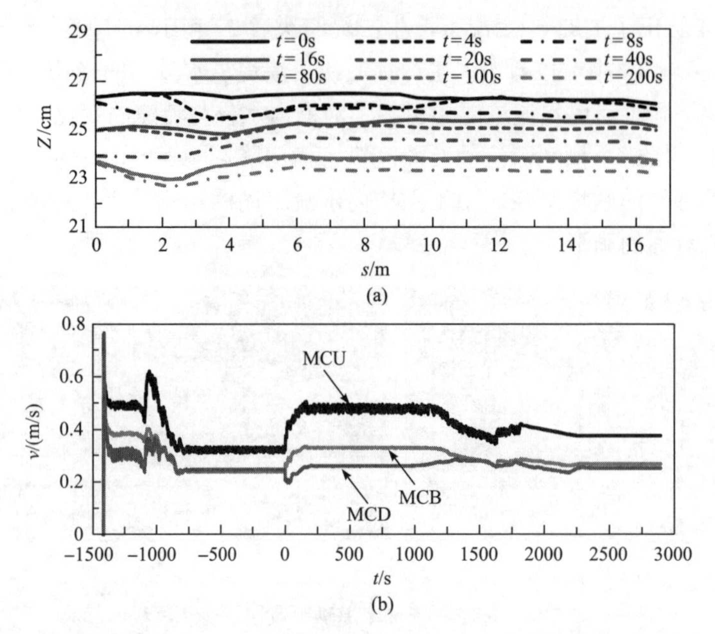

图 8.15　计算的主槽内沿程水位与溃口附近流速的变化过程（Q=38 L/s，n=0.045）

图 8.15(b)给出了 Q=38L/s、n=0.045 时，生产堤溃决前后，沿主槽中心线溃口处及其上下游三个测点的流速变化过程。从图 8.15(b)中可以看到，溃堤发生前，各测点流速达到恒定，MCU、MCB 及 MCD 三点的流速分别为 0.323m/s、0.239m/s 及 0.246m/s。溃堤发生后，受滩区进流影响，各测点流速逐渐增大，当溃口两侧滩槽水位差达到恒定时，各测点流速也基本维持不变，分别为 0.481m/s、0.329m/s 及 0.260m/s。然后随着滩区继续进流，滩区紧邻溃口处水位增加，使得溃口两侧滩槽水位差开始逐渐减小，通过溃口流入滩区的流量减小(图 8.16)，各测点流速也随之降低，最后趋向稳定。

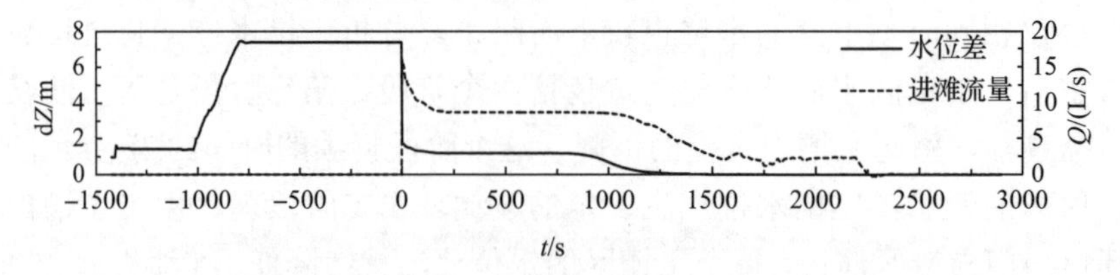

图 8.16　溃口两侧滩槽水位差及进滩流量的变化过程(Q=38L/s，n=0.045)

2) 进滩流量变化

溃口流量是溃堤洪水过程中十分关注的问题。此外本节通过分析数值模拟结果，统计了不同进流条件下，通过溃口口门进入滩区的流量变化过程。

图 8.17 给出了不同滩区糙率取值条件下，生产堤溃决后各流量级洪水的进滩流量变化过程。分析可得，生产堤溃决前，进滩流量为 0。生产堤溃决发生后，进滩流量呈现先减小，后稳定再减小，最后趋向为 0 的变化趋势。以滩区糙率取值 0.035 为例，溃堤前溃口流量为 0；生产堤瞬间产生溃决时，由于此时溃口两侧水位差最大，溃口流量为最大值，其中，Q=30L/s 的进滩流量为 9.06L/s，Q=34L/s、38L/s 的进滩流量分别为 12.09L/s 和 16.19L/s；然后受进滩水体增加的影响，溃口附近主槽内水位降低，溃口两侧水位差减小，溃口流量也随之逐渐减小。待主槽内水位降落到基本稳定后，溃口两侧水位差将在一段时间内维持不变，此时 Q=30L/s、34L/s、38L/s 的进滩流量分别减小为 4.33L/s、7.48L/s、8.78L/s；随后滩区水位增加使得溃口两侧滩槽水位差进一步减小，溃口流量也将随之减小，直到溃口两侧水位相等，溃口流量减小为 0。另外，相同流量级洪水(进口流量相同)条件下，不同滩区糙率的溃堤洪水模拟成果分析表明，滩区不同糙率取值对进滩流量影响很小。

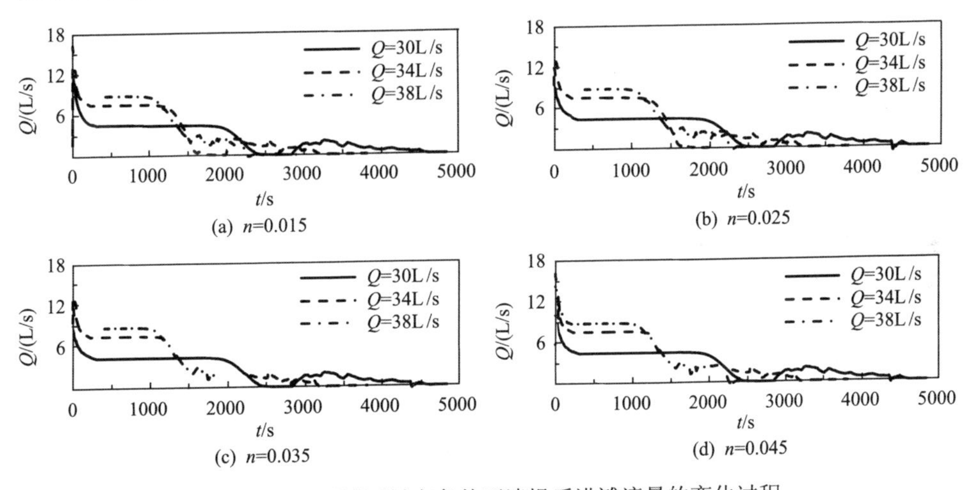

图 8.17　不同滩区糙率条件下溃堤后进滩流量的变化过程

3) 滩区糙率对水位及流速的影响

图 8.18 给出了生产堤溃决后，滩区不同糙率取值时滩区各特征测点的水位变化过程。由图 8.18 可知，不同滩区糙率取值时，滩区测点水位的变化特性相同。分析可知，生产堤溃决后，受滩区不同糙率取值的影响，滩区洪水演进速度明显不同，这就使得相同时刻时，滩区内各特征测点的水位不同，特别是在溃堤后 150s 内表现尤为突出。

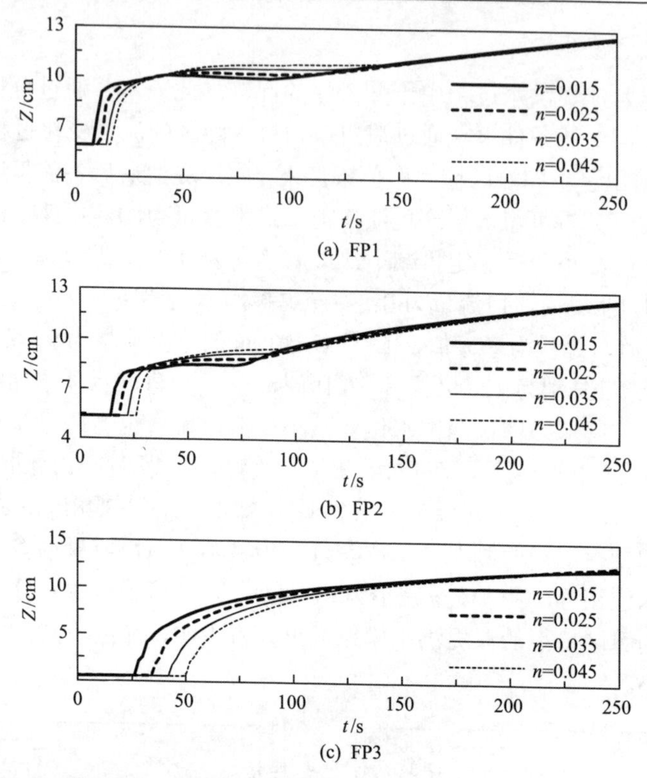

(a) FP1

(b) FP2

(c) FP3

图 8.18　溃堤后不同滩区糙率条件下计算的水位变化过程(Q=38 L/s)

图 8.19 给出了 Q=38L/s 时，生产堤溃决后，滩区不同糙率取值时滩区各特征测点的流速变化过程。由图 8.19 可知，各测点流速均呈现先增大后减小的趋势，且流速增加速率明显大于降低速率。分析不同滩区糙率的流速结果可知，滩区各特征测点最大流速随着糙率的增加而减小。当 n=0.015 时，FP1 测点最大流速为 0.426m/s，当 n=0.025、n=0.035 及 n=0.045 时，各测点相应的最大流速分别减小为 0.326m/s、0.226m/s、0.202m/s。FP3 测点的流速变化规律与 FP1 测点十分相似，当 n =0.015 时，最大流速为 0.467m/s，当 n=0.025、n=0.035 及 n=0.045 时，其最大流速分别减小为 0.351m/s、0.282m/s、0.234m/s。FP2 测点位置紧邻滩区右侧边壁，且处于洪水演进的路径上，故其流速首先迅速增加至最大值，随后略有减小，随着洪水向滩区四周演进，在一段时间内基本保持流速恒定，后期受滩区水位增加影响，流速又逐渐减小，最后流速趋向为 0。从图 8.19 中可以看到，在 n=0.015 工况下，FP2 测点最大流速为 0.471m/s，在 n=0.025、n=0.035 及 n=0.045 工况下，相应的最大流速分别减小为 0.336m/s、0.267m/s、0.221m/s。在其他进流量条件下，流速变化过程具有相同的变化趋势，由于受到进滩流量不等的影响，流速大小上略有不同。

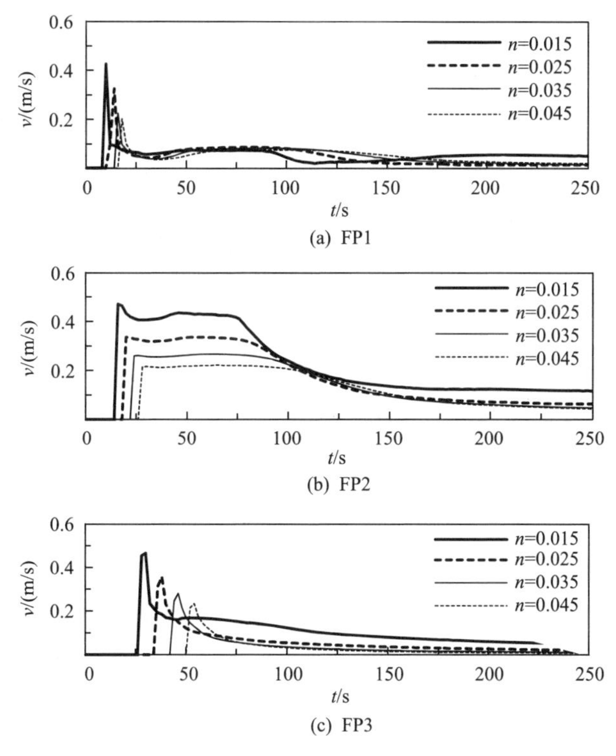

(a) FP1

(b) FP2

(c) FP3

图 8.19　溃堤后不同滩区糙率下计算的流速变化过程(Q=38L/s)

4) 滩区糙率对溃堤洪水演进的影响

溃堤发生后，滩区内形成涨水波，波前到达滩区各位置的时间对于洪水预警十分重要。表 8.3 给出了生产堤溃决后，滩区不同糙率取值时溃堤洪水波前到达滩区各测点的时刻。总体来看，溃堤进滩流量及滩区糙率取值对溃堤洪水波前到达滩区各位置时间的影响均十分明显。受滩区不同糙率取值的影响，随着糙率的增大，相同进流流量条件下，溃堤洪水波前到达滩区各测点所需的时间逐渐增大。当 Q=38L/s，滩区糙率取值 0.015 时，波前到达 FP1、FP2 及 FP3 测点所需时间最短，分别为 8s、14s 和 26s；滩区糙率取值 0.045 时，波前到达 FP1、FP2 及 FP3 测点所需时间最长，分别为 16s、26s 和 48s。对于其他进流流量，波前到达滩区各测点所需的时间随糙率的变化规律相同，仅是量值上略有差异。受不同进流流量的影响，随着流量的增大，在相同滩区糙率条件下，溃堤洪水波前到达滩区各测点所需的时间逐渐减小。以滩区糙率取值 0.035 为例，Q=38L/s 工况演进时间最短，波前到达 FP1、FP2 及 FP3 测点所需时间分别为 14s、22s 和 42s；Q=34L/s 工况演进时间次之，所需时间分别为 16s、24s 和 46s；Q=30L/s 工况演进时间最长，所需时间分别为 18s、28s 和 52s。试验还记录了从生产堤溃决开始到滩区基本不再进流，即溃口两侧滩槽水位差为 0 时所需要的时间，其中，EXP-6 工况所需时间最短，为 24.5min；EXP-1 工况演进所需时间最长，为 100min。另外，EXP1 工况时，滩区部分区域始终未见溃堤洪水波前到达，该区域位于滩区上游紧邻生产堤附近。这主要是因为该区域滩面高程较高，当溃口两侧滩槽水位基本一致时，溃口处水位仍低于该区域滩面高程。

表 8.3　不同滩区糙率条件下计算的溃堤洪水波前到达滩区各测点时刻比较

滩区糙率取值	传播时间/s								
	Q=30L/s			Q=34L/s			Q=38L/s		
	FP1	FP2	FP3	FP1	FP2	FP3	FP1	FP2	FP3
0.015	10	18	32	9	16	30	8	14	26
0.025	14	22	42	12	20	38	10	18	34
0.035	18	28	52	16	24	46	14	22	42
0.045	20	32	60	18	30	54	16	26	48

8.5　网格尺度、村庄糙率及植被阻力对模拟结果的影响

8.5.1　网格尺度及村庄糙率对模拟结果的影响

黄河下游河道产生的累积性淤积使其成为典型的“地上悬河”，而滩区作为下游河道的重要组成部分，具有行洪、滞洪和沉沙的功能(胡春宏, 2015)。本节针对黄河下游典型滩区——兰考东明滩区，采用上述基于非结构三角网格有限体积法求解的二维水动力学模型，模拟 1982 年 8 月典型洪水漫滩后在滩区复杂地形条件下的演进过程。黄河下游为多沙河流，但本次漫滩洪水模拟算例暂不考虑泥沙因素，即不计算泥沙输移及河床冲淤变形过程，仅考虑漫滩水流在兰考东明滩区的演进。该算例目的在于通过不同网格尺度下的计算结果比较，检验不同网格尺度下的计算精度，并定量地分析局部区域的村庄阻力取值对洪水演进过程中水深、流速等计算结果的影响。

1) 计算区域与计算条件

本次选择兰考东明滩区(图 8.20(a))作为计算区域，该滩区包括兰考滩、东明南滩和东明西滩，兰考滩和东明滩两滩相连，面积约为 193km^2。该滩区最小宽度约为 1.2km，最大宽度为 11.2km，滩区内遍布村庄，串沟及堤河较多，滩面横比降显著，且远大于纵比降。2003 年 9 月在当地流量约 2500m^3/s 时，右岸的兰考东明滩区因蔡集工程生产堤决口出现部分滩区上水，造成严重的洪涝灾害。由于槽高、滩低、堤根洼的地势，滩区排水困难，大片堤根洼地积水成灾，被洪水围困的村庄达 114 个，淹没耕地 18 万亩，受灾人口 16 万，如图 8.20(b)所示。

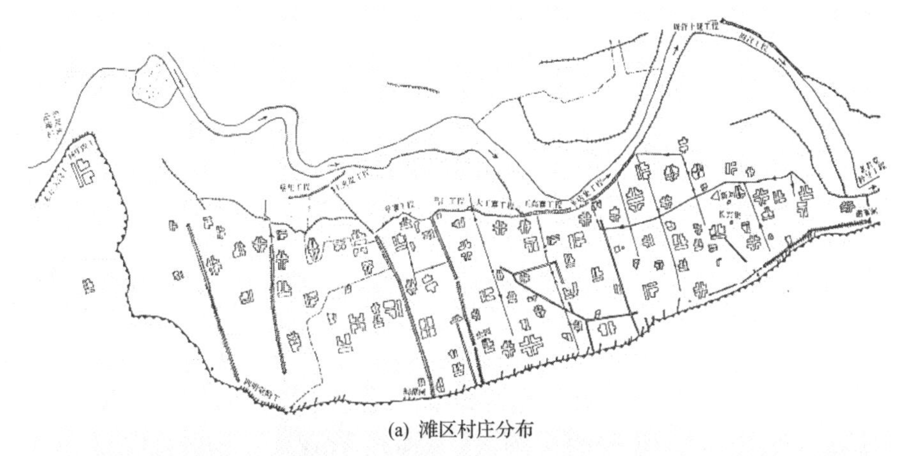

(a) 滩区村庄分布

(b) 2003年10月4日滩区上水情况(卫片)

图 8.20　黄河下游兰考东明滩区

本次模拟选取 1982 年 8 月份的洪水，该场次洪水是黄河下游自三门峡水利枢纽修建以来最大的一次洪水，夹河滩最大洪峰流量为 14500m^3/s，最大含沙量仅为 50.6kg/m^3，属于典型的“大水少沙”型洪水。模拟时段选在 7 月 12 日～8 月 28 日，共 1140h，洪水过程如图 8.21(a)所示。由于本节主要着重于研究漫滩洪水在滩区的演进过程，考虑到近期(2013 年)夹河滩附近河段平滩流量已恢复到 7000m^3/s，故本次计算进入滩区的洪水过程总体扣除平滩流量，即上游来流低于平滩流量(7000m^3/s)时，洪水不漫滩，超过平滩流量(7000m^3/s)的洪水才进入滩区。最终计算采用的漫滩洪水过程如图 8.21(b)所示，计算时段共计 72h。为保持数值计算结果的稳定，计算中时间步长取 0.2s。

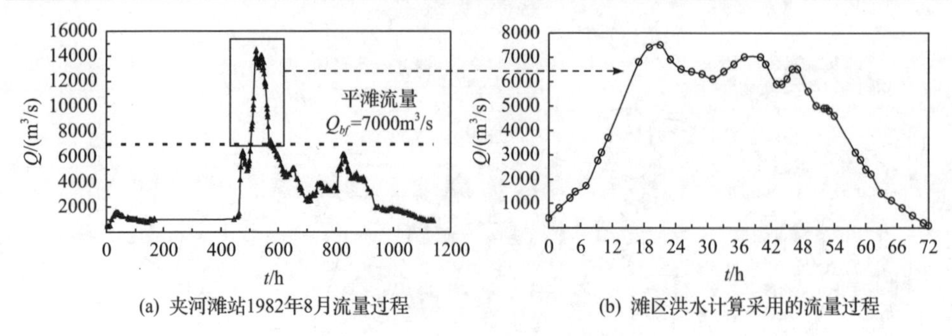

(a) 夹河滩站1982年8月流量过程　　(b) 滩区洪水计算采用的流量过程

图 8.21　河道及滩区流量过程

对于计算边界条件，进口选在兰考东明滩区上游，给定进滩流量过程(图 8.21(b))，进口宽度设为 960m。出口边界选在滩区下游紧邻主槽处(图 8.22)，出口宽度设为 960m，出口附近高程在原有滩面高程基础上加高 0.5m，出口边界类型按自由开边界处理。初始条件为计算区域按干河床考虑。

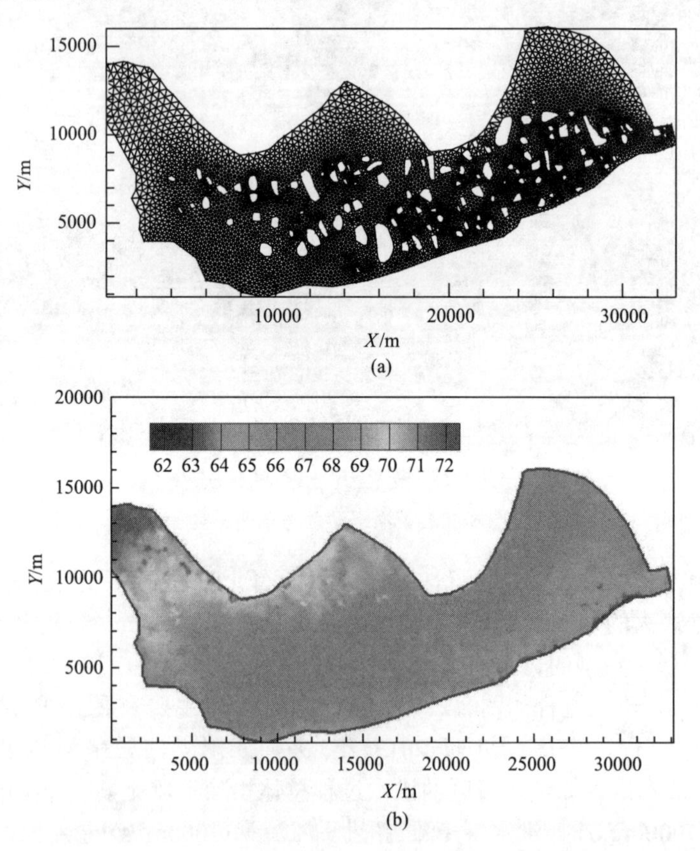

图 8.22　兰考东明滩区计算区域网格及三维地形示意图

考虑到黄河下游滩区地貌种类较多，涉及耕地、村庄及避水台、道路、生产堤及渠堤、控导护滩工程等，因此滩地阻力分布复杂。本次模拟仅考虑村庄阻力影响。对于滩区村庄阻力处理，许多学者已有相关研究成果(程晓陶等, 1998; 万洪涛等, 2002; 孙东坡等, 2007)。本次模拟主要考虑不同网格尺度条件下村庄区域挖空或取不同糙率值对模拟结果的影响。一般区域剖分三角形网格边长分别采用480m 和 96m，对于村庄区域，首先将计算区域中村庄外轮廓绘制出来，个别距离较近的村庄进行合并处理，然后将村庄区域采用挖空处理和不同网格尺度剖分，相应的村庄区域剖分的三角形网格边长分别采用 240m(对应 480m)、64m 和 96m(均对应 96m)三种，并对村庄区域糙率 n 分别取值为 0.06、0.08、0.10 及 0.12，具体计算工况如表 8.4 所示。图 8.22 分别给出了将村庄区域挖空条件下兰考东明滩区的计算区域网格(一般区域为 480m，村庄区域为 240m)及兰考东明滩区计算区域三维地形。在村庄区域挖空条件下计算区域的剖分网格包括两种，一种剖分网格边长为 480m，另一种剖分网格边长为 96m。前者计算区域共包含 5629 个节点和 10123 个单元(一般单个三角单元面积约为 100000m^2)；后者计算区域共包含30548 个节点和 58325 个单元(一般单个三角单元面积约为 4000m^2)。

表 8.4　不同计算工况下村庄区域网格及糙率处理方式

计算工况编号	一般滩面网格边长/m	村庄区域网格边长/m	村庄糙率
CAL-1	480	挖空	—
CAL-2	480	240	0.06
CAL-3	480	240	0.08
CAL-4	480	240	0.10
CAL-5	480	240	0.12
CAL-6	96	挖空	—
CAL-7	96	96	0.06
CAL-8	96	96	0.08
CAL-9	96	96	0.10
CAL-10	96	96	0.12
CAL-11	96	64	0.06
CAL-12	96	64	0.08
CAL-13	96	64	0.10
CAL-14	96	64	0.12

2) 不同工况下滩区洪水演进过程的计算结果分析

计算区域包含了嫩滩与二级滩地。嫩滩在高村以上游荡段十分发育，它是黄河主流变化、主槽摆动过程中形成的较低滩地，没有明显的滩地横比降。嫩滩范围内植被稀少，滩地阻力小。二级滩地相对比较稳定，受滩地村庄、路堤、植被等阻水作用影响，滩地阻力较大。同时夹河滩至高村河段滩唇高仰、堤根低洼，具有斜向大堤的横比降。

兰考东明滩区进口处滩面横比降明显较大，进滩水流基本为横向冲向大堤，然后沿大堤处堤沟河向下传播，依次淹没马寨—老君堂处，之后随着水位逐渐抬升，开始逐渐淹没马寨以上较高处的滩区，由于该滩区的地势较高，所以在滩区出口处开始出水时，这部分滩区内较高的地势也一直未能上水。另外受村庄影响，滩区流速相对较小，滩区洪水传播较慢，随着进滩流量增大，进滩水量逐渐增加，滩区洪水逐渐向下游传播，滩区水深逐渐增大。滩区淹没水深与滩区的进出水量有关，滩区滞洪量越大，平均淹没水深也越大。图 8.23 给出了洪水演进过程中计算区域的最大水深分布。受滩面横比降及“堤根洼”的影响，滩区最大水深一般发生在临近大堤附近的堤沟区域，最大堤河水深达到 11.63m，最大流速约为 5m/s。

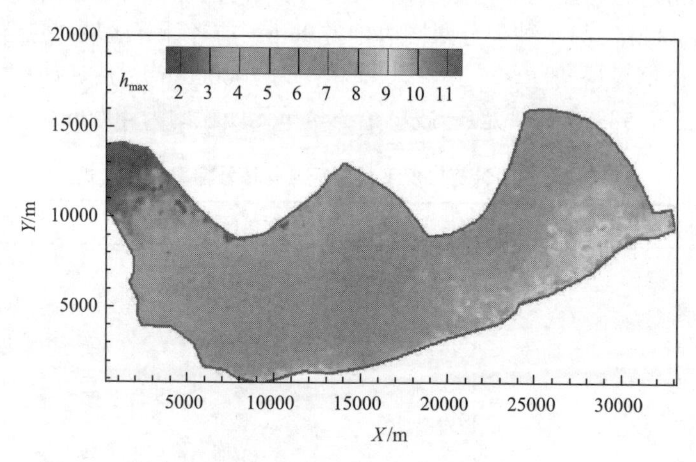

图 8.23 兰考东明滩区计算的最大水深分布(n=0.06，L=96m)

3) 网格尺度对滩区洪水演进的影响

在对计算区域进行网格剖分时，将整个计算区域分成一般滩面和村庄区域两部分。为了反映已知高程点数据及剖分网格尺度的影响，对于一般滩面分别考虑稀疏和密集两种。稀疏的一般滩面划分的三角网格边长约为 480m，而村庄区域的三角网格边长按 240m 来控制，整个计算区域被划分为 11660 个无结构三角形网格，一般单个三角单元面积约为 21800m^2；密集的一般滩面划分的三角网格边长约为 96m，而村庄区域的三角网格边长分别按 64m 和 96m 两种尺度来控制，此时整个计算区域分别被划分为 112824 个和 64480 个无结构三角网格，对应的单个三角单元面积分别约为 2250m^2 和 3940m^2。还有一种情况就是认为村庄区域不过水，将其掏空从计算区域中剖除掉，局部网格结构如图 8.24 所示。计算中一般滩面区域均取糙率为 0.035，取界面干湿处理时的最小水深为 0.01m，时间步长为 0.02s。

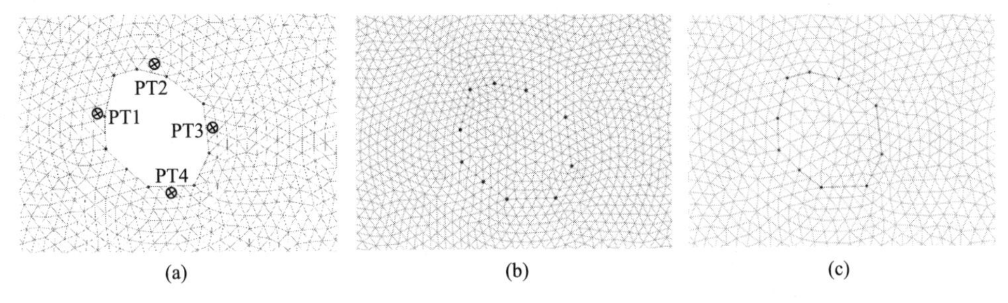

图 8.24　计算区域内村庄附近局部三角网格及测点位置

为了便于分析，这里选取滩区中任意一个村庄，在村庄周围选择 4 个代表测点(PT1～PT4)，如图 8.24 所示。图 8.25 给出了村庄区域糙率为 0.06 时，不同网格尺度条件下计算的各测点水深及流速变化过程。从图 8.25 中可以看到，村庄区域按挖空及加糙处理，对村庄区域附近水深 h 及流速 U 影响均十分明显。与村庄区域加糙处理工况相比，村庄区域挖空时计算的水深一般均较大，水深增加值为 0.55～0.95m。受计算区域剖分网格尺度不同的影响，测点 PT1 和 PT3 处的流速随着网格尺度的增大而增大，但流速增幅相对较小；而测点 PT2 和 PT4 处的流速随着网格尺度的增大而减小，L=480m 相对于 L=96m 的流速减小值最大约为 0.18m/s。村庄区域糙率取 0.08、0.10 及 0.12 时，不同网格尺度下各测点处的水深及流速过程具有相同的变化规律。总体来看，网格尺度对村庄区域附近水深及流速影响相对较小，主要在于计算区域实测高程点数插值地形的影响。因此若计算区域中实测高程点数确定时，在对计算区域剖分网格时，网格尺度只需保证与实测高程点的密度相当，若继续加密网格，则对计算结果影响十分有限。

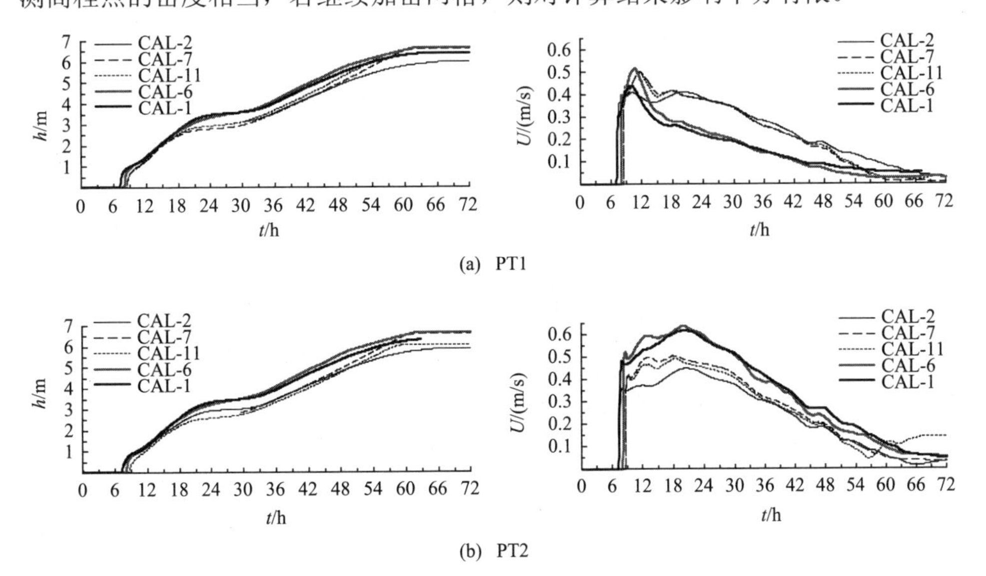

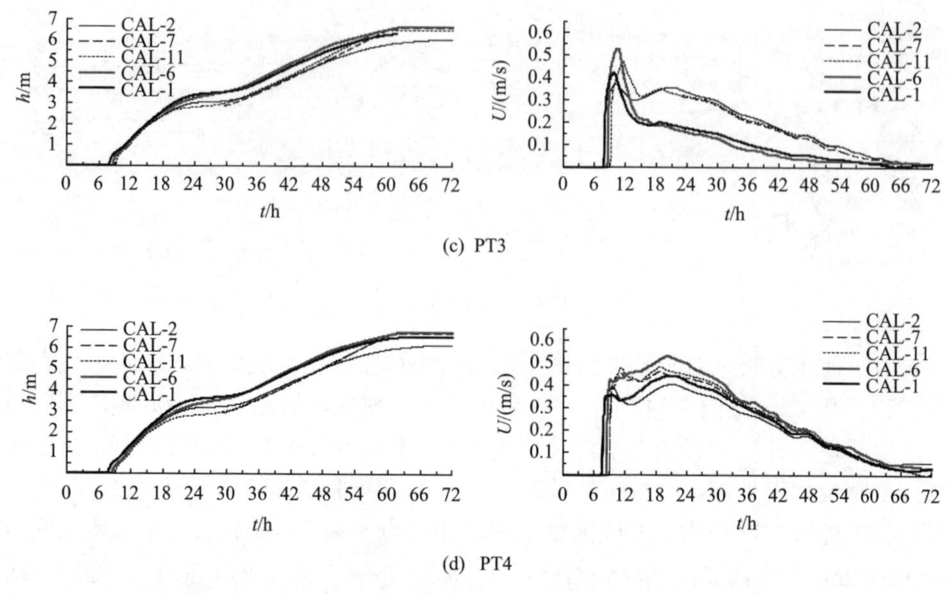

(c) PT3

(d) PT4

图 8.25　不同网格尺度下各测点计算水深及流速过程对比

图 8.26 给出了村庄区域糙率为 0.06 时，不同网格尺度下洪峰时刻村庄附近局部区域的水深与流速分布。从图 8.26 中可知，受计算区域不同尺度剖分网格的影响，村庄附近区域水深分布存在明显差异。对于村庄区域挖空工况，与 L=96m 网格尺度相比，L=480m 网格尺度下村庄附近区域相同位置的水深均略大一些，水深差值一般在 0.2m 左右。而村庄区域按加糙处理时，村庄区域取相同糙率值时，随着网格尺度的增大，村庄附近区域水深略有减小。

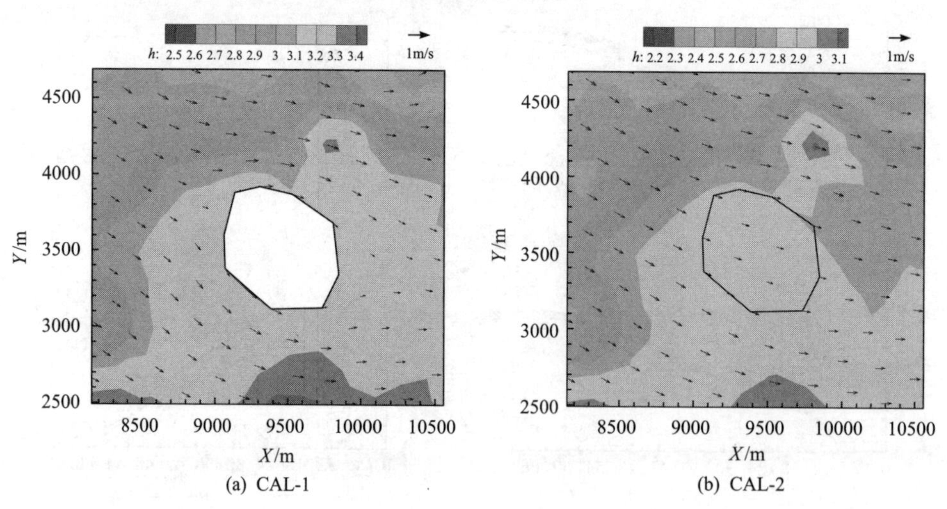

(a) CAL-1　　(b) CAL-2

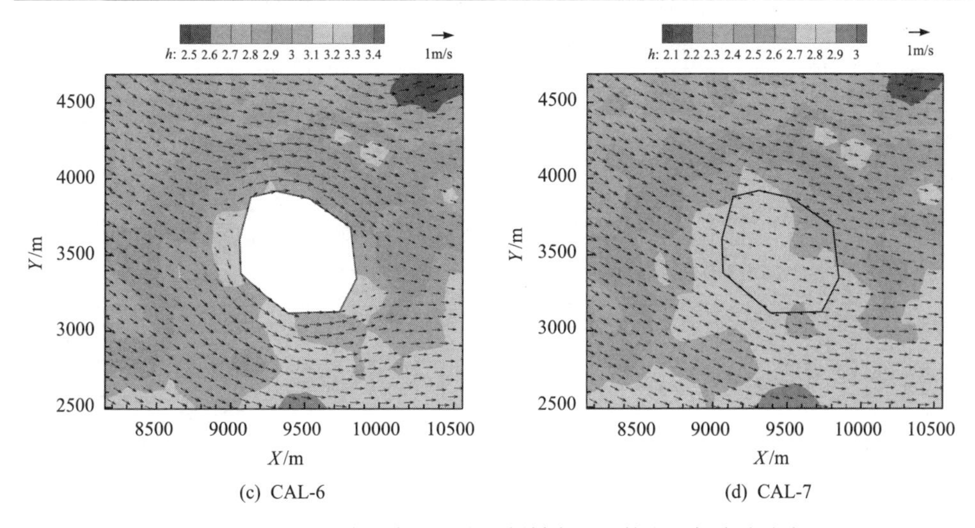

(c) CAL-6　　(d) CAL-7

图 8.26　不同网格尺度下洪峰时刻村庄附近的水深与流速分布

4) 村庄糙率对滩区洪水演进的影响

图 8.27 给出了模型计算的网格尺度为 480m，不同糙率取值时各测点(PT1～PT4)的水深及流速变化过程比较。从图 8.27 中可知，相同时刻时，村庄区域挖空工况各测点水深均最大，一般比村庄区域加糙工况的水深增大 0.47～0.57m。对于村庄区域加糙工况，随着村庄区域糙率值的增大，各测点水深一般均呈现逐渐增大的变化趋势，且在 18～36h 时段较为显著。与 n=0.06 工况相比，在 n=0.08、n=0.10 及 n=0.12 工况下，各测点相应的水深增加的最大值分别约为 0.09m、0.19m 和 0.25m。另外相同时刻时，在村庄区域挖空工况下，受到村庄区域不过水的影响，测点 PT1 和 PT3 处的流速相对较小，而测点 PT2 和 PT4 处的流速相对较大。随着村庄区域糙率值的增大，各测点流速一般均呈现逐渐减小的变化趋势。与 n=0.06 工况相比，在 n=0.08、n=0.10 及 n=0.12 工况下，各测点相应的流速减小的最大值分别约为 0.11m/s、0.19m/s 和 0.24m/s。总体来看，村庄区域挖空时对村庄区域附近水深及流速影响均十分明显；村庄区域糙率取 0.06～0.12，对村庄区域附近水深影响较小，而对流速影响较大，尤其是对顺水流方向村庄前、后两处流速的影响程度表现更为突出。

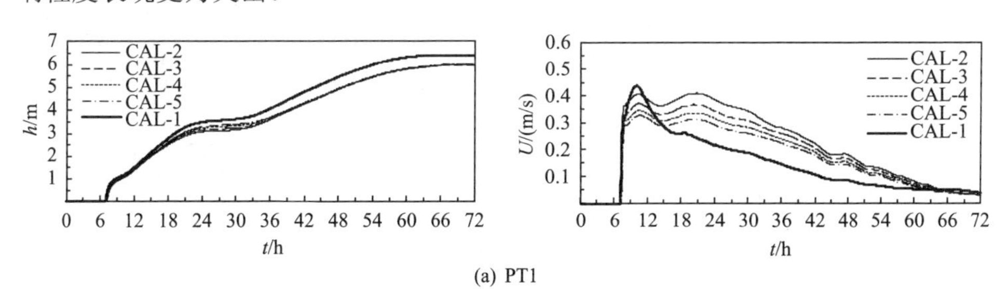

(a) PT1

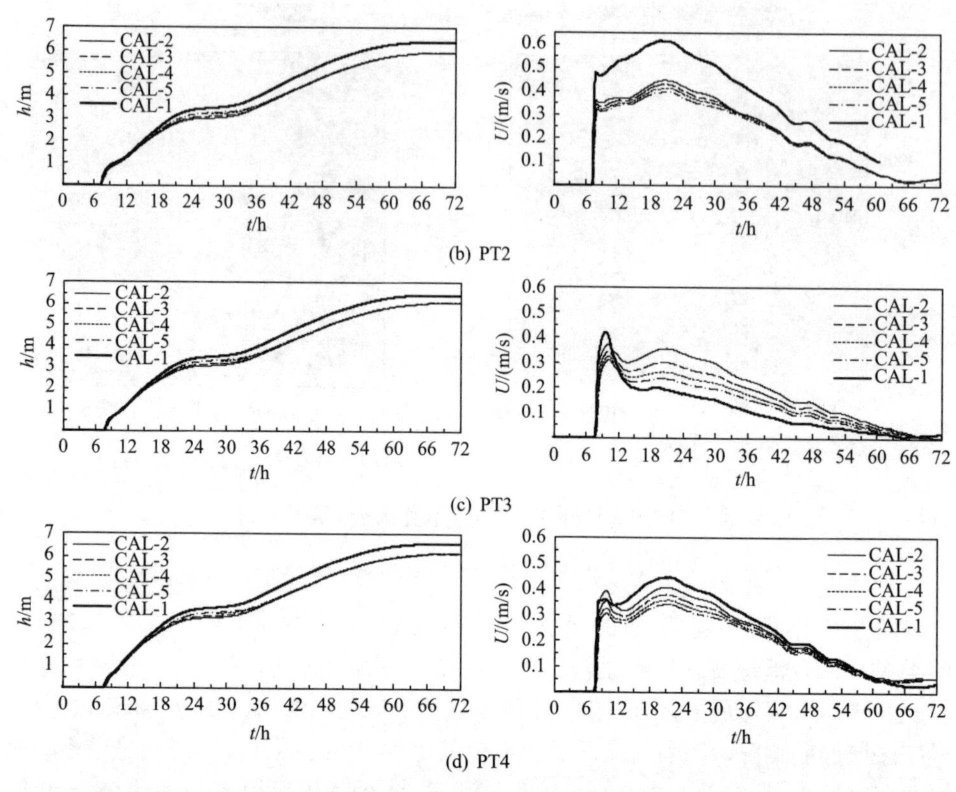

(b) PT2

(c) PT3

(d) PT4

图 8.27　不同糙率取值计算的各测点水深及流速变化过程比较(网格尺度为 480 m)

图 8.28 给出了网格尺度为 96m，不同糙率取值时，洪峰时刻村庄附近区域的水深及流速分布。从图 8.28 中看，受村庄区域不同糙率取值的影响，随着糙率的增大，村庄区域水深逐渐增大，而流速逐渐减小。当糙率 n=0.06 时，村庄区域水

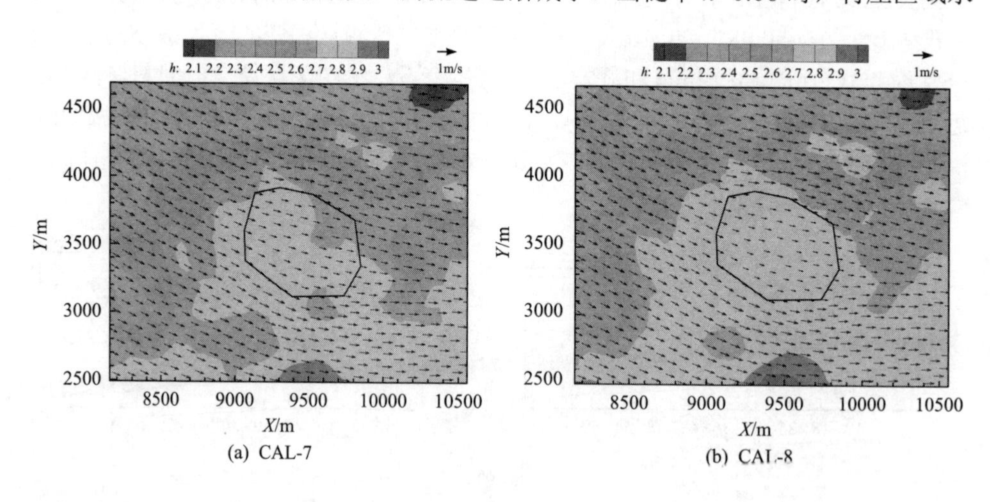

(a) CAL-7　　(b) CAL-8

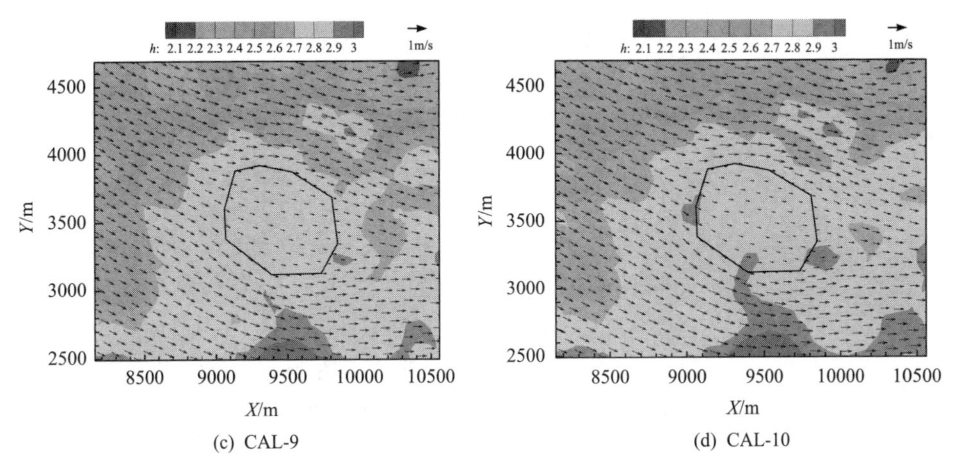

(c) CAL-9　　(d) CAL-10

图 8.28　网格尺度为 96m 时，洪峰时刻村庄附近的水深及流速分布

深为 2.63～2.81m，流速为 0.29～0.40m/s；当糙率 n=0.08 时，村庄区域水深增大至 2.68～2.86m，流速减小为 0.22～0.37m/s；当糙率 n=0.10 时，村庄区域水深为 2.72～2.90m，流速为 0.18～0.35m/s；当糙率 n=0.12 时，村庄区域水深最大，为 2.75～2.93m，流速最小，为 0.15～0.32m/s。对于其他的网格尺度，村庄附近区域的水深及流速随糙率的变化规律相同，仅是量值上略有差异。

8.5.2　考虑植被阻力对模拟结果的影响

为了进一步模拟洪水漫滩后，含沙水流在滩区的演进及淤积过程，针对 2012 年 4～10 月黄河下游发生的洪水过程，首先将前述已建立的一维水沙数学模型与开发的侧向溃口进滩模块进行耦合，计算得到溃口进滩的流量及含沙量变化过程；然后将此水沙过程作为模拟区域的进口边界条件，采用上面建立的黄河下游兰考东明滩区二维水沙动力学模型，模拟水沙传播及淤积过程。

1. 溃口水沙过程计算

为了得到进滩水沙过程，在一维水沙数学模型中增加侧向溃口进滩模块。该模块的具体思路为预先设定溃口发生的位置、溃口底部高程及溃口宽度，溃口断面假定为矩形断面，然后根据一维水沙数学模型的计算结果，求得溃口处水位，再按照堰流公式计算得到通过溃口的流量过程；溃口的含沙量过程直接采用紧邻溃口位置上游计算断面的含沙量过程。

将开发的侧向溃口进滩模块与一维水沙数学模型进行耦合，选取 2012 年 4～10 月黄河下游铁谢至利津河段发生的洪水过程，模拟得到溃口流量及含沙量变化过程。一维数学模型选用研究河段 2012 年汛前 4 月份实测的 328 个淤积断面资料作为计算初始地形。考虑到铁谢断面距上游小浪底水文站较近，故进口边界条件直接采用小浪底站实测水沙过程(图 8.29(a))及悬沙组成，小浪底站实测最大日均洪峰流量为 4380m^3/s，最大日均含沙量为 165kg/m^3；出口边界条件采用利津站实测水位过程(图 8.29(b))；同时考虑该河段的伊洛河与沁河两大支流汇入，两条支流的入黄水沙及泥沙级配过程分别采用黑石关和小董站的实测资料；由于缺少沿程的引水引沙量实测资料，本次计算不予考虑。实测资料表明，该河段悬沙及床沙级配范围为 0.002～2.0mm，计算中将非均匀沙划分为 10 组。本次计算时段为 2012 年 4 月 15 日～10 月 15 日，共计 4392h，时间步长为 20s。根据历史漫滩洪水资料及河势情况，选取溃口位置位于禅房断面与店集断面之间，距小浪底大坝里程为 243km，溃口口门底高程取 69.00m，口门宽度取 100m。

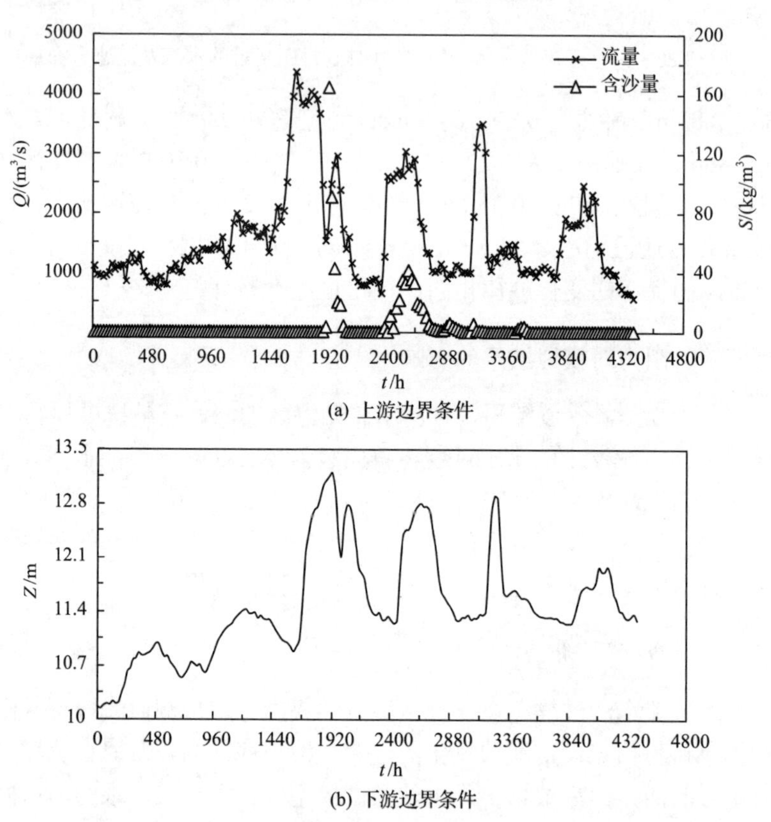

图 8.29 一维模型计算进出口边界条件(2012 年洪水过程)

图 8.30 给出了 2012 年洪水计算得到溃口流量过程及含沙量过程，可以看到溃口进滩流量呈先增大后减小的变化趋势，最大进滩流量约为 456m^3/s；含沙量变化趋势与流量相同，最大进滩含沙量为 35kg/m^3。

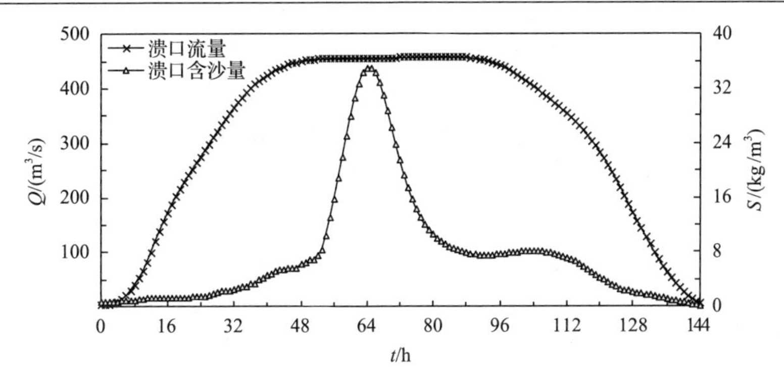

图 8.30　滩区溃口流量及含沙量过程

2. 二维水沙模拟计算结果分析

计算上边界条件选在兰考东明滩区上游，给定进滩流量及含沙量过程(图 8.30)；计算下边界宽度设为 320m，按自由开边界处理，选在滩区下游紧邻主槽处(图 8.31)。

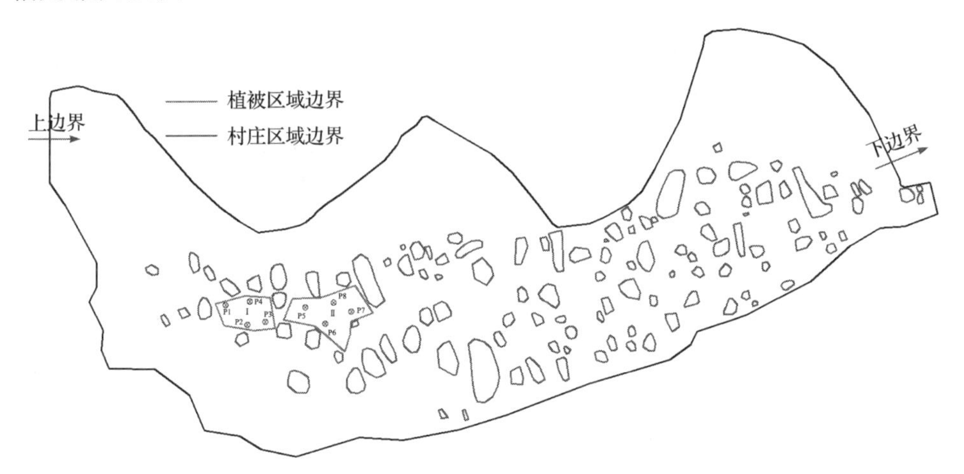

图 8.31　兰考东明滩区计算区域边界条件及不同阻力区域示意图

计算区域初始条件为干河床。滩区阻力主要考虑村庄及植被阻力的影响，滩区村庄及植被区域的具体分布如图 8.31 所示。参考村庄阻力的处理方式，将计算区域中村庄外轮廓绘制出来，个别距离较近的村庄进行合并处理，村庄区域统一采用等效阻力，将糙率设为 0.06。为了定量地揭示植被区域阻力对模拟结果的影响，针对所选取的两块植被区域，分别按照不考虑植被阻力及考虑植被阻力两种工况，进行漫滩洪水的演进模拟。不考虑植被阻力的工况是将植被区域阻力按一般滩地阻力处理，即曼宁糙率系数取 0.035；考虑植被阻力的工况是将植被区域阻力按第 6 章提出的阻力公式进行计算。整个计算区域由 26014 个三角形网格组成，一般单个三角单元面积约为 $9750m^2$(单元边长为 150m)，计算节点为 13309 个。计算中滩地的曼宁糙率系数为 0.035，取界面干湿处理时的最小水深为 0.01m，时间步长为 2.0s。另外，为了便于分析植被区域内的水沙要素的变化，分别在滩区中的植被区域Ⅰ和Ⅱ内各选定 4 个代表测点(P_1～P_4 及 P_5～P_8)，如图 8.31 所示。

将一维水沙模型模拟 2012 年洪水得到的溃口流量及含沙量过程作为进口边界，模型下边界为自由出流。采用已建立的黄河下游兰考东明滩区二维水沙动力学模型计算该溃堤洪水在滩区的演进过程，分析考虑植被阻力对洪水演进及滩区冲淤变化的影响。

溃堤漫滩洪水在滩区的演进过程与上节模拟的漫滩水流传播过程相似，这里不再赘述。下面主要分析植被阻力对滩区水沙演进及床面冲淤的影响。

1)滩区植被阻力对水深计算的影响

图 8.32 和图 8.33 分别给出了植被区域Ⅰ和植被区域Ⅱ在未考虑植被阻力和考虑植被阻力条件下各特征测点的水深变化过程。从图 8.32 和图 8.33 中可以看到，与未考虑植被阻力工况相比，考虑植被阻力工况的植被区域中各测点水深均略大，且在 18～84h 时段较为显著。考虑植被阻力后，植被区域Ⅰ中 P_1～P_4 各测点水深最大增加值分别为 0.17m、0.06m、0.07m 和 0.17m，植被区域Ⅱ中 P_5～P_8 各测点水深最大增加值分别为 0.18m、0.07m、0.09m 和 0.19m，且水深变化最大值出现在 47～84h 时段。总体来看，考虑植被阻力对植被区域附近水深影响相对较小。

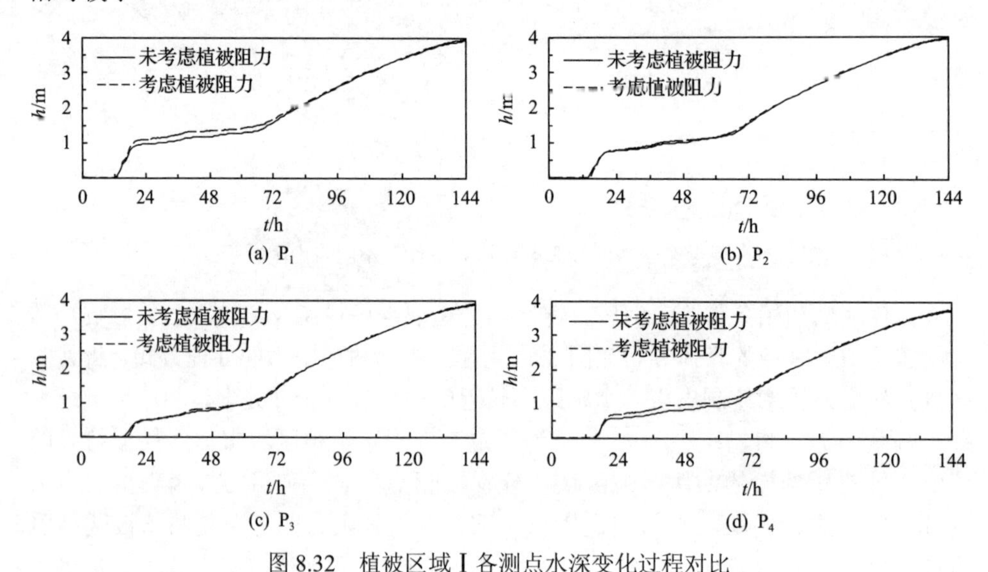

图 8.32 植被区域Ⅰ各测点水深变化过程对比

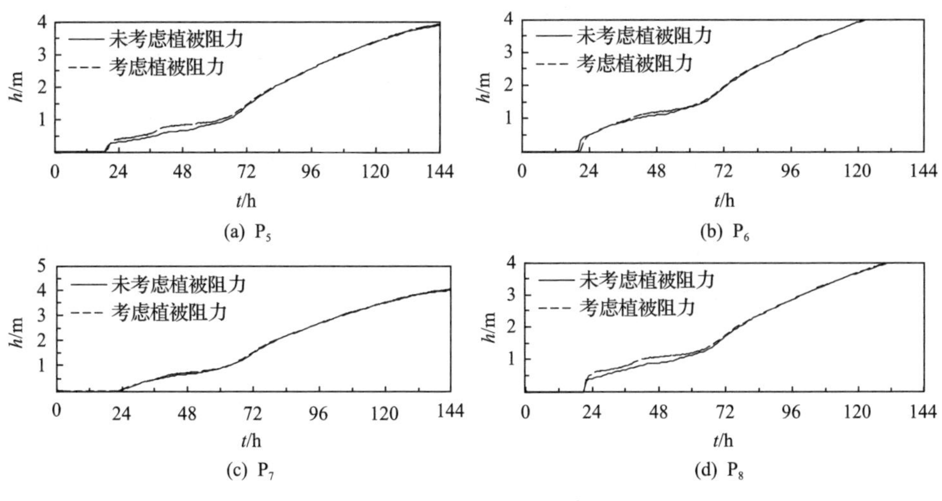

图 8.33　植被区域Ⅱ各测点水深变化过程对比

2) 滩区植被阻力对流速计算的影响

图 8.34 给出了植被区域Ⅰ在未考虑植被阻力和考虑植被阻力条件下各特征测点的流速变化过程。从图 8.34 中可知，在相同时刻下，考虑植被阻力时各测点的流速比未考虑植被阻力情况均有一定程度的减小。未考虑植被阻力时，植被区域Ⅰ中 P_1～P_4 测点的最大流速分别为 0.49m/s、0.44m/s、0.38m/s 和 0.40m/s；考虑植被阻力后，各测点相应最大流速分别减小为 0.23m/s、0.20m/s、0.16m/s 和 0.18m/s。在相同时刻条件下，植被区域Ⅰ各测点的流速最大减小值为 0.22～0.27m/s，其中 P_1 测点流速的减小值为 0.06～0.27m/s，P_2、P_3 及 P_4 测点流速减小值分别为 0.03～0.24m/s、0.03～0.22m/s 及 0.01～0.22m/s。

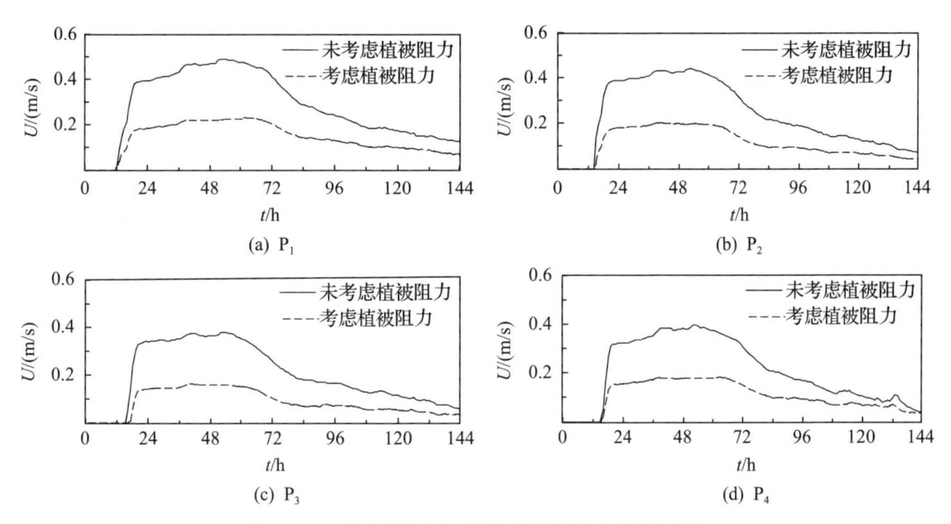

图 8.34　植被区域Ⅰ各测点流速变化过程对比

图 8.35 给出了植被区域Ⅱ在未考虑植被阻力和考虑植被阻力条件下各特征测点的流速变化过程。对比分析可知，考虑植被阻力时植被区域Ⅱ中各测点的流速相对未考虑植被阻力情况也有一定程度减小。未考虑植被阻力时，植被区域Ⅱ中 P_5～P_8 测点的最大流速分别为 0.33m/s、0.24m/s、0.21m/s 和 0.29m/s；考虑植被阻力后，各测点相应最大流速分别减小为 0.16m/s、0.12m/s、0.12m/s 和 0.16m/s。在相同时刻条件下，植被区域Ⅱ各测点流速的最大减小值为 0.09～0.17m/s。其中 P_5 测点流速减小值为 0.04～0.17m/s，P_6、P_7 及 P_8 测点流速减小值分别为 0.05～0.16m/s、0～0.09m/s 及 0.05～0.15m/s。总体来看，滩区植被阻力对植被区域附近流速影响较为明显。

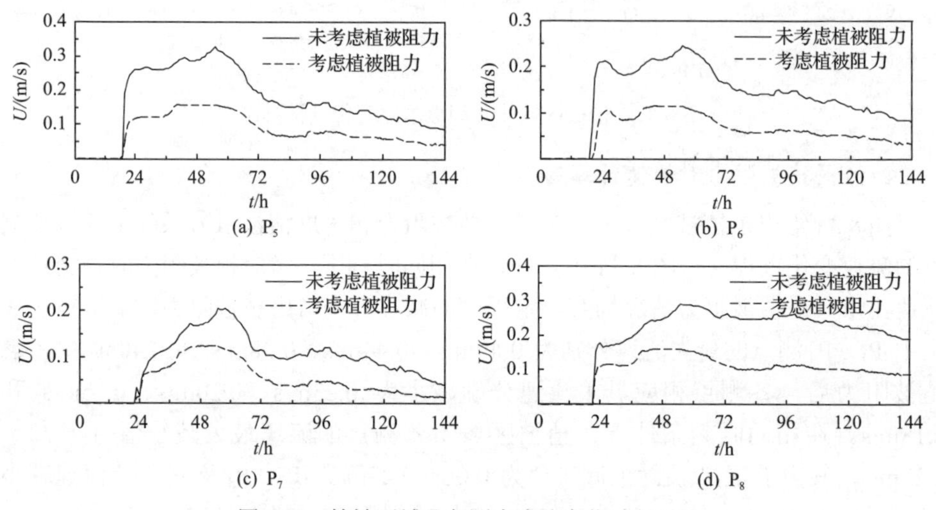

图 8.35　植被区域Ⅱ各测点流速变化过程对比

图 8.36 还给出了未考虑植被阻力和考虑植被阻力时，洪峰时刻植被附近区域的水深及流速分布。对比分析可知，与未考虑植被阻力工况相比，考虑植被阻力时，由于受植被阻力的影响，植被区域水深略有增大，而流速明显减小。以植被区域Ⅰ为例，未考虑植被阻力工况下，植被区域水深一般为 1.73～2.29m，流速为 0.14～0.31m/s；考虑植被阻力工况下，植被区域水深增大至 1.74～2.32m，流速减小为 0.05～0.17m/s。对于植被区域Ⅱ，未考虑植被阻力工况下，植被区域水深一般为 1.82～2.76m，流速为 0.02～0.27m/s；考虑植被阻力工况下，植被区域水深增大至 1.83～2.77m，流速减小为 0.02～0.16m/s。

图 8.37 给出了未考虑植被阻力和考虑植被阻力时，洪水末时刻植被附近区域的水深及流速分布。与未考虑植被阻力工况相比，考虑植被阻力时，由于受植被阻力的影响，植被区域水深略有增大，而流速明显减小。对于植被区域Ⅰ，未考虑植被阻力工况下，植被区域水深一般为 3.52～4.10m，流速为 0.02～0.15m/s；考虑植被阻力工况下，植被区域水深增大至 3.56～4.13m，流速减小为 0.01～0.09m/s。

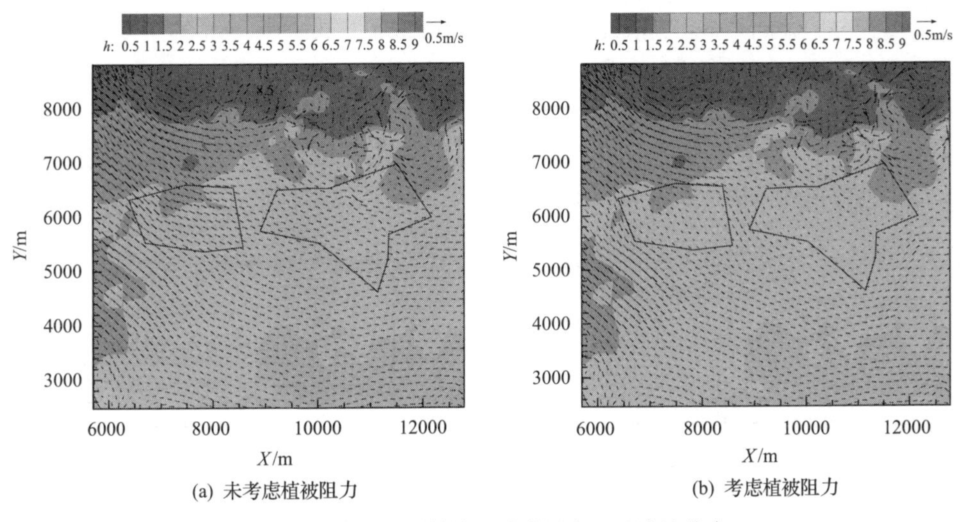

(a) 未考虑植被阻力　(b) 考虑植被阻力

图 8.36 洪峰时刻植被区域附近水深及流速分布

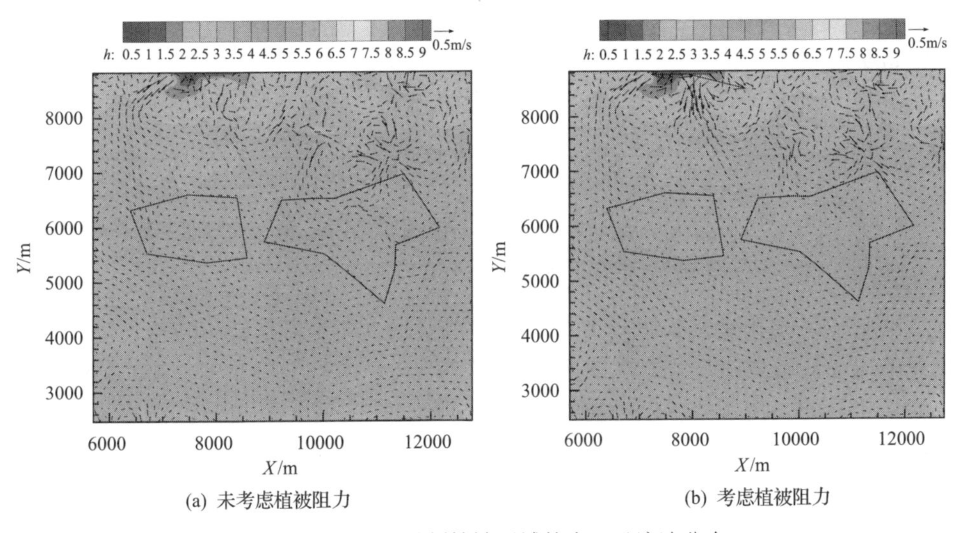

(a) 未考虑植被阻力　(b) 考虑植被阻力

图 8.37 洪水末时刻植被区域的水深及流速分布

对于植被区域Ⅱ，未考虑植被阻力工况下，植被区域水深一般为 3.66～4.62m，流速为 0.01～0.25m/s；考虑植被阻力工况下，植被区域水深增大至 3.70～4.65m，流速减小为 0～0.15m/s。

3) 植被阻力对床面冲淤变形的影响

图 8.38 给出了植被区域Ⅰ在未考虑植被阻力和考虑植被阻力条件下各特征测点的床面高程变化过程。对比分析可知，两种工况下植被区域Ⅰ中各测点的床面高程均逐渐抬升，表明河床发生淤积。未考虑植被阻力时，植被区域Ⅰ中 P_1～P_4 测点的原始床面高程分别为 67.70m、67.64m、67.75m 和 67.88m，洪水末时刻各测点的

床面高程分别淤高至 67.72m、67.64m、67.76m 和 67.90m。考虑植被阻力时，洪水末时刻各测点的床面高程则分别淤高至 67.72m、67.65m、67.77m 和 67.91m。与未考虑植被阻力工况相比，考虑植被阻力后，P_1～P_4 各测点相应的淤积厚度分别增加了 0.12cm、0.62cm、0.72cm 和 0.63cm。究其原因，受植被阻力的影响，植被区域水深增大，流速减小，挟沙力减小，导致考虑植被阻力后植被区域落淤产生淤积。

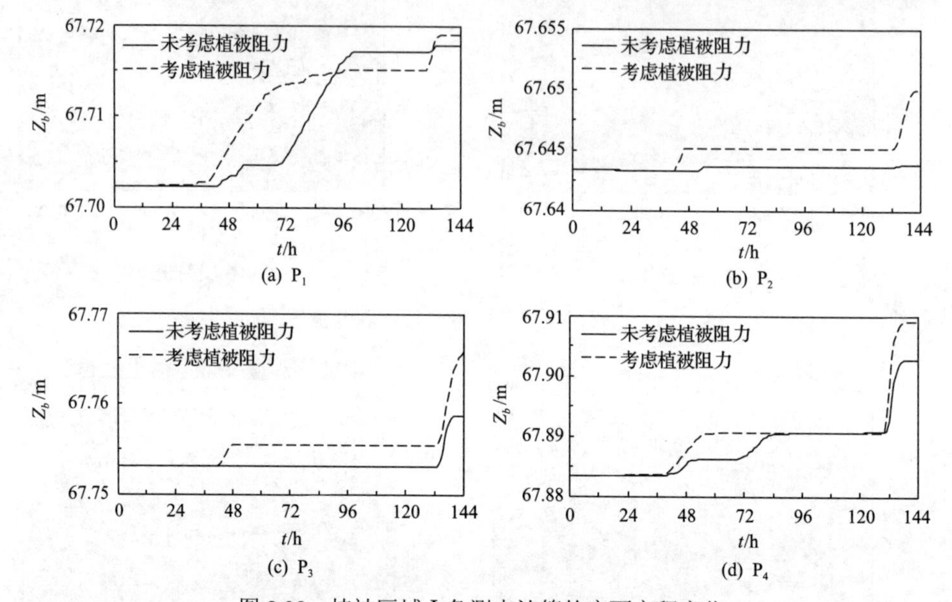

图 8.38　植被区域Ⅰ各测点计算的床面高程变化

图 8.39 还给出了植被区域Ⅱ在未考虑植被阻力和考虑植被阻力条件下各特征测点的床面高程变化过程。从图 8.39 中可以看出，植被区域Ⅱ中各测点的床面也呈淤积抬升的变化趋势。未考虑植被阻力时，植被区域Ⅱ中 P_5～P_8 测点的床面原始高程分别为 67.74m、67.19m、67.57m 和 67.40m，洪水末时刻各测点的床面高程分别淤高至 67.76m、67.20m、67.58m 和 67.42m。考虑植被阻力时，洪水末时刻各测点的床面高程则分别淤高至 67.76m、67.20m、67.59m 和 67.42m。与未考虑植被阻力工况相比，考虑植被阻力后，末时刻 P_5 测点淤积厚度基本不变，P_6～P_8 各测点相应的淤积厚度则分别增加了 0.07cm、0.66cm 和 0.29cm。

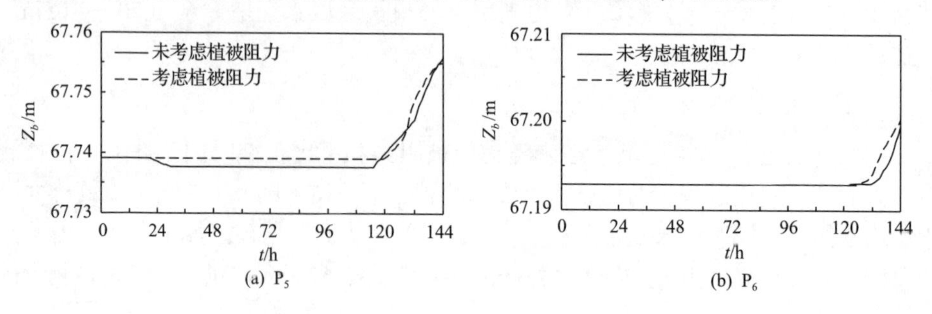

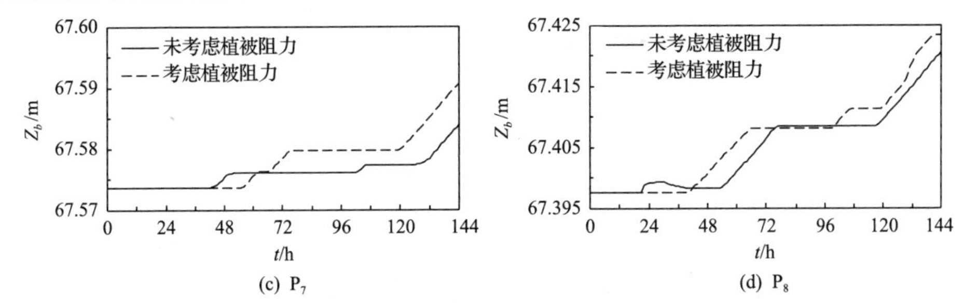

(c) P_7　　(d) P_8

图 8.39　植被区域Ⅱ各测点计算的床面高程变化(考虑有无植被阻力的影响)

图 8.40 给出了未考虑植被阻力和考虑植被阻力时，洪水末时刻植被附近区域的河床冲淤厚度分布(正值表示淤积，负值表示冲刷)。从图 8.40 中可以看出，两

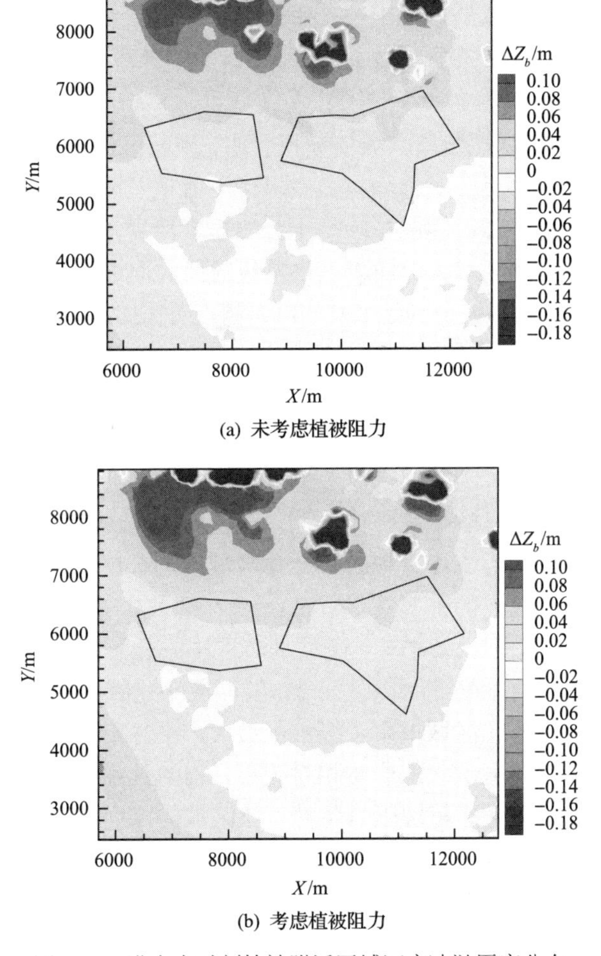

(a) 未考虑植被阻力

(b) 考虑植被阻力

图 8.40　洪水末时刻植被附近区域河床冲淤厚度分布

种工况下，植被区域Ⅰ和Ⅱ均略有淤积，考虑植被阻力时淤积厚度相对较大，但量值上两者基本相当淤积厚度为1～3cm。

8.6 本章小结

本章首先建立了基于无结构三角形网格的平面二维滩区水沙模型，采用Roe-MUSCL格式及预测-校正格式，可使模型在时空方向具有二阶计算精度，同时采用的干湿界面处理方法能有效地解决动边界问题，提高模型计算效率。模型验证的计算结果表明，所建模型能够较好地模拟复杂地形及边界条件下漫滩洪水的演进过程。然后开展黄河下游典型滩区概化物理模型试验与数值模拟，深入分析了进口流量及滩区不同植被阻力取值对计算结果的影响。最后模拟了漫滩洪水在黄河下游兰考东明滩区的演进过程，定量分析了不同非结构网格尺度及局部区域的村庄与植被阻力对洪水演进及水深、流速与河床冲淤变化等计算结果的影响。主要得到以下结论。

(1)溃堤洪水的模型试验及其数值模拟表明：受滩区地形影响，溃堤洪水波前到达时间以溃口为中心呈非对称分布。溃堤进滩流量及滩区糙率取值对溃堤洪水波前到达滩区各位置所需时间的影响均十分明显，溃堤洪水波前到达时间随着滩区糙率取值的增大而逐渐增大，随着洪水量级的增大而逐渐减小。当Q=38L/s，滩区糙率取值0.015时，波前到达FP1～FP3测点所需时间最短，分别为8s、14s和26s；当Q=30L/s，滩区曼宁糙率取值0.045时，波前到达时间最长，分别为20s、32s和60s。

(2)不同网格尺度的模拟成果分析表明：村庄区域剖分网格尺度不同时，对模拟有一定的影响。当一般区域网格尺度为480m时，村庄网格尺度对模拟结果影响较大；而当一般区域网格尺度为96m时，村庄网格尺度(96m和64m)对模拟结果的影响十分微小。实际工程模拟时，计算区域的剖分网格尺度不是越小越好，而是应保证与实测高程点的密度基本适宜。

(3)局部区域的村庄阻力对该区域洪水演进影响显著，具体来说，糙率取值0.12的水深比糙率取值0.06的水深大0.25m，相应流速减小值为0.24m/s；与村庄区域加糙处理相比，村庄区域挖空工况水深最大，水深最大增幅约为0.57m。局部区域的植被阻力对该区域水深影响相对较小，对流速影响较为明显，且与未考虑植被阻力工况相比，考虑植被阻力条件下该区域的床面淤积厚度略有增加。

第9章　洪水中人体失稳机理及标准

受全球气候变化和人类活动影响，近年来极端降水事件增多，由此引发的洪水灾害频繁发生。行人在洪水作用下很容易失去稳定性，一旦被卷入洪水中，生命安全会直接受到威胁。因此研究洪水中人体失稳机理，并提出相应的失稳判别标准，能为滩区及城市洪水风险评估与管理提供相关的科学依据，对国家公共安全也具有重要意义。本章首先阐述当前洪水中人体失稳机理及标准的研究现状；然后针对以往研究的不足，考虑人体所受浮力及来流沿水深的不均匀分布特性，结合河流动力学中泥沙起动的理论，推导出洪水中人体发生滑移及跌倒失稳时的起动流速公式，并开展一系列的概化水槽试验，用模型人体失稳的概化水槽试验数据率定公式中的相关参数，提出洪水作用下人体失稳的新标准。此外洪水中人体的稳定性除了与来流条件、人体特征参数有关外，还与地面情况等密切相关。考虑到实际地面通常具有一定的坡度，因此本章还通过力学分析和水槽试验，进一步研究不同坡度下洪水中人体的失稳标准。

9.1　洪水中人体失稳机理及标准的研究现状

本节首先概述洪灾中人员伤亡情况，并对我国的洪灾演变趋势进行分析；然后介绍国内外典型的洪水灾害事件；最后总结当前洪水中人体失稳机理及标准的研究现状。

9.1.1　洪灾中人员伤亡情况概述

洪水是由暴雨、风暴潮、急骤融冰化雪等自然因素，或大坝、堤防溃决等人为因素引起的江河湖海水量迅速增加或水位迅猛上涨的水流运动现象(方建等, 2015)。洪水灾害已成为当今世界最主要的自然灾害之一，具有发生频率高、影响范围广等特点(谭红专, 2004; 刘春蓁等, 2014; 宋晓猛等, 2013)。据国际灾难数据库(emergency events database，EM-DAT)统计，2004～2013年全球总共发生自然灾害3867次，其中洪灾发生次数最多，占45.3%。1975～2005年全世界受自然灾害影响的人口中，近50.8%的受灾人口与洪水灾害有关(程晓陶, 2008)。

我国特殊的地理气候条件导致年降水量较多且时空分布不均，60%～80% 的降水集中在汛期6～9月的东部地区，由此引发的暴雨洪水对人民群众的生命安全及社会经济发展造成严重的威胁。据不完全统计，自公元前206～1949年的2155

年中，我国共发生较大洪水灾害 1092 次，约平均每两年发生一次水灾。中华人民共和国成立初期，我国逐渐重视防洪问题并对大江大河进行治理，修建了大量的水利工程。通过半个世纪的艰苦奋斗，江河中下游的中小洪水得到基本控制，但仍然不能抵抗特大洪水。随着社会经济的快速发展以及工业化程度的提高，我国城镇化进程明显加快。城镇化快速发展在集聚人口、产业、财富的同时，也使得洪灾发生后的影响与日俱增。图 9.1 给出了 2006～2016 年洪水灾害对我国造成影响的历年变化情况，仅这 10 年间因洪灾死亡人口总计 12421 人，直接经济损失高达 21296 亿元。其中 2010 年为我国洪涝灾害重灾年份，全国因灾死亡 3222 人、失踪 1003 人，倒塌房屋 227 万间，县级以上城市受淹 258 个，紧急转移危险区域群众 1745 万人，总的直接经济损失高达 3745 亿元。

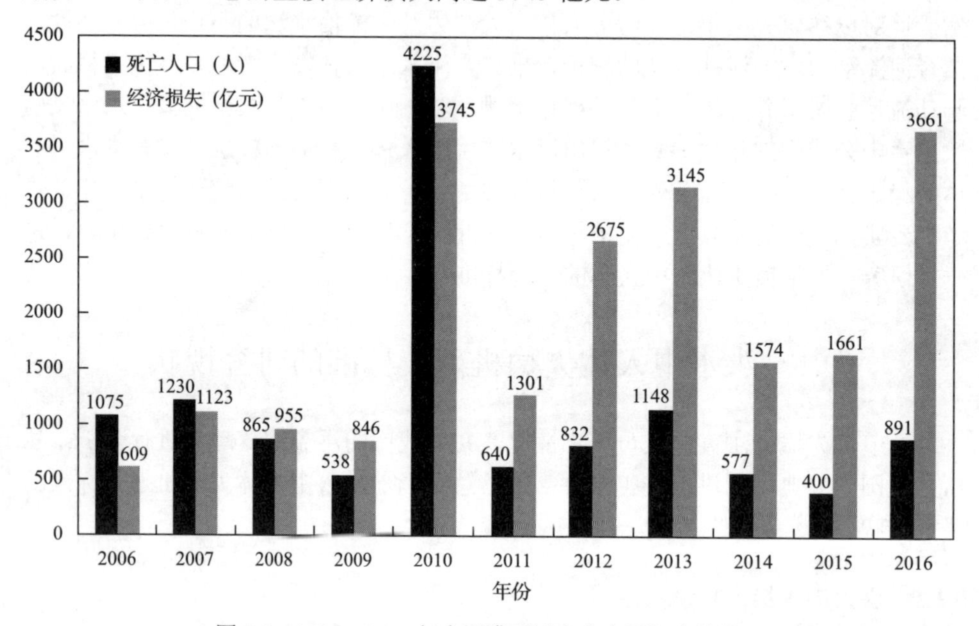

图 9.1　2006～2016 年中国遭受洪水灾害历年变化情况

近年来，我国频繁而严重的城市洪涝问题是在气候变化、下垫面改变、暴雨洪水排水与管理等多种因素共同作用下造成的，具有一定的复杂性和特殊性。2013 年 IPCC 第五次气候变化评估报告指出，1880～2012 年全球气温平均上升 0.85℃。全球变暖导致极端降水事件明显增多，局部地区的暴雨强度和频率都明显增加(张建云等, 2016)。下垫面改变也是城市洪涝灾害频发的重要原因。我国城镇化水平从 2000 年的 36.3%发展至 2015 年的 56.1%，大约比世界平均水平高出 1.2%。由于城市道路面积和建筑物密度增加，不透水地面面积比例增加，在同等强度区间降雨条件下地面径流量增加，汇水和退落时间缩短，排水量增加。城市建设过程中侵占河道和滩地，降低了河槽的泄流能力，导致同等来流条件下河道洪峰流量加大、水位升高，内涝频率和范围相应增加(姜付仁和姜斌, 2012)。此外，城市中存在的大量地势较低的地下空间(如地下商场、地铁、立交桥、涵洞等)在客观上增加了内涝风险。另外我国城市还普遍存在排水除涝标准总体偏低、管理能力和水平薄弱、城市排水管网堵塞严重，疏浚清淤困难等问题(张建云等, 2016)。在排水管网普查中发现，在我国许多城市，特别是老城区，深埋地下的排水管网经常遭遇垃圾堵塞、排放不当、淤泥堆积等问题，严重影响雨水排放，导致内涝积水。

9.1.2　国内外典型洪水灾害介绍

1. 近期国内典型洪水灾害

2012 年 7 月 21 日北京地区发生特大暴雨，该暴雨是北京市自 1951 年有完整气象记录以来最强的一次降水过程(赵洋洋等, 2013)。7 月 21 日 00 时～7 月 22 日 00 时(北京时间)，全市平均降水量达到 170mm，城区平均降水量为 215mm，最大降水出现在房山区河北镇(460mm)，接近五百年一遇，强降雨一直持续近 16h(赵洋洋等, 2013; 孙建华等, 2013)。本次特大暴雨降水总量之多、降水历时之长、局部雨强之大均为历史罕见。由此引发的洪水灾害，造成了重大的人员伤亡以及经济损失(图 9.2(a))。根据北京市防汛抗旱指挥部办公室通报，截至 2012 年 8 月 5 日，北京市受灾人口 160.2 万人，遇难者总人数 79 名，已确认身份的 66 名遇难者中包括因公殉职的 5 人，剩余 61 名遇难者死亡原因为洪水溺亡 26 人，驾车溺亡 11 人，落水溺亡 10 人，触电 5 人，其他 9 人。其中溺亡人数超过 3/4，且因被洪水冲走而遇难的最多。因灾造成直接经济损失高达 116.4 亿元。

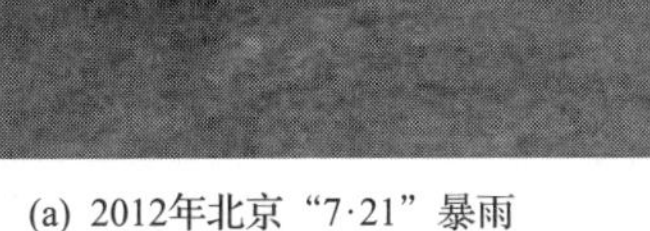

(a) 2012年北京“7·21”暴雨

(b) 2016年武汉暴雨

图 9.2　洪水灾害中的行人

2016 年，受超强厄尔尼诺事件和拉尼娜事件的先后影响，我国共出现 51 次强降雨过程，多地发生严重洪涝灾害。据国家防汛抗旱总指挥部统计，全国有 192 个城市被淹，因洪涝受灾人口 1.02 亿人，死亡 684 人、失踪 207 人，直接经济损失达 3661 亿元。2016 年 7 月 1～6 日，武汉市汛期降雨量和降雨强度均超过了 1998 年。武汉地势平坦低洼，城区大部分地段的地面高程低于外江洪水位，因此汛期雨水需通过泵站提排。然而过去我国经济不发达，为节省建设成本，武汉市排水系统建设标准偏低。因此城区出现大面积渍水，重要道路被阻造成交通拥堵(图 9.2(b))。本次特大暴雨使武汉遭遇 1998 年大洪水以来最为严峻的洪涝灾害，因灾死亡 14 人、失踪 1 人、受灾人口 93.6 万，直接经济损失高达 80 亿元。

2. 近期国外典型洪水灾害案例

俄罗斯当地时间 2012 年 7 月 8 日，俄罗斯南部克拉斯诺达尔地区遭受暴雨袭击并引发洪灾，洪水共淹没了 3 个城市(克雷姆斯克、格连吉克和新罗西斯克)和该边疆地区其他村庄的约 7200 栋房屋。洪灾导致电力、天然气和供水系统遭到破坏，公路和铁路交通被毁。由于当地预警不力以及个别管理部门的渎职，洪灾发生时灾区人员没有及时疏散。据俄罗斯紧急情况部统计，本次特大洪水共导致 171 人遇难，受灾最严重地区为克雷姆斯克。

2017 年 8 月底至 10 月初相继有 4 个飓风登陆北美和加勒比海地区，其中“厄玛”和“玛丽亚”均为最高等级的五级飓风(图 9.3)。8 月 25 日，四级飓风“哈维”登陆美国得克萨斯州沿海地区，飓风摧毁了树木、电线杆和路标，同时引发美国本土史上最强降水，得克萨斯州南部大片地区沦为泽国。这场风暴造成的经济损失高达 1800 亿美元，为美国历史上最高。9 月底，“玛丽亚”袭击加勒比海地区，引发局地洪涝，导致 60 多人丧生。9 月上旬，史上最强的大西洋 5 级飓风“厄玛”横扫美国和加勒比海地区，共造成 100 多人死亡。美国 580 万户家庭断电，700 万人紧急撤离，佛罗里达州遭到了严重破坏。

图 9.3　2017 年 8 月美国休斯敦洪灾

除以上典型洪水事件外，近期国内外重大洪水灾害事件还包括：2010 年我国松辽流域连续发生 6 次强降雨过程，暴雨洪水给吉林、辽宁、黑龙江 3 省造成严重洪涝灾害，因灾死亡 112 人、失踪 60 人；2011 年巴基斯坦南部因季风性强降雨引发洪水，致使 300 人丧生、600 万人受灾；2012 年菲律宾遭受台风“宝霞”，持续强风暴雨，造成超过 1000 人死亡，800 余人失踪。2017 年 8 月 11～12 日，孟加拉国朗布尔两天的降雨量相当于 1 个月的降雨量，共造成 1200 多人死亡，4000 多万人受灾。从以上描述中可以看出洪水灾害中溺水遇难者众多，受灾群众的人身安全受到极大威胁。当前人口迅猛增长，人类活动范围不断扩张，以及极端天气事件日益增多，加大了人们承受洪水灾害的风险。因此有必要对洪水作用下的人体失稳机理及标准进行研究，所得研究成果可为滩区及城市洪水风险管理等提供科学依据。

9.1.3　洪水中人体失稳标准的研究现状

在受洪水影响的地区，洪水作用下人体的稳定程度不仅与其身高与体重有关，而且还随来流条件(水深与流速)而变化。因此在洪水风险分析中，需要准确地估算出洪泛区内各处行人在洪水作用下的稳定程度。目前已有的洪水作用下人体失稳标准，通常采用某一水深下人体失稳时的起动流速来表示，既有基于真实人体试验的研究成果，又有基于一定力学分析的半经验半理论公式(Defra, 2006; Cox et al., 2010)。

1. 基于真实人体的试验研究成果

洪水中人体稳定性的试验研究成果，包括 Foster 和 Cox(1973)与 Yee(2003)基于儿童的水槽试验；Abt 等(1989)、Karvonen 等(2000)、Takahashi 等(1992)以成人为测试对象的水槽试验；Jonkman 和 Penning-Rowsell(2008)和 Chanson 等(2014)基于成人的现场试验研究。

Foster 和 Cox(1973)对洪水中人体的稳定性进行了开创性的研究，他们以 6 个 9～13 岁的男孩为试验对象，研究了洪水中儿童在站立和坐下两种姿势下的稳定性。试验结果表明：儿童在水中行走时稳定性降低，站立时测试对象体重越大稳定性越好；采用坐在水中的姿势时稳定性最差。根据第二条结论可以推断，人体一旦失去稳定跌倒在洪水中，就很难再次起身恢复站立姿势(Cox et al., 2010)。Yee(2003)通过水槽试验同样研究了洪水中儿童的稳定性。该试验水槽底坡为 1%，测试对象为两名男童和两名女童，年龄为 4～7 岁，试验时均穿泳装、不穿鞋。以测试对象滑移或跌倒失稳不能继续试验，或者在来流冲击下感到不适作为失稳判定条件。试验结果表明：人体失稳时临界水深与流速之积受测试对象年龄影响变化很大，年龄最小的 4 号测试对象由于身体尚未发育完全，抵抗水流冲击能力远小于其他三位年龄较大的测试者。需要指出的是，由于 Foster 和 Cox(1973)与 Yee(2003)在试验中均以受测试儿童心理上感觉不安全为失稳判别标准，故试验结果受测试对象的主观因素影响较大，仅具有一般的研究意义，不能据此得出洪水中人体稳定性的定量判别标准。另外，Foster 和 Cox(1973)以及 Yee(2003)的试验中只研究了儿童在洪水中的安全问题，未涉及成人在洪水中的失稳标准。

Abt 等(1989)在一个 61m 长、2.44m 宽、1.22m 深的水槽中，以一个简化人体模型和 20 名成人为测试对象，研究了成人在洪水中的失稳条件。试验考虑了四种水槽底面材料(钢、光滑的混凝土、砾石和草皮)和两种底坡(0.5%和 1.5%)情况。结果表明人体稳定性并不因地面粗糙程度不同而受到显著影响，这可能是由于 Abt 等(1989)试验中水深较大，测试对象主要由于力矩不平衡而发生跌倒失稳，此时鞋底与地面间的摩擦力对失稳结果无明显影响。此外由于真实人体在水流作用下能调整站立姿势，并能在多次试验中积累水中站立经验，研究发现成人抵抗水流冲击能力比模型高出 60%～120%。通过对试验数据进行拟合，Abt 等(1989)发现失稳时水深-流速之积与人的身高-体重之积之间存在指数关系，但该公式没有考虑洪水中人体失稳的动力学机理。Karvonen 等(2000)在一个长 130m，宽 11m，深约 5.5m 的大型水池中开展洪水中人体失稳试验，测试对象站在可移动钢架平台上，利用拖车牵引可移动平台来产生人体与水流的相对运动。通过对试验结果进行分析，Karvonen 等(2000)按水流情况、人体状况、鞋底与地面的接触情况、光线等条件定性地将外界环境划分为较好、一般、较差三种情况，并提出对应于这三种情况时的来流单宽流量与人体身高体重之积之间的函数关系。需要指出的是，Abt 等(1989)和 Karvonen 等(2000)试验中均对测试对象采取了安全防护措施，如系安全带、戴头盔、穿救生衣等，试验条件也比较理想，因此试验结果很可能过于乐观地评估了实际洪水事件中人体的失稳条件。Takahashi 等(1992)测量了 3 名成年人在水流作用下受到的拖曳力及摩擦力等情况，讨论了在不同来流方向、地面材料及测试者穿着情况下的人体稳定性，并给出了不同地面和鞋底情况下的摩擦力及拖曳力系数的变化范围。以上这些真实人体试验因受测试对象生理及心理因素的影响，加上试验条件不同，故试验结果的分散程度较大，但基本能表现出人体失稳时来流单宽流量与其身高及体重之积呈较为松散的正比关系。

为研究真实洪水作用下人体失稳情况，Jonkman 和 Penning-Rowsell(2008)在英国 Lea 河下游一个渠道内进行了试验，该渠道宽 70m，底部为 1%坡度的混凝土床面。测试对象是一名专业特技男演员，身高为 1.7m，体重为 68kg。试验中测试对象没有安全绳或其他保护设施，能在水中自由行走并根据水流强度大小调整站立姿势。调节试验地点上游约 75m 处的闸门以控制渠道内的水深及流速，测试对象通过无线对讲机与控制闸门的人员进行交流，因此 Jonkman 和 Penning-Rowsell(2008)能详细地记录测试者应对来流的姿势调整及其失稳过程。基于试验结果，Jonkman 和 Penning-Rowsell(2008)得出洪水中人体先发生滑移失稳，随着水深增大变为跌倒失稳，且认为以往研究成果(如 Abt 等(1989))中提出的失稳标准过小估计了小水深、大流速情况下的危险性。Jonkman 和 Penning-Rowsell(2008)进一步地将人体概化为长方体，通过简单力学分析推导出洪水中人体面对水流时跌倒及滑移失稳的计算公式。应当指出，Jonkman 和 Penning-Rowsell(2008)的分析中没有考虑人体所受的浮力作用，但实际洪水中当水深较大时浮力影响不能忽略。Chanson 等(2014)用声学多普勒流速仪(acoustic Doppler velocimetry，ADV)测量了 2011 年 1 月发生在澳大利亚布里斯班真实城市洪水中的水流条件。实测数据表明真实洪水中水深和流速波动很大，且人体失稳时来流单宽流量小于大部分水槽试验值。因此 Chanson 等(2014)认为洪水中人体稳定性还受水流脉动的影响，并提出了以瞬时流速和水深作为洪水中人体失稳的影响因素。

由河流洪水引起的城市内涝通常具有来流水深较大、流速较小的特点，而由暴雨及排水管网泄流能力不足引起的城市洪水，由于受路缘石高度限制及硬化路面糙率较小的影响，来流一般表现为水深小而流速较大的特点。Russo(2009)通过试验主要研究了第二种情况，即小水深、大流速情况下街道上行人的稳定性。试验在一个 5m 长、2.6m 宽、横向坡度为 2%的混凝土街道模型平台上进行，以 23 名成人和儿童为测试对象，考虑了不同能见度条件(测试对象戴上特制眼镜模拟能见度不良情况)及不同纵坡(最大坡度达到 10%)的影响。试验共研究了人体沿着垂直、45°斜向及平行水流方向穿过街道时的稳定性，结果表明垂直于水流方向穿过被淹没的道路时最困难。最后通过对试验数据进行拟合，Russo(2009)提出了来流水深-流速之积的平方根与人体身高-体重之积的线性关系。Martínez-Gomariz 等(2016)对 Russo(2009)的试验进行了二次复演，并进一步考虑不同鞋子类型和人体双手是否被占用等情况。试验中选取的测试对象更广泛，包括不同年龄、身高和体重的 16 名女士、5 名男士及 5 名儿童。每位测试对象进行不同工况组合下(4 种坡度，4 种流量，双手占用与否，2 种能见度，3 种鞋子类型)的淹没街道上行人失稳试验，共计获得 2345 组试验数据。结果表明人体穿拖鞋时稳定性最差，能见度条件与人体稳定性之间没有明显的相关性。此外，Martínez-Gomariz 等(2016)还以问卷形式调查统计了测试对象在试验过程中的心理感受。结果表明：从干燥的人行道进入被洪水淹没的道路时，踏入水流的第一步对于行人的稳定性十分关键；随着试验进行，行人的不安全感逐渐减弱，并积累水流作用下的站立经验，增加了通行的容易程度。最后 Martínez-Gomariz 等(2016)提出了修正的洪水中人体失稳标准，该标准主要适用于城市中淹没街道上行人的稳定性，即来流水深较小而流速较大的情形。

为便于比较，将上述各试验的详细情况和已有洪水中人体失稳公式分别列于表 9.1 和表 9.2。

表 9.1　已有洪水中人体失稳的试验情况对比

研究者	Foster 和 Cox	Yee	Abt 等	Takahashi 等	Karvonen 等	Jonkman 和 Penning-Rowsell	Russo
年份	1973	2003	1989	1992	2000	2008	2009
试验设施	水槽	水槽	水槽	水池	水池中的可移动平台上	泄洪闸控制的渠道	街道模型平台
地面材料	漆木	漆木	钢、混凝土、砾石、草皮	金属传感器	格栅型钢架	混凝土	混凝土
坡度	水平	0.01	0.005，0.015	水平	水平	0.01	0，0.02，0.04，0.06，0.08，0.1
测试对象	6 名儿童	4 名儿童	1 个简化模型人体和 20 名成人，有安全防护措施	3 名成人	7 名成人，其中两人为救生员，有安全防护措施	1 名特技演员	23 名成人和儿童，有安全防护措施
动作或姿势	站立、行走、转弯、坐	站立、行走	站立、行走、转弯	站立	站立、行走、转弯	站立、行走	站立、行走、转弯
身高/m	1.27～1.45	1.09～1.30	1.52～1.83	1.64～1.83	1.60～1.95	1.70	1.48～1.82
体重/kg	25～37	19～25	40.9～91.4	64～73	48～100	68	48～100
水深/m	0.09～0.41	0.18～0.53	0.43～1.20	0.44～0.93	0.4～1.1	0.26～0.35	0.11～0.16
流速/(m/s)	0.76～3.12	0.89～2.12	0.82～3.05	0.58～2.00	0.60～2.60	2.40～3.10	1.17～3.17
失稳判别条件	测试对象心理上感到不安全或发生失稳		测试对象发生失稳				测试对象心理上感到不安全或发生失稳

表 9.2　洪水中人体失稳标准汇总

研究者	洪水中人体失稳公式	条件或假定
Abt 等(1989)	$h_f U_c = 0.0929\mathrm{e}^{0.003812 h_p m_p + 2.18}$　(跌倒)	根据水槽试验数据拟合
Karvonen 等(2000)	$h_f U_c = a h_p m_p + b$ (较好、一般、较差外界环境时系数 a、b 取值不同)	经验方法
Jonkman 和 Penning-Rowsell(2008)	$h_f U_c = C_M m_p^{0.5}$，$\left[C_M = 2g\cos\theta h_p / C_D B\rho\right]^{0.5}$ (跌倒) $h_f U_c^2 = C_F m_p$，$(C_F = 2\mu g / C_D B\rho)$　(滑移)	理论推导；不考虑浮力； 假定来流沿水深均匀分布
Chanson 等(2014)	当 U<1m/s 时，h<0.3 当 h<0.3m 时，U<(4～10)×h (U、h 为瞬时流速和水深)	经验方法； 考虑真实洪水中水流脉动情况

续表

研究者	洪水中人体失稳公式	条件或假定
Defra(2006)	$H_R = h_f(U_c + 0.5) + \mathrm{DF}\ \begin{cases} 0\sim0.75, & 低 \\ 0.75\sim1.5, & 中 \\ 1.5\sim2.5, & 高 \\ >2.5, & 极高 \end{cases}$	经验方法
Keller 和 Mitsch(1993)	$U_c = \sqrt{\dfrac{2F_R}{\rho C_D A}}$ (滑移)	理论推导； 假定来流沿水深均匀分布； 将人体概化为垂直的圆柱体
Lind 等(2004)	$h_f U_c = k\left[m_p\left(1-\dfrac{h_f}{h_p}\right)\right]^{0.5}$ (跌倒)	理论推导

注：h_f为水深；U_c为起动流速；h_p、m_p分别为人体身高和体重；μ为鞋底与地面间的摩擦系数；g为重力加速度；θ为人体的倾角；C_D为水流拖曳力系数；B为人体平均宽度；C_M、C_F为系数；ρ为水的密度；H_R为洪水风险等级；F_R为由摩擦力引起的恢复力；A为人体迎水面垂直于来流方向的投影面积；k为需要试验数据率定的参数；DF 为表征漂浮物的参数。

2. 基于经验方法或力学理论分析的公式

基于经验方法或一定理论分析的公式主要以 Defra(2006)、Keller 和 Mitsch (1993)、Lind 等(2004)的研究成果为代表。Defra(2006)采用来流水深及流速大小与洪水中挟带漂浮物的大小来简单地估算洪水中人体的危险程度，并根据计算结果将危险等级划分为 4 个区。这种计算方法认为人体在洪水中的稳定性仅与来流条件有关，与人体身高及体重等特征无关，显然该方法仅适用于洪水风险的初步分析。Keller 和 Mitsch(1993)将人体概化为质量与体积等值的一个垂直圆柱体，并基于滑移及跌倒失稳时的力学平衡原理，从理论上直接推导出相应的起动流速公式。该公式在推导中假定来流沿水深均匀分布，取水流拖曳力系数为 1.2，鞋底与地面之间的摩擦系数为 0.3。Lind 等(2004)将洪水中的人体分别概化为圆柱体、立方体与复合圆柱体，分别建立人体跌倒失稳时临界单宽流量的计算公式，并用 Abt 等(1989)和 Karvonen 等(2000)的真实人体失稳试验资料对各公式的计算精度进行了评价。这些基于一定力学理论分析的经验公式，在推导过程中通常对人体结构做了较大的简化，不能精确地计算不同水深下人体所受的浮力，而且一般也假定来流沿水深均匀分布。故以往经验或基于力学理论分析的公式不能较为准确地计算出洪水作用下人体的稳定程度。

上述分析表明，在现有洪水作用下人体稳定性的研究成果中，基于真实人体的试验结果一般受测试对象生理及心理因素的影响较大，而基于力学理论分析的公式推导中往往对人体结构及来流条件做了过多简化或假设。因此有必要进一步开展洪水中人体失稳条件的理论分析及试验研究。

9.2 基于力学机理的洪水作用下人体失稳标准

此处首先分析洪水中人体的受力特点，根据人体结构特点计算不同水深下人体所受的浮力，同时结合河流动力学中泥沙起动的理论，推导出洪水中人体发生滑移及跌倒失稳时的起动流速公式；然后采用一小比尺的模型人体开展一系列的水槽试验，得到不同失稳机制及水深条件下人体的起动流速，用于率定公式中的相关参数，同时采用模型比尺关系及率定后的公式分别估算原型人体在不同水深下的失稳条件；最后采用已有的真实人体水槽试验结果重新率定人体滑移及跌倒失稳时的参数，结合模型人体的试验成果，给出了儿童及成人在不同来流条件下的失稳区间。

9.2.1 洪水作用下人体失稳的力学分析

1. 洪水作用下人体失稳机制分类

已有研究结果表明，洪水中人体的失稳方式主要有两种：滑移和跌倒(Cox et al., 2010; 夏军强等, 2014)。当来流水深较小但流速较大时，如作用于人体腿部的水流拖曳力大于人体鞋底与地面的摩擦力时，就有可能发生滑移失稳，如图 9.4(a)所示。当来流水深较大但流速较小时，如水流拖曳力形成的倾倒力矩大于人体有效重力形成的抵抗力矩时，则有可能发生跌倒失稳，如图 9.4(b)所示。Jonkman 和 Penning-Rowsell(2008)认为还存在另外一种可能的失稳方式-漂浮，即当水深达到了一定高度时，人体在浮力作用下会完全漂浮起来。通常情况下人体密度略大于水体的密度，因此漂浮发生概率相对较小，故此处仅研究洪水作用下人体的滑移和跌倒两种失稳机理。

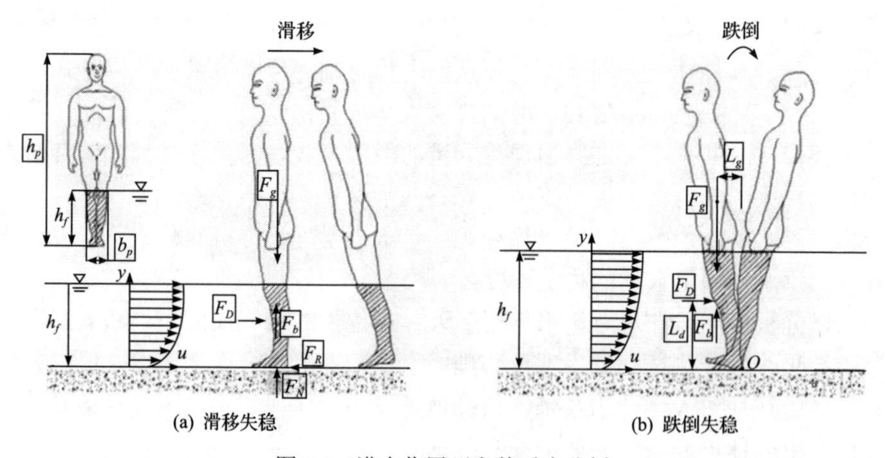

图 9.4 洪水作用下人体受力分析

2. 洪水作用下人体失稳的受力分析

洪水中人体失稳标准的计算，可以借鉴河流动力学中泥沙起动的分析方法(Xia et al., 2011；舒彩文等, 2012)。假设洪水中的人体面朝来流方向，则人体在水平方向上主要承受水流拖曳力 F_D 和地面摩擦力 F_R 作用；在垂直方向上承受自身重力 F_g、浮力 F_b 以及地面的支持力 F_N 作用。各力的详细计算公式如下所述。

1) 人体浮力 F_b

根据浮力的定义，可将浮力 F_b 表示为

$$F_b = \rho_f g V_b \tag{9.1}$$

式中，ρ_f 为水的密度；g 为重力加速度；V_b 为人体淹没在水中部分的体积(排水体积)。

由于人体结构的不规则性，故计算其浮力时需要考虑人体各部位的尺寸及相应体积。正常人身体各部位的尺寸之间存在一定的比例关系，通常用身高 h_p 或人体总体积 V_p 作为确定身体各部位尺寸、体积等数值的基本参数(Drillis et al., 1964; Sandroy and Collison, 1966；郭青山和汪元辉, 1995)。此处引用工业生产中法定成年人的人肢体生物力学参数(表 9.3)以及平均人体尺寸(郭青山和汪元辉, 1995)，由此可以推算出特定水深下相对应的人体排水体积，推算结果详见表 9.4。并绘制相对水深与人体排水相对体积的关系曲线(图 9.5)。因此根据这些人体结构特征参数，可以建立不同来流水深与人体所受浮力的经验关系，一般可用二次曲线表示即能得到较高的计算精度，则该关系式可写为

$$V_b / V_p = a_1 R_h^2 + b_1 R_h \tag{9.2}$$

式中，a_1、b_1 为无量纲系数；R_h 为来流水深 h_f 和人体身高 h_p 之比，即 $R_h = h_f / h_p$。由式(9.2)可知，当 $h_f \geqslant h_p$ 时，$V_b = V_p$，即 $a_1 + b_1 = 1$。

表 9.3　成人肢体生物力学参数(郭青山和汪元辉, 1995)

人体各部分体积 V_i/ m^3	人体各部分长度 L_i/ cm	相关公式
手掌体积 $V_1 = 0.00566V_p$	手掌长 $L_1 = 0.109h_p$	$V_p = (1.015m_p - 4.937) \times 10^{-3}$
前臂体积 $V_2 = 0.01702V_p$	前臂长 $L_2 = 0.157h_p$	正常体重：$m_p = h_p - 110$
上臂体积 $V_3 = 0.03495V_p$	上臂长 $L_3 = 0.1172h_p$	理想体重：$m_p = h_p - 100$
大腿体积 $V_4 = 0.0924V_p$	大腿长 $L_4 = 0.232h_p$	V_p 为体积，m^3
小腿体积 $V_5 = 0.04083V_p$	小腿长 $L_5 = 0.247h_p$	h_p 为身高，cm
躯干体积 $V_6 = 0.6132V_p$	躯干长 $L_6 = 0.300h_p$	m_p 为体重，kg

表 9.4 特定水深下的人体排水的相对体积比

位置	h_f / h_p	V_b / V_p
地面	0	0
脚	0.045	0.000377
膝	0.265	0.0731
手指尖	0.360	0.149
手腕	0.469	0.247
髋	0.471	0.249
肘	0.610	0.563
肩	0.815	0.962
头顶	1	1

注：h_f 为水深，cm；h_p 为身高，cm；V_b 为排水体积，m^3；V_p 为人体体积，m^3。

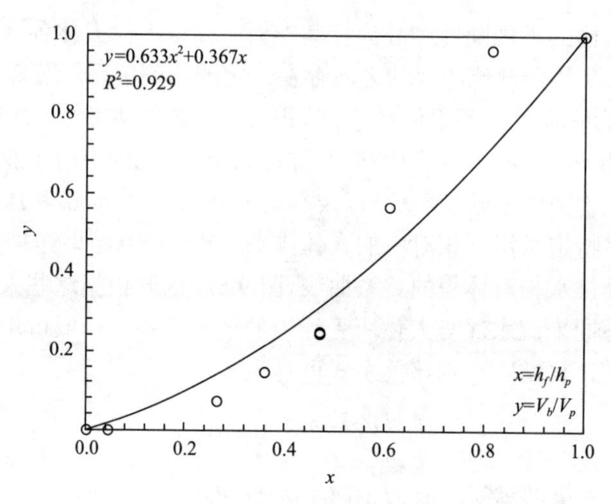

图 9.5 相对水深与人体排水相对体积关系图

根据中国人的平均身体特征参数，运用最小二乘法可率定出 $a_1 = 0.633$，$b_1 = 0.367$。统计资料表明，人体体积 V_p 与体重 m_p 之间也存在一定线性关系(郭青山和汪元辉, 1995)，一般可表示为 $V_p = a_2 m_p + b_2$，通常情况下可取 $a_2 = 1.015 \times 10^{-3}$ m^3/kg，$b_2 = -4.937 \times 10^{-3}$ m^3。因此当来流水深为 h_f 时，人体所受的浮力最终可表示为人体身高 h_p 及体重 m_p 的函数，即

$$F_b = g\rho_f (a_1 x^2 + b_1 x)(a_2 m_p + b_2) \tag{9.3}$$

2) 拖曳力 F_D

当洪水作用于人体时，人体受到沿水平方向的拖曳力作用，F_D 的表达式如下：

$$F_D = A_d C_d \gamma_f u_b^2 / 2g \tag{9.4}$$

式中，u_b 为实际作用在人体上的有效近底流速；C_d 为拖曳力系数；γ_f 为水的容重；A_d 为人体迎水面垂直于来流方向的投影面积，且 $A_d = a_d(b_p h_f)$，a_d 为迎水面面积系数，b_p 为人体迎水面的平均宽度。已有研究表明，C_d 取值受物体形状、有限水体中相对位置及雷诺数等影响(Chanson, 2004)。但对具有尖角的物体，在雷诺数 $Re > 2.0 \times 10^4$ 时，C_d 值不受雷诺数 Re 影响。一般洪水中的雷诺数变化范围在 $10^4 < Re < 10^6$，故可认为洪水中人体的拖曳力系数 C_d 与雷诺数 Re 无关。因此可以确定模型和原型人体的拖曳力系数 C_d 是一致的。Keller 和 Mitsch(1993)、Lind 等(2004)及 Jonkman 和 Penning-Rowsell(2008)在分析洪水中人体稳定性时都取 C_d 为常数，且在 1.1～2.0 变化。

3) 重力 F_g

人体重力的计算公式为

$$F_g = g m_p \tag{9.5}$$

当人体站立在洪水中时，假定浮力作用位置与人体重心一致，故可将重力与浮力的合力称为有效重力 F_G，其表达式为 $F_G = F_g - F_b$。利用上述考虑人体结构特性的浮力计算公式，则有效重力可表示为

$$F_G = g m_p - F_b = g\left[m_p - \rho_f (a_1 x^2 + b_1 x)(a_2 m_p + b_2)\right] \tag{9.6}$$

4) 摩擦力 F_R

摩擦力作用在鞋底与路面的接触面上，其表达式为 $F_R = \mu F_N$。式中，F_N 为地面对人体的支持力，一般情况下等于洪水中人体的有效重力，即 $F_N = F_G$；μ 为摩擦系数，与地面粗糙程度、鞋底形状及磨损程度等有关。Jonkman 和 Penning-Rowsell(2008)、Keller 和 Mitsch(1993)在分析洪水中人体的稳定性时，分别取 μ=0.3 及 μ=0.4。根据 Takahashi 等(1992)的试验研究，不同粗糙程度的地面与不同类型的鞋底之间的摩擦系数在 0.2～1.5 变化。故摩擦系数的取值，必须根据地面粗糙程度与鞋底特性估算。已知摩擦系数及地面支持力，则可得到鞋底与地面的摩擦力为

$$F_R = \mu F_N = \mu g\left[m_p - \rho_f (a_1 x^2 + b_1 x)(a_2 m_p + b_2)\right] \tag{9.7}$$

3. 洪水中人体失稳公式推导

由上述分析可知，随来流条件不同，洪水中的人体一般存在两种失稳条件，

即滑移失稳与跌倒失稳。滑移失稳的临界条件为水流拖曳力等于摩擦力，而跌倒失稳的临界条件为水流拖曳力形成的倾倒力矩等于人体有效重力形成的抵抗力矩。

1) 滑移失稳

如图 9.4(a) 所示，滑移失稳时的临界条件可写成 $F_D = F_R$，则有

$$C_d(a_d \cdot b_p h_f)\rho_f \frac{u_b^2}{2} = \mu g[m_p - \rho_f(a_1 x^2 + b_1 x)(a_2 m_p + b_2)] \tag{9.8}$$

故近底流速可写成

$$u_b^2 = \frac{2\mu g}{\rho_f C_d(a_d b_p h_f)}[m_p - \rho_f(a_1 x^2 + b_1 x)(a_2 m_p + b_2)] \tag{9.9}$$

由于作用在人体上的有效近底流速在实际中不易确定，为运用方便，一般可用垂线平均流速代替。若采用幂函数型流速分布公式，则可写成如下形式：

$$u = (1+\beta)U(y / h_f)^\beta \tag{9.10}$$

式中，U 为垂线平均流速；u 为距地面 y 处的流速；β 为某一指数，明渠水流通常取 β 为 $\frac{1}{7} \sim \frac{1}{6}$。当来流在人体周围产生绕流等复杂水流结构时，$\beta$ 值一般偏离上述取值。假设以距地面 $a_b h_p$ 处的流速作为作用于人体上的代表流速，则可得

$$u_b = (1+\beta)U(a_b h_p / h_f)^\beta \tag{9.11}$$

式中，a_b 为某一系数。已有人体结构数据统计表明，人体平均宽度也与其身高相关，即存在

$$b_p = a_p \cdot h_p \tag{9.12}$$

式中，a_p 为人体结构特征相关的系数。将式 (9.11) 和式 (9.12) 代入式 (9.9)，则可得滑移失稳时 U_c 的表达式为

$$U_c = \alpha \left(\frac{h_f}{h_p}\right)^\beta \sqrt{\frac{m_p}{\rho_f h_p h_f} - \left(a_1 \frac{h_f}{h_p} + b_1\right)\frac{(a_2 m_p + b_2)}{h_p^2}} \tag{9.13}$$

式中，综合参数 $\alpha = \sqrt{2\mu g / (C_d a_d a_p)} / [(1+\beta)(a_b)^\beta]$。$\alpha$、$\beta$ 取值主要与人体外形特征、摩擦系数及拖曳力系数等因素有关，可由下面模型人体失稳的水槽试验结果率定。

2) 跌倒失稳

如图 9.4(b)所示，当洪水中的人体面对来流方向时，跌倒失稳的临界条件是以脚后跟 O 点为中心的合力矩为 0，即

$$F_D \cdot L_d - F_G \cdot L_g = 0 \tag{9.14}$$

式中，拖曳力的作用力臂为 L_d，令 $L_d = a_h h_f$，a_h 为拖曳力作用中心距地面高度的修正系数；重力的作用力臂为 L_g，令 $L_g = a_g h_p$，a_g 为人体重心距脚尖或脚后跟距离的修正系数。将这些表达式代入跌倒失稳时的临界条件式(9.14)，可得

$$\left[C_d(a_d a_p h_p h_f)\rho_f \frac{u_b^2}{2}\right](a_h h_f) - (a_g h_p)g[m_p - \rho_f(a_1 x^2 + b_1 x)(a_2 m_p + b_2)] = 0 \tag{9.15}$$

化简式(9.15)可得跌倒失稳时近底流速 u_b 的表达式为

$$u_b = \sqrt{\frac{2g a_g}{C_d a_d a_p a_h}} \cdot \sqrt{\frac{1}{h_f h_f}\left[\frac{m_p}{\rho_f} - (a_1 x^2 + b_1 x)(a_2 m_p + b_2)\right]} \tag{9.16}$$

同样采用幂函数流速公式中的垂线平均流速代替 u_b，则可得跌倒失稳时起动流速的表达式为

$$U_c = \alpha\left(\frac{h_f}{h_p}\right)^{\beta} \sqrt{\frac{m_p}{\rho_f h_f^2} - \left(\frac{a_1}{h_p^2} + \frac{b_1}{h_f h_p}\right)(a_2 m_p + b_2)} \tag{9.17}$$

式中，综合参数 $\alpha = \sqrt{2g a_g / [C_d a_d a_p a_h a_b^{2\beta}(1+\beta)^2]}$。参数 α 与 β 取值同样可以根据下面模型人体失稳的水槽试验结果率定。

9.2.2　洪水中人体失稳的概化水槽试验及参数率定

1. 概化水槽试验简介及模型设计

根据水力学模型的相似理论，在严格遵循几何相似、运动相似及动力相似的条件下，可认为模型与原型的水流条件相似(Chanson, 2004; Zhang and Xie, 1993)。本书综合考虑水槽试验条件、备选模型尺寸等因素，将模型人体设计成正态模型。试验采用的模型人体高度及质量分别为 30cm、0.334kg，且原型在尺寸和外形上均能满足严格的几何相似条件，即 $\lambda_L = 5.54$。根据运动相似准则，可得流速比尺 $\lambda_U = \lambda_L^{1/2} = 2.35$。原型与模型的动力比尺为 λ_F，根据动力相似准则，存在 $\lambda_F = \lambda_L^3$。

因模型人体密度与原型相近，则有 $\lambda_{F_G}=\lambda_{F_b}=\lambda_F$。已有研究表明，当雷诺数相对较大时，则拖曳力系数 C_d 不受雷诺数 Re 影响，故可认为在水槽中模型人体的 C_d 值与实际洪水作用于人体的拖曳力系数相等，因此拖曳力比尺 $\lambda_{F_D}=\lambda_F$。为满足原型与模型的摩擦系数相似条件，将水槽底部铺成水泥面，实测得到淹没状态下鞋底与水泥地面的摩擦系数约为 0.5，该值与其他研究者的试验结果相近(Takahashi et al., 1992)。原型与模型满足摩擦系数相似，则摩擦力比尺 $\lambda_{F_R}=\lambda_F$。

为了率定式(9.13)及式(9.17)中的参数，在武汉大学泥沙与防洪实验室的一个水槽中开展了水流作用下人体稳定性的试验研究。该水槽长 60m、宽 1.2m、高 1.0m，水槽底部近似水平。试验过程中使模型人体保持站立姿势，并分别以面对及背对来流方向进行分组试验，如图 9.6 所示。试验中通过控制闸门开度来调节水深与流速，同时观察模型人体的状态；一旦失稳，记录下该时刻水深及相应流速，并注明失稳方式(滑移或跌倒)。应当指出：与以往真实人体试验不同(Abt et al., 1989; Takahashi et al., 1992; Karvonen et al., 2000)，在洪水作用下的模型人体不存在对水流逐渐适应调整站姿的过程，因此所得试验结果往往偏于安全。此外与以往的刚性模型人体试验也有所不同(Abt et al., 1989)，在本次试验中发现模型人体两腿间能过流，故在相同的来流条件下其所受的水流拖曳力相对偏小，更容易在水流作用下保持稳定。

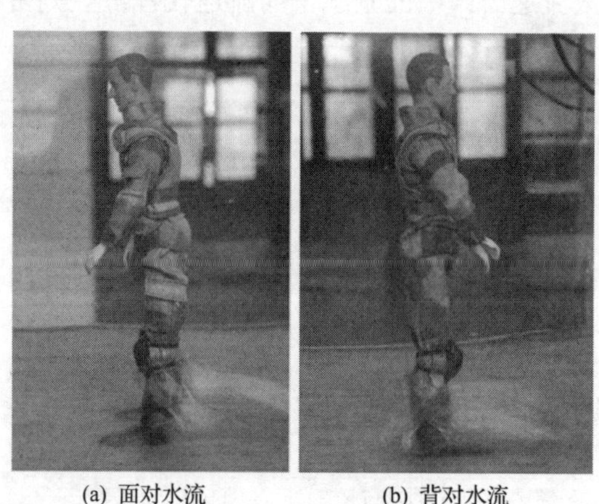

(a) 面对水流　　(b) 背对水流

图 9.6　概化水槽试验中的模型人体

2. 试验结果分析

图 9.7 中给出了模型人体在滑移及跌倒失稳条件下来流水深与起动流速的试验数据。从图 9.7 中可以看出：①模型人体在面对或背对来流方向时所得试验数据相近，因此面对或背对水流方向下的人体起动规律类似，故在后面分析中不再

考虑两者的区别；②因试验条件所限，滑移失稳的实测数据偏少(8 组)，但跌倒失稳的实测数据相对较多(46 组)。滑移失稳多发生在来流水深较浅但流速较大的情况下(图 9.7(a))，而跌倒失稳一般发生在来流水深较大但流速较小的条件下(图 9.7(b))；③不论发生哪种失稳方式，模型人体的起动流速均随来流水深增加而减小，这主要由两方面原因引起：一方面当来流水深增加时，迎流面积增大导致水流作用于人体的拖曳力增加；另一方面大水深时浮力增加使得有效重力变小，则导致抵抗滑移的摩擦力或抵抗倾倒的力矩相应减小。

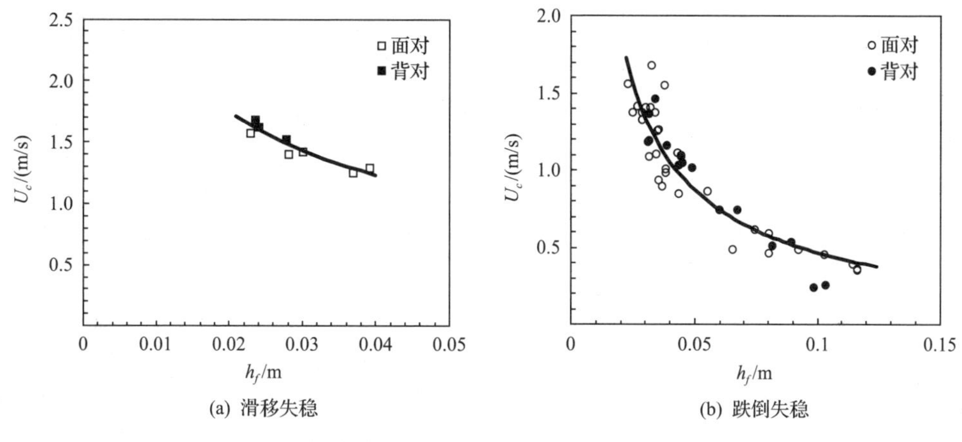

图 9.7　水槽中模型人体起动时来流水深与相应流速关系

3. 参数率定

由式(9.13)及式(9.17)可知，该公式结构相对较复杂，故可采用统计产品与服务解决方案(statistical product and service solutions，SPSS)软件结合试验数据率定出参数 α 及 β 值，具体率定结果如表 9.5 所示。从表 9.5 中可以看出，两种失稳方式下率定曲线的决定系数超过 0.8，说明公式的拟合效果较好。前面公式推导过程表明，参数 α、β 的率定结果与测试人体的体型、鞋底与地面摩擦系数及拖曳力系数等有关。因本次试验遵循模型相似率，故试验结果能用比尺关系换算成原型人体在实际洪水中失稳时的起动流速。

表 9.5　公式中参数率定结果

公式	参数率定		决定系数	失稳方式	试验数据/组
	α	β			
式(9.13)	7.975	0.018	0.883	滑移	8
式(9.17)	3.472	0.188	0.853	跌倒	46
公式中人体特征参数：$a_1 = 0.633$，$b_1 = 0.367$；$a_2 = 1.015\times10^{-3}\,\text{m}^3/\text{kg}$，$b_2 = -4.937\times10^{-3}\,\text{m}^3$					

由模型相似理论可知，在严格遵循几何相似、运动相似和动力相似的条件下，模型和原型失稳时的水深与流速存在如下关系，即

$$h_{fp} = h_{fm} \times \lambda_L，\ U_{cp} = U_{cm} \times \sqrt{\lambda_L} \tag{9.18}$$

式中，h_{fm}、U_{cm} 和 h_{fp}、U_{cp} 分别为模型人体和原型人体在洪水中起动时相应的水深和流速；λ_L 为长度比尺。运用式(9.18)可将上述试验数据换算成原型条件下的水深及起动流速，如图 9.8(a)中散点所示。将相应于试验模型的原型人体参数(身高 1.7m 及体重 56.7kg)代入式(9.13)及式(9.17)，可得不同水深下人体失稳时起动流速的计算值，如图 9.8(a)中实线所示。

从图 9.8(a)中可以看出，采用比尺关系换算后的试验点据分布在计算曲线附近，分布规律与曲线吻合较好，说明式(9.13)及式(9.17)能用于预测原型人体在洪水中失稳时的起动流速。图 9.8(b)给出了 Abt 等(1989)所用一刚性混凝土模型人体的试验数据与式(9.17)的计算结果。该模型人体由三个混凝土制的长方体(内填充泡沫)组成，身高为 1.52m，体重为 53.4kg。与本书试验用的模型人体不同，该混凝土人体下部已近似为一长方体，不存在两腿间过流的现象，故模型所受的水流拖曳力偏大。因此采用式(9.17)计算时取 α=1.88，得到不同水深下刚性模型人体的起动流速(图 9.8(b)中实线)，与模型试验值(散点)符合较好。应当指出，本次试验中模型人体不会对来流条件作出相应的生理及心理反应，因此采用表 9.5 中率定参数计算洪水中真实人体失稳时的起动流速一般会偏小，即计算结果偏于安全。

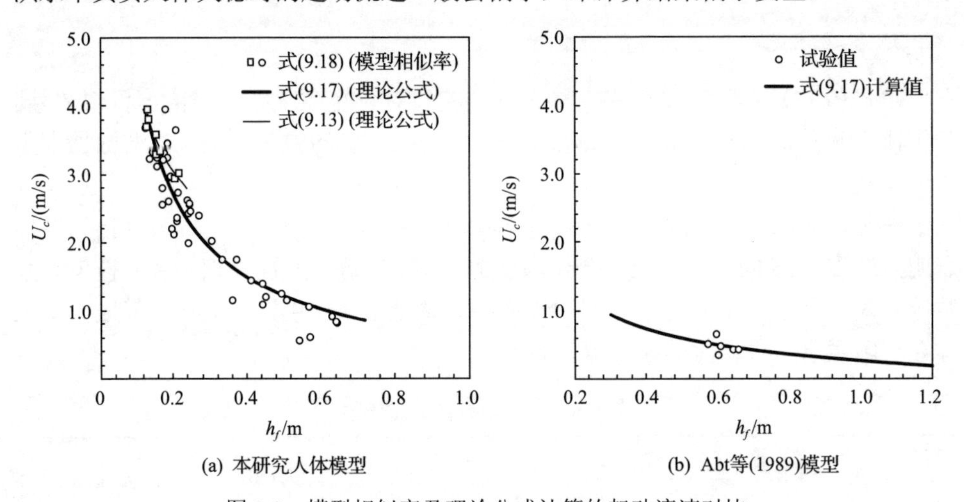

图 9.8　模型相似率及理论公式计算的起动流速对比

9.2.3　与已有真实人体失稳试验结果的比较

已有洪水作用下真实人体失稳的水槽试验结果，主要以 Abt 等(1989)及

Karvonen 等(2000)研究成果为代表。因试验条件、测试对象等各方面的差异，这些试验结果差别很大。总体而言，这些试验数据大部分为跌倒失稳时的临界条件，且 Karvonen 等(2000)的试验结果比 Abt 等(1989)偏小 30%左右。因此若需要考虑洪水中真实人体对来流的调整适应过程，则需要用真实人体试验数据来重新率定式(9.13)及式(9.17)中的参数。已有试验结果表明，洪水中人体发生滑移失稳时多在水深小、流速大的区域，但这类试验数据相对较少。本书假定在已有真实人体失稳试验中，当来流水深低于人体膝盖高度时，认为发生滑移失稳的可能性比较大，这部分数据可用于率定真实人体发生滑移失稳时的参数，而其他数据则用于率定跌倒失稳时的参数。

1. 与不同研究者试验结果的单独比较

Abt 等(1989)在开展洪水作用下人体稳定性的试验研究中，考虑了两种水槽底坡及四种不同粗糙程度的地面对人体稳定性的影响，但因试验中大部分水深都大于 1.0m，故人体失稳以跌倒为主，不同槽底材料对试验结果影响不大(Lind et al., 2004)。Abt 等(1989)试验中各类测试对象失稳时的水深范围为 0.49～1.20m，流速范围为 0.36～3.05m/s。该试验中允许各测试对象逐渐在小流量下适应来流条件，积累在水中站立或行走的经验，然后以 5%的幅度较缓慢地增加流量，直至测试对象在水槽中不能保持站立或行走姿势。因此该试验结果受测试对象差异及积累水中站立经验的能力等影响较大，故数据点较为分散。因 Abt 等(1989)试验中测试对象在水槽中有一个逐渐适应水流调整站姿的过程，与本试验中模型人体的结果相比，在相同来流水深下，真实人体失稳所需的起动流速要比本次模型人体试验结果大得多。Abt 等(1989)根据其试验结果，建立了人体失稳时来流单宽流量与其身高及体重之间的经验关系，其决定系数 R^2 仅为 0.48；Jonkman 和 Penning-Rowsell(2008)在建立人体跌倒失稳计算公式中不考虑人体浮力作用及来流沿水深不均匀分布的影响，同样采用 Abt 等(1989)的数据率定，但实测值与计算值的决定系数仅为 0.34。若单独采用 Abt 等(1989)的试验数据率定跌倒失稳时的参数(图 9.9(a))，则式(9.17)中 α 及 β 分别为 8.855 及 0.473，相应决定系数为 0.56。因此在人体跌倒失稳的计算公式中，考虑人体所受浮力及来流沿水深不均匀分布的影响是必要的。

Karvonen 等(2000)试验中所用测试人体均穿救生衣，因测试人体所穿救生衣内进入空气，不仅增大了人体在水中的浮力，而且增加了相应的迎流面积，故人体失稳时所需的起动流速相对较小。若单独采用 Karvonen 等(2000)的试验数据率定跌倒失稳时式(9.17)的参数(图 9.9(b))，则率定的 α 及 β 分别为 4.825 及 0.160，相应计算值与实测值的决定系数 R^2 为 0.92，同样高于 Jonkman 和 Penning- Rowsell(2008)的率定结果($R^2 = 0.75$)。

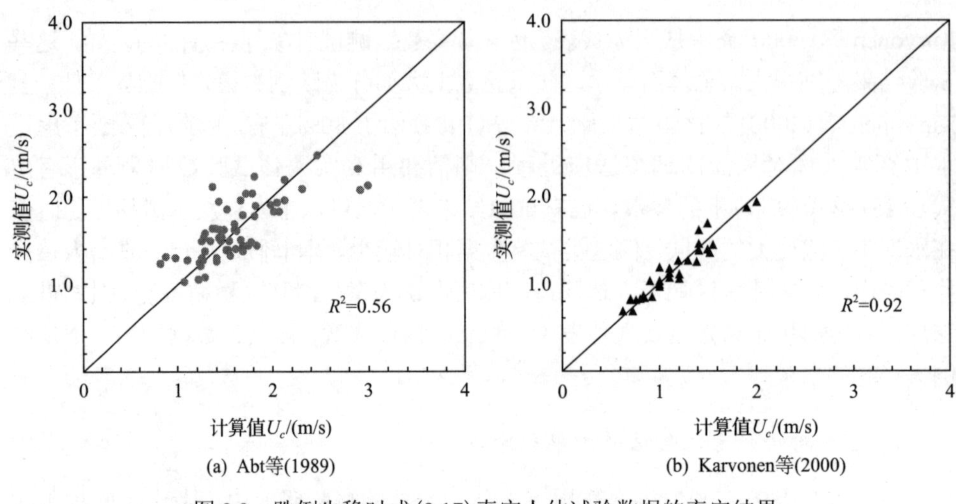

(a) Abt等(1989)　　(b) Karvonen等(2000)

图 9.9　跌倒失稳时式(9.17)真实人体试验数据的率定结果

2. 与所有真实人体失稳试验结果对比

本书收集了 Foster 和 Cox(1973)、Karvonen 等(2000)、Yee(2003)、Jonkman 和 Penning-Rowsell(2008)研究者发生滑移失稳时的 22 组试验资料，用于率定式(9.13)中的参数α与β，率定结果如表 9.6 所示。因试验组数相对较少，且试验条件及失稳判别标准各不相同，故计算值与实测值偏离较大，如图 9.10(a)所示。对于跌倒失稳，采用 Abt 等(1989)及 Karvonen 等(2000)所有试验数据，率定式(9.17)中的参数α与β，结果如表 9.6 及图 9.10(b)所示。如前面所述，与 Abt 等(1989)试验结果相比，Karvonen 等(2000)试验结果系统偏小，故计算值与试验值符合程度不高。应当指出，影响真实人体在洪水作用下的稳定性因素有多个方面，不仅包括人的生理及心理条件(身高、体重、着装、身体健康状况等)、受淹区的环境条件(地面粗糙度、能见度等)，而且还与来流条件(水深与流速)密切相关。因此尽管表 9.6 中参数率定结果的决定系数不高，但总体上反映了真实人体在各类试验条件下失稳时的临界条件，故表 9.6 中参数能用于预测实际洪水中真实人体的稳定程度，但因考虑了洪水中人体能逐渐调整站姿适应来流的过程，故计算结果相对偏于危险。

表 9.6　参数率定结果(所有真实人体试验结果)

公式	参数率定		决定系数	失稳方式	试验数据/组
	α	β			
式(9.13)	10.253	0.139	0.512	滑移	22
式(9.17)	7.867	0.462	0.465	跌倒	94

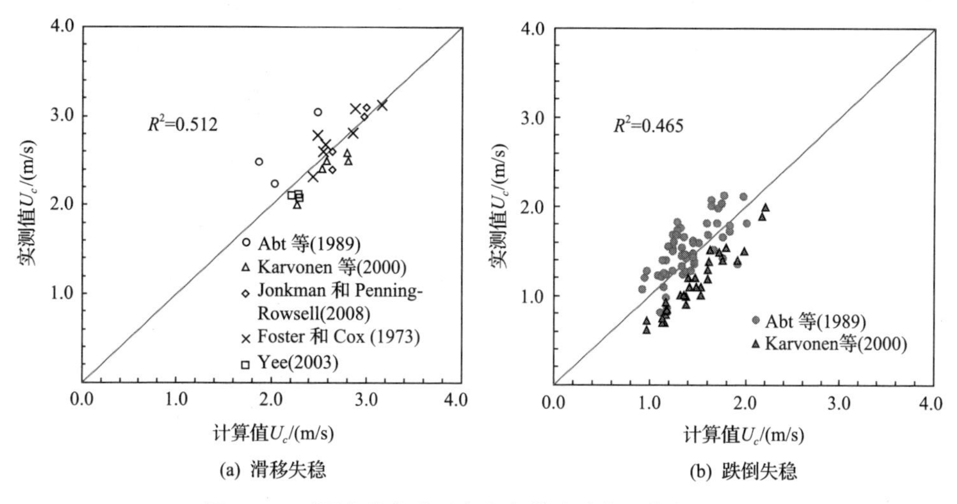

图 9.10 不同失稳方式下真实人体试验数据的率定结果

3. 洪水中成人与儿童的失稳曲线

上述分析表明，在相同来流条件下，模型人体与真实人体在水槽中失稳条件相差较大；因模型人体不存在对来流进行逐渐调整站姿的过程，故试验结果偏于安全，而真实人体能对来流过程作出站姿调整，故试验结果偏于危险。因此本书根据中国人的平均身体特征，综合考虑上述两种条件，给出了儿童及成人在不同水深条件下的失稳区间，如图 9.11 所示。因滑移失稳多出现在水深较浅及流速较大的区域，在实际洪水中发生这种失稳方式的概率较小，故图 9.11 仅给出儿童及成人发生跌倒失稳的水深及流速区间。

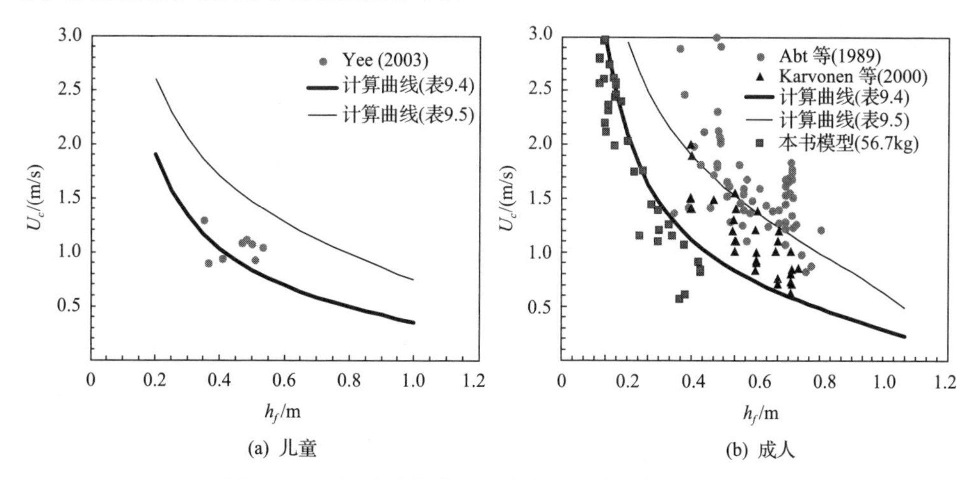

图 9.11 不同来流条件下儿童与成人的跌倒失稳区间

图 9.11(a)中儿童年龄为 7 岁，相应身高与体重分别为 1.26m、25.5kg；图 9.11(b)

为 25～29 岁之间的中国成年男性代表，相应身高与体重分别为 1.71m、68.7kg。图 9.11 中粗实线、细实线分别表示采用表 9.5 及表 9.6 参数给出的计算曲线；细实线上方区域为极度危险区；粗、细实线之间的区域为临界危险区；而实线以下区域为安全区。因此可以根据来流条件，采用图 9.11 中的曲线，判断洪水作用下真实人体的安全程度。

9.3 不同坡度下洪水中人体的失稳标准

目前国内外很多学者对洪水中行人在平地上的失稳条件进行了充分的理论分析和试验研究，而对行人站在斜坡地面上失稳机理的研究较少。现实中的地面大都有一定的坡度，所以本节继续对不同坡度下洪水中人体的失稳标准进行研究，完善洪水中斜坡上行人失稳的理论研究体系。首先推导出人体站在斜坡地面上发生跌倒时的起动流速公式；然后采用一小比尺模型人体进行水槽试验，所得试验数据用于率定公式中的相关参数；最后采用已有真实人体的水槽试验结果和真实洪水中的实测数据对公式进行验证。

9.3.1 斜坡上洪水中人体跌倒失稳公式

假设洪水中行人(身体健康、正常体格)面朝来流方向站立在倾角为 θ 的斜坡上，行人身高为 h_p，体重为 m_p，来流水深为 h_f，则洪水中人体站在斜坡地面上主要承受的力包括：顺水流方向的拖曳力 F_D、垂直于水流方向的地面支持力 F_N、竖直方向的重力 F_g 和浮力 F_b。受力分析见图 9.12。洪水中人体在斜坡上所受各力的计算方法同 9.2 节内容。

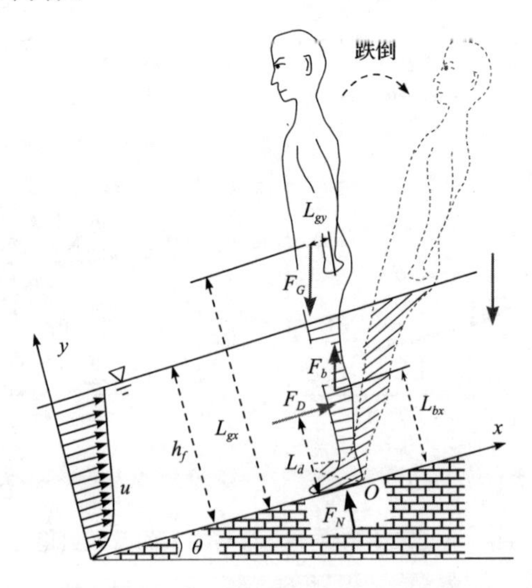

图 9.12 洪水中人体在斜坡地面上的受力分析

如图 9.12 所示，假定 x、y 方向分别为沿斜面和垂直于斜面方向。重力 F_g 与浮力 F_b 在 x 和 y 方向的分力可表示为

$$\begin{cases} F_{mx} = F_m \sin\theta \\ F_{my} = F_m \cos\theta \end{cases} \tag{9.19}$$

式中，F_m 可表示 F_g 或 F_b；θ为地面坡度。

洪水中人体站在倾斜地面上时，浮力与重力在 x 方向的合力为(F_{gx})，可表示为 F_{gx}=F_{gx}–F_{bx}，并将式(9.19)代入式(9.20)：

$$F_{gx} = m_p g\sin\theta - F_b \sin\theta = g\sin\theta\left[m_p - \rho_f (a_1 x^2 + b_1 x)(a_2 m_p + b_2)\right] \tag{9.20}$$

同理，在 y 方向的合力 F_{gy} 为

$$F_{gy} = m_p g\cos\theta - F_b \cos\theta = g\cos\theta\left[m_p - \rho_f (a_1 x^2 + b_1 x)(a_2 m_p + b_2)\right] \tag{9.21}$$

F_N 为地面对人体的法向反作用力，其大小一般与洪水中人体站在倾斜地面上时 y 方向的有效合力 F_{gy} 大小相等(即 $F_N = F_{gy}$)，方向相反。

当拖曳力和浮力产生的倾倒力矩与人体重力产生的抵抗力矩相等时，模型人体就处于跌倒失稳的临界状态。如图 9.12 所示，当人体面朝来流方向时，跌倒失稳的临界条件是人体向后倒下，以脚后跟 O 点为转动中心的合力矩等于 0，即

$$F_{gy} L_{gy} + F_{gx} L_{gx} - F_D L_d - F_{bx} L_{bx} - F_{by} L_{by} = 0 \tag{9.22}$$

式中，L_d 为拖曳力的作用力臂，$L_d = a_h h_f$，a_h 为拖曳力作用中心距地面高度的修正系数；L_{gx} 为 x 方向有效重力的作用力臂，$L_{gx} = a_{gx} h_p$，a_{gx} 为人体重心距地面高度的修正系数，根据 Hellebrandt 等(1938)和 Jonkman 和 Penning-Rowsell(2008)的研究，a_{gx} 约为 0.55；L_{gy} 为重力在 y 方向分力的作用力臂，即脚后跟到脚掌压力中心距离，根据对人体结构的统计(Guo and Wang, 1995)，脚的压力中心在通过身体重心的垂线上，这条线位于脚踝前 2～5cm，则 L_{gy} 可取值为 4～10cm，由于有 $L_{gy} = a_{gy} h_p$，a_{gy} 为人体重心到脚后跟沿斜面平行距离的修正系数，假设一般成人身高 1.75m，则本书 a_{gy} 的取值为 0.023～0.057；L_{bx} 是浮力作用中心距地面高度的修正系数，有 $L_{bx} = a_{bx} h_f$，由于当人体刚好完全淹没时，水深和人体身高相等，且浮力与重力在人体上的作用点重合，即 L_{gx} =L_{bx}，所以此处取 a_{bx} =a_{gx}；L_{by} 是浮力在 y 方向分力的作用力臂，有 $L_{by} = L_{gy}$。将这些表达式与式(9.3)～式(9.5)代入斜坡上人体跌倒失稳的临界条件中，可得

$$\begin{aligned} & m_p g \sin\theta a_{gx} h_p + m_p g \cos\theta a_{gy} h_p - (0.5 A_d C_d \rho u_b^2 a_h h_f \\ & + F_b \sin\theta a_{gx} h_f + F_b \cos\theta a_{gy} h_p) = 0 \end{aligned} \tag{9.23}$$

化简式(9.23)，可得近底流速 u_b 的表达式为

$$u_b=\sqrt{\frac{2a_{gy}g}{a_d a_p a_h C_d}}\cdot\sqrt{\frac{m_p(\gamma\sin\theta+\cos\theta)}{\rho {h_f}^2}-\left(\frac{a_1}{h_p^2}+\frac{b_1}{h_p h_f}\right)(a_2 m_p+b_2)\left(\frac{h_f}{h_p}\gamma\sin\theta+\cos\theta\right)} \tag{9.24}$$

同样采用式(9.11)将近底流速转换成平均流速，则式(9.24)可写成

$$U=\alpha\left(\frac{h_f}{h_p}\right)^{\beta}\sqrt{\frac{m_p(\gamma\sin\theta+\cos\theta)}{\rho {h_f}^2}-\left(\frac{a_1}{h_p^2}+\frac{b_1}{h_p h_f}\right)(a_2 m_p+b_2)\left(\frac{h_f}{h_p}\gamma\sin\theta+\cos\theta\right)} \tag{9.25}$$

式中，$\alpha=\sqrt{2ga_{gy}/(a_d a_p C_d a_h)}/[(1+\beta){a_b}^{\beta}]$；$\gamma=a_{gx}/a_{gy}$，根据前面对 a_{gx} 和 a_{gy} 的讨论，在初步研究中将 γ 设置为常数 10.0。α 和 β 这两个参数的取值受人体结构、水流状况和地面情况等因素的影响，可根据试验数据来率定估算。如上面所述，跌倒失稳通常在水深较大的情况下发生，浮力的大小对有效重力的影响很大。因此公式推导时一定要考虑人体浮力这一重要因素，即式(9.25)根号中第二部分不能忽略不计。当 θ=0°时，即人体站在平地上，式(9.25)与式(9.17)相同。式(9.25)中 θ 的理论取值范围为–90°＜θ＜90°，但是当坡度太大时人体根本站不稳，所以 θ 的实际范围应该是包含于其中的一个更小的范围。由于试验条件限制，本书中只对几个在 0°≤θ＜90°内的坡度开展了斜坡上人体失稳概化水槽试验。

9.3.2　不同坡度下洪水中人体失稳的水槽试验及参数率定

1. 不同坡度下水槽试验简介

不同坡度下洪水中模型人体失稳的水槽试验情况与 9.2.2 节类似，采用的模型人体高度及质量分别为 30cm、0.373kg，且与原型人体在尺寸和外形上均满足严格的几何相似条件，比尺为 $\lambda_L=5.54$。经换算可知，该模型对应的原型人体身高和体重分别为 1.70m 和 63.4kg，符合我国成年男性的人体尺寸国家标准。试验水槽长 25m、宽 1.0m、高 1.0m。为满足原型与模型的摩擦系数相似，在水槽底部铺上水泥板。试验中模型人体为面对水流的站立姿势，通过调节水泥板与槽底间卵石垫层的厚度改变地面坡度，共开展了平底(0%)、1∶50(2%)、1∶25(4%)及 1∶40(2.5%)四种地面坡度情况下模型发生跌倒的失稳水槽试验。

2. 参数率定及试验结果分析

由于考虑了浮力和地面坡度等影响因素，所以式(9.25)的结构显得比较复杂。

对于一个特定的人群，式(9.25)中的 m_p、h_p、a_1、b_1、a_2 和 b_2 是常数。α 和 β 的值可以根据不同地面坡度情况下的试验数据用统计分析软件 SPSS 率定得到，具体率定结果见表 9.7。

表 9.7　三种地面坡度下式(9.25)的参数率定结果

坡度	参数率定		γ	R^2	试验数据/组
	$\alpha/(\mathrm{m}^{0.5}/\mathrm{s})$	β			
平底(0%)	1.705	0.197	—	0.884	45
1∶50(2%)	1.94	0.194	10.0	0.819	49
1∶25(4%)	2.22	0.196	10.0	0.824	92

注：公式中其他人体特征参数为 $a_1=0.633$，$b_1=0.367$，$a_2=1.015\times10^{-3}\ \mathrm{m^3/kg}$，$b_2=-4.937\times10^{-3}\ \mathrm{m^3}$。

由表 9.7 可知，将三种地面坡度上测量所得的数据应用于模型人体跌倒失稳起动流速公式参数率定，其结果的决定系数均大于 0.8，说明率定结果比较合适，拟合效果较好；β 值的变化均在 1/6 附近，与前人研究结果相同。将表 9.7 中率定所得参数代入式(9.25)中，绘制出三种地面坡度上模型人体跌倒失稳的起动流速公式曲线，见图 9.13(a)。理论上，参数 α、β 的率定结果与测试人体的体型、鞋底与地面摩擦系数及拖曳力系数等有关。因此对于特定的测试对象，不论站在何种坡度的地面上，α、β 值应该是固定的。但试验中测量误差不可避免，因此此处率定所得的各坡度上 α、β 值有所不同。将三种坡度下试验数据率定所得的 α、β 值进行算术平均，得到 $\alpha=1.956\mathrm{m}^{0.5}/\mathrm{s}$，$\beta=0.196$，将该参数值代入式(9.25)中，得到三种坡度上计算值和实测值之间的决定系数 $R^2=0.717$，见图 9.13(b)。

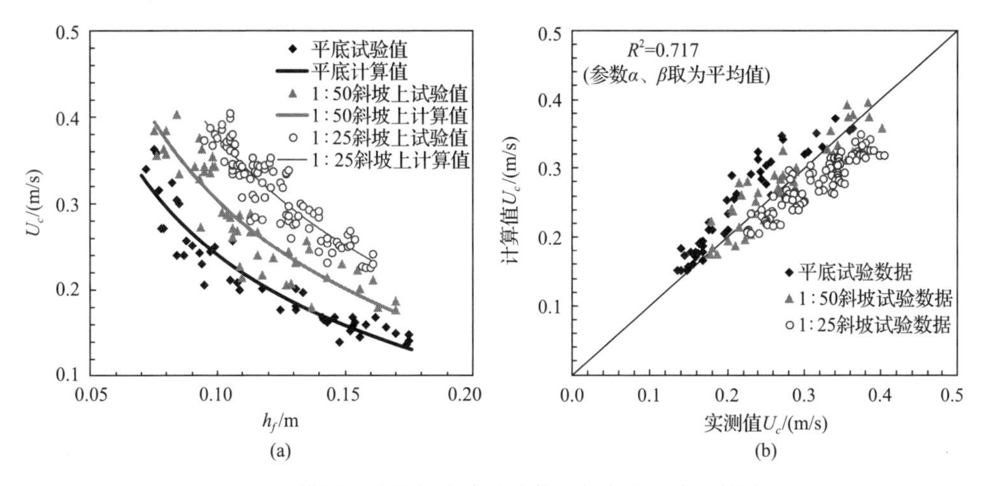

图 9.13　模型人体跌倒失稳试验数据与率定公式计算结果

由图 9.13 可知：①当坡度一定时，人体跌倒失稳的起动流速随来流水深的增大而减小；②当来流水深为 0.1m 时，模型人体在平底、1∶50 和 1∶25 三个坡度上跌倒失稳的起动流速计算值分别为 0.24m/s、0.30m/s 和 0.38m/s，即地面坡度越大，人体跌倒失稳所需的起动流速越大，与试验观测结果一致。需要指出的是，这与本书试验中模型人体面对水流的方向有关；③各坡度下模型人体跌倒失稳时起动流速的试验数据点分布在率定公式曲线附近，式(9.25)计算值与实测值较为接近，说明式(9.25)的拟合效果较好，能反映实际情况。

运用式(9.18)将 1∶40 坡度(2.5%)下模型人体水槽试验数据换算到原型，如图 9.14 中散点所示，并与 α、β 分别取 1.956m$^{0.5}$/s 和 0.196 时式(9.25)的计算曲线进行比较，决定系数为 R^2=0.932。从图 9.14 可以看出实测数据均匀分布在计算曲线附近，公式计算值与实测值拟合较好。因此本书中 α、β 分别取 1.956m$^{0.5}$/s 和 0.196 是比较合理的，式(9.25)能用于预测原型人体在倾斜地面上遭遇洪水失稳时的起动流速。

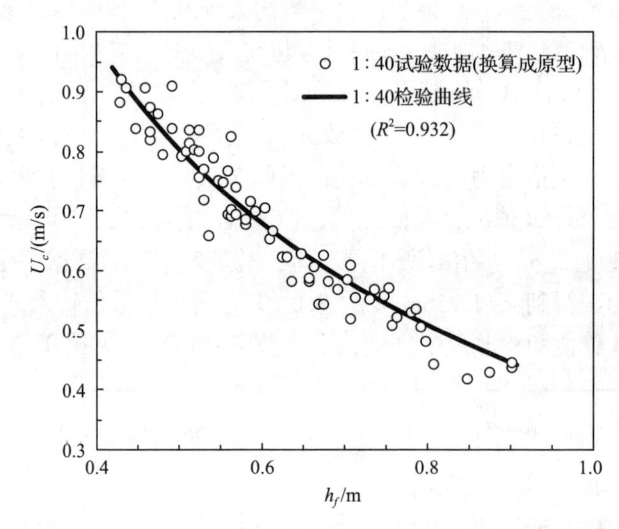

图 9.14　原型人体跌倒失稳起动流速计算值与实测值比较(地面坡度 1∶40)

9.3.3　与真实人体试验结果对比

由于洪水中人体失稳条件不仅与地面坡度、水流条件有关，还与人体的身高体重等因素有关。因此在洪水中人体跌倒失稳公式计算值与真实人体试验结果进行对比时，将儿童与成人分别进行比较。

将 Foster 和 Cox(1973)及 Yee(2003)基于儿童的水槽试验结果绘制于图 9.15 中。取 α=1.956m$^{0.5}$/s，β=0.196，γ=10，h_p=1.2m，m_p=23kg，地面坡度分别为 0 和 0.01，代入式(9.25)得到两个坡度下的检验公式曲线，见图 9.15。

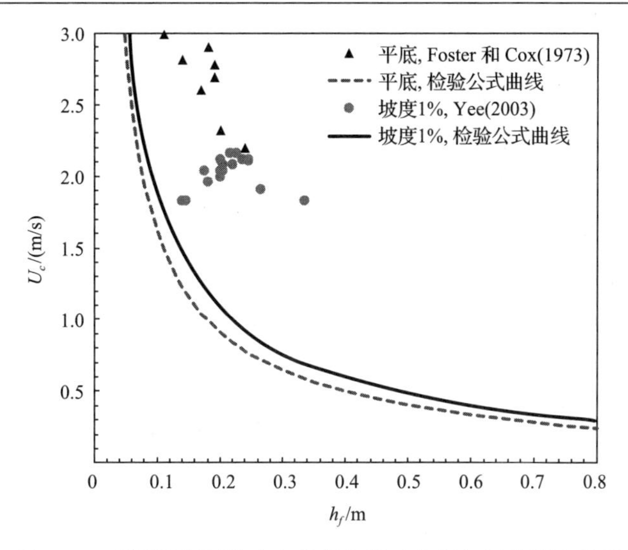

图 9.15　不同坡度下洪水中儿童失稳时水深与起动流速关系

由图 9.15 可知：平底和坡度为 0.01 的检验公式曲线非常接近，即这两种情况的起动流速非常接近，这主要是因为儿童的身高体重比较小且两个坡度相差不大。Foster 和 Cox(1973)与 Yee(2003)的试验结果都比本书检验公式计算结果大，且都集中在流速较大水深较浅区域；原因可能是真人具有主观能动性，在试验时可以根据水流条件适当地调整自己的站姿，而本书中的模型人体不具备这一特点，稳定性较真人差。

搜集 Abt 等(1989)和 Karvonen 等(2000)的真人试验结果，Xia 等(2014a)由模型人体试验数据按比尺转换成的真人尺度上水深-起动流速数据，以及 Chanson 等(2014)在 Brisbane 城市商业区所得的实测值，绘制于图 9.16 中。取 α=1.956m$^{0.5}$/s，β=0.196，h_p=1.75m，m_p=71kg，地面坡度分别取 0 和 0.015，代入斜坡上洪水中人体跌倒失稳起动流速公式(式(9.25))中，得到两个坡度下的检验公式曲线，见图 9.16。由图 9.16 可知：在相同来流水深下，Abt 等(1989)和 Karvonen 等(2000)的人体失稳试验数据均比本书中检验公式计算值要大，这主要是因为模型人体不同于真人，缺乏抵抗洪水的主观性，稳定性较真人差；Xia 等(2014a)的数据比本书中数据略大，这主要是由于本书所采用模型人体与 Xia 等(2014a)采用的模型相比，身高相同，而重心在水平距离上更靠近脚后跟，且重量只有少许增加，所以模型跌倒时重力矩相对小一些，导致相同水深下，更小的起动流速便能使模型人体发生跌倒失稳。Chanson 等(2014)的实测数据和本书的计算结果相近，因为本书模型人体不具有主观调整站姿的能力，而实测中真人虽然能根据水流变化调整自己的站姿，但真实洪水中水流流速变化剧烈，水面波动较大，使得野外实测值比真人水槽试验的值要小。

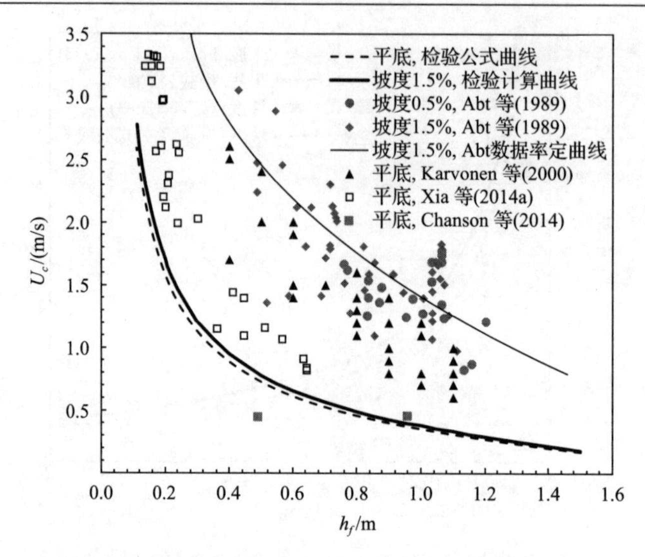

图 9.16　不同坡度下洪水中成人失稳时水深与起动流速关系

9.4　本 章 小 结

本章对洪水作用下人体的稳定性开展了研究，推导了洪水中人体失稳时的起动流速公式，并分别采用模型人体和真实人体在水槽中进行了一系列的起动试验，本章得到如下结论。

(1) 本章分析了洪水中人体的受力特点，指出当水深较浅但流速较大时，人体失稳方式以滑移为主，其临界条件为水流作用于人体的拖曳力等于鞋底与地面之间的摩擦力；而当水深较大但流速较小时，人体失稳方式以跌倒为主，其临界条件为水流拖曳力形成的倾倒力矩等于人体有效重力形成的抵抗力矩。同时结合河流动力学中泥沙起动的理论，推导出了人体滑移与跌倒两种失稳方式下的起动流速公式。

(2) 本章利用一小比尺的模型人体，在水槽中开展了洪水作用下人体稳定性的试验，得到了不同水深下人体的起动流速，采用这些数据率定出公式中的两个关键参数。同时结合模型的比尺关系及已有刚性模型人体试验数据对该公式进行了验证。

(3) 本章采用已有真实人体失稳的水槽试验资料进一步率定了人体滑移及跌倒失稳计算公式中的参数，结合本章模型人体水槽试验的率定成果，给出了儿童与成人在不同来流条件下的失稳区间。采用真实人体试验的率定结果因考虑了洪水中测试人体能逐渐调整站姿适应来流的过程，故与采用本章模型人体的率定结果相比，其计算值偏于危险。

(4) 本章进一步研究了不同坡度下洪水中人体的稳定性。通过力学分析，本章推导出了一定坡度下人体在洪水中跌倒失稳时的起动流速公式。并在水槽中利用一小比尺模型人体，开展了四种地面坡度情况下的洪水中人体稳定性试验。利用平底(0%)、2%和 4%坡度的试验数据，分别率定了公式中的两个参数。对这三种坡度下率定所得的参数取算术平均值，作为起动流速公式中的统一参数，并用 2.5%坡度的试验数据对该公式进行了验证。最后将已有真实人体的水槽试验结果与公式计算结果进行对比，由于真实人体在试验中具有主观调整站立姿势，提高了抵抗洪水的能力，因此本章公式计算值比真实人体的水槽试验数据偏小。同时将公式计算结果与真实洪水中的试验数据进行对比，表明本章提出的公式计算值与真实洪水的实测数据接近。

第10章　滩区洪水中财产损失率的计算

洪水中倒塌的房屋数量和受灾的农作物面积是洪灾中直接经济损失统计的两个重要参数。为了定量地计算黄河下游滩区洪水中财产(房屋及农作物)的损失率，本章通过分析洪水中房屋承受的水压力、浮力及其他作用力的情况，确定影响房屋损失率的主要致灾因素，并采用非线性回归分析方法建立房屋损失率的计算关系。然后通过分析洪水中玉米耐淹能力及其损失的主要影响因素，建立不同淹没水深及历时情况下玉米损失率的计算关系。这些计算关系能用于滩区洪灾损失评估，可为洪水风险管理提供计算依据。

10.1　洪水中财产损失率计算的研究现状

黄河下游滩区既是河道的重要组成部分，也是行洪、滞洪和沉沙的重要区域。随着社会经济与城市化进程的发展，滩区当前也是人们生产、生活的重要栖息地。一旦洪水漫滩或分洪工程启用，将严重危及人民群众的生命财产安全。据水利部历年公布的《中国水旱灾害公报》显示(图10.1)，2008～2016年因洪涝灾害年均倒塌房屋达66万间；年均受淹农田968万hm^2，绝收面积136万hm^2。其中2012年7～8月黄河流域发生洪涝灾害，河南等(省、区、市)倒塌房屋4.2万间，农作物

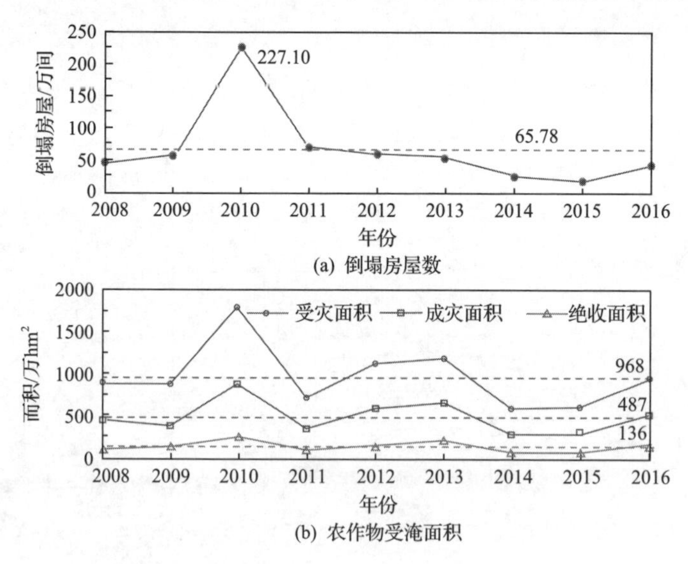

图10.1　2008～2016年全国洪灾统计数据

受灾面积 115.5 万 hm^2，直接经济损失 157 亿元。由此可见，正确评估洪灾中房屋和农作物的损失，对制定黄河下游滩区的防洪规划及指导防洪减灾决策等具有重要意义。

现有滩区洪水中房屋和农作物等财产损失的研究，大多数采用实际洪灾资料调查与分析方法，提出各类财产损失与洪水要素之间的经验关系。将这些经验关系用于数学模型中，根据计算的洪水淹没范围、水深及历时等洪水要素，定量地确定漫滩洪水中房屋和农作物的损失率(Garrote et al., 2016)。

国内外很多学者通过分析已有洪灾中房屋损失资料，建立研究区域房屋损失率与淹没水深之间的经验关系。李奔等(2012)认为黄河下游滩区洪灾中房屋损失率主要与淹没水深有关，并提出了相应的计算关系。刘小生和胡飞辉(2014)分析了洪灾致灾与防洪能力等对洪灾损失评估的影响，利用改进的反向传播(back propagation，BP)算法建立了洪灾损失评估模型。Nafari 等(2017)参考了澳大利亚洪灾损失函数(flood loss function for australian，FLFA)计算方法，根据 2014 年意大利 Emilia-Romagna 地区实际洪水中房屋损失率的调查资料，提出了不同水深情况下房屋损失率的计算关系。Kelman(2002)分析了洪水中房屋的受力特点，提出的洪水中房屋损失的矩阵关系，采用多元回归分析的方法，建立了洪水中房屋损失的经验关系。鉴于洪水中房屋结构及受力特点过于复杂，采用水槽试验及理论分析的方法研究洪水中房屋损失率的成果相对较少。Xiao 和 Li(2013)通过开展概化水槽试验研究洪水中房屋墙体表面的压力分布情况，并根据墙体可承受的压力判断是否发生破坏。上述研究通常以淹没水深作为洪灾中房屋损失的主要影响因素，然后提出研究区域内房屋损失率的经验计算关系。然而房屋损失率与复杂的洪水过程关系密切，不仅受到淹没水深的影响，还需考虑水流流速与淹没历时等洪水要素的影响。除这些致灾因子的影响之外，各类房屋抵抗洪水的能力不同，受实际洪灾调查区域的限制，现有实际洪灾资料统计的差别比较大，因此很难得出统一的洪灾中房屋损失率的计算关系。

滩区洪灾中农作物损失率的研究，通常根据实际洪灾损失资料，分析淹没水深和历时等致灾因子对各类农作物洪灾损失率的影响，并提出相应洪灾损失率的计算关系。Dutta 等(2003)除了考虑淹没水深，还考虑了淹没历时对洪灾损失率的影响，根据日本建设部的调查资料，绘制出玉米在不同淹没水深与淹没历时条件下的洪灾损失率曲线。刘树坤等(1999)在参考国内外有关研究成果的基础上，结合黄河洪水多泥沙的特点，提出了不同淹没水深和历时等级下黄河下游北金堤滞洪区玉米的洪灾损失率关系。梅亚东和纪昌明(2000)对玉米等农作物淹没损失率进行研究，通过试验得出江汉平原和江淮平原各类农作物损失率与淹没历时、相对淹没水深之间的幂函数关系，同时认为洪灾中农作物损失率计算关系中的待率定参数与农作物品种、种植地区和生长期等均有关系。以上研究表明，洪灾中农作物的损失率不仅受到洪水要素等致灾因子的影响，还与不同区域种植的农作物种类及其生长期有关。

由此可见，洪水中房屋及农作物损失率的影响因素比较复杂，不仅与受淹对象的抗洪或耐淹能力有关，而且还与水深、流速及淹没历时等洪水要素密切相关。现有计算房屋和农作物损失率的方法大部分是基于洪灾资料统计的经验关系，受到调查区域汛期洪水特点及受淹对象类型的限制，提出的经验关系适用性有限。因此本章将综合考虑前人的研究成果，分析影响房屋与农作物(玉米)损失率的主要因素，建立相应的计算关系。研究以上两类承灾体遭受不同强度洪水破坏所造成的经济损失特征，必须考虑洪水灾害自然和社会的二重属性，即洪灾损失不仅与洪水强度及过程有关，还与研究区域现有受淹对象类型的关系非常密切。因此本章提出的洪灾中房屋和农作物损失的计算关系，在实际洪涝灾害评估及洪水风险管理中需结合灾区实际情况合理选用。

10.2　滩区洪水中房屋损失率的计算

洪灾中滩区房屋的损失率不仅与房屋结构有关，而且还受到洪水冲击破坏和长时间淹没的影响。本节通过分析洪水中房屋的受力情况，确定影响洪水中房屋损失率的主要因素。其中房屋内外水深差和靠近墙体流速是影响房屋发生瞬时倒塌的因素，而淹没水深及历时决定长时间浸泡条件下房屋的损失程度。本节利用现有的洪灾损失调查资料，采用二次多项式与一次分式函数，分别拟合洪水中房屋损失率与各类影响因素的关系曲线。

10.2.1　洪水中房屋损失的影响因素分析

确定洪灾中房屋的损失率，首先需要研究影响洪水中房屋损失的主要因素。洪涝灾害中房屋损失可分为以下两种情况：其一是在水压力等作用下，墙体瞬时破坏；其二是经长期浸泡，房屋逐渐破坏。两种破坏方式均与洪水要素的时空分布紧密相关。通常可采用二维水动力模型计算洪泛区的洪水演进过程，再利用洪水要素的时空分布定量地计算特定位置房屋的所受作用力情况。通过分析洪水中房屋受到作用力的情况，确定影响房屋瞬时及逐渐倒塌的主要因素。下面将分析水压力(静、动水压力)、浮力、长期浸泡腐蚀、水流侵蚀等具体作用对洪水中房屋破坏的影响。

1. 水压力作用

作用在建筑物上的静水压力是洪水中房屋受到的主要荷载。根据静水压强的分布规律，计算作用在房屋墙体或者窗户的压力大小、方向和作用点。假定流速沿水深呈均匀分布，洪水中房屋的受力情况如图 10.2 所示。其中静水压强沿水深

呈线性分布，房屋外侧高程为 y 处的墙体承受的静水与动水总压强为

$$P_{\text{out}} = P_{S\text{-out}} + P_{D\text{-out}} = \frac{1}{2}\rho_w g(Z_{\text{out}} - y) + \frac{1}{2}\rho_w U^2, \qquad Z_{\text{bed}} \leqslant y \leqslant Z_{\text{out}} \tag{10.1}$$

式中，P_{out}、$P_{S\text{-out}}$ 和 $P_{D\text{-out}}$ 分别为房屋外侧高度 y 处的总压强、静水及动水压强，Pa；ρ_w 为水的密度，kg/m³；g 为重力加速度，一般取 9.8m/s²；Z_{out} 和 Z_{bed} 分别为房屋外侧的水位和地面高程，m；U 为作用于屋外墙体的平均流速，m/s。

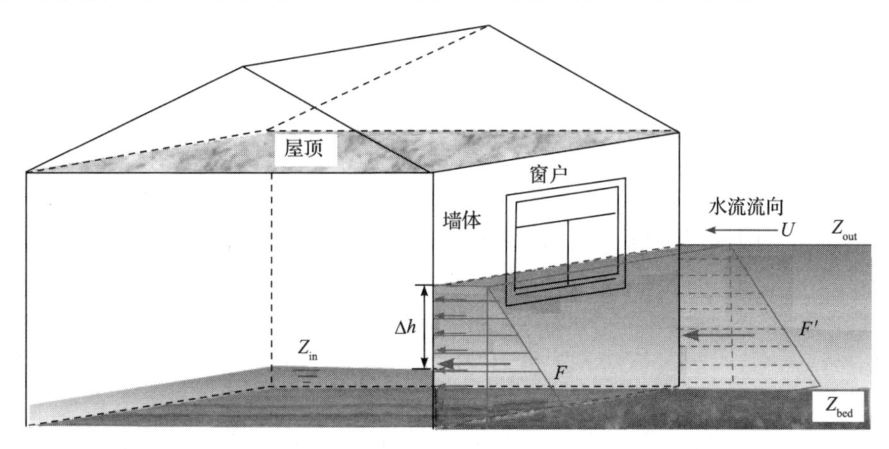

图 10.2　洪水中房屋承受水压力示意图

房屋内侧不考虑水流流速，静水压强沿水深呈线性分布，同理可得到房屋内侧高程为 y 处墙体承受的静水压强为

$$P_{\text{in}} = P_{S\text{-in}} = \frac{1}{2}\rho_w g(Z_{\text{in}} - y), \qquad Z_{\text{bed}} \leqslant y \leqslant Z_{\text{in}} \tag{10.2}$$

式中，Z_{in} 为房屋内侧水位，m。

由此可计算墙体高程为 y 处水压力的内外压强差为

$$\Delta P = P_{\text{out}} - P_{\text{in}} = \begin{cases} \dfrac{1}{2}\rho_w g\Delta h + \dfrac{1}{2}\rho_w U^2, & Z_{\text{bed}} \leqslant y \leqslant Z_{\text{in}} \\ \dfrac{1}{2}\rho_w g(Z_{\text{out}} - y) + \dfrac{1}{2}\rho_w U^2, & Z_{\text{in}} < y \leqslant Z_{\text{out}} \end{cases} \tag{10.3}$$

式中，$\Delta h=Z_{\text{out}}-Z_{\text{in}}$ 为房屋内外水位差，m。在区间$[Z_{\text{bed}}, Z_{\text{in}}]$上，$\Delta P$ 取得最大值，即此处承受最大水体压强。由式(10.3)可知，房屋内外水深差和近墙水流流速决定了最大压强。因此，这两个参数是影响房屋瞬间倒塌的主要因素。

2. 浮力作用

房屋所受浮力与其排水体积成正比，即单位面积上房屋受到的浮力是$F_f=\rho_w g(Z_{out}-Z_{bed})$。一方面，对于木屋而言，当洪水中房屋受到的浮力与自身重力相等时房屋发生临界浮动。Black(1975)的研究表明：当淹没水深达到房屋高度一半时轻型木屋开始浮动；当淹没水深达到房屋高度 3/4 时重型木屋开始浮动。另一方面，浮力抵消一部分重力，使房屋的有效重力减小，从而更容易发生倾覆和坍塌。由浮力表达式可知，淹没水深$(Z_{out}-Z_{bed})$是影响房屋失稳的主要因素。

3. 其他作用

一旦发生漫滩洪水或者城市内涝，缓慢消退的洪水长期浸泡房屋，通过浸泡腐蚀房屋的墙体等结构导致房屋破坏(金卫斌等, 2006)。因此淹没历时也是影响洪水中房屋损失的关键因素之一。尤其对于木屋和砖土房而言，木材将变软易烂，土墙将更易坍塌。若水流中含有的化学物质如清洁剂、农药、汽油等改变了水流酸碱性，加速了对金属铆固件的腐蚀速率，也可能导致房屋破坏(Kelman, 2002)。除此之外，一些不确定事件的发生，如洪水冲蚀砖土房地基或墙体，携带泥沙、漂浮物和其他污染物等将随水流一起运动，甚至部分车辆被水流冲走，与房屋发生碰撞等，均严重威胁房屋的安全(Xia et al., 2014c)。洪水中漂浮物与房屋发生碰撞是偶然事件，此处暂不考虑其影响。

10.2.2　洪水中房屋损失率的计算方法

通过分析洪水中房屋的受力情况，确定影响房屋损失率的四个主要致灾因素分别为房屋内外水深差、靠近墙体的水流流速、淹没水深及淹没历时。钢筋混凝土房、砖瓦房、木屋及砖土房等承灾体的抗洪能力不同，所以在相同水流条件下的损失率也不同。此处分别利用两个不同的函数关系式计算洪灾中房屋的损失率(HD)：包括二次多项式 $HD=ah^2+bh+c$ 和一次分式函数 $HD=k_1h/(k_1h+k_2)$。基于洪水中房屋损失的实际调查资料，利用 SPSS 软件分别率定上述表达式中的参数 a、b、c、k_1、k_2，确定相应的决定系数，分析这四个因素对洪水中房屋损失率的影响程度。

1. 瞬时冲击破坏

洪水波刚接近房屋时，会对房屋产生很大的冲击，此时房屋同时承受静水压力和动水压力。Kelman(2000)选取英国 Kingston-upon-Hull 和 Canvey Island 为调查区域，研究不同房屋内外水位差与靠近墙体流速条件下洪水中砖瓦房的损失率。调查结果显示，当水深差为 0～0.25m 时，房屋损失率不随靠近墙体流速的变化而变化，房屋损失率均为 50%；当水深差为 0.25～1.75m 时，随着靠近墙体的水流流速从 0 变化到 4m/s，房屋损失率增加了 10%～30%；当水深差为 1.75～2.75m 时，房屋损失率达到 100%。结合式(10.3)可以看出，靠近墙体的水流流速决定了动水压力的大小，水深差在 0.25～1.75m 时，动水压力对房屋瞬时破坏具有重要影响；而水深差小于 0.25m 或者大于 1.75m 时，静水压力占主导作用，房屋损失率与靠近墙体的水流流速的大小无关。由此可见，房屋损失率与靠近墙体的水流流速有关，但具体影响程度需要根据房屋内外水位差来判断。

采用房屋内外水深差为自变量，分别拟合不同靠近墙体流速情况下的房屋损失率曲线，图 10.3 中实线为流速为 4.0m/s 时的房屋损失率上限，虚线为流速为 0m/s 时的房屋损失率下限。采用二次多项式拟合曲线的决定系数分别为 0.96 和 0.95，而一次分式函数拟合曲线的决定系数分别为 0.93 和 0.72。可以认为，在房屋类型和流速一定的条件下，洪灾中房屋损失率与房屋内外水深差密切相关，可采用二次多项式拟合二者之间的关系。

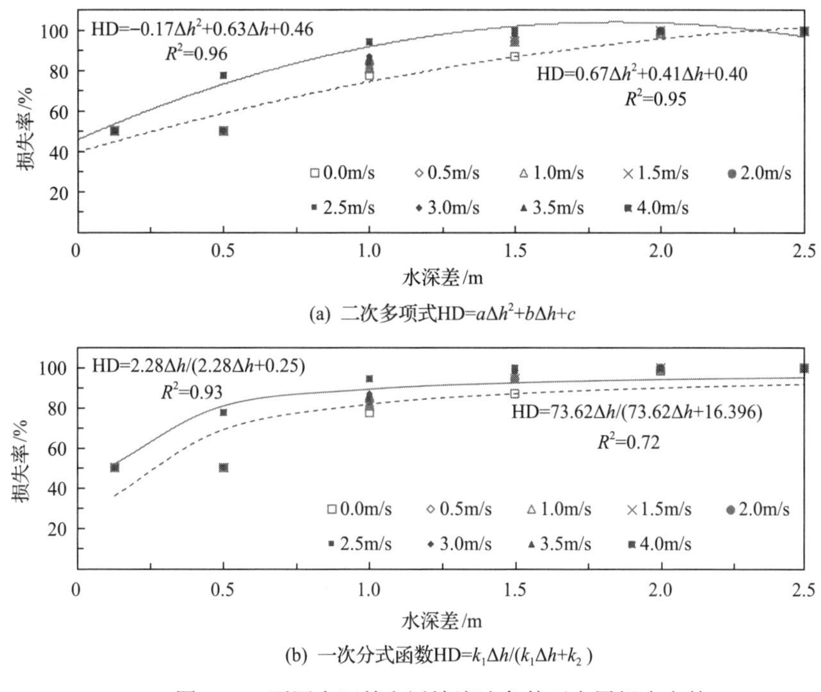

(a) 二次多项式HD=$a\Delta h^2+b\Delta h+c$

(b) 一次分式函数HD=$k_1\Delta h/(k_1\Delta h+k_2)$

图 10.3　不同水深差和近墙流速条件下房屋损失率的拟合曲线(Kelman, 2002)

2. *长期浸泡破坏*

洪水中的房屋经浸泡一段时间之后，会遭受不同程度的腐蚀，抗洪能力有所下降，很容易发生倒塌。此处根据金卫斌等(2006)、王延红等(2001)及余萍等

(2009)的调查数据，建立不同淹没历时和房屋类型条件下，洪灾损失率与淹没水深的关系式。具体分析过程如下所示。

金卫斌等(2006)的调查结果显示，水深为 0.5m、1.0m 和 1.5m 时，淹没 3 天后房屋的损失率分别为 6.1%、11.0%和 19.8%；淹没 9 天后的房屋损失率分别为 25.3%、33.4%和 44.0%。在相同淹没水深下，淹没历时为 3 天、6 天和 9 天的房屋损失率相差 10%～15%，所以不可忽略淹没历时对房屋损失率的影响。采用二次多项式和一次分式函数拟合淹没水深与淹没历时为 3 天、6 天和 9 天的房屋损失率之间的关系，如图 10.4 所示。计算结果表明：二次多项式拟合曲线的决定系数达到 0.89 以上，最高可达 0.96；一次分式函数拟合曲线的决定系数也达到 0.89 以上，最高可达 0.94。因此可以认为，在淹没历时一定的条件下，洪灾中房屋损失率与淹没水深密切相关，可采用二次多项式拟合二者之间的关系。

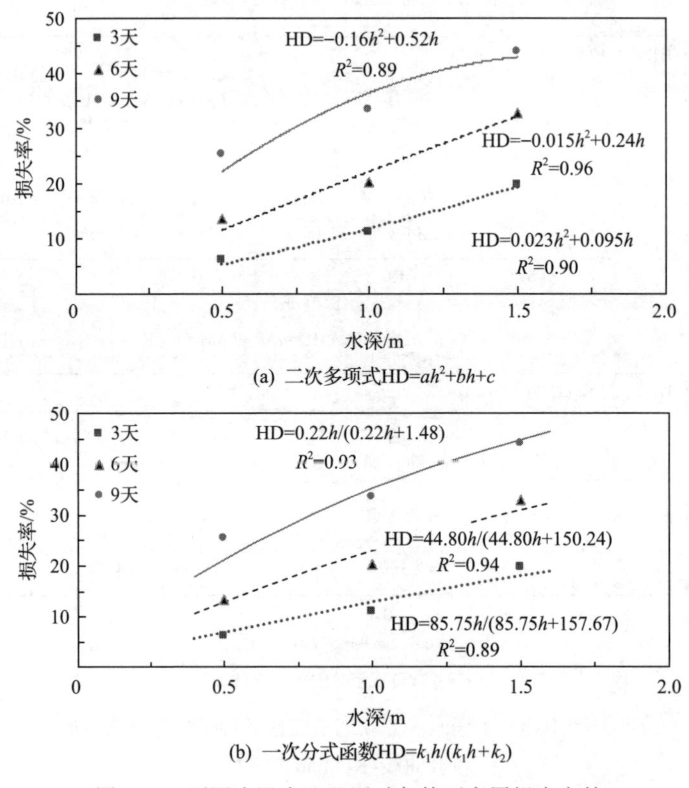

图 10.4　不同淹没水深及历时条件下房屋损失率的拟合曲线(金卫斌等, 2006)

王延红等(2001)、余萍等(2009)提出了不同类型房屋在不同淹没水深下的洪灾损失率关系。这些研究成果表明：在相同淹没水深情况下，楼房、平房和草房的洪灾损失率依次增大，当淹没水深为 2m 时，三类房屋的损失率差别达到 30%～40%；砖瓦平房、砖土房和土房的洪灾损失率依次减小，当淹没水深为 2m 时，这三类房屋的损失率差别也达到 30%～40%。采用二次多项式和一次分式函数拟合淹没水深与各类房屋损失率之间的关系，如图 10.5、图 10.6 所示。其中，二次

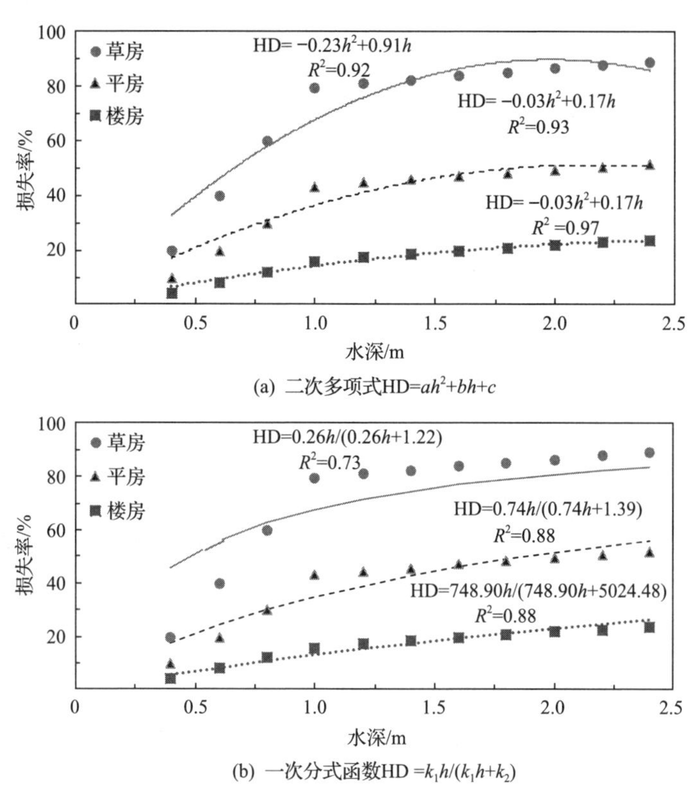

(a) 二次多项式HD=ah^2+bh+c

(b) 一次分式函数HD =$k_1h/(k_1h+k_2)$

图 10.5　不同淹没水深下草房、平房及楼房损失率的拟合曲线（王延红等, 2001）

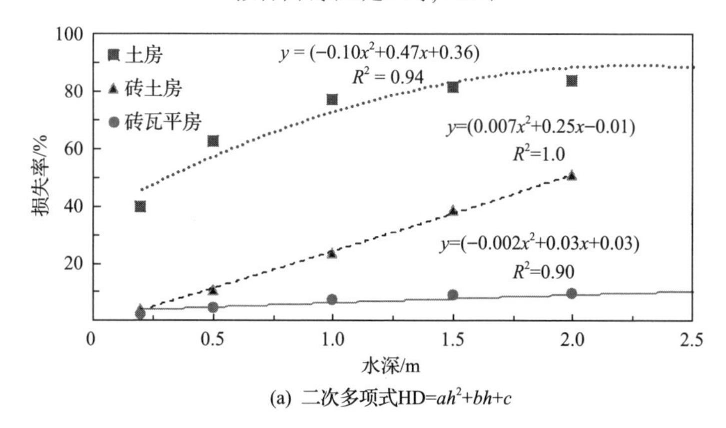

(a) 二次多项式HD=ah^2+bh+c

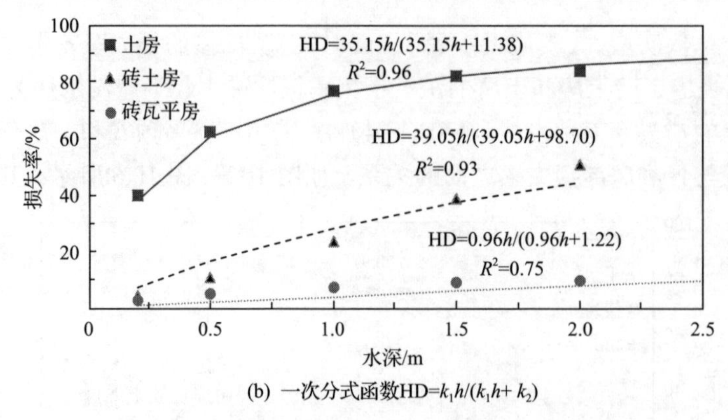

(b) 一次分式函数$HD=k_1h/(k_1h+k_2)$

图 10.6　不同淹没水深下土房、砖土房及砖瓦平房损失率的拟合关系曲线(余萍等, 2009)

多项式拟合曲线的决定系数达到 0.90 以上；一次分式函数拟合曲线的决定系数达到 0.73 以上。以上不同类型房屋的洪灾损失率均受到淹没水深的影响，可采用二次多项式拟合二者之间的关系。

10.2.3　黄河下游滩区洪水中房屋损失率计算

以上研究结果表明，可根据实际洪灾中房屋损失的调查资料，采用二次多项式拟合房屋损失率与淹没水深的关系。为了计算黄河下游滩区洪水中的房屋损失率，利用刘树坤等(1999)、魏一鸣等(2002)以及王营和贾艾晨(2012)的洪水中房屋损失率资料，拟合了黄河下游滩区、松花江干流和辽河流域的房屋损失率与淹没水深的关系，如图 10.7 所示，各拟合曲线的决定系数均达到 0.94 以上。随着黄河下游滩区社会经济的发展，房屋类型和结构可能有一定的改变，可根据具体房屋类型和洪水特征，选用图 10.3～图 10.7 中的拟合曲线计算黄河下游滩区洪水中房屋的损失率。

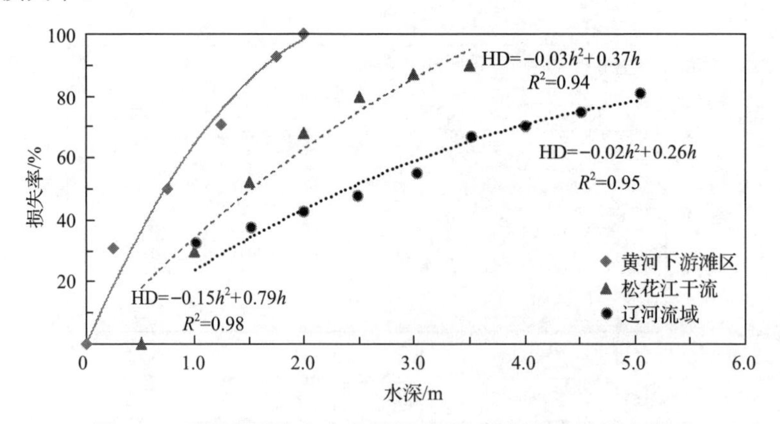

图 10.7　不同流域洪水中房屋损失率与淹没水深的拟合关系

10.3　滩区洪水中主要农作物损失率的计算

黄河下游滩区 7～9 月份的降水量超过全年降水量的 50%，如受汛期漫滩洪水的影响，秋粮作物损失将会很严重。表 10.1 给出了黄河下游滩区所覆盖各市 2012 年秋粮作物和小麦播种面积（河南省统计局，2013；山东省统计局，2013）。由表 10.1 可知，2012 年滩区播种的秋粮作物以玉米为主，播种面积平均为 29.8%，稻谷、大豆和红薯的播种面积占总体比重很小，分别占 1.5%、1.5%和 1.3%；小麦的播种面积比玉米的播种面积还要大，占所有农作物种植面积的 36.5%。但黄河滩区主要种植冬小麦，秋季播种，第二年 5～7 月份成熟，一般汛期洪水不会影响到冬小麦的收成。因此本节主要以黄河下游滩区主要作物（玉米）作为研究对象，分析洪水中该农作物的损失率。

表 10.1　黄河下游滩区 2012 年秋粮作物播种面积统计情况

省、市		玉米		稻谷		大豆		红薯	
		播种面积/khm^2	占总体比重/%	播种面积/khm^2	占总体比重/%	播种面积/khm^2	占总体比重/%	播种面积/khm^2	占总体比重/%
河南省		3100	22.2	648.2	4.6	460.5	3.3	311.9	2.2
滩区	焦作市	118.8	33.5	5.7	1.6	4.2	1.2	2.8	0.8
	新乡市	213.9	26.8	38.1	4.8	20.3	2.5	10.3	1.3
	濮阳市	106.9	21.4	42.2	8.4	13.9	2.8	5.8	1.2
	洛阳市	194.5	27.8	1.8	0.3	23.8	3.4	30.7	4.4
	郑州市	158.3	31.2	0.6	0.1	9.9	2.0	13.7	2.7
	开封市	133.3	16.7	7.5	0.9	17.6	2.2	16.1	2.0
山东省		3018.1	27.8	123.9	1.1	146.4	1.4	245.0	2.3
滩区	菏泽市	371.1	26.6	4.9	0.4	19.8	1.4	5.5	0.4
	济宁市	270.0	27.3	28.5	2.9	14.7	1.5	14.0	1.4
	泰安市	191.0	30.8	0.2	0.0	10.3	1.7	8.1	1.3
	聊城市	373.6	36.5	0.2	0.0	4.9	0.5	2.1	0.2
	德州市	418.5	40.5	0.1	0.0	2.1	0.2	1.9	0.2
	济南市	206.2	34.0	7.5	1.2	8.4	1.4	12.5	2.1
	滨州市	210.3	34.0	0.5	0.1	2.7	0.4	0.8	0.1
	淄博市	120.9	40.5	0.6	0.2	2.2	0.7	3.7	1.3
	东营市	55.6	19.6	4.3	1.5	2.0	0.7	0.2	0.1
滩区平均		—	29.8	—	1.5	—	1.5	—	1.3

10.3.1 洪水中农作物耐淹能力及损失率影响因素分析

洪水中农作物损失不仅与洪水要素等致灾因子有关，还与其自身抗涝能力密切有关。现有研究表明，影响洪灾中农作物损失的主要因素为淹没水深和历时，而玉米的抗涝能力由其生长期决定。此处利用实际洪灾中的统计资料及前人研究成果，分析洪灾中玉米的耐淹能力，并确定洪水中农作物损失率的计算方法。

1. 洪水中农作物耐淹能力分析

各生长期农作物的耐淹能力不同，所以相应的洪灾损失率相差很大。黄河下游滩区主要的秋粮作物玉米，属旱地作物，喜温、耐旱、怕涝，不同生长阶段遭受洪水淹没，将造成不同程度的损失，导致其产量下降。如发芽期长时间淹水，会使土壤通气不良以致种子霉烂；秧苗期淹水将导致植株停止生长；拔节抽穗期淹水会造成不能正常授粉结实；而灌浆期淹水则使玉米体内养分输送困难，影响籽粒饱满，甚至植株会提前枯死(梅亚东和纪昌明, 2000)。李香颜(2009)开展的洪水中不同生长期下的玉米损失试验结果表明，玉米拔节期损失率大于抽雄期。由此可见，洪灾中玉米的损失率与其所处的生长期密切相关。梅亚东和纪昌明(2000)对山东、河北等地的调查显示，玉米、小麦和棉花等旱地农作物的耐淹能力较差，耐淹水深一般为 10cm 左右，耐淹时间为 1～2 天。淹没水深和淹没历时对不同生长期农作物洪灾损失率的影响程度也不同，其中玉米处于抽穗期可承受 1～1.5 天 8～12cm 水深的淹没，孕穗和灌浆期可承受 2 天 8～12cm 水深的淹没，成熟期可承受 2～3 天 10～15cm 水深的淹没。

2. 洪水中农作物损失影响因素分析

许多学者采用实际洪灾资料调查分析的方法，提出了洪水中农作物损失率的计算关系。刘树坤等(1999)在参考国内外有关研究成果的基础上，结合黄河洪水多泥沙的情况，详细估算了黄河下游北金堤滞洪区玉米在各类淹没等级下的损失率。金卫斌等(2006)对有经验的农民、科技人员和有关专家进行走访调查，统计了洪湖分蓄洪区玉米的洪灾损失率。Dutta 等(2003)和余萍等(2009)分别研究了日本 Ichinomiya 流域及中国大黄堡洼蓄滞洪区旱地作物在不同淹没水深及历时下的损失率关系。

根据以上学者的试验或统计资料，绘制了洪水中玉米损失率曲线，如图 10.8 所示。由图 10.8 可知，当淹没水深小于 0.5m 时，淹没历时从 1 天变化到 7 天，洪灾中玉米损失率基本呈线性增加了 30%左右；当淹没水深大于 0.5m 小于 1.0m 时，淹没历时为 1 天的洪灾损失率比 0.5m 的高 20%左右，随着淹没历时的增加也呈线性增长；当淹没水深大于 1m 时，4～5 天的淹没历时，玉米的洪灾损失率达到 100%。由此可见，洪水中玉米的损失率与淹没水深和历时均相关。在同等淹没水深条件下，淹没历时越长，损失率越大；在同等淹没历时情况下，淹没水深越大，损失率越大。故淹没水深和淹没历时是影响洪灾中农作物损失的重要致灾因子。除此之外，对于黄河下游滩区，还需考虑泥沙的影响，因为刘树坤等(1999)的研究结果中，相同淹没水深和历时，农作物的损失率比 Dutta 等(2003)、金卫斌等(2006)和余萍等(2009)的更高，主要因为黄河下游洪水中含有大量的泥沙。因此在对黄河下游滩区的玉米损失率计算中，建议重点考虑刘树坤等(1999)研究成果，同时将金卫斌等(2006)和余萍等(2009)的结果作为参考。

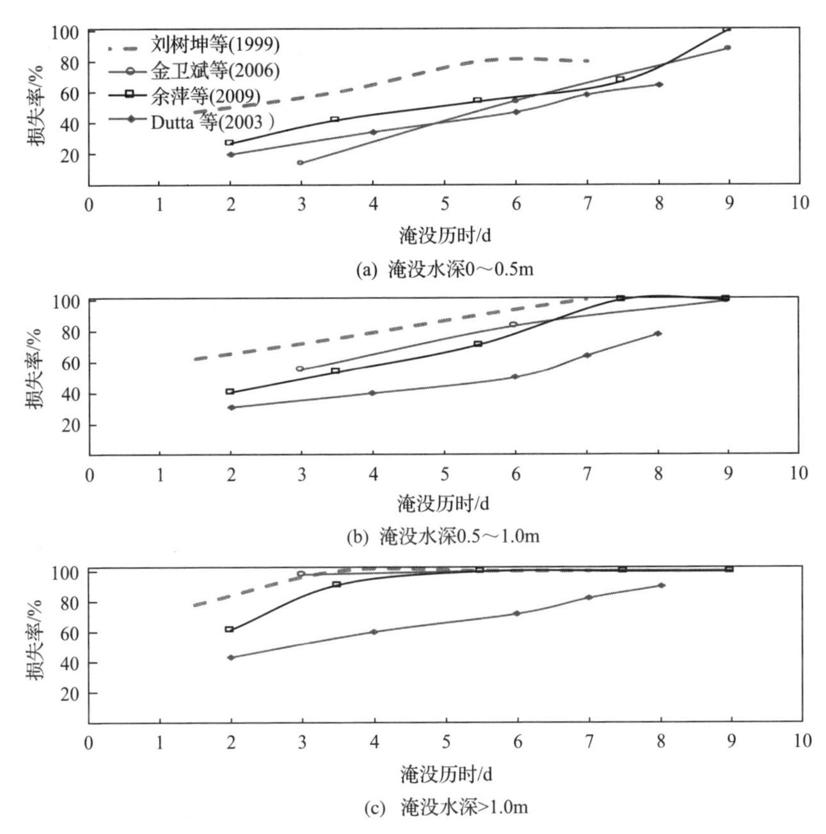

图 10.8　洪水中玉米损失率与淹没水深及历时的关系曲线

10.3.2　黄河下游滩区洪水中农作物损失率计算

利用刘树坤等(1999)、金卫斌等(2006)和余萍等(2009)的统计数据，采用多元回归分析的方法，建立了黄河下游滩区洪水中玉米损失率的计算关系：

$$L = 48.406h^{0.349}t^{0.342} \tag{10.4}$$

式中，L 为洪水中玉米损失率，%；h 为实际淹没水深，m；t 为淹没历时，d。利用式(10.4)，绘制了不同淹没水深和历时条件下的损失率曲线，其决定系数 R^2 为 0.67，可用于计算滩区洪水中玉米的损失率。不同淹没水深及历时条件下玉米的损失率曲线如图 10.9 所示。

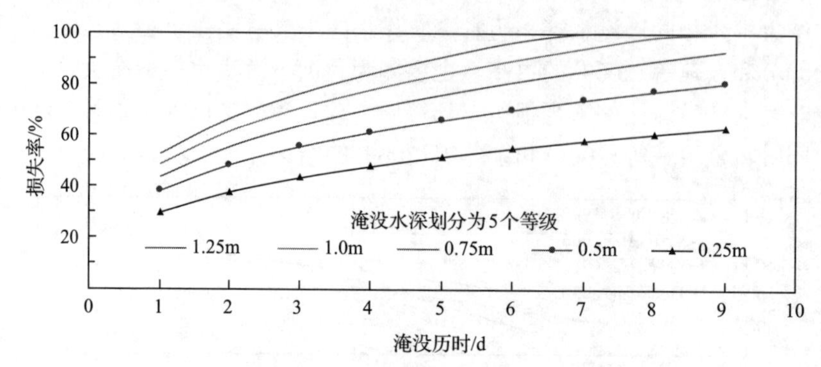

图 10.9　不同淹没水深及历时条件下玉米的损失率曲线

利用洪水要素的时空分布和上述关系曲线，可计算相应的洪灾损失率。由于地形差异，各处洪水的淹没水深和历时均不相同。为直观地描述整个受淹滩区的洪灾损失情况，本节提出了平均损失率的计算方法。首先计算黄河下游滩区种植玉米农田的总面积，其次将研究区域划分为若干子区域，计算相应子区域内受淹对象的洪灾损失率，并计算受淹对象洪灾损失率与相应面积的乘积。最后将该乘积与相应的作物耕种总面积的比值作为受淹对象的平均损失率。

10.4　本 章 小 结

洪灾一旦发生会造成滩区的房屋受损或倒塌，农作物减产甚至绝产，对人民群众的生产生活造成严重影响，故定量计算相应的洪灾损失十分必要。本章对黄河下游滩区房屋及汛期主要农作物损失率情况开展了研究，基于前人研究成果提出了洪水中房屋及玉米损失率的计算关系，研究成果将为滩区洪灾损失评估及洪水风险管理提供依据。

(1)本章分析滩区洪水中房屋损失率影响因素并提出相应的计算关系式。采用非线性回归分析方法，研究四个主要致灾因素(包括房屋内外水深差、靠近墙体的流速、淹没水深及淹没历时)对洪灾中房屋损失率具体的影响程度并建立了相应的计算关系。研究结果表明：二次多项式拟合曲线的决定系数达到 0.89 以上，最高可达 0.96；一次分式函数拟合曲线的决定系数也达到 0.89 以上，最高可达 0.94。因此可以认为，在淹没历时一定的条件下，洪灾中房屋损失率与淹没水深密切相关，可采用二次多项式拟合二者之间的关系。

(2) 本章分析滩区洪水中玉米的耐淹能力并提出其损失率的计算关系式。分析洪水中玉米耐淹能力及其损失的主要因素，包括淹没水深及淹没历时。采用多元回归分析方法，建立了不同淹没水深及历时情况下洪水中玉米损失率的计算关系。研究结果表明：同等淹没水深条件下，淹没历时越长，玉米损失率越大；在同等淹没历时情况下，淹没水深越大，损失率越大。

第 11 章　滩区洪水演进与风险评估二维综合模型及其应用

模拟滩区洪水演进过程，定量评估滩区受淹对象的洪水风险，有效指导滩区群众开展避逃生，这是滩区洪水演进与风险评估综合模型需要研究的主要内容。该综合模型耦合二维水沙动力学模块、生产堤溃口展宽模块、不同受淹对象的洪水风险评估模块以及群众避难逃生路线优选模块。然后采用 3 个模型试验算例检验了二维水沙动力学模块及生产堤溃口展宽模块，结果表明这些计算模块具有较高的计算精度。最后选取黄河下游夹河滩至高村河段的兰考东明滩区为研究对象，利用本章提出的二维综合模型计算不同工况下的洪水演进过程，重点计算生产堤的溃决展宽过程，分析滩区群众的洪水风险等级及财产的洪灾损失率，并确定洪水中灾民的最优避难逃生路线。

11.1　滩区洪水演进与风险评估二维综合模型

滩区洪水演进与风险评估二维综合模型主要包括 4 个计算模块：二维水沙动力学计算模块、生产堤溃口展宽计算模块、不同受淹对象的洪水风险评估模块、滩区群众避难逃生路线优选模块。第 8 章中已详细介绍了二维水沙动力学计算模块，本章将详细地描述其余 3 个计算模块。

11.1.1　生产堤溃口展宽计算模块

平面二维水沙数学模型一般不能通过直接求解床面冲淤方程来计算生产堤溃口的展宽过程，因此需要增加溃口横向展宽计算模块来模拟生产堤的溃决过程。果鹏等(2020)开展了生产堤溃口横向展宽的概化模型试验，试验结果表明生产堤溃决过程可以分为三个阶段：溃口漫流及冲槽阶段、横向展宽伴随土体崩塌阶段、稳定泄流阶段。其中溃口横向展宽机理主要表现为水流逐渐冲刷堤身下层的土体，上层土体的悬臂宽度不断增大，当悬臂结构土体自身产生的重力矩大于黏土层的抵抗力矩时，悬臂部分土体将绕轴旋转发生绕轴崩塌。水流与土体之间将循环产生“冲刷”与“崩塌”的过程，生产堤溃口口门会逐渐展宽。由此可见，溃口展宽过程是水流与堤身土体、水流与河床之间相互作用的结果。因此生产堤溃口横向展宽模拟，需要计算水流对溃口两侧水面以下部分土体的冲刷过程；然后根据悬空土体的土力学参数计算上层悬臂结构的稳定程度，判断溃口两侧堤身土体是否发生绕轴崩塌。

通过分析生产堤溃口展宽的力学条件与影响因素，考虑水流与泥沙之间的相互作用关系，本节提出了以溃口处流速和土体起动流速为特征参数的溃口展宽速率的计算关系：

$$\varepsilon = \eta \times (U - U_c)^{\beta} \tag{11.1}$$

式中，ε 为溃口展宽速率；β 为待定指数；η 为待定的冲刷系数，与堤身土体的级配、含水率、干密度、凝聚力等土体物理力学特性有关；U 为溃口处水流的平均流速，m/s；U_c 为土体的起动流速，m/s，因试验土体颗粒较细，需考虑细颗粒间黏结力的作用，故采用张瑞瑾公式(张瑞瑾, 1998)计算：

$$U_c = \left(\frac{h}{D}\right)^{0.14} \sqrt{17.6D\frac{\gamma_{\mathrm{s}} - \gamma}{\gamma} + 6.05 \times 10^{-7} \frac{10 + h}{D^{0.72}}} \tag{11.2}$$

式中，h 为水深，m；D 为泥沙粒径，暂取床沙中值粒径 D_{50}，m；γ_{s} 和 γ 分别为泥沙和水的容重，kN/m^3。

随着溃口两侧上层悬臂土体宽度的增加，悬臂土体自重将不断增大，当悬臂宽度大于临界宽度 B_c 时，上层悬臂土体将出现张拉裂缝，继而发生绕轴崩塌。借鉴长江中下游二元结构河岸稳定性的计算方法，认为在张拉断面上的抗拉应力与抗压应力均服从三角形分布(夏军强等, 2013)，如图 11.1 所示。

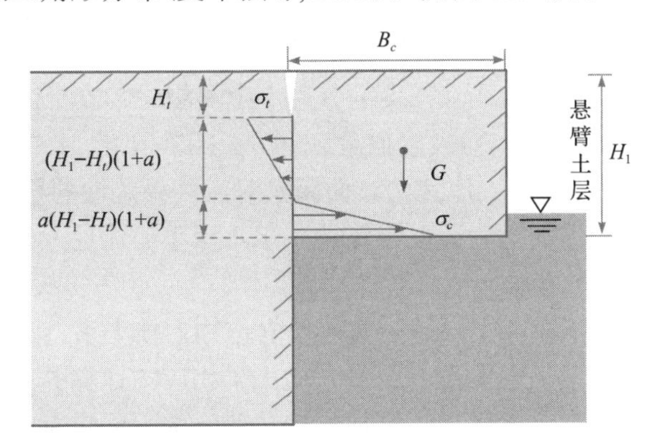

图 11.1　生产堤堤身悬臂土层发生绕轴崩塌时的受力分析

根据上层悬臂土体的力矩平衡可知，当悬臂土体宽度达到临界值时，悬臂土体自重引起的破坏力矩与土体自身抵抗拉伸破坏的力矩相等。即在顺水流方向单位长度的土体满足如下关系式：

$$\frac{G \cdot B_c}{2} = \frac{(H_1 - H_t)^2}{3(1+a)^2}\sigma_t + \frac{a^2(H_1 - H_t)^2}{3(1+a)^2}\sigma_c \tag{11.3}$$

式中，G、B_c、H_1 分别为单位宽度悬臂土体的自重、临界宽度以及土层高度，其中自重的计算公式为 $G=\gamma_s B_c H_1$；H_t 表示堤顶出现的张拉裂缝深度；a 表示抗拉应力 σ_t 与抗压应力 σ_c 之比(Xia et al., 2014d)。由式(11.3)推导出悬臂土体临界宽度的表达式为

$$B_c=\sqrt{\frac{2\sigma_t H_1(1-H_t/H_1)^2}{3\gamma_s(1+a)^2}} \tag{11.4}$$

综上所述，利用式(11.1)计算溃口处水流对堤身下部土体的横向冲刷速率，利用式(11.4)计算水面以上悬臂土体的临界宽度，当水流冲刷下层土体形成的悬臂宽度大于临界宽度时，堤身的上层悬臂土体将发生绕轴崩塌。

11.1.2　不同受淹对象的洪水风险评估模块

滩区洪水中的受淹对象主要包括群众、财产(房屋和农作物)。第 9 章通过分析洪水中人体的受力特点，提出了洪水中人体滑移失稳和跌倒失稳两种方式下的起动流速公式，如式(9.13)和式(9.17)所示，并通过水槽试验率定了公式中的关键参数，绘制了不同水深条件下人体失稳流速的计算曲线，根据来流流速 U 与人体起动流速 U_c 的比值可确定不同来流情况下人体的洪水风险等级或危险程度：

$$\mathrm{HD}=\min(1.0, U/U_c) \tag{11.5}$$

式中，HD 为洪水中人体的危险程度；U 为某一时刻来流沿垂线的平均流速，m/s。根据 HD 值将洪水中人体的危险程度划分为 3 个等级：①安全区(0≤HD＜0.6)；②危险区(0.6≤HD＜0.9)；③极度危险区(0.9≤HD≤1.0)。式(9.13)、式(9.17)及式(11.5)综合考虑了水深、流速两方面因素对人体稳定性的影响，故 HD 不仅能判断水深较大时人体的危险程度，还适用于水深小但流速大的水流条件，更有利于保证灾民的生命安全。

为定量计算黄河下游滩区洪水中房屋及农作物的损失率，第 10 章分析了滩区洪水中房屋及农作物损失率的影响因素并提出了相应的计算关系。结合滩区洪水要素的时空分布特征，可以直接计算任一计算单元中不同受淹对象的洪水风险等级或洪灾损失率，再结合不同单元的土地利用类型，分类统计各类受淹对象的洪灾损失率。

11.1.3　滩区群众避难逃生路线优选模块

滩区洪水中群众避难逃生算法主要包括推求避难逃生最短路线、计算避难逃生过程的路权函数两部分内容。

1. 基于 Dijkstra 算法推求避难逃生最短路线

在洪水灾害发生之前，基于已有交通网络拟定受灾点到不同安全区域的最短路线，并以此作为滩区群众避难逃生的备选路线。方法中以路线长度为寻优指标，但尚未考虑滩区洪水的动态演进过程，它是一种基于交通网络的静态寻优过程。参考李发文和冯平(2007)提出的“点-线”结合思想，本章以受灾点作为起始点，以安全区作为目标点，将路线的交叉路口作为中间点，以任意两点之间的连线描述它们之间的空间属性关系。于是将推求受灾点与安全区之间的距离最短问题，概化为推求交通网络中两点之间最短路径的问题。

采用 Dijkstra 算法求解受灾点到目标安全区的最短路径，具体计算过程如下：①首先将交通网络中的节点进行编号，利用一个四维数组记录各点的编号及其三维坐标；②然后将交通路网概化为“点-线”的集合，采用三维数组来储存交通网络图，分别记录各段道路的起点编号、终点编号及其路段长度，此三维数组类似于邻接矩阵的压缩存储方式，其内容则具有邻接矩阵的特点，即一个路段以两个端点表示，并依次为索引找到连接路段的长度，以求得从起点到终点的最短路径；③最后采用 Dijkstra 算法确定受灾点至不同目标安全区的最短避难逃生路线。

以图 11.2 中基于“点-线”结合思想的概化交通网络结构为例，对算法的计算过程进行简要说明。图 11.2 中 V_1 点是出发点，V_T 点是目标点，逐步计算 V_1 点到网络中各点 V_i 的最短路径，一直外推算出 V_1 点至 V_T 点的最短路径。该算法过程可直接通过在网络图上逐步标号完成，如果已经求出 V_1 点至 V_i 点的最短路径，即可给 V_i 点标以$[D, V_1, V_i]$，其中第一个标号 D 表示 V_1 点至 V_i 点的最短路径长度，第二个标号 V_1 表示起点，第三个标号以后则表示 V_1 点至 V_i 点间最短路线的中间衔接点；若最后一个标号为目标点 V_T，则表示已求出 V_1 点至 V_T 点的最短路径，而由起点到终点的最短路径及其长度可根据标号获得。进一步假定图 11.2 中路线 L_1～L_9 的长度分别为 1、2、4、2、3、2、1、3、1，那么逐步计算受灾点 V_1 到目标安全点 V_T 的最短路线及路线长度的过程如下所示。

第 1 步：$[1, V_1, V_2]$。

第 2 步：$[2, V_1, V_4]$。

第 3 步：$[3, V_1, V_5]$；$[3, V_1, V_2, V_5]$。

第 4 步：$[4, V_1, V_5, V_3]$；$[4, V_1, V_2, V_5, V_3]$。

第 5 步：$[6, V_1, V_5, V_3, V_T]$；$[6, V_1, V_2, V_5, V_3, V_T]$。

第 5 步的寻优结果中已经包含了 V_T 点，即认为已经得到出发点 V_1 至目标点 V_T 之间的两条最短路线，分别为 $V_1—V_5—V_3—V_T$ 和 $V_1—V_2—V_5—V_3—V_T$，两条最短路线的长度均为 6。

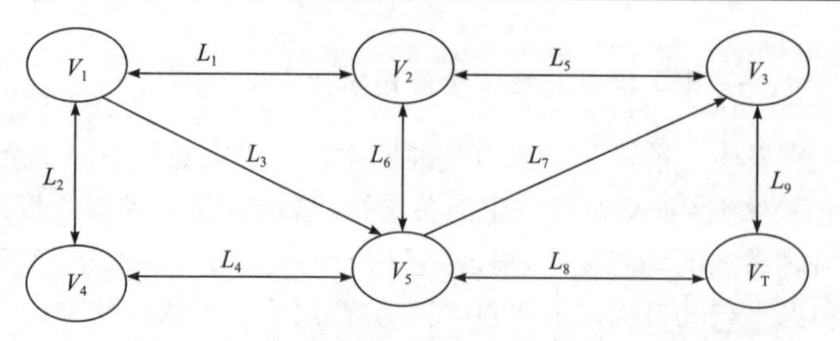

图 11.2　基于"点-线"结合思想的概化交通网络结构

2. 计算避难逃生过程的路权函数

滩区洪水中群众避难逃生路线的路权函数是指在洪水增加路阻条件下，计算滩区群众途经避难逃生路线动态迁移历时的函数关系。当避难逃生路线的长度一定时，一般认为逃生的时间便可以计算。但在洪水中群众避难逃生的过程中，灾民所遇的水流条件对其逃生速度有一定的影响，所以在计算逃生时间时需要进一步地考虑这方面的因素。Ishigaki 等(2008)开展了洪水中真人步行逃生速度水槽试验研究，试验在长 20m、宽 1m 的水槽中进行，以平均年龄为 22.1 岁的女性(16 人)及平均年龄为 22.4 岁的男性(83 人)为研究对象(图 11.3)，测定静水及流速为 0.5m/s 的两种情况下，水深从 0～50cm 变化条件下真实人体的步行逃生速度。

(a) 男性

(b) 女性

图 11.3　洪水中人体步行逃生速度试验(Ishigaki et al., 2008)

Ishigaki 等(2008)开展的洪水中人体逃生速度试验观测结果见图 11.4，可以看出：无水情况(水深为 0m，流速为 0m/s)下男、女的正常行走速度，分别为 1.35m/s 和 1.27m/s；在试验水流条件下人体的步行速度是无水情况下步行速度的 1/2 左右；静水中(流速为 0m/s)人的步行速度略大于动水中(流速为 0.5m/s)的步行速度；试验水流中男性的步行逃生速度略大于女性的步行逃生速度；且随着水深的增加，人体的步行逃生速度略微呈现减小的趋势，但减小趋势并不明显。

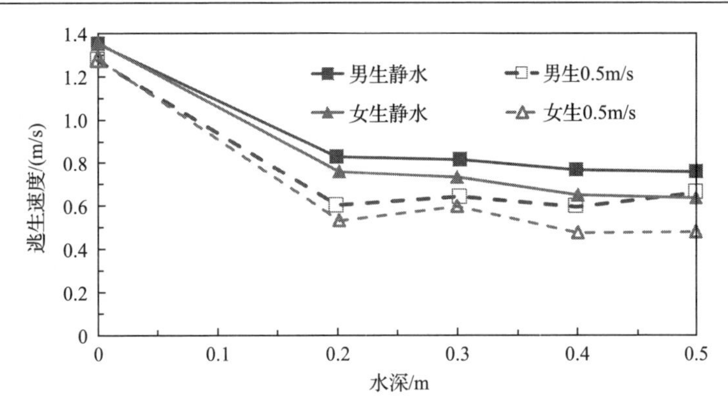

图 11.4　洪水中步行逃生速度水槽试验结果(Ishigaki et al., 2008)

考虑到真实洪水中人体避难逃生过程所遭遇的水流条件与 Ishigaki 等(2008)的试验条件比较相近，所以认为在洪水中人体不发生失稳的条件下，人体步行逃生的速度是无水情况下步行速度的一半。本节进一步地考虑行走疲劳及避难路线容量的影响，为保证人体的生命安全，再将试验情况下人体的逃生速度按照 80%进行折减，最终确定洪水中人体步行逃生速度的表达式为

$$v_E = \frac{1}{2} v_0 \times \varphi \tag{11.6}$$

式中，v_E 为洪水中群众的逃生速度；v_0 为男子在无水情况下的行走速度；φ 为折减系数，书中取 0.8。

假定将某条避难逃生路线划分为若干段，根据路权函数的定义，得到群众通过路段 i 逃生所花费的时间为

$$\Delta T_i = \Delta L_i / v_E \tag{11.7}$$

式中，ΔT_i 为人员通过路段 i 所花费的时间；ΔL_i 为路段 i 的长度。

利用若干节点将逃生路线划分为若干路段，假定受灾群众于某一时刻开始避难逃生活动，那么可以从路线的起点开始，根据各个路段的长度及群众的逃生速度计算所花费的时间，插值计算路段终点人员所遇到的水流条件，以此判断人员的安全等级以及下个路段逃生花费的时间。计算过程如下：初始时刻的水流条件决定了群众位于初始位置的逃生速度，于是可以计算第 1 个路段群众避难逃生过程花费的时间；根据群众在第 1 个路段终点的平面坐标及当前时间，插值计算群众遇到的水流条件，进一步计算第 2 个路段逃生过程花费的时间。以此类推，可得到从路线起点到路线 i 节点处逃生过程所用时间 ΔT 为

$$\Delta T = \sum_{j=1}^{i-1} \Delta T_j \tag{11.8}$$

而此时洪水演进时间为

$$T_{i+1} = T_0 + \Delta T \tag{11.9}$$

式中，以洪水进入滩区为初始 0 时刻，T_{i+1} 为受灾群众到达第 i+1 个节点时的时间；T_0 为从洪水进入滩区至受灾群众开始避难逃生活动的时间。

下面将结合图 11.5 和图 11.6，举例说明特定场次洪水中群众通过一条路线开展避难逃生过程的计算步骤。如图 11.5 所示，假定某场洪水由西北向东南发展，受灾人员 T 时刻在受灾点(starting location，SL)位置收到洪水预警信息，由此时此地开始避难逃生。首先采用 Dijkstra 算法拟定受灾点 SL 至 3 个安全区(S_1、S_2、S_3)的最短路径，如图 11.5 所示。假定受灾群众分别从 3 条备选路线开展避难逃生，计算受灾群众在各条路线上的安全等级及逃生路线上行走所花费的时间，具体算法参见图 11.6。

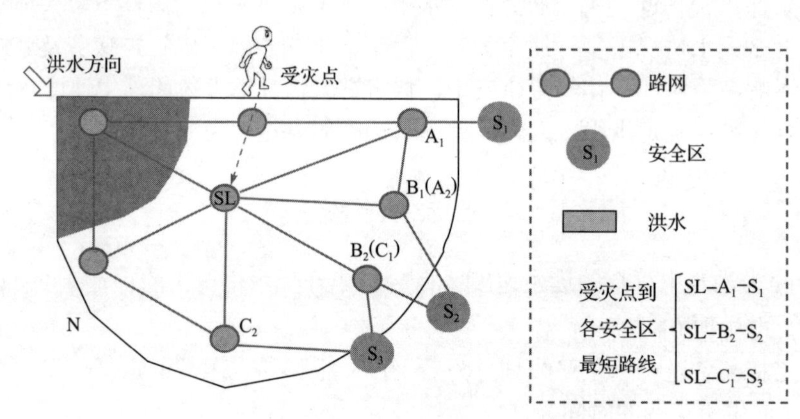

图 11.5 滩区洪水中群众避难逃生过程示意图

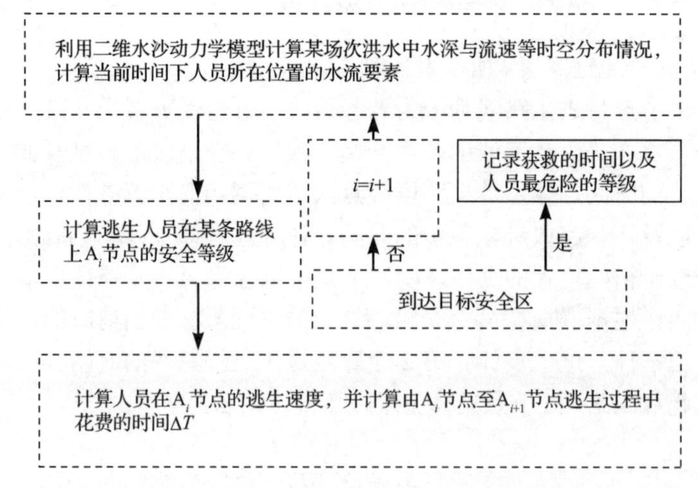

图 11.6 基于二维水沙动力学模块的人体洪水风险等级评价及路权函数计算流程

以图 11.5 中人员从 SL 点运动至 A_1 点的避难逃生过程为例，对图 11.6 的算法进行说明。利用浅水二维水沙动力学模型计算受淹区域水深与流速等水流要素的时空分布，再插值计算 SL 点的水深和流速；采用基于力学过程的洪水中人体起动流速计算公式，计算不同水深情况下人体的起动流速，并根据来流流速与起动流速的比值，判断洪水中 SL 点受灾人员的安全等级；如果 SL 点人员安全，则进一步地确定受灾人员的逃生速度，根据 SL 点与 A_1 点之间的距离计算人员逃生花费的时间 ΔT 以及当前时间 T。受灾人员到达 A_1 点，但尚未到达安全区，因此需要继续利用二维水沙数学模型计算 T 时刻洪水要素的空间分布。与上述方法类似，重复插值计算 A_1 点的洪水要素，并以此判断 A_1 点行人在洪水中的安全等级，再计算下一个路段上群众避难逃生花费的时间，直至受灾人员到达安全区。

11.2　二维综合模型验证

本节采用上述二维综合数学模型的不同计算模块，反演了已有三个模型试验中的洪水演进或溃口展宽过程，并将计算结果与模型试验观测值进行比较，用于全面地检验数学模型的计算精度。这三个模型试验分别为具有复杂地形的 Toce 河物理模型试验；用于研究黄河下游滩区村庄阻力特性的概化模型试验；黄河下游生产堤溃口展宽过程的概化模型试验。

11.2.1　具有复杂地形的 Toce 河模型中的水流过程模拟

意大利米兰市 ENEL 水力学实验室开展了 Toce 河的物理模型试验(Soares-frazáo and Testa, 1999; Prestininzi, 2008)。该模型长约 50m，宽约 11m，中游有一个空水库，沿程布置一系列观测点。Toce 河的地形及部分测点位置分布见图 11.7。根据 Toce 河物理模型的基本资料，设置二维水动力学模块的计算条件如下：将计算区域划分为 21396 个无结构的三角形网格。为加快计算效率同时保证计算精度及稳定性，进出口及水库边界的网格最密(最小网格面积为 10cm^2)，河道网格次之，两岸及水库内网格最粗(最大网格面积为 736cm^2)。模型进口流量过程如图 11.7

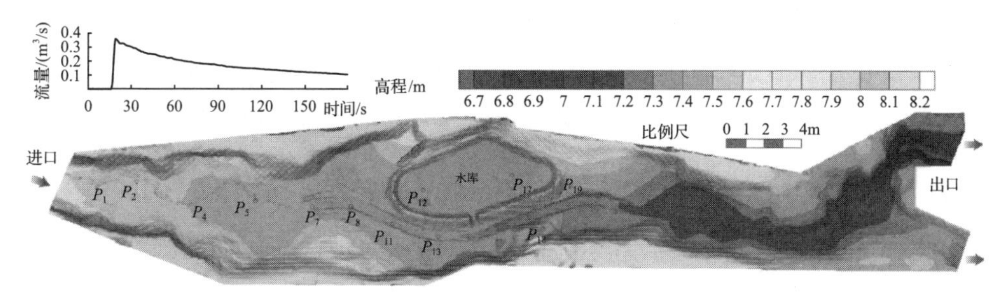

图 11.7　Toce 河物理模型的地形及观测点位置

所示，出口给定自由出流边界，模型的初始条件为干河床。参考 Prestininzi(2008)数值模拟过程中的参数取值，曼宁糙率取值为 0.0162，界面干湿处理时的最小水深取值为 0.001m，时间步长取值为 0.001s。

图 11.8 给出河道沿程 4 个特征观测点水位的计算值与实测值比较。总体来看，洪水波到达各测点的时间基本相同，P_1、P_4、P_{13} 和 P_{19}(具体位置见图 11.7)水位的计算值与实测值决定系数分别为 0.84、0.75、0.70 和 0.88，相应的均方根误差分别为 0.0065m、0.0069m、0.0134m 和 0.0087m。因此可以认为计算值与实测值吻合较好，本模型能较好地计算具有复杂地形上的洪水演进过程。

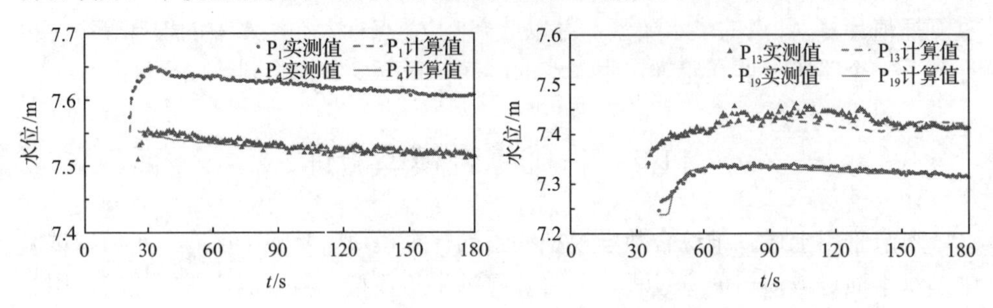

图 11.8 Toce 河模型不同观测点水位的计算值与实测值对比

11.2.2 具有不同房屋分布滩区概化模型中的洪水演进过程模拟

1. 具有不同房屋分布的滩区概化模型试验

本节利用黄河下游滩区概化模型，开展了具有不同房屋分布情况下的洪水演进试验，如图 11.9 所示(果鹏等, 2019)。该试验假定生产堤发生瞬溃，试验过程中溃口口门位置及大小均不变，主槽与滩区设置为定床，溃口下侧滩区内布设 115cm×115cm 的房屋模型试验区，利用有机玻璃制作了边长大小为 15cm 的正方体房屋模型，为保证其不被水流冲走，房屋模型中放入一定量的石块以增加其自重。同时保证房屋模型试验区的大小不变，并按照 4 种方式排列，包括：5×5、4×4、3×3、交错排列，见图 11.10。通过本节的概化模型试验，研究滩区不同房屋排列方式形成的综合阻力特性对洪水演进过程的影响。

以概化模型区域内最低点的高程为基准零点，则滩区初始水位设置为 7.18cm，与滩区尾门的高程相等。试验中采用频率为 5Hz、精度为 0.05mm 的水位自动跟踪仪记录溃口与房屋试验区周围的水位变化过程。在溃口处设置 1 台自动水位跟踪仪(P_2)，模型房屋试验区的四周设置 4 台自动水位跟踪仪(P_3、P_4、P_5、P_6 位置见图 11.9)，用来记录水位变化过程，同时利用摄像机拍摄房屋附近水流流态。

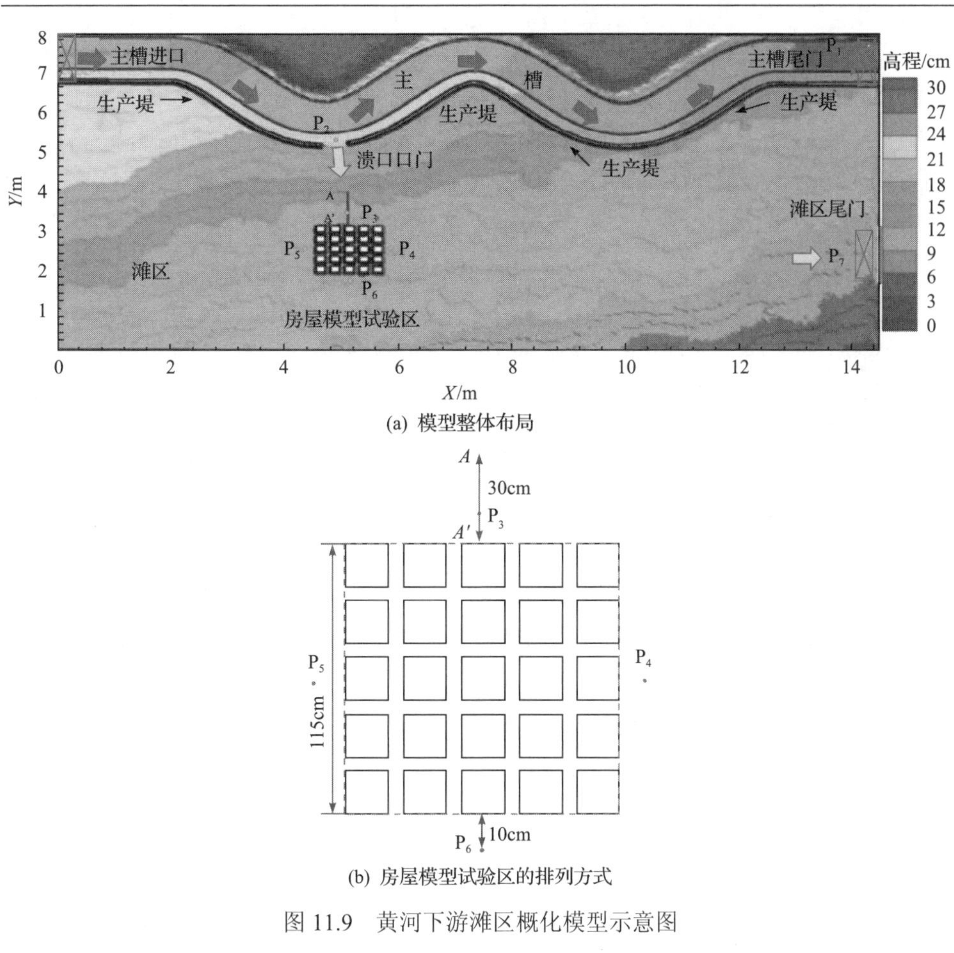

(a) 模型整体布局

(b) 房屋模型试验区的排列方式

图 11.9　黄河下游滩区概化模型示意图

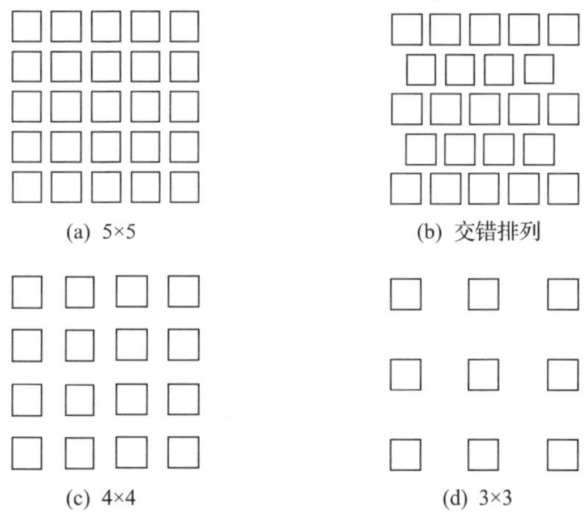

(a) 5×5　(b) 交错排列

(c) 4×4　(d) 3×3

图 11.10　房屋试验区不同的平面排列方式

控制主槽的进口流量与出口水位，用以保证不同试验组次中溃口口门处水深及溃口进滩流量过程的一致。具体试验步骤如下：首先堵住生产堤的溃口口门，利用生产堤隔断主槽与滩区区域，保证水流在主槽内流动而不发生漫滩。然后等待主槽尾门处水位达到控制水位并保持稳定后，瞬间打开生产堤的溃口口门，溃堤水流涌入滩区，测量溃口处及房屋附近水位变化。

2. 二维数学模型的计算结果

采用前面已建立的二维数学模型计算生产堤溃决条件下漫滩水流的演进过程，重点关注房屋试验区附近的水流变化情况。数学模型的进口边界采用恒定流量(36L/s)，出口边界采用主槽出口 P_1 和滩区出口 P_7 记录水位过程。概化滩区模型的糙率统一取值为 0.014。模型初始条件设置：主槽中床面高程低于 23.8cm 以下区域的水位设定为 23.8cm；滩区床面高程低于 7.18cm 以下区域的水位设定为 7.18cm，此水位恰好等于滩区尾门的最低高程。

在模拟生成堤溃决发生前，首先完成主槽蓄水，令溃口处糙率取值无限大，以保证主槽水流不漫滩。保持 P_1 点水位不变，模型计算 300s 后，当主槽内水流条件达到稳定后，令溃口处的糙率恢复正常值 0.014。进出口水位的变化过程可分为 4 个阶段(图 11.11)：第Ⅰ阶段是主槽蓄水阶段，直至主槽内水位基本保持稳定不变；第Ⅱ阶段为溃口流量发展阶段，令溃口处糙率恢复正常值 0.014，受溃口分流的影响，P_1 点水位下降，但下降趋势随时间变缓；与此同时，P_7 点水位上升，上升趋势也逐渐变缓；第Ⅲ阶段为生产堤溃口稳定泄流阶段，P_1 点水位趋于平稳，P_7 点水位不断上升，上升趋势有所趋缓；第Ⅳ阶段是滩区尾门稳定泄流阶段，P_7 点水位趋于平稳，此时溃口口门进滩流量与滩区尾门出口流量达到平衡。

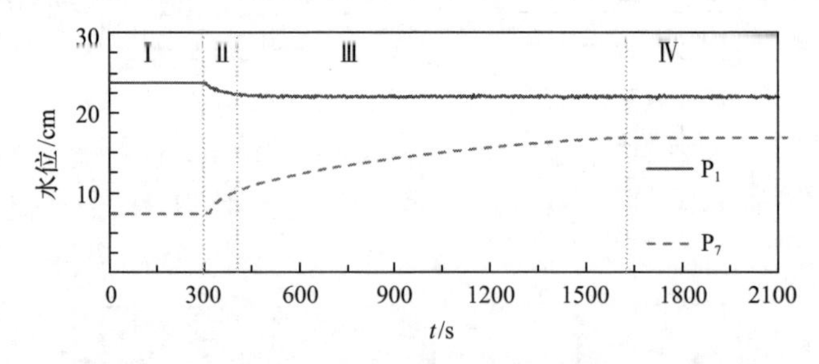

图 11.11　主槽出口 P_1 和滩区出口 P_7 的水位变化过程

二维数学模型的计算结果表明：自 t=300s 至计算时段末，各观测点水深的计算值与实测值符合较好。生产堤溃口处水位 P_2 波动较大，但计算的水深变化过程与实测过程符合较好，见图 11.12(a)。图 11.12(b)～(e)给出了房屋周围观测点的水深变化情况，其中 P_3 和 P_5 点计算的水深与实测值符合良好，P_4 和 P_6 点水深计算值与实测值的变化趋势一致，但较实测值偏低。P_3 和 P_5 观测点的水深变化主要受溃口处来流影响，而 P_4 和 P_6 观测点的水深还受到下游水位顶托的影响。受到滩区横比降的影响，出口位置的地形不规则，以 P_7 处的水位过程近似地代表整个出口边界的水位变化，对计算结果影响较大，因此观测点 P_4 和 P_6 的水深计算结果稍有偏差。

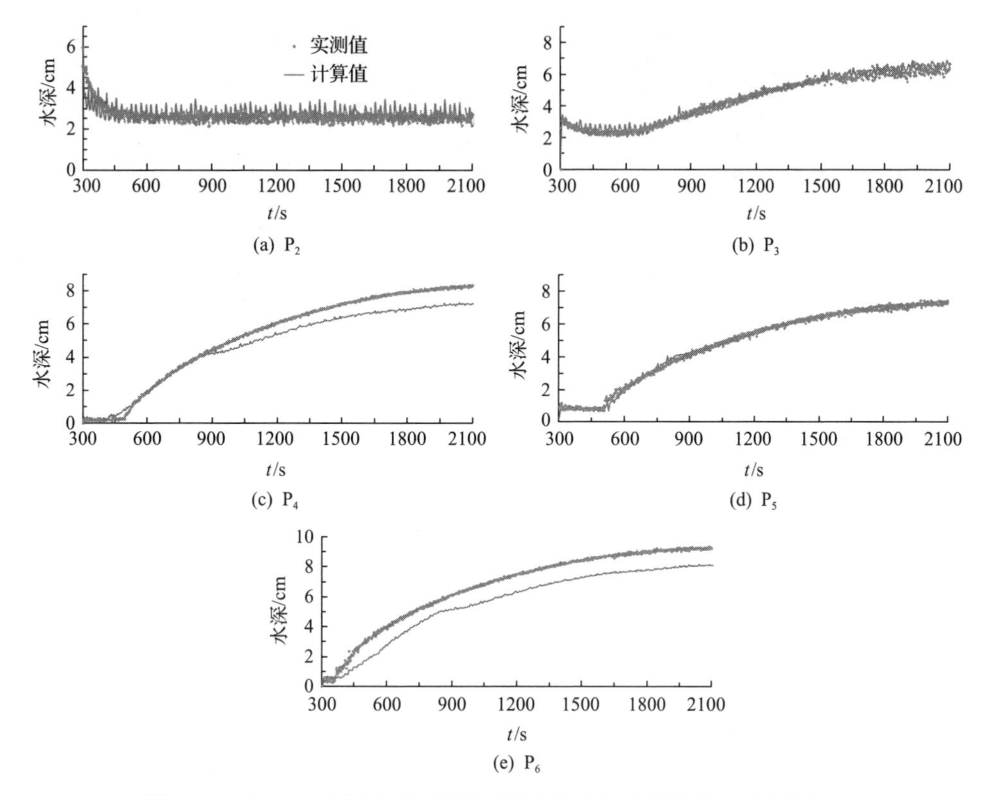

图 11.12　溃口及房屋试验区周围观测点计算与实测的水深过程比较

图 11.13 给出了两个典型时刻房屋附近流场的计算结果。可以看出，当 t=20s 时房屋试验区上方 21cm 处发生水跃，水位壅高且流速下降，这与试验观测结果比较一致；而当 t=1620s 时，房屋试验区附近的水深已较大，流速很小，滩区生产堤溃口与滩区尾门出口的流量达到新的平衡，滩区内水位基本保持稳定，与试验观测结果也比较一致。

3. 不同房屋分布的阻力特性分析

模型房屋呈现不同的排列方式时，房屋四周的淹没水深不同，这是由于不同的房屋分布形成的阻力大小不同，所以水流在滩区流动的速度不同。张大伟(2008)采用固壁边界法、真实地形法及加大糙率法，模拟建筑物影响下的溃堤洪水演进，计算结果表明，当建筑物顶部不过流时，3 种处理方法的计算结果均较好。

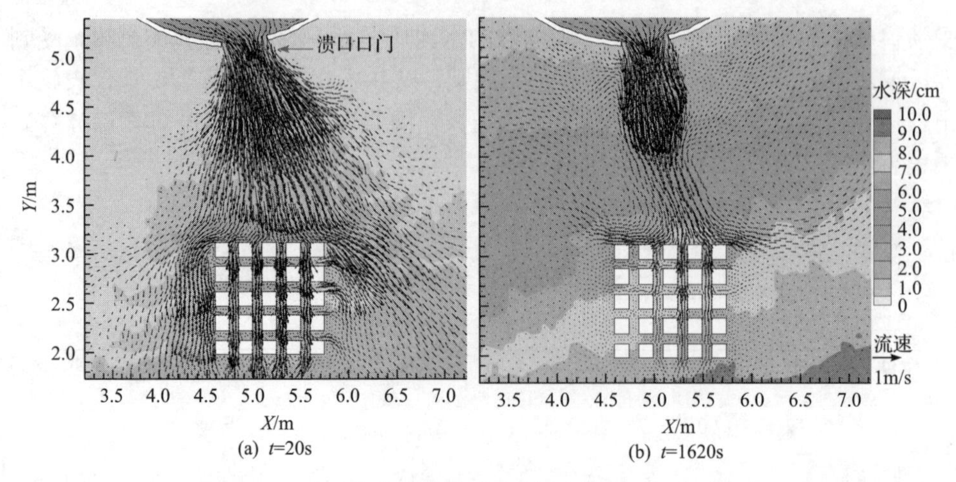

图 11.13　房屋试验区周围不同时刻下的水深及流速分布

此处参考加大糙率法，设置不同的曼宁糙率系数代表房屋试验区形成的平均阻力大小，比较房屋试验区周围的水深变化过程，并分析房屋试验区上方观测断面水深与水跃位置的变化情况。

采用与模型验证中相同的初始边界条件，主河道及滩区的曼宁糙率系数 n 均取 0.014，模型试验区的网格剖分见图 11.14。图 11.14 中虚线框内表示房屋试验区的网格，与固壁边界法处理房屋区域不同，加大糙率法无须删除房屋试验区内部的网格，只需将该区域内网格的糙率单独赋值，代表整个房屋试验区形成的综合阻力。该区域内网格综合曼宁糙率取 0.014 时，表示计算无房屋阻挡条件下的水流运动过程。当该区域的综合糙率取值介于 0.020～0.200 时，考虑房屋试验区形成的综合阻力，以 0.01 为计算间隔，分别计算了 19 个工况下漫滩水流的演进过程。

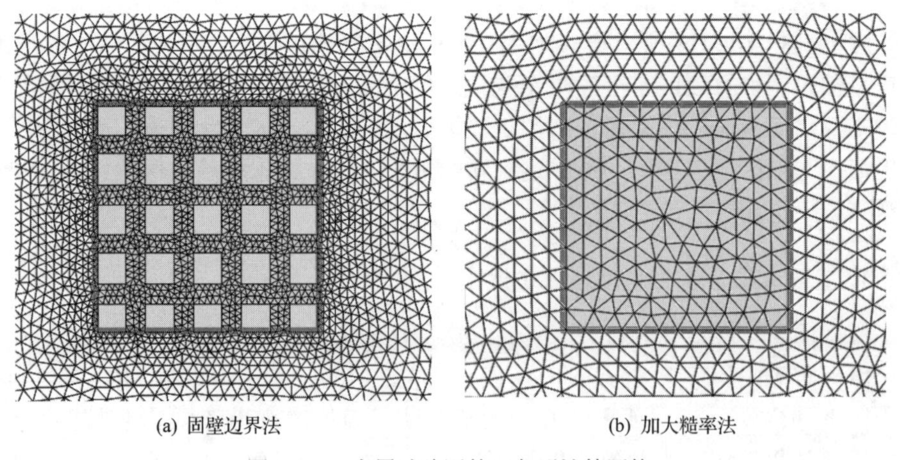

图 11.14　房屋试验区的三角形计算网格

图 11.15 给出了房屋试验区综合糙率取不同值时，P_3 点水深的计算值与实测值的对比，由图 11.15(a)可以看出，当 n=0.05 时计算的水深与房屋呈 3×3 排列的情况下实测水深符合较好，可以认为此种房屋排列形成的综合曼宁阻力系数为 0.05。同理，由图 11.15(b)～(d)可以看出房屋呈 4×4、5×5 及交错排列的情况下，形成的曼宁综合阻力系数分别为 0.08、0.12 和 0.16。结合图 11.12(a)可以看出，在 200～300s 内，溃口处水深基本保持稳定，即下泄流量基本稳定。图 11.15 中 P_3 的水深基本保持不变，此时该点水位尚未受到下游水位顶托的影响，形成相对恒定的水流条件。受到房屋阻水作用的影响，房屋试验区上方出现了水跃的现象，如图 11.16 所示。选取 t=250s 分析 A-A'断面(见图 11.9(b)，P_3 点正上方 20cm 和正下方 10cm)的水位及弗劳德数的变化情况。

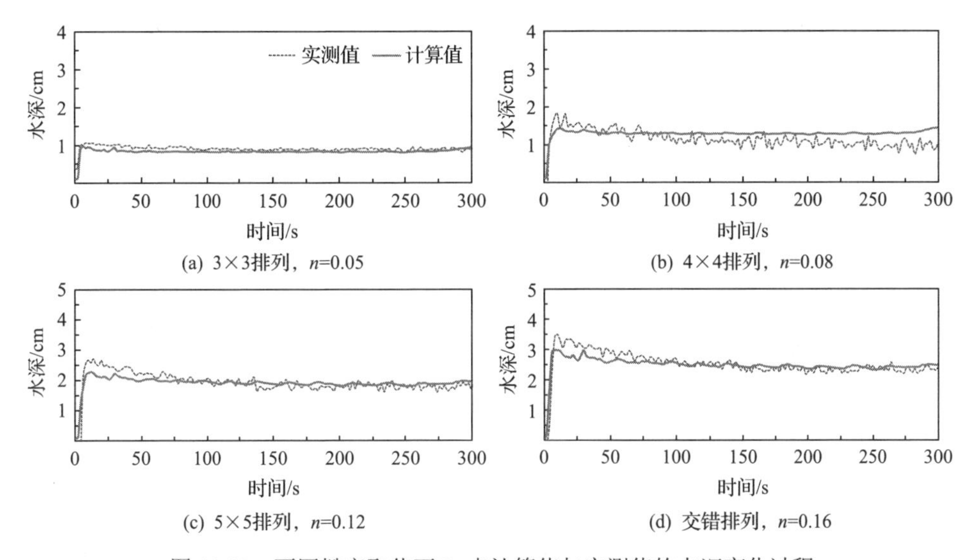

(a) 3×3排列，n=0.05　(b) 4×4排列，n=0.08

(c) 5×5排列，n=0.12　(d) 交错排列，n=0.16

图 11.15　不同糙率取值下 P_3 点计算值与实测值的水深变化过程

(a) 3×3　(b) 4×4

图 11.16　不同房屋分布概化模型试验中拍摄的水跃现象

图 11.17 为 t=250s 时 A-A'剖面水位与弗劳德数 Fr 的分布情况。由图 11.17(a)可知，当没有额外的房屋阻力时(即 n=0.014)，水位呈下降趋势，水深逐渐变小，Fr 为 1.7～2.1，水流流态为急流。从图 11.17(b)中可以看出，当房屋为 3×3 排列时，相应的曼宁糙率系数约为 0.05，此时在试验区上方形成水跃，其中试验区上方 8～30cm 的水流流态为急流(Fr 为 1.7～2.0)；水面线呈下降趋势，在 8cm 处出现水位的转折点，由此水位开始上涨，弗劳德数逐渐减小，试验区上方 2cm 处 Fr 减小到 1.0，由此处以下的水流流态为缓流。同理当房屋为 4×4、5×5 和交错排列时(图 11.17(c)～(e))，水位的转折点分别在 17cm、21cm 和 24cm 处，在该点下方 6～7cm 处弗劳德数为 1.0，即水流由急流变为缓流，形成水跃。当 t=250s 时上述四种排列方式下模型试验实测水面抬高的转折点分别在房屋试验区上方 8.8cm、16.9cm、21.8cm 和 24.0cm 处，数学模型计算水流的转折位置与之基本一致。由此可见，房屋呈 3×3、4×4、5×5 及交错排列的情况下，形成的综合曼宁糙率系数可分别表示为 0.05、0.08、0.12 和 0.16。因此在漫滩洪水中，村庄内房屋等不同地貌形成的局部阻力应予以细致考虑。

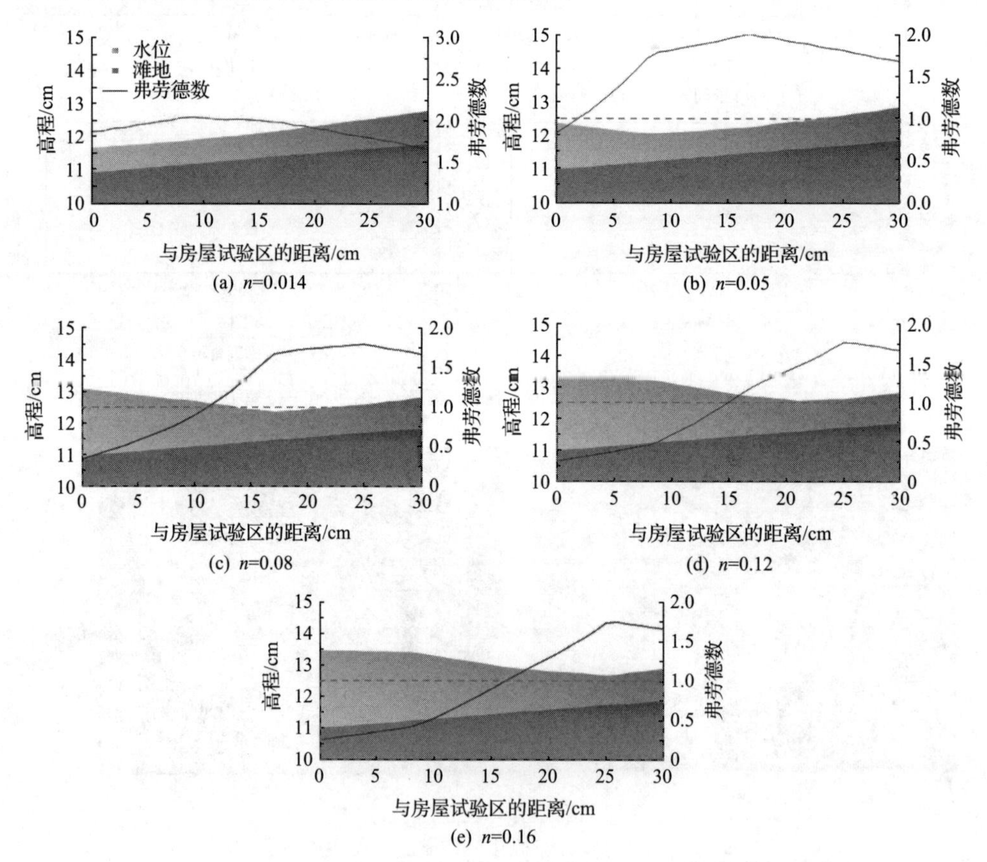

图 11.17 t=250s 时刻房屋试验区前 A-A'剖面水位与弗劳德数的分布情况

11.2.3　生产堤溃口展宽概化模型中的水沙过程模拟

利用生产堤溃口展宽概化模型试验的观测数据，选取进口流量为 12.5L/s 的试验作为算例，检验该综合模型模拟生产堤溃口展宽过程的能力(果鹏等, 2020)。与滩区不同房屋分布情况下的阻力特性试验相比，本试验中的溃口位置为动床，滩区中无房屋模型阻挡，采用电磁流量计测量模型进口流量，利用三角堰测定模型出口流量，二者之间的流量差为生产堤的溃口流量，其余试验布置均与前述模型相同。

采用无结构三角形网格剖分概化模型区域，主槽与滩区的计算网格边长均为 10cm，仅对生产堤溃口附近的网格进行加密，最小网格边长为 3cm。水泥地面糙率取值为 0.014，生产堤周围网格的糙率取值为 0.022。图 11.18～图 11.20 分别给出了溃口处水深、主槽区域第二弯道处水深、溃口处流量、溃口处流速以及溃口宽度的计算值与实测值的对比。图 11.21 给出了计算溃口展宽的平面变化过程。

从图 11.18 中可以看出，溃口处水深及主槽第二弯道处水深的计算值与实测值总体上符合较好。其中 t=300s 以前和 t=800s 以后水深的计算值与实测值基本吻合，但 t=300～800s 计算的水深变化过程与实测值之间略有差异。计算水深过程的局部时段变化较大，这是因为受到计算网格大小的限制，当溃口外地形下切与展宽剧烈变化时，溃口与主槽的计算水深均有一定程度的波动。

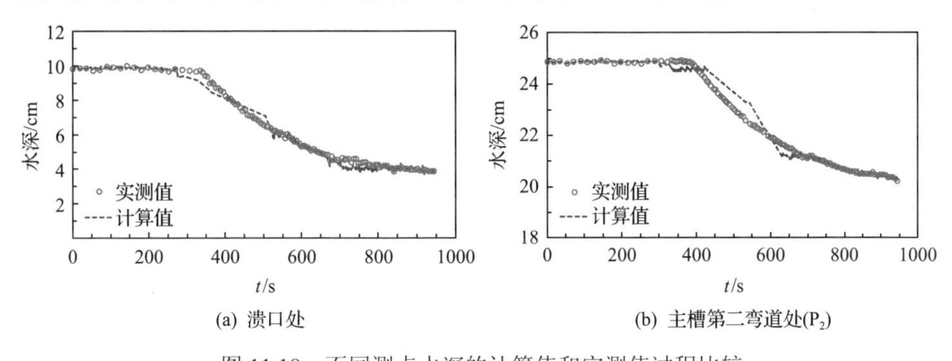

图 11.18　不同测点水深的计算值和实测值过程比较

图 11.19 给出溃口的流量及流速的变化过程。其中流量的计算值与实测值总体上符合较好，同样在 t=300～400s 流量的计算值比实测值稍微偏大；流速的计算值与实测值之间相差比较明显，计算流速的最大值为 1.30m/s，而实测流速的最大值为 1.15m/s。果鹏等(2020)讨论了水深、流速、流量等水流要素与地形变化之间的相互影响关系，认为流量及流速的变化过程与溃口的发展过程密切相关。下面结合图 11.20 和图 11.21 计算的溃口展宽过程，分析出现上述情况的原因。

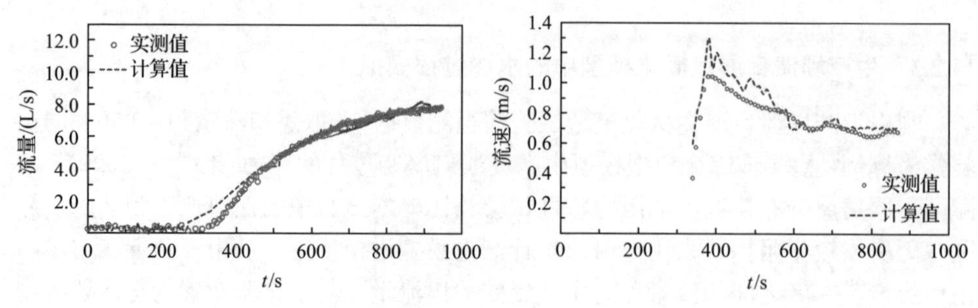

图 11.19　溃口处洪水要素的计算值和实测值对比

从图 11.20 可以看出，计算的溃口平均展宽速率与实测值整体符合较好。但通过图 11.21 可以看出，溃口的横向展宽与垂向冲深基本同时发生，因为靠近滩区一侧坡脚处的流速较大，所以该侧的垂向侵蚀与横向展宽速率均较快。果鹏等(2020)的试验结果显示溃口处先发生溯源冲刷(陡坎冲刷)，即通过垂向下切形成窄深的冲沟，这个阶段横向展宽的速率相对较小，待陡坎冲刷结束以后，开始发生横向展宽，且两侧堤脚的展宽速率均较快。由此可见，数值模拟的展宽过程与试验结果有一定偏差。出现以上现象的原因可以解释为：①堤防下游水流具有较强的三维特性，二维模型很难准确地计算水流情况，因此堤身的垂向侵蚀幅度很难准确模拟；②目前的水流挟沙力的计算关系式均是基于恒定流、平衡输沙的条件下提出的，本书的数学模型采用吴保生和龙毓骞(1993)提出的经验公式计算悬移质挟沙力，所以在非恒定、非平衡输沙的溃堤模型试验中的适用性有待进一步研究；③本节提出的模型虽考虑了溃口横向展宽时发生的绕轴崩塌，但当侵蚀宽度达到绕轴崩塌条件时，还将受到三角网格大小的限制，绕轴崩塌可能发生相对延迟的情况，因此这对水流要素的变化过程也将产生一定的影响。

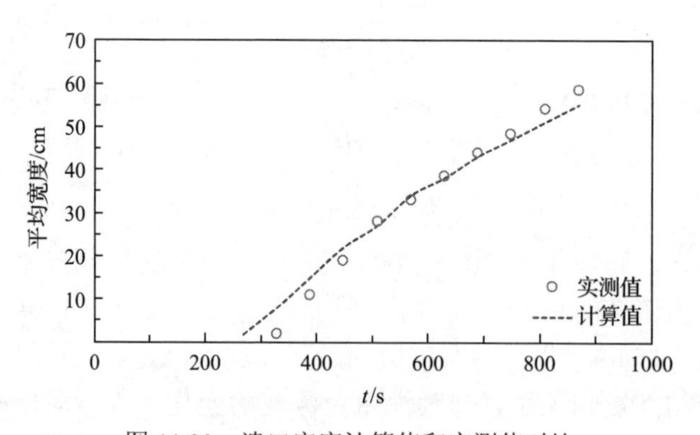

图 11.20　溃口宽度计算值和实测值对比

从图 11.20 和图 11.21 可以看出，溃口初期的展宽宽度较试验结果偏大，但是溯源冲刷的速率较慢，靠近主槽一侧的堤身土体不易被冲刷，因此在溃口处一直保持较大的比降，导致靠近滩区一侧堤脚的水流流速较大，进而导致溃口的展宽速率偏大，因此溃口的下泄流量增大，溃口处堤前水深下降比实际偏快。随着溃口的展宽，下泄水流的流速逐渐下降，溃口的展宽速率有所下降，这与试验的结果比较一致。

进一步观察图 11.21 中溃口上游侧与下游侧的展宽过程，可以看出上游侧的展宽速率比下游侧的展宽速率慢，随着时间的推移，上、下游侧的展宽宽度的差距越来越大，至 t=650s 时，下游侧仅存少量土体，但上游侧尚剩余较多土体。由此可见，数学模型计算结果反映出了溃口下游侧横向发展较快的现象，该现象在张修忠(2003)、魏红艳(2014)、Rifai 等(2018)的试验结果中均有相关描述。

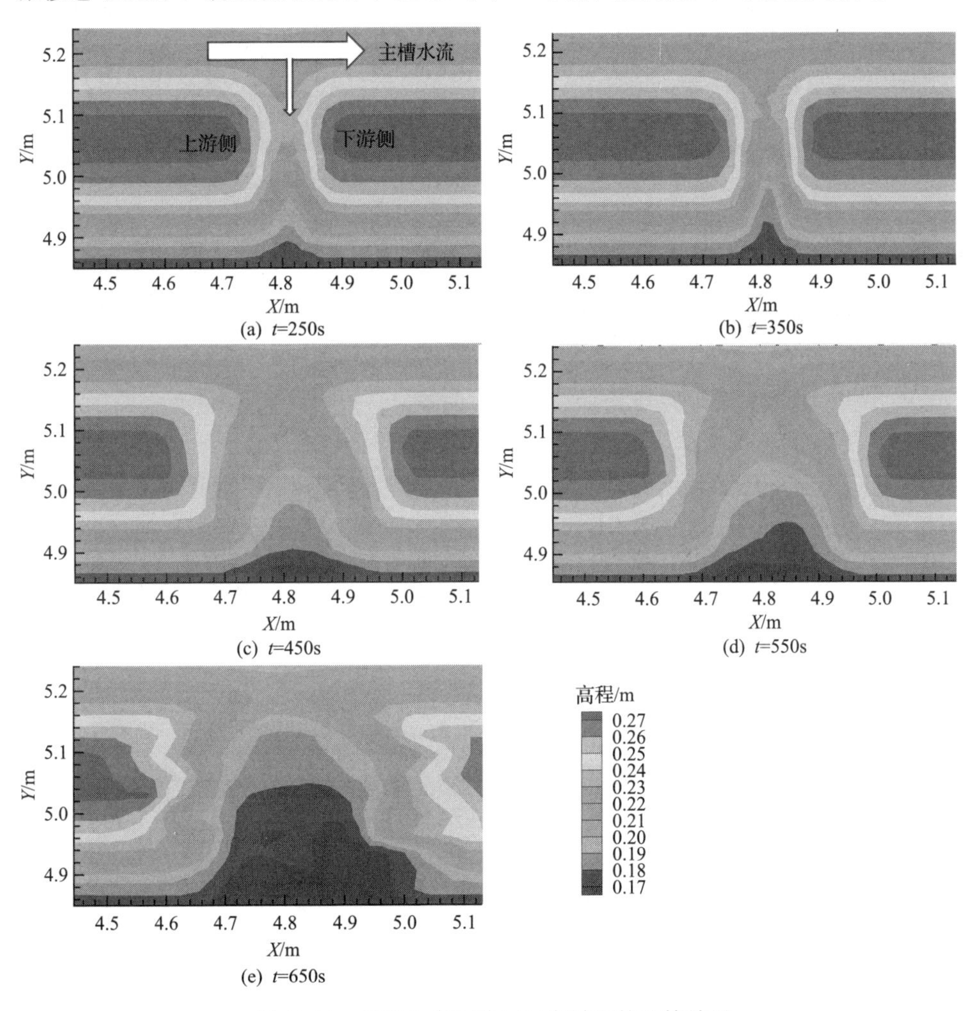

图 11.21　模型生产堤溃口展宽过程的计算结果

11.3 二维综合模型在黄河下游滩区的初步应用

本节以 2003 年洪水和“1958 年”型洪水为例，模拟兰考东明滩区的生产堤溃口演变过程及滩区洪水演进过程，分析滩区不同受淹对象(包括人员、房屋及农作物)的洪水风险等级或洪灾损失。2003 年实际发生的兰考东明滩区洪水是由蔡集控导工程上首段 35 号坝上首段生产堤溃决导致的。所以本节利用提出的二维综合数学模型计算该场洪水中生产堤的溃口展宽过程、滩区的洪水演进过程以及群众避难逃生路线选择等。此外还考虑小浪底水库运用后的“1958 年”型洪水为计算条件，由于漫滩洪水过程是假定的，所以该场次洪水计算中暂不考虑泥沙输移，仅模拟洪水在滩区的演进过程。详细描述兰考东明滩区“1958 年”型洪水演进过程的计算结果，绘制不同时刻滩区群众、房屋及农作物的危险程度分布图，确定该场洪水中群众的避难逃生路线。最后比较 2003 年与考虑小浪底水库运用的“1958 年”型洪水中群众最优避难逃生路线与相应最迟逃生时间的异同，综合考虑这 2 场洪水中群众的最优避难逃生路线计算结果，利用模糊层次分析法确定滩区洪水中群众的最优避难逃生路线。

11.3.1 不同场次洪水的计算条件

1. 2003 年漫滩洪水的计算条件

1) 计算区域与网格剖分

此处将夹河滩及高村水文观测断面分别作为计算区域的上下游边界，以黄河大堤作为河道两侧边界，将计算区域剖分成 21622 个无结构三角网格，如图 11.22(a)所示，其中主槽和滩区的最大网格边长为 450m，生产堤溃口附近加密的最小网格边长为 5m，如图 11.22(b)所示。

2) 初始条件

利用2003年5月实测夹河滩至高村之间26个断面实测地形数据，参考Schäppi等(2010)与 Wang 等(2019)提出的地形插值方法，由断面起点距-高程数据插值计算主槽三角形网格上的地形；由于缺少实测 2003 年兰考东明滩区的地形，利用1999 年实测的兰考东明滩区地形，插值计算滩区三角形网格上的地形，由于 1999年与 2003 年的时间间隔较短，且该时期并未发生较大的漫滩洪水，因此认为滩区地形变化不大。插值后的计算区域地形，如图 11.23 所示。

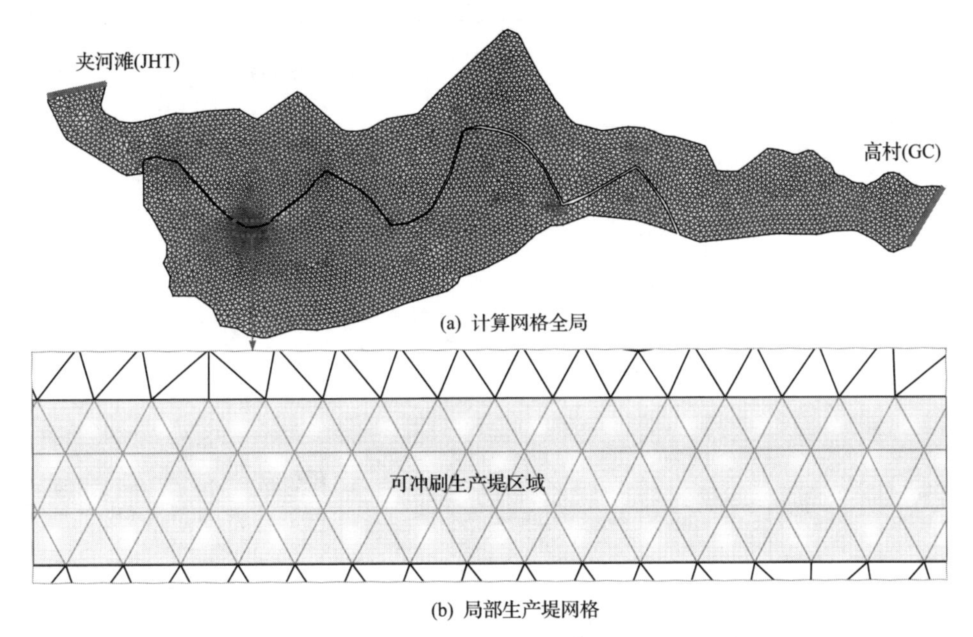

图 11.22　计算区域三角网格示意图

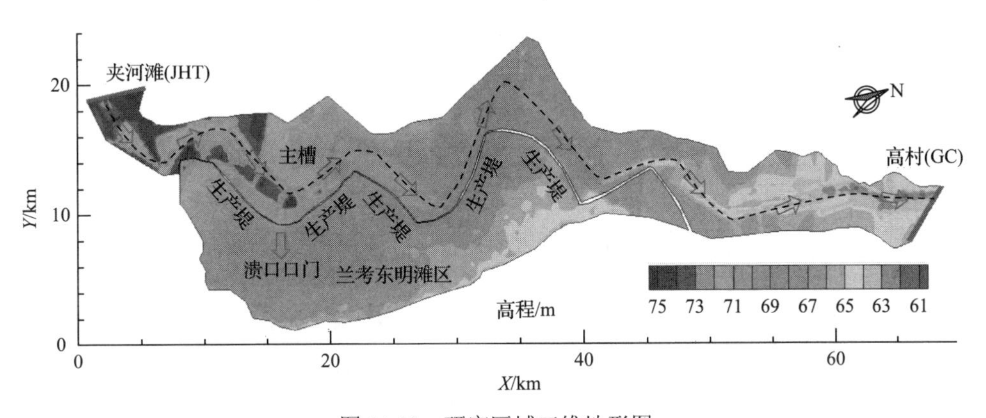

图 11.23　研究区域三维地形图

根据夹河滩和高村两水文站的实测床沙级配结果，确定计算区域的床沙级配。如图 11.24 所示，其中夹河滩站 2003 年 9 月 17 日实测床沙级配，床沙中值粒径 D_{50} 为 143μm；高村站 2003 年 9 月 18 日实测床沙级配，床沙中值粒径 D_{50} 为 84μm。从图 11.24 中可以看出，2 个水文站实测床沙级配相差不大，所以将 2 个水文站实测床沙级配的均值作为计算区域的初始床沙级配。

图 11.25 绘制了计算区域内不同土地利用类型的分布情况。根据主槽、无用地、村庄、田地、林地 5 种不同的土地利用类型，分别对相应计算网格的糙率进行单独赋值。参考现有研究中对各种土地利用类型的糙率取值，将上述 5 种土地

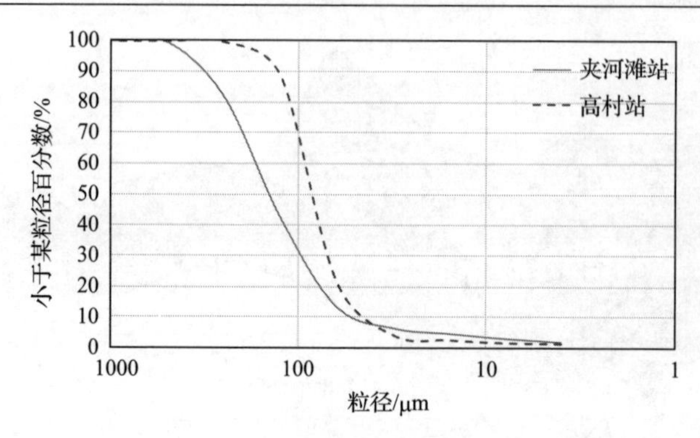

图 11.24　2003 年 9 月夹河滩站与高村站的实测床沙级配

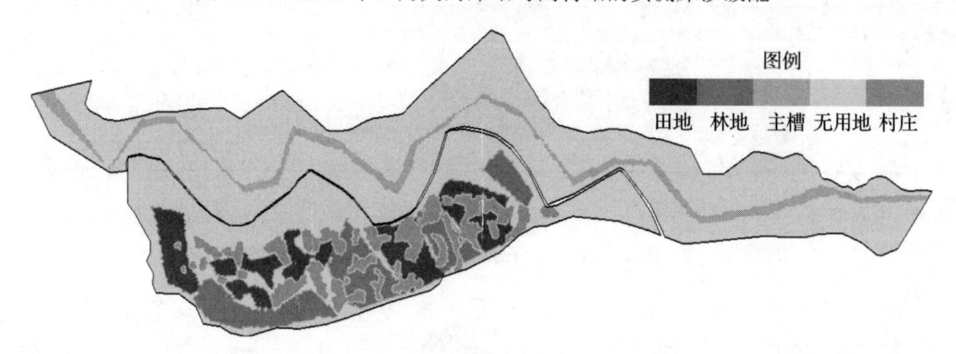

图 11.25　计算区域内不同土地利用类型的分布图

利用类型的曼宁糙率分别取为 0.030、0.040、0.055、0.065、0.100(Xia et al., 2018a)。然后根据土地利用类型，分别计算相应受淹对象的洪水风险等级，进一步计算不同受淹对象的平均损失率。最后对计算区域内各计算单元的初始水位、流速和含沙量进行赋值。首先令生产堤溃口位置的局部河床糙率取无穷大，使得水流仅在主槽内流动，采用“冷启动”的方式，当夹河滩断面的计算水位逐渐趋近于实测水位时，以此时计算的主槽水位、流速和含沙量等作为计算的初始条件。最后将生产堤溃口位置的河床糙率恢复正常值，使水流开始向滩区流动。

3) 边界条件

根据《黄河下游蔡集抗洪抢险启示录》中记载，2003 年 9 月 18 日凌晨，黄河下游兰考蔡集控导工程 35 号坝上首生产堤发生溃决，发现溃口时的口门宽度为 25m，然后通过小浪底水库控制下泄流量，至 9 月 25 日生产堤溃口宽度为 58m，主槽流量达到堵口要求，于是开始对溃口进行人工封堵(黄河水利委员会, 2008)。所以选定计算时段为从发现溃口至人工堵口，共计 168h。

以夹河滩水文站观测断面为上游计算边界，采用 2003 年 9 月 18 日 0 时至 9 月 25 日 0 时夹河滩水文站实测流量、含沙量过程作为模型的上边界条件，如图 11.26(a) 所示，相应时段的悬沙级配如图 11.26(b) 所示；以高村水文站观测断面为下游计算边界，采用相同时段内实测水位过程作为模型的下边界条件(图 11.27)。

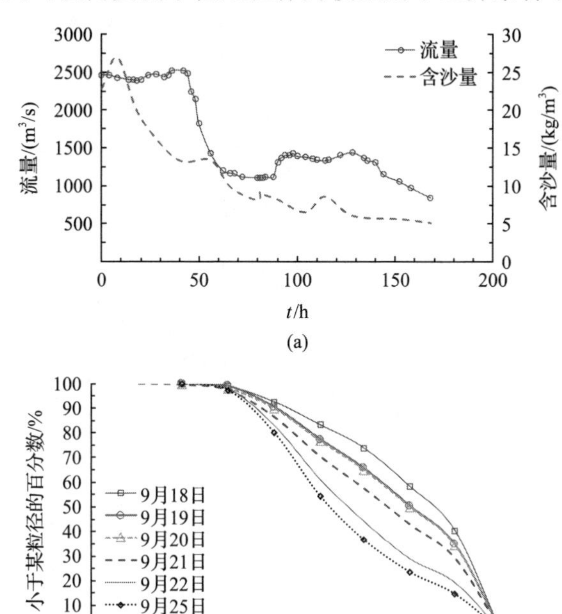

图 11.26　2003 年 9 月 18～9 月 25 日黄河下游夹河滩站流量过程、含沙量过程及含沙量级配

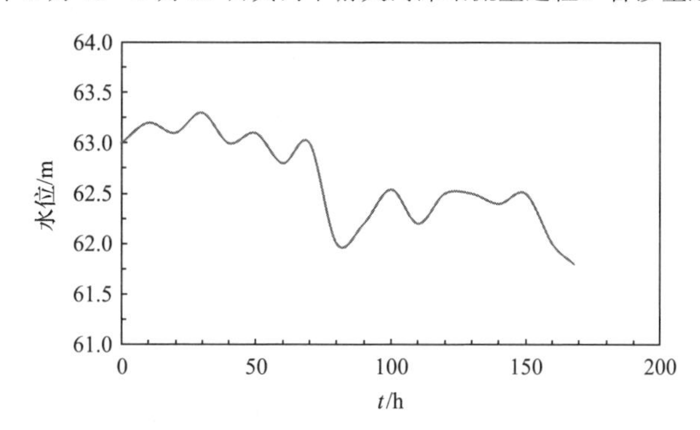

图 11.27　2003 年 9 月 18～9 月 25 日黄河下游洪水中高村站水位过程

4) 其他假定条件

一旦生产堤溃决导致洪水漫滩，那么滩区将面临非常严重的洪水风险，所以滩区群众必须开展避难逃生，尽快抵达安全区域。在兰考东明滩区内，选择 3 个受灾点为研究对象，利用模型分别确定这 3 个受灾点群众避难逃生的最优路线。图 11.28 给出了滩区交通网络及受灾点的基本假定，包括滩区内的受灾点及安全区等分布情况。

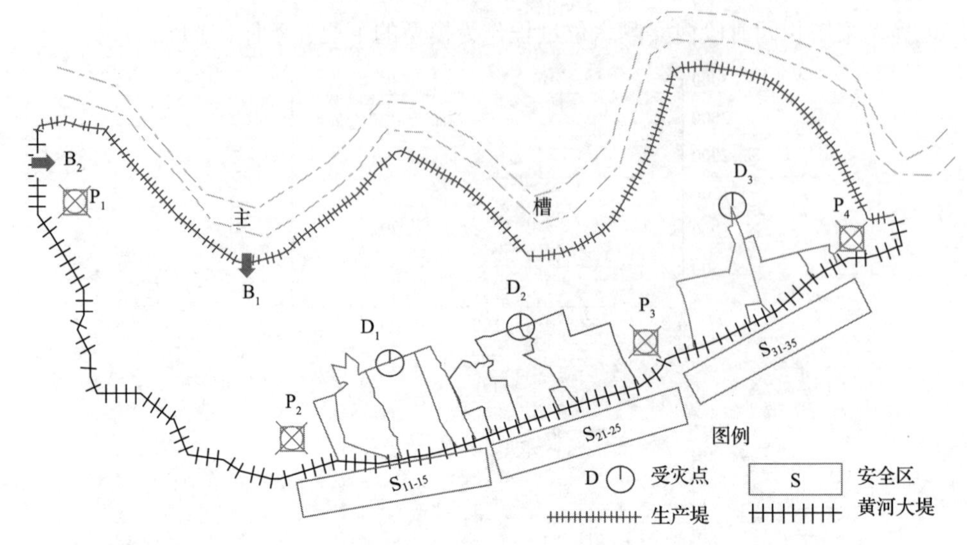

图 11.28　兰考东明滩区受灾点、安全区、备选逃生路线及监测点等分布情况

图 11.28 给出的计算条件还包括：①参考 2003 年蔡集控导工程的实际溃口位置，计算生产堤溃口口门位于图中的 B_1 处；②假定研究区域内有 3 个受灾点(D_1、D_2 及 D_3)和 4 个监测点(P_1、P_2、P_3、P_4)，以黄河大堤外侧为安全区；③根据滩区的路网情况，利用 Dijkstra 算法确定 3 个受灾点分别至 5 个目标安全区(S_{11-15}、S_{21-25} 及 S_{31-35})的最短路线，并以此作为滩区群众避难逃生备选路线。

2. “1958 年”型漫滩洪水的计算条件

1958 年 7 月黄河下游发生了中华人民共和国成立以来的最大洪水，下游堤防出现 2000 多处不同的险情(陈赞廷等, 1981)。以 1958 年洪水作为最不利滩区防洪安全的计算工况，模拟兰考东明滩区的洪水演进过程，评估不同受淹对象的洪水风险等级或洪灾损失，确定灾民的最优避难逃生路线。小浪底水库的运用能显著地调控进入黄河下游的洪水过程，在一定程度上削减了黄河下游河道的洪峰流量，减轻了黄河下游滩区的防洪压力。夏军强等(2020)开展了基于小浪底水库调度运用后的“1958 年”型洪水过程模拟(下面简称“1958 年”型洪水)，计算得到黄河下游夹河滩水文站的流量过程，如图 11.29 所示。由于近期黄河下游夹河滩至高村河段的平滩流量达到近 8000m^3/s(余阳等, 2020)，而夏军强等(2020)的计算结果表明，夹河滩站最大洪峰流量达到 11459m^3/s，该河段流量超过 8000m^3/s 的洪水历时约为 130h。结合夏军强等(2020)的计算结果与夹河滩至高村河段近期的平滩流量，进一步考虑最不利的工况，假定超过平滩流量的洪水均进入兰考东明滩区，溃口位于夹河滩水文站下游的第一个弯曲段的水流顶冲处，如图 11.28 中的 B_2 所示，

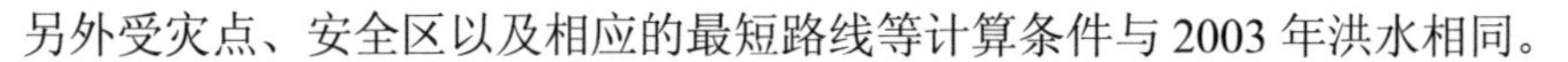
另外受灾点、安全区以及相应的最短路线等计算条件与 2003 年洪水相同。

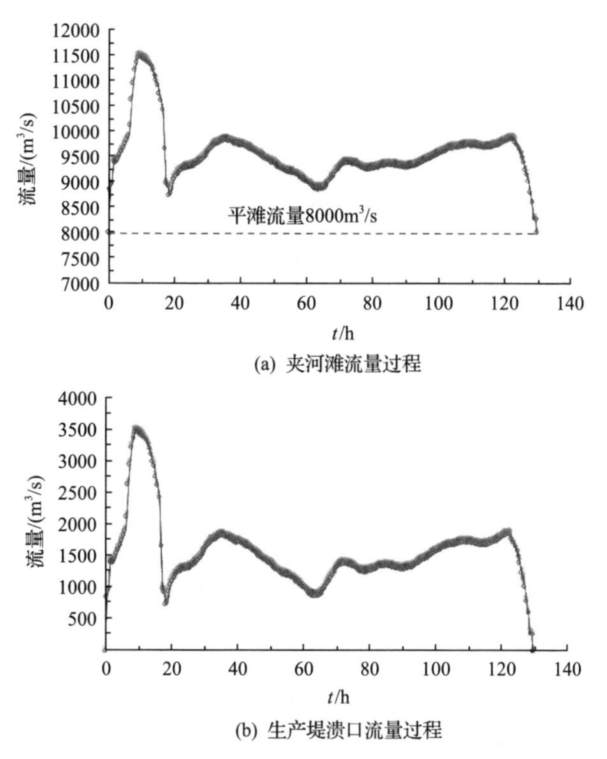

(a) 夹河滩流量过程

(b) 生产堤溃口流量过程

图 11.29　“1958 年”型洪水中黄河下游夹河滩站及生产堤溃口的流量过程

11.3.2　2003 年漫滩洪水演进模拟与风险评估的结果分析

利用建立的二维综合数学模型计算 2003 年兰考东明滩区生产堤的溃口发展过程以及漫滩水流在滩区的演进过程。本节综合考虑各条备选路线的长度及滩区洪水要素的时空变化特点，确定 3 个受灾点灾民避难逃生的最优路线。

1. 生产堤的溃口展宽过程

利用该数学模型计算溃口的横向展宽与垂向冲深过程如图 11.30 所示。图 11.30 中给出了初始情况及其后续每隔 24h 溃口周围地形。由图 11.30(b)可以看出，经过 24h 的水流冲刷，溃口口门的宽度基本没有明显的变化，仅在生产堤溃口口门下方 10～40m 处出现了 1 个冲刷坑；至 t=72h 之前，溃口口门展宽速率比较缓慢，主要表现为溃口下方冲刷坑的垂向下切，且冲刷坑逐渐向溃口下方发展(图 11.30(c))；t=72h 之后，溃口口门的横向展宽与垂向冲深开始同步发展(图 11.30(d)与(e))，当 t=120h 时，溃口口门宽度达到 35m，溃口下方冲刷坑的最大冲深达到 3m 左右

(图 11.30(f))，而且随着溃口口门的展宽，冲刷坑的范围不仅向下游发展，也开始逐渐向上游发展；之后溃口口门的展宽速率及冲刷坑的发展速率均有所加快，出现该现象是因为溃口口门的展宽和下切导致溃口的下泄流量逐渐增大，所以相应水流挟沙力增大，故溃口口门的变形速率增加。最终 t=168h 时刻，溃口口门的宽度为 61m，最大冲刷坑的深度为 6m(图 11.30(h))。计算的最终溃口口门宽度与资料中记载 2003 年生产堤溃口现场实测的溃口宽度 58m 比较接近(黄河水利委员会, 2008)。因此可以认为该数学模型计算的溃口发展过程在一定程度上反映了实际生产堤的溃决过程，有助于研究滩区洪水的风险评估。

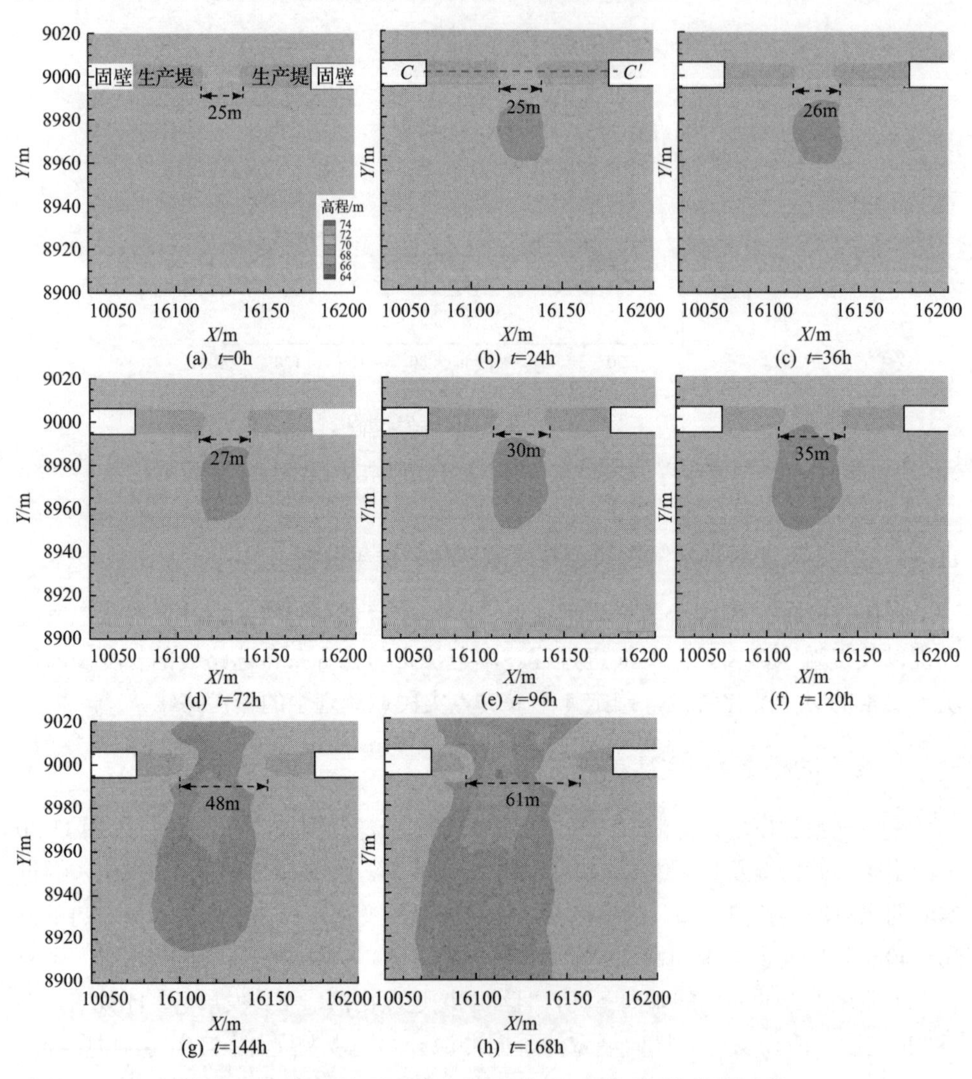

图 11.30　2003 年洪水中生产堤溃口及下游冲刷坑发展过程

虽然最终的溃口口门宽度与实际观测结果比较一致，但缺乏溃口垂向冲深过程的实际观测资料，所以计算的溃口处垂向冲深无法与实测值比较。溃口附近冲刷坑的形成是生产堤溃口发展中的一个重要现象，在已有物理模型试验和数学模型计算中均有类似的描述(张修忠, 2003; 夏军强等, 2011; 钱红露, 2018)。本书认为计算结果与实际冲刷坑的深度之间应有一定差距。该数学模型的初始条件直接假定生产堤瞬间出现 25m 宽的溃口口门，没有详细地考虑生产堤由漫溢或溃决引发的初始地形及水沙过程。进一步结合生产堤溃决的概化模型试验结果可知，在溃口发展的漫流和冲槽阶段中，以生产堤背水坡的垂向冲刷为主(果鹏等, 2020)。因此数学模型中如果没有考虑溃口宽度达到 25m 之前的变化过程，最终计算的溃口下方冲刷坑的下切深度应比实际值偏小。

图 11.31 给出了溃口附近不同时刻的流速分布情况。分析可知，溃口下方 10～40m 的位置最先出现冲刷坑。冲刷坑形成主要是由于水流通过生产堤溃口口门后突然展宽，过水断面增大导致水位有所下降，于是在溃口附近形成了比较大的水面比降，因此溃口下方的水流流速比较大，相应水流挟沙力大。然后随着冲刷坑

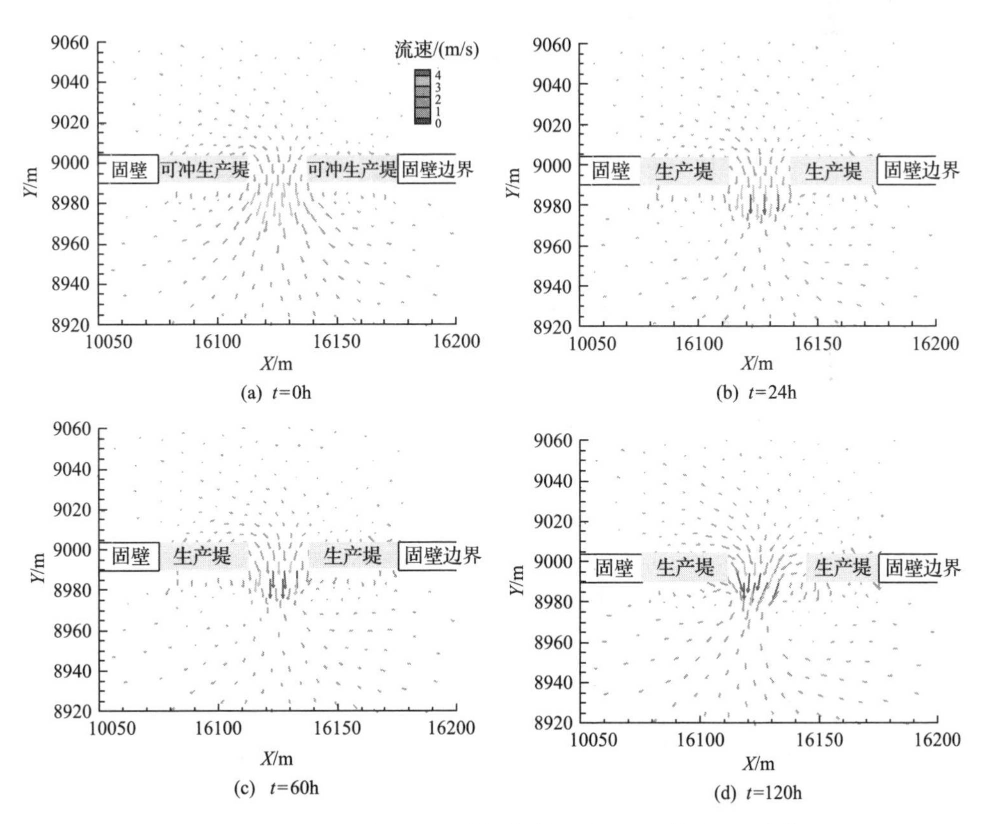

图 11.31 2003 年洪水中不同时刻生产堤溃口附近的流速分布情况

的发展，冲刷坑所在区域的水深增大，相应水流流速会有所减小。与此同时，随着溃口口门宽度的逐渐增加，最大流速的位置逐渐向上游移动，水流挟沙力最大的位置与水流流速最大的位置基本一致，所以冲刷坑逐渐向上游发展。

为了宏观地描述溃口处水流要素的变化过程，沿生产堤的纵向中轴线方向设置一个监测断面 *C-C'*，如图 11.30(b)所示。图 11.32 给出了该断面的洪水要素(断面平均的水深、流速及溃口下泄流量)与溃口口门宽度的变化过程。从图 11.32 中可以看出，溃口处的断面平滩水深、流速、下泄流量及口门宽度总体上均呈增大趋势，其中断面平均流速的最大值约为 2.5m/s，最大水深达到 2.5m，溃口的最大流量超过 400m^3/s。综合比较溃口展宽过程及溃口洪水要素的变化过程可以看出，在 t=60h 之前，溃口尚未展宽，溃口处的水深、流速、流量基本保持稳定。进一步结合图 11.30 可以看出，由于溃口口门的逐渐展宽与冲深，溃口处的水深、流速、流量均有所增大。由此可见，在生产堤溃决过程中，溃口区域存在着非常强烈的水沙输移过程，溃口处的水流要素决定水流对床面泥沙的冲刷能力，是生产堤溃口发生横向展宽与垂向冲深过程的主要动力因素。而溃口的发展过程反过来也将影响溃口处水流要素的变化过程。因此溃口发展过程将决定漫滩洪水的淹没范围与洪水风险，定量计算生产堤溃口的发展过程，有助于准确地评估滩区受淹对象的洪水风险等级或洪灾损失。

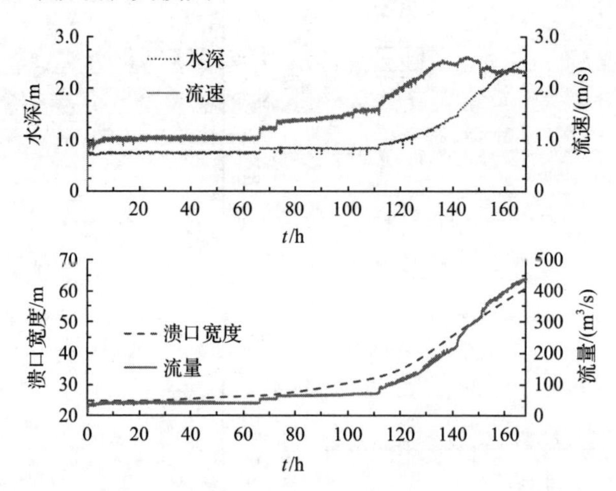

图 11.32　2003 年洪水中溃口处洪水要素及口门宽度的变化过程

2. 滩区洪水演进过程

图 11.33 给出了滩区内 2 个观测点 P_2 和 P_4(位置见图 11.28)的水流要素及洪水中人体危险等级的变化过程，用以描述大堤堤根附近的水流情况。从图 11.33 中可以看出，水流在 t=18h 左右洪水演进到 P_2 点，流速迅速达到 0.2m/s；当 t=20h

时水深迅速增加至 1.6m 左右并保持稳定不变(图 11.33(a))。当水深为 1.6m、流速为 0.2m/s 时，P_2 点洪水中人体的危险等级已达到 1.0，且由此时起，洪水中人体的风险等级一直保持在 1.0(图 11.33(b))。该计算结果表明：当前的水流流速已大于 1.0m 水深所对应的人体失稳流速，因此人体失稳后有可能被水流冲走。从图 11.33(c) 中可以看出，当 t=104h 时水流达到 P_4 点，水流初到该点的流速约为 0.27m/s，最终保持在 0.12m/s 左右(图 11.33(c))。与此同时，当水深为 0.12m、流速为 0.27m/s 时，P_4 点的洪水中人体的危险等级达到 1.0，然后随着该点流速的减小，相应洪水中人体危险等级降至 0.7 左右(图 11.33(d))。

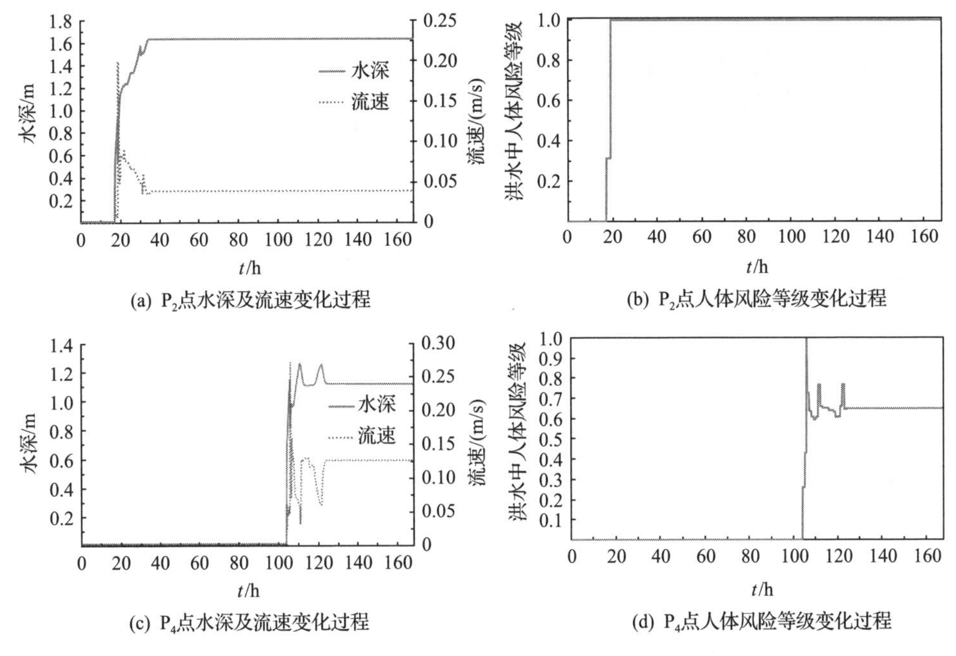

图 11.33　2003 年洪水中不同观测点水流要素及人体风险等级的变化过程

图 11.34 给出了 2003 年洪水中兰考东明滩区不同时刻淹没水深的分布情况。由于滩面存在较大的横比降，溃口下泄的水流在滩区横向发展。当 t=20h 时，溃口下泄的水流已到达黄河大堤。如果漫滩水流进一步发展，那么将直接危及黄河大堤的安全，进而威胁堤外群众的生命财产安全。然后由于黄河大堤堤根处比较低洼，到达堤根的水流开始出现顺堤行洪的现象。当 t=168h 时，漫滩水流基本淹没了整个黄河大堤的堤根部分。上述计算结果表明：在溃口出现后的 5 天时间内，3 个受灾地虽没有受到洪水淹没，但受灾地所有通往堤外安全区的避难逃生路线均受到洪水淹没。实测资料统计表明：2003 年蔡集控导工程失事导致的漫滩洪水历时约 50 天，大部分滩区均被水流淹没，因此滩区群众仍然需要及时地避难逃生。

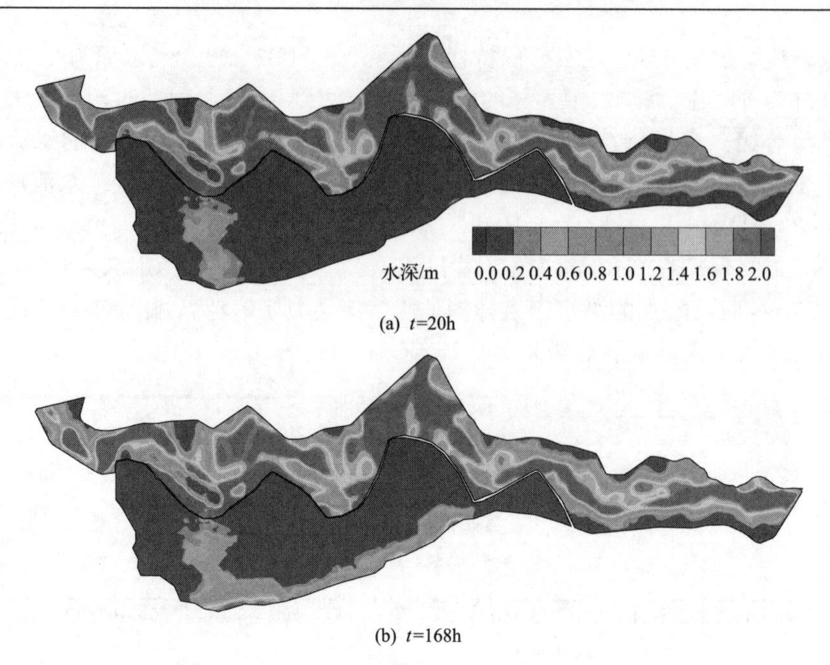

(a) t=20h

(b) t=168h

图 11.34　2003 年洪水中滩区不同时刻的淹没水深分布

3. 滩区群众避难逃生路线选择

根据图 11.33 和图 11.34 的计算结果可以看出，截至计算时段末，洪水淹没滩区的面积较小，因此洪水中滩区群众的风险等级、房屋与农作物的洪水损失率均比较小，故本节不再讨论该场洪水中不同受淹对象的洪水风险或洪灾损失。另外，由于进入滩区的洪量较小，洪水传播的速度较慢，所以可以认为这 3 个受灾点的灾民均拥有充足的时间开展避难逃生。故在本场洪水中，灾民应以受灾点至安全区的最短路线作为最优的避难逃生路线。表 11.1 给出了各条路线的长度，以受灾地 D_1 为例，其中 D_1-S_{13} 的路线长度最短，具体路线长度为 4442m，而 D_1-S_{12} 的路线长度最长，路线长度为 9064m，所以在滩区发生 2003 年洪水量级的灾害时，D_1 受灾点的群众应以路线 D_1-S_{13} 为最优路线；同理可以确定 D_2 和 D_3 两个受灾点的最优路线分别为 D_2-S_{24} 和 D_3-S_{33}。

表 11.1　2003 年洪水中兰考东明滩区不同备选避难逃生路线的长度统计

路线名称	D_1-S_{11}	D_1-S_{12}	D_1-S_{13}	D_1-S_{14}	D_1-S_{15}
路线长度/m	8726	9064	4442	5146	5622
路线名称	D_2-S_{21}	D_2-S_{22}	D_2-S_{23}	D_2-S_{24}	D_2-S_{25}
路线长度/m	7734	7261	4885	4735	6885
路线名称	D_3-S_{31}	D_3-S_{32}	D_3-S_{33}	D_3-S_{34}	D_3-S_{35}
路线长度/m	7142	5061	4295	5367	6192

11.3.3　“1958 年”型滩区洪水演进模拟与风险评估的结果分析

本节在考虑小浪底水库运用后，计算了发生“1958 年”型洪水条件下，漫滩水流的演进过程。这些结果不仅给出了观测点洪水要素及受淹对象风险等级或洪灾损失率随时间的变化过程，还给出了典型时刻洪水要素及不同受淹对象洪水风险等级的空间分布。此外还基于滩区内洪水要素的时空分布特征，计算了滩区 3 个受灾点群众通过不同备选路线开展避难逃生的最迟时间，并确定了洪水中群众避难逃生路线的优劣排序。

1. 观测点洪水要素及不同受淹对象洪水风险等级的变化过程

图 11.35 和图 11.36 分别描述了“1958 年”型漫滩洪水中 4 个特征观测点(P_1、P_2、P_3、P_4 位置见图 11.28)的洪水要素(水深与流速)以及不同受淹对象洪水风险等级或洪灾损失率随时间的变化过程。从图 11.35 可以看出，由于兰考东明滩区的横比降较大、大堤堤根低洼，导致“1958 年”型漫滩洪水水流与 2003 年漫滩洪水的演进过程非常相似，进入滩区后的水流出现了顺堤行洪的现象。洪水中各观测点的淹没顺序均依次为 P_1、P_2、P_3、P_4，且当水流前锋到达各观测点时，水流流速最大，流速峰值分别为 1.9m/s、0.5m/s、0.9m/s、0.3m/s，其中 P_1 点位于溃口下游附近，该点的流速峰值最大。从图 11.35(a)和 11.36(a)中可以看出，当淹没水深为 0.8m(相应流速为 1.1m/s)时，人体的洪水风险等级已达到极度危险的情况(HD=1.0)。如果按照水深经验法划分洪水中人体危险等级的方法，当淹没水深为 0.8m 时，洪水中人体的风险等级尚未达到极度危险的情况。由此可见，洪水中人

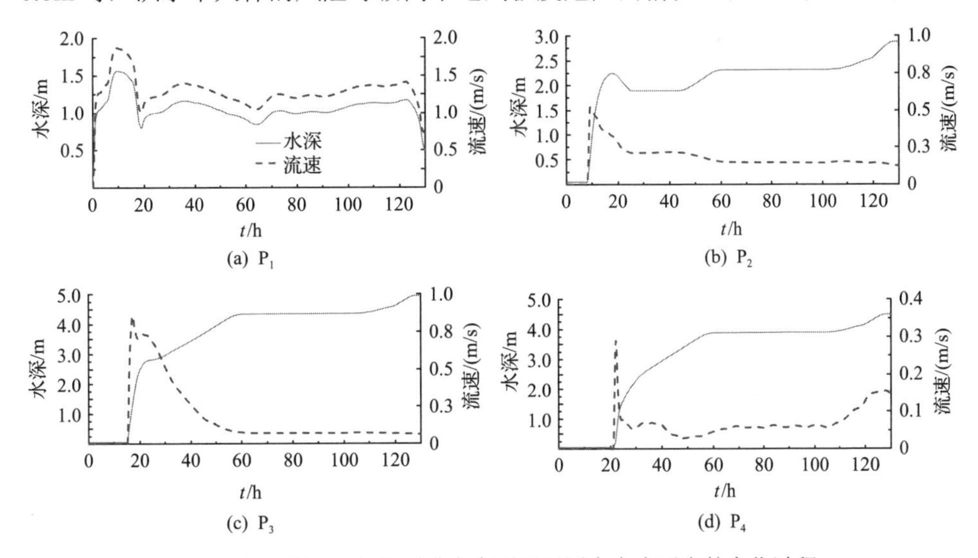

图 11.35　“1958 年”型洪水中不同观测点水流要素的变化过程

体的风险等级评估不仅与淹没水深有关，还与来流流速的关系非常密切。所以在划分洪水中人体风险等级时，需要考虑洪水中人体跌倒或滑移失稳的动力学机制。与单纯地依靠经验水深确定洪水中人体风险等级的经验方法相比，本章提出的方法不仅综合考虑了淹没水深和来流流速 2 个洪水要素，而且也考虑了受淹对象的身高与体重。因此该方法的适用范围更广，计算洪水中人体的风险等级结果也较为可靠。

图 11.36(a)中 P_1 点 3 类受淹对象的计算结果表明：洪水前峰到达 P_1 时，洪水中人体的风险等级直接达到 1.0，房屋损失率达到 40%，但农作物损失率却很小。图 11.36(b)～(d)中三类受淹对象的洪水风险等级增加的顺序依次为人体、房屋和农作物。这是因为洪水中人体风险等级与房屋损失率主要与水深和流速有关，当来流条件发生变化时，二者的洪水风险也将迅速发生变化。洪水中人体的脆弱性比房屋的脆弱性更高，表现为洪水中人体承灾能力更差，所以洪水中人体的洪水风险等级上升速率比房屋损失率增加快。但洪水中农作物具有一定的耐淹能力，其损失率不仅与淹没水深有关，还受到淹没历时的影响，所以其损失率发展的时间相对滞后，但随着淹没历时的增加，农作物的洪灾损失率一直呈现增大的趋势。

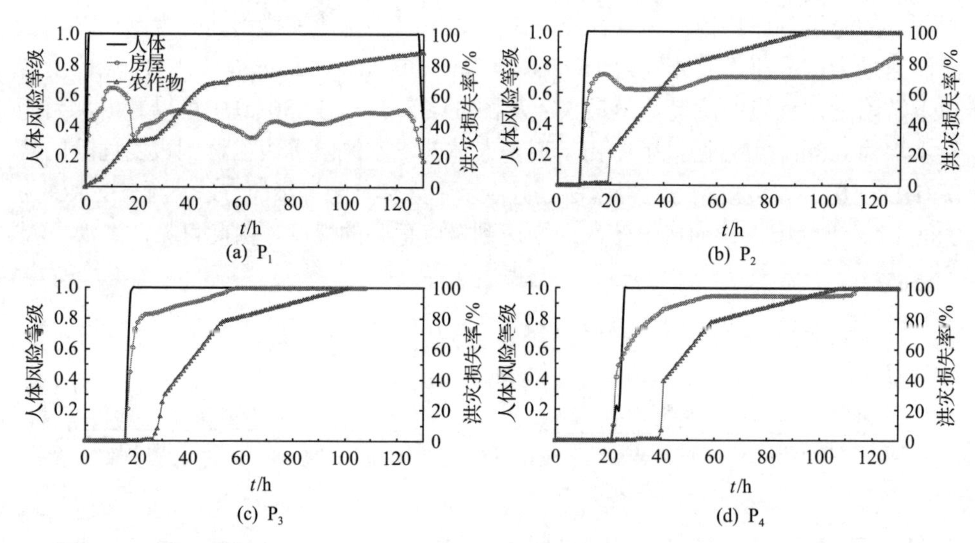

图 11.36　“1958 年”型洪水中不同观测点受淹对象风险等级或洪灾损失率的变化过程

2. 滩区洪水要素空间分布

为描述兰考东明滩区洪水要素的时空变化过程，图 11.37 和图 11.38 分别给出了“1958 年”型漫滩洪水中 4 个特征时刻(t = 0h、t = 22h、t = 50h、t = 130h)滩区淹没水深及流速的空间分布。

从图 11.37 可以看出，漫滩水流同样出现了顺堤行洪的现象。其中 t=10h 时漫滩洪水的淹没范围占兰考东明滩区面积的 1/4，此时溃口附近的淹没水深相对较大，受淹区域的平均淹没水深为 1.5m 左右；而当 t=22h 时整个黄河大堤的堤根部分被水流淹没，大部分水深达到 2m 以上(图 11.37(b))，此时滩区中的群众已经不能到达黄河大堤外侧的安全区，所以滩区所有居民均须在 t=22h 前开展避难逃生。否则当洪水演进至 t=50h 时，滩区中的大部分村庄均已被水流淹没，群众的生命安全将受到严重威胁(图 11.37(c))。从 t=120h 开始，进入滩区的流量有所减小，所以到 t=130h 时，溃口附近的淹没水深有所减小，但进入滩区的总水量仍然有所增加，所以滩区下游侧的淹没水深仍然有所增大，最大淹没水深已达到 6m。图 11.37(d)给出了当 t=130h 时淹没水深分布。此时黄河大堤堤根附近的平滩水深达到了 4m，村庄区域的淹没水深也达到了 2m。因此需要科学地指导滩区群众开展避难逃生活动，定量地评估不同受淹对象的洪水风险等级或洪灾损失率。

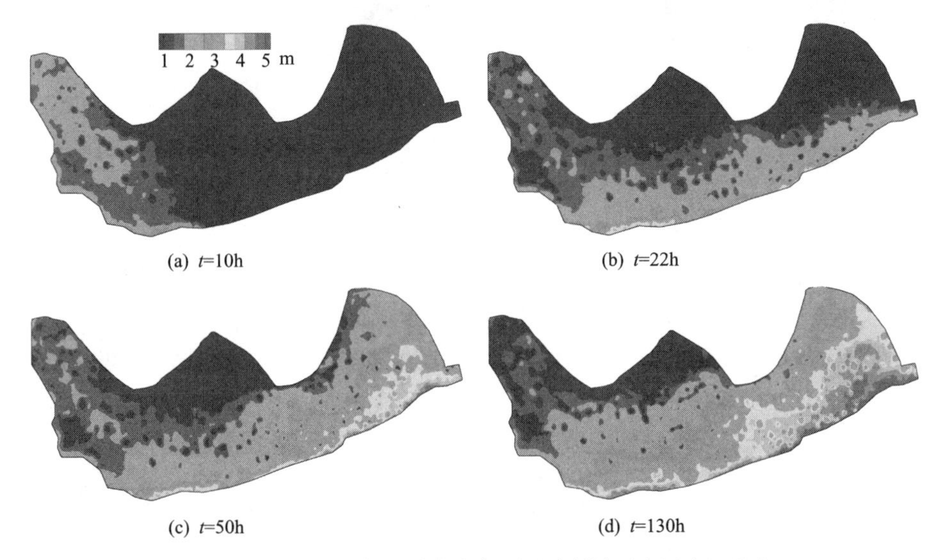

(a) t=10h　(b) t=22h　(c) t=50h　(d) t=130h

图 11.37　“1958 年”型洪水中不同时刻滩区淹没水深分布

图 11.38 给出了与图 11.37 淹没水深相应时刻的流速分布。从图 11.38 中可以看出：滩区受淹区域的最大流速出现在溃口附近，t=10h 溃口附近的最大流速达到 2.5m/s 左右(图 11.38(a))。由于滩区阻力较大，进入滩区水流的流速逐渐降低。另外随着水流进入滩区，滩区下游侧水深逐渐增大，所以在 t=22h 和 t=50h 滩区下游侧的水流流速均很小(图 11.38(b)与(c))。由此可见，溃口附近的局部区域和水流前锋一般会出现小水深、大流速的情况。此时也正是滩区群众避难逃生的黄金时间，若仅仅利用水深经验法判断洪水中人体的风险等级，则难以得到非常准确的计算结果。上述结果可以进一步说明，开展实际滩区洪水中群众的风险等级评估及避难逃生选择，需要考虑洪水中人体的受力特征，根据洪水中人体跌倒或

滑移失稳的动力学机制，准确地判断洪水中人体的风险等级。

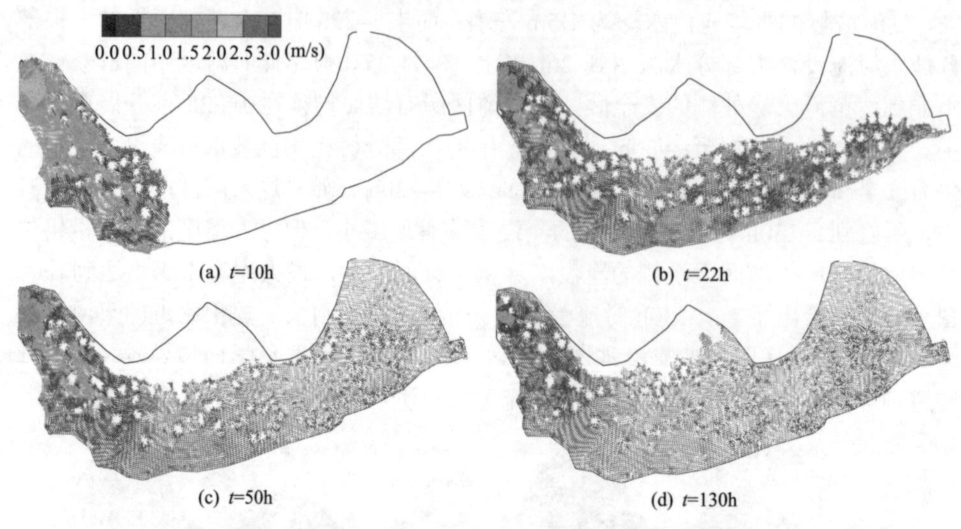

图 11.38　“1958 年”型洪水中不同时刻滩区的流速分布

3. 滩区群众的洪水风险等级评估

利用计算的洪水要素时空分布特征，结合基于力学过程的洪水中人体失稳流速公式，确定不同时刻洪水中人体的风险等级。选取与上述洪水要素分布相同的典型时刻，本节绘制了洪水中人体风险等级的空间分布情况，如图 11.39 所示。从图 11.39 中可以看出，在溃口发生初期的 130h 内，洪水中人体风险等级的发

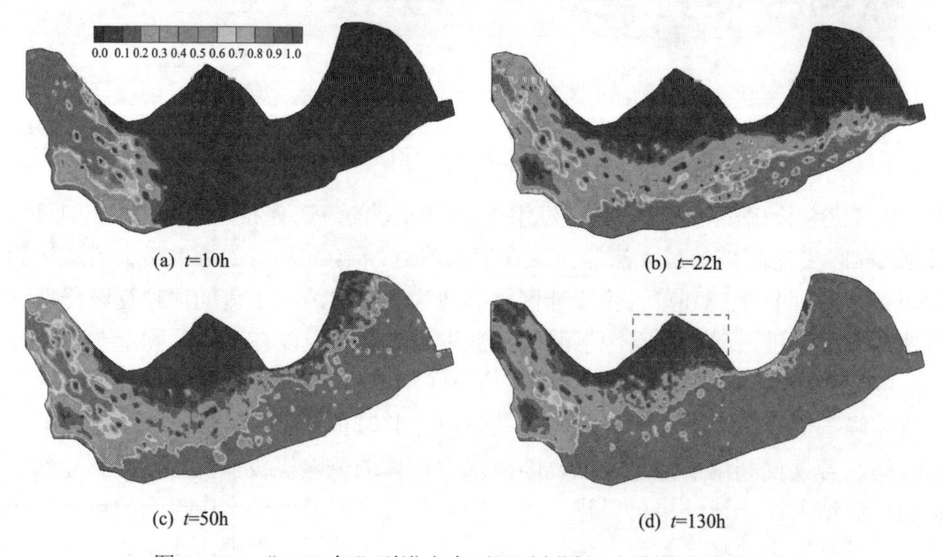

图 11.39　“1958 年”型洪水中不同时刻滩区人体风险等级分布

展过程与滩区洪水的演进过程基本一致，同样表现为洪水中人体的风险等级为 1.0 的区域迅速地顺着黄河大堤发展。溃口发生初期的 10h 内，由于溃口附近的淹没水深较小，但该区域的流速较大，所以溃口附近受淹区域中群众风险等级达到了 0.9 以上(图 11.39(a))；而随着进口流量的减小，溃口附近受淹区域的水深和流速均有所减小，所以受淹群众的风险等级有所降低。与此同时，尽管滩区下游侧的水流流速很小，但随着滩区下游侧淹没水深的不断增加，大部分受淹区域的水深已经达到 2.0m 以上，所以滩区下游侧群众的洪水风险等级持续升高，表现为人体风险等级达到 1.0 的受淹区域面积持续扩大(图 11.39(b)～(d))。

上述计算结果表明，采用基于动力学机制的洪水中人体风险等级评价方法，可以准确地分析小水深大流速情况下人体的洪水风险等级，弥补了以往依靠水深经验法评估人体洪水风险等级方法的不足，所以本节提出的洪水中人体风险评估结果更具有可信度。另外，在本场洪水条件下，图 11.39(d)中虚线框内区域中群众的洪水风险等级比较低。如果滩区中部分受灾群众未能及时地接受预警信息，或未能及时地开展避难逃生活动，那么虚线框中的区域可以作为临时避难区。需要指出的是，此区域属于嫩滩，实际大洪水时该区域也应该受到洪水淹没。在本书中假定此段生产堤绝对安全，仅在上游出现溃口，所以该区域才暂时安全。在实际洪水条件下，由于主槽内仍有洪水流动，该区域内也受到洪水的威胁，一旦发生其他意外或紧急情况，临时避难区内群众的生命安全或将受到威胁。因此，滩区群众应在 t=22h 前全部撤至黄河大堤外侧，其中距离溃口相对较近的区域，t=10h 前便应撤至黄河大堤外侧。考虑预警信息传达过程及群众撤退过程花费的时间，那么滩区群众撤离的有效时间更短，所以选择最优的避难逃生路线对保证滩区群众的生命安全具有重要意义。

4. 滩区房屋的洪灾损失率评估

该场漫滩洪水水量多且流速大，所以需要考虑洪水中房屋瞬时倒塌的情况。利用淹没水深和水流流速估算了洪水中房屋的损失率，计算结果如图 11.40 所示。从图 11.40 中可以看出，t=10h 时洪水淹没范围内，仅在溃口附近的房屋损失率达到 90%以上，这是由于溃口处的水流流速相对较大，而其他受淹区域的流速较小，所以其他受淹区域中房屋的损失率均小于 50%；而 t=22h 时溃口下泄流量减小至 1000m^3/s，溃口处流速减小至 1.35m/s，所以溃口附近洪水中房屋的损失率下降至 50%(图 11.40(b))，然而随着进滩水量的增加，黄河大堤堤根附近的水深增幅明显，所以堤根处受淹房屋的损失率达到了 90%以上；t=50h 时洪水中房屋的损失率主要受到淹没水深的影响，滩区下游的淹没水深较大，所以滩区下游房屋的洪灾损失率达到了 80%～90%(图 11.40(c))；尽管后期溃口的下泄流量有所减小，但由于滩区没有泄洪口，所以进入滩区的总水量仍然有所增加，滩区的淹没水深持续升高，所以 t=130h 时下游滩区洪水中房屋的损失率达到 80%～90%的范围逐渐增大（图 11.40（d））。由此可见，对于溃口附近的区域，水流流速是决定洪水中房屋损失率的关键因素；对于滩区下游区域，淹没水深是决定洪水中房屋损失率的关键因素。

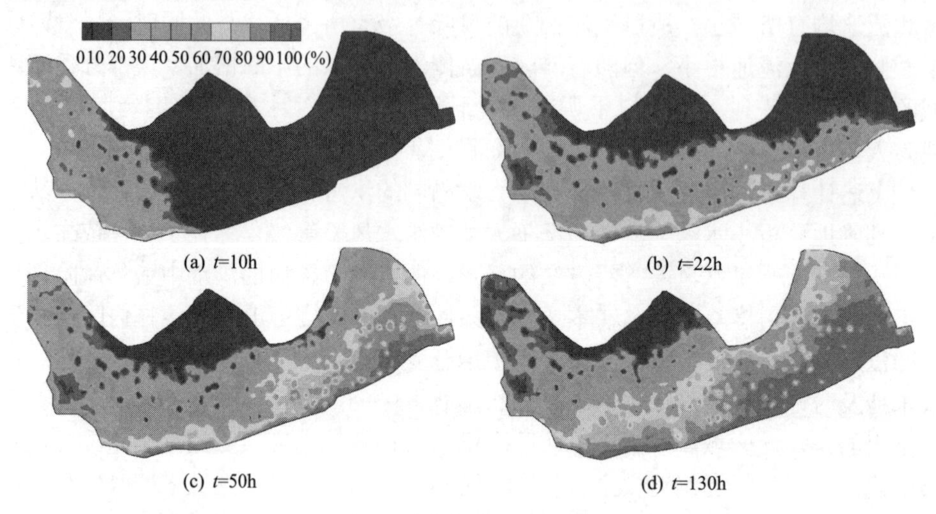

图 11.40　“1958 年”型洪水不同时刻滩区房屋损失率分布

与洪水中人体风险等级的分布情况相比，可以看出，在同样的水流条件下，房屋的损失率相对较小。从洪水致灾机理的角度分析可知，滩区的水流要素是受淹对象的主要致灾因子。滩区房屋和群众是两种不同的承灾体，在相同致灾因子的条件下，由于承灾体的脆弱性和危险性等方面的差异，造成的洪水风险或洪灾损失也相差较大。从本次模拟的受淹对象来看，洪水中人体的脆弱性和危险性比房屋更高，所以在相同致灾因子的情况下，洪水中房屋损失率比较小，发展速度较慢。因此在实际滩区洪水风险评估中，必须考虑不同承灾体的具体特性，结合洪水演进过程的模拟结果，定量评估各类受淹对象的洪水风险等级。

5. 滩区农作物的洪灾损失率

图 11.41 给出了“1958 年”型洪水不同时刻滩区农作物（玉米）损失率的分布。从图 11.41 中可以看出，洪水中农作物损失率的发展速度相对洪水中群众和房屋损失率的发展速度较慢。其中 t=10h 和 t=22h 洪水中农作物的损失率非常低（图 11.41（a）与（b））。这是因为洪水中农作物具有一定的耐淹能力，其损失率不仅与淹没水深有关，还与淹没历时密切相关。所以在小水深、短历时的情况下，其损失率比较低。因此滩区农作物损失率的分布主要与洪水淹没的顺序关系比较密切，受淹比较早的位置，其农作物的损失率相对较大。

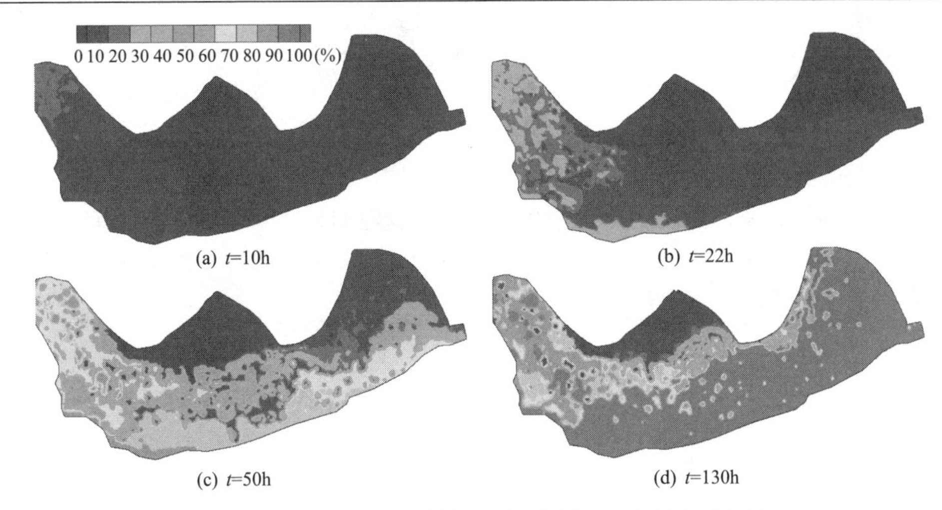

图 11.41　“1958 年”型洪水不同时刻滩区农作物损失率分布

从农作物损失率的分布情况可以看出，随着淹没历时的增加，溃口附近的农作物损失率继续增大。t=130h 时的农作物损失率分布(图 11.41(d))可以看出，滩区下游的淹没历时虽然比较短，但是由于淹没水深比较大，所以农作物的洪灾损失率依然比较大。由此可见，本书提出的洪水中农作物损失率的计算方法，综合考虑了淹没水深和淹没历时的影响，能适应于小水深、长历时或大水深、短历时情况下农作物的损失率计算，因此该方法计算农作物洪灾损失率的适用性相对较好。

6. 滩区洪水中各类受淹对象的平均损失率

上述计算结果给出了 4 个观测点洪水要素、各类受淹对象洪水风险或损失率随时间的变化过程，同时也给出了洪水要素、各类受淹对象洪水风险或损失率的空间分布情况。为进一步描述整个滩区中各类受淹对象的洪水风险等级或洪灾损失，需要采用受淹对象平均损失率的计算方法，分别计算洪水中群众、房屋及农作物的平均损失率。该方法可简述如下：首先分别计算各单元的平均洪灾损失，以洪灾损失率乘以相应的受灾面积，得到该单元的加权洪灾损失；再结合各种土地利用类型(考虑一般情况，对于村庄区域，计算人体洪水风险等级和房屋洪灾损失率；对于耕田区域，计算农作物洪灾损失率)，分别统计各类受淹对象的加权受灾面积，以加权受灾面积与各类土地面积的比值作为平均洪灾损失率。不同受淹对象平均损失率的计算结果如图 11.42 所示。

从图 11.42 中可以看出，洪水中受淹对象平均损失率的增长速率均相对较快，其中人体与房屋的平均损失率变化趋势基本一致，但洪水中人体平均损失率较高。其中洪水中人体的平均损失率在 t =60h 时约为 70%，保持一段时间的稳定后，最终上升至 78%。而洪水中房屋的平均损失率在 t =60h 时仅为 40%，当 t =120h 时开始有所增加，最终达到 45%。与洪水中人体与房屋的平均损失率变化趋势不同，洪水中农作物的平均损失率一直呈现上升的趋势，因为即使在淹没水深一定的条件下，农作物的损失率也会随着淹没历时增加而不断增大。由此可见，由于洪水要素对各类受淹对象洪灾损失率的影响程度不同，所以在同一场次洪水中各类受淹对象平均损失率的变化趋势也不相同。考虑受淹对象失稳的力学机理或洪灾损失率的主要影响因素，结合水沙动力学模型的计算结果，可以更为准确地定量评估各类受淹对象的洪水风险等级或洪灾损失率情况。

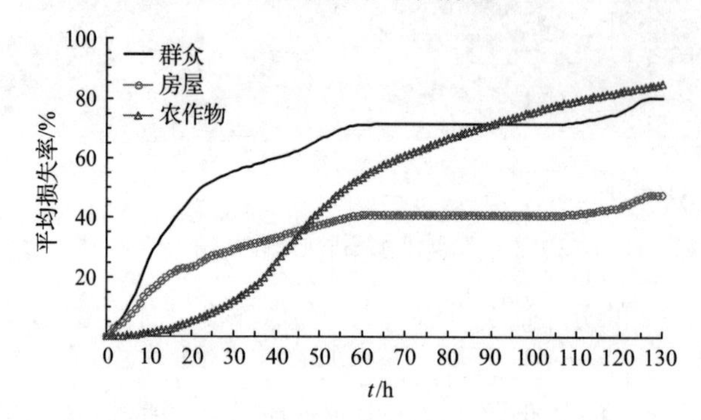

图 11.42　“1958 年”型洪水滩区内各类受淹对象的平均损失率变化

7. 滩区洪水中群众最优避难逃生路线

应用 Dijkstra 算法得到受灾点与安全区之间的最短的路径，共计 15 条（表 11.1），结合二维水沙动力学模型计算的洪水演进结果，得到洪水要素的时空分布特征，开展洪水中群众避难逃生过程模拟。参考中国成年男性的平均身高体重（h_p=1.70m，m_p=68.7kg），利用基于力学过程的洪水中人体失稳流速公式，结合来流条件计算群众避难逃生过程中人体的风险等级与路权函数。假定灾民于不同时刻出发，以避难逃生过程中群众风险程度的最大值代表该备选路线的洪水风险等级，计算结果如图 11.43 所示。

以图 11.43（a）中受灾点 D_1 备选路线风险等级的计算结果为例，详细地阐述最优路线确定过程。受灾点 D_1 的 5 条备选路线分别为路线 D_1—S_{11}、路线 D_1—S_{12}、路线 D_1—S_{13}、路线 D_1—S_{14} 以及路线 D_1—S_{15}。从图 11.43（a）中可以看出，受灾区 D_1 的群众若在溃堤 t=7h 内收到预警消息，那么无论选择 5 条备选路线中的哪一条，都可以无须遭受洪水的威胁而顺利地到达安全区。但如果预警信息未及时传达，选择不同的路线开展避难逃生，群众能顺利地抵达安全区的最迟时间不同。如果选择路线 D_1—S_{11} 开展避难逃生，那么最迟时间是 t=8.9h；如果选择路线 D_1—S_{14} 开展避难逃生，那么最迟时间是 t=12.3h。由于洪水演进过程十分迅速，所以每条路线从遭受洪水前峰的淹没（HD 略大于 0）到路线处于危险状态（HD=1）

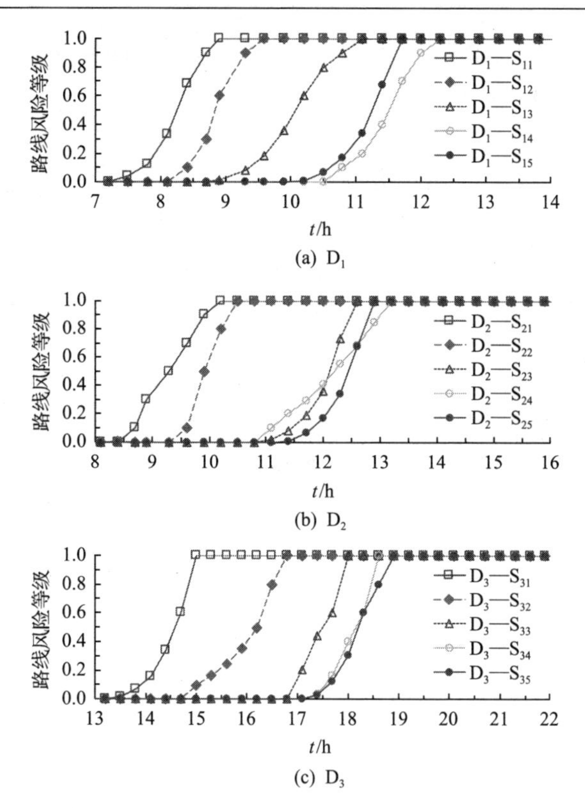

图 11.43　“1958 年”型洪水不同受灾点备选逃生路线风险等级的变化过程

历时约为 1.5h。群众选择路线 D_1—S_{14} 比选择路线 D_1—S_{11} 可多获得 3.4h 的避难逃生时间，因此在本次漫滩洪水过程中，受灾点 D_1 的群众应选择路线 D_1—S_{14} 作为本场洪水中的最优避难逃生路线。由此可见，对于同一受灾地区，选择最优的避难逃生路线将为受灾群众赢得宝贵的时间，更有助于保证群众的生命安全。

同理，图 11.43(b)给出受灾点 D_2 各条备选路线的洪水风险等级变化过程，受灾点 D_2 的 5 条备选的逃生路线分别为路线 D_2—S_{21}、路线 D_2—S_{22}、路线 D_2—S_{23}、路线 D_2—S_{24} 以及路线 D_2—S_{25}。其中，受灾群众选择路线 D_2—S_{21} 的最迟逃生时间是 t=10.2h；而通过路线 D_2—S_{24} 的最迟逃生时间是 t=13.2h，所以群众选择路线 D_2—S_{24} 便比路线 D_2—S_{21} 可多获得 3.0h 逃生时间，因此受灾点 D_2 的受灾群众应以路线 D_2—S_{24} 作为最优的避难逃生路线。图 11.43(c)给出受灾点 D_3 各条备选路线的洪水风险等级变化过程，其 5 条备选的逃生路线分别为路线 D_3—S_{31}、路线 D_3—S_{32}、路线 D_3—S_{33}、路线 D_3—S_{34} 以及路线 D_3—S_{35}。受灾群众选择路线 D_3—S_{31} 的最迟逃生时间是 t=15.0h，通过路线 D_3—S_{33} 的最迟逃生时间是 t=18.9h。由此可见，受灾点 D_3 受灾群众应以路线 D_3—S_{33} 作为最佳避难逃生路线。

综上所述，从生产堤溃决至滩区洪水传播至村庄的时间，实际是留给滩区受灾群众避难逃生的时间。从 3 个受灾点备选避难逃生路线的计算结果中可以看出，滩区洪水演进速度非常快，从洪水前峰淹没备选路线至备选路线的风险等级达到危险状态所需时间大约仅为 1.5h，而灾民选择最优避难逃生路线比最差路线将多获得 3h 的逃生时间，所以选择最优的路线开展避难逃生对保证滩区群众的生命安全显得尤为重要。3 个受灾点最优避难逃生路线的计算结果表明，逃生路线上受灾群众运动的方向与洪水传播的方向相同时，则路线的安全等级相对高一些；路线上受灾群众运动方向与洪水传播方向相反时，则路线的安全等级相对低一些。基于受灾地与目标安全区之间最短路径的静态寻优，进一步考虑洪水的动态演进过程和受灾群众避难逃生的动态移动过程，再确定受灾群众最优逃生路线的方法，可以定量地给出受灾群众逃生过程中的洪水风险等级及最迟的避难逃生时间，由此判断避难逃生路线的优劣等级，计算结果可为滩区洪水风险管理提供参考依据。

11.4　本 章 小 结

本章首先采用 3 个算例检验了该数学模型的计算精度，然后以黄河下游夹河滩至高村河段的兰考东明滩区为研究对象，分别计算了 2003 年洪水中生产堤的溃口展宽过程，以及“1958 年”型洪水条件下漫滩水流的演进过程，并给出了滩区各类受淹对象的洪水风险图。主要结论如下：

(1) 本章建立了基于力学过程的滩区洪水演进与风险评估的二维综合数学模型。该模型采用基于无结构三角形网格的有限体积法求解二维水沙动力学模型；生产堤溃口展宽过程计算考虑了水流对堤身下部土层的横向冲刷作用与上部悬臂土体的绕轴崩塌机制；结合滩区洪水要素的时空分布特征，定量地计算洪水中房屋和农作物的洪灾损失率；基于洪水中人体滑移及跌倒失稳的力学机理，开展滩区洪水中群众的风险评估及群众避难逃生路线的优选。

(2) 本章采用 3 个算例(具有复杂边界的 Toce 河物理模型试验；用于研究黄河下游滩区村庄阻力特性的概化模型试验；黄河下游生产堤溃口展宽过程的概化模型试验) 详细地检验了二维水沙动力学模型及溃口展宽计算模块，计算结果表明：计算的水流要素及溃口宽度均与实测值符合较好。同时本章进一步定量分析了不同房屋分布形成的综合阻力的大小，计算结果表明当房屋呈 3×3、4×4、5×5 及交错排列的情况下，形成的综合曼宁阻力系数分别为 0.05、0.08、0.12 和 0.16，所以在实际滩区洪水过程模拟中应考虑各类地貌单元形成的局部地形阻力。上述结果表明，本章建立的二维综合数学模型在模拟复杂地形、复杂地貌的滩区洪水演进过程及生产堤溃口展宽过程方面具有良好的计算精度，可进一步地应用于真实滩区洪水演进过程模拟。

(3) 本章模拟了 2003 年夹河滩至高村河段漫滩洪水中生产堤的溃口展宽过程与兰考东明滩区的水沙演进过程，重点分析了溃口展宽过程，发现生产堤溃口的发展过程为首先在溃口口门下方 10～40m 处出现冲刷坑，然后随着溃口口门的展宽，冲刷坑的范围逐渐向溃口上游发展，计算得到生产堤溃决 7 天后的溃口口门宽度为 61m，与实际观测值 58m 符合较好。此外本章还模拟了考虑小浪底水库运用条件下“1958 年”型洪水兰考东明滩区的水流演进，计算结果表明，该场洪水中群众与农作物最终的平均损失率均为 80%左右，房屋的平均损失率达到 45%。基于上述 2 场典型洪水中兰考东明滩区的水流演进过程模拟，分别确定了 2003 年洪水和“1958 年”型洪水条件下滩区 3 个受灾点群众的最优避难逃生路线。这些计算结果可为滩区治理及洪水风险管理提供参考依据。

参考文献

曹文洪. 2004. 黄河下游水沙复杂变化与河床调整的关系. 水利学报, 35(11): 1-6.

陈建国, 胡春宏, 董占地, 等. 2006. 黄河下游河道平滩流量与造床流量的变化过程研究. 泥沙研究, (5): 10-16.

陈建国, 周文浩, 陈强. 2012. 小浪底水库运用十年黄河下游河道的再造床. 水利学报, 43(2): 127-135.

陈卫宾, 刘生云, 韩侠, 等. 2013. 黄河下游滩区综合治理方案研究. 人民黄河, 35(10): 63-65.

陈绪坚, 胡春宏. 2006. 河床演变的均衡稳定理论及其在黄河下游的应用. 泥沙研究, (3): 14-22.

陈赞廷, 胡汝南, 张优礼. 1981. 黄河 1958 年 7 月大洪水简介. 水文, (3): 44-47.

程进豪, 安连华, 王华, 等. 1997. 黄河山东段河床糙率分析. 水利学报, (1): 39-43.

程晓陶. 2008. 防洪抗旱减灾研究进展. 中国水利水电科学研究院学报, (3): 191-198.

程晓陶, 薛云鹏, 黄金池. 1998. 黄河下游河道水沙运动仿真模型的开发研究. 水利学报, 29(5): 12-17.

邓安军. 2007. 高含沙水流模拟的几个关键技术问题研究. 北京: 中国水利水电科学研究院.

窦国仁. 2001. 河口海岸全沙模型相似理论. 水利水运工程学报, (1): 1-12.

窦希萍. 2005. 潮流波浪泥沙模型变率影响研究. 南京: 河海大学.

端木礼明, 成刚. 2003. 河南黄河滩区综合治理与开发措施探讨. 中国水利, (11): 66-67.

方建, 李梦婕, 王静爱, 等. 2015. 全球暴雨洪水灾害风险评估与制图. 自然灾害学报, 24(1): 1-8.

房春艳, 罗宪. 2013. 滩地植被化复式河槽的水流阻力特性试验. 重庆交通大学学报(自然科学版), 32(4): 668-672.

冯普林, 梁志勇, 黄金池, 等. 2005. 黄河下游河槽形态演变与水沙关系研究. 泥沙研究, (2): 66-74.

付湘, 王丽萍, 边玮. 2008. 洪水风险管理与保险. 北京: 科学出版社.

高季章, 胡春宏, 陈绪坚. 2004. 论黄河下游河道的改造与"二级悬河"的治理. 中国水利水电科学研究院学报, 2(1): 8-18.

顾峰峰, 倪汉根. 2006. 芦苇密度与阻力的关系. 水动力学研究与进展, 21(5): 626-631.

郭青山, 汪元辉. 1995. 人机工程学. 天津: 天津大学出版社.

郭庆超, 胡春宏, 曹文洪, 等. 2005. 黄河中下游大型水库对下游河道的减淤作用. 水利学报, 36(5): 511-518.

果鹏, 夏军强, 张晓雷. 2019. 漫滩洪水中不同房屋分布的阻力特性研究. 水力发电学报, 38(11): 29-39.

果鹏, 夏军强, 周美蓉, 等. 2020. 生产堤溃口展宽过程的概化模型试验研究. 水科学进展, 31(155): 99-109.

韩其为. 1979. 非均匀悬移质不平衡输沙的研究. 科学通报, (17): 804-808.

韩其为, 何明民. 1987. 水库淤积与河床演变的(一维)数学模型. 泥沙研究, (3): 14-29.

郝文龙, 吴文强, 朱长军, 等. 2015. 含植物河道的水流垂向流速分布试验研究. 水电能源科学, 33(2): 85-88.

河南省统计局. 2013. 河南统计年鉴 2013. 北京: 中国统计出版社.

贺莉, 夏军强, 王光谦. 2009. 黄河下游高含沙洪水演进及河床冲淤过程的数值模拟. 泥沙研究, (1): 26-32.

胡春宏. 2005. 黄河水沙过程变异及河道的复杂响应. 北京: 科学出版社.

胡春宏. 2015. 黄河水沙变化与下游河道改造. 水利水电技术, 46(6): 10-15.

胡春宏. 2016. 黄河水沙变化与治理方略研究. 水力发电学报, 35(10): 1-11.

胡春宏, 高季章, 陈绪坚. 2004. 新的水沙条件下黄河下游的治理方向——论黄河下游河道的改造. 2004 年黄河下游治理方略高层专家研讨会, 北京.

胡春宏, 陈建国, 刘大滨, 等. 2006. 水沙变异条件下黄河下游河道横断面形态特征研究. 水利学报, 37(11): 1283-1289.

胡春宏, 惠遇甲. 1987. 矩形明渠宽深比和边壁糙率对流速分布的影响. 人民黄河, (2): 19-24, 70.

胡春宏, 惠遇甲. 1995. 明渠挟沙水流运动的力学和统计规律. 北京: 科学出版社.

胡春宏, 郭庆超. 2004. 黄河下游河道泥沙数学模型及动力平衡临界阈值探讨. 中国科学: 技术科学, 34(S1): 133-143.

胡春宏, 吉祖稳, 牛建新. 1997. 黄河下游河道纵横剖面调整规律. 泥沙研究, (2): 27-31.

胡旭跃, 刘斌, 曾光明, 等. 2008. 植物粗糙度对明渠水流阻力影响的试验研究. 水科学进展, 19(3): 372-377.

胡一三, 张红武, 刘贵芝, 等. 1998. 黄河下游游荡性河段河道整治. 郑州: 黄河水利出版社.

胡一三, 张晓华. 2006. 略论二级悬河. 泥沙研究, (5): 1-9.

槐文信, 赵磊, 李丹, 等. 2009. 有植被明渠纵向流速垂向分布特性的 PIV 试验研究. 实验流体力学, 23(1): 26-30.

黄才安. 2004. 水流泥沙运动基本规律. 北京: 海洋出版社.

黄河水利委员会. 2008. 黄河下游蔡集控导抗洪抢险启示录. 郑州: 黄河水利出版社.

黄河水利委员会《黄河志》总编辑室. 1998. 黄河流域综述(《黄河志》卷三). 郑州: 河南人民出版社.

惠二青, 曹广晶, 胡兴娥, 等. 2010. 植被群落之间水流紊动强度垂向分布规律探讨. 水力发电, 36(10): 3-6, 15.

惠二青, 江春波. 2011. 植被群落之间水流流速垂向分布计算方法. 水力发电学报, 30(1): 84-88.

惠二青, 江春波, 潘应旺. 2009. 植被覆盖的河道水流纵向流速垂向分布. 清华大学学报(自然科学版), 49(6): 834-837.

惠遇甲, 李义天, 胡春宏, 等. 2000. 高含沙水流紊动结构和非均匀沙运动规律的研究. 武汉: 武汉水利电力大学出版社.

姬昌辉, 洪大林, 丁瑞, 等. 2013. 含淹没植被明渠水位及糙率变化试验研究. 水利水运工程学报, (1): 60-65.

江恩惠, 赵连军, 韦直林. 2006. 黄河下游洪峰增值机理与验证. 水利学报, 37(12): 1454-1459.

江恩惠, 赵连军, 张红武. 2008. 多沙河流洪水演进与冲淤演变数学模型研究及应用. 郑州: 黄河水利出版社.

姜付仁, 姜斌. 2012. 北京“7·21”特大暴雨影响及其对策分析. 中国水利, (15): 19-22.

姜付仁, 向立云. 2002. 洪水风险区划方法与典型流域洪水风险区划实例. 水利发展研究, (7): 27-30.

金卫斌, 李猷, 付刚, 等. 2006. 基于 GIS 的洪湖分蓄洪区东分块洪水淹没损失的估算及分析. 长江大学学报(自然科学版), 3(4): 237-240.

李奔, 郜国明, 程天矫. 2012. 黄河下游滩区分类财产洪灾损失率计算方法. 人民黄河, 34(12): 12-14.

李昌华, 刘建民. 1963. 冲积河流阻力. 南京: 南京水利科学研究所研究报告汇编.

李大鸣, 林毅, 徐亚男, 等. 2009. 河道、滞洪区洪水演进数学模型. 天津大学学报(自然科学与工程技术版), 42(1): 47-55.

李发文, 冯平. 2007. 洪水灾害避难迁安系统分析模型及其应用. 天津大学学报, 40(6): 732 -735.

李国英. 2005. 维持河流健康生命——以黄河为例. 人民黄河, 27(11): 1-4.

李国英. 2008. 黄河洪水演进洪峰增值现象及其机理. 水利学报, 39(5): 511-517.

李洁, 夏军强, 邓珊珊, 等. 2017. 近 30 年黄河下游河道深泓线摆动特点. 水科学进展, 28(5): 652-661.

李香颜. 2009. 洪水灾害风险分析及对农作物的影响评估技术研究. 郑州: 河南农业大学.

李亚敏. 2013. 黄河下游典型滩区洪水淹没损失评估研究. 郑州: 华北水利水电大学.

李艳红, 李栋, 范静磊. 2007. 含淹没植物河流水流紊动强度最大值及其影响因素. 水科学进展, 18(5): 706-710.

李义天. 1987. 冲淤平衡状态下床沙质级配初探. 泥沙研究, (1): 82-87.

李义天. 1988. 冲积河道平面变形计算初步研究. 泥沙研究, (1): 34-44.

李义天, 孙昭华, 邓金运, 等. 2011. 长江水沙调控理论及应用. 北京: 科学出版社.

梁志勇, 杨丽丰, 冯普林. 2005. 黄河下游平滩河槽形态与水沙搭配之关系. 水力发电学报, 24(6): 68-71.

刘春晶, 李丹勋, 王兴奎. 2005. 明渠均匀流的摩阻流速及流速分布. 水利学报, 36(8): 950-955.

刘春蓁, 占车生, 夏军, 等. 2014. 关于气候变化与人类活动对径流影响研究的评述. 水利学报, 45(4): 379-385, 393.
刘红珍, 王海清, 张建, 等. 2008. 黄河下游滩区洪水风险分析. 人民黄河, 30(12): 21-22, 25.
刘建民. 1984. 冲积河流糙率问题的研究. 北京: 交通部天津水运工程科学研究所科研报告.
刘鹏飞, 冯小香, 乐培九. 2012. 动床阻力研究与应用. 水动力学研究与进展, 27(5): 537-545.
刘树坤, 李小佩, 李士功, 等. 1991. 小清河分洪区洪水演进的数值模拟. 水科学进展, 2(3): 188-192.
刘树坤, 宋玉山, 程晓陶, 等. 1999. 黄河滩区及分滞洪区风险分析和减灾对策. 郑州: 黄河水利出版社.
刘小生, 胡飞辉. 2014. 基于综合改进BP算法的洪灾损失评估. 人民黄河, 36(4): 9-11.
卢金友, 徐海涛, 姚仕明. 2005. 天然河道水流紊动特性分析, 水利学报, 36(9): 1029-1034.
陆永军, 张华庆. 1993. 水库下游冲刷的数值模拟——模型的构造. 水动力学研究与进展, 8(1): 81-89.
陆中臣, 李忠艳, 陈浩, 等. 2003a. 黄河下游河流下凹型纵剖面成因分析. 泥沙研究, (5): 15-20.
陆中臣, 周金星, 陈浩. 2003b. 黄河下游河床纵剖面形态及其地文学意义. 地理研究, 22(1): 30-38.
吕升齐, 唐洪武, 闫静. 2007. 有无植物条件下明渠水流紊动特性对比. 水利水电科技进展, 27(6): 64-68.
麻妍妍, 夏军强, 张晓雷. 2017. 现有动床阻力计算公式验证与比较. 武汉大学学报(工学版), 50(4): 481-486.
马建明, 许静, 朱云枫, 等. 2005. 国外洪水风险图编制综述. 中国水利, (17): 29-31.
梅亚东, 纪昌明. 2000. 洪灾风险分析. 武汉: 湖北科学技术出版社.
牛玉国, 端木礼明, 耿明全, 等. 2013. 黄河下游滩区分区治理模式探讨. 人民黄河, 35(1): 7-9.
潘贤娣, 李勇, 张晓华, 等. 2006. 三门峡水库修建后黄河下游河床演变. 郑州: 黄河水利出版社.
齐璞, 赵业安, 樊左英. 1984. 1977年黄河下游高含沙洪水的输移与演变分析. 人民黄河, (4): 3-8.
齐璞, 孙赞盈, 茹玉英, 等. 1999. 黄河水沙变化与下游河道治理思考. 泥沙研究, (4): 14-21.
齐璞, 孙赞盈. 2013. 关于洪峰流量沿程增大原因的讨论. 水利学报, 44(8): 1001-1007.
齐璞, 孙赞盈, 于守兵. 2014. 黄河下游游荡河段自然形成的稳定河道对黄河治理的启示. 水利水电科技进展, 34(6): 45-48.
钱红露. 2018. 冲积河流非均匀泥沙输移数学模拟研究. 武汉: 武汉大学.
钱宁. 1958. 修建水库后下游河道重新建立平衡的过程. 水利学报, (4): 33-60.
钱宁, 洪柔嘉, 麦乔威, 等. 1959. 黄河下游的糙率问题. 泥沙研究, (1): 1-15.
钱宁, 周文浩. 1965. 黄河下游河床演变. 北京: 科学出版社.
钱宁, 万兆惠. 2003. 泥沙运动力学. 北京: 科学出版社.
钱宁, 张仁, 周志德. 1987. 河床演变学. 北京: 科学出版社.
钱意颖, 曲少军, 曹文洪, 等. 1998. 黄河泥沙冲淤数学模型. 郑州: 黄河水利出版社.
秦荣昱, 刘淑杰, 王崇浩. 1995. 黄河下游河道阻力与输沙特性的研究. 泥沙研究, (4): 10-17.
渠庚. 2014. 含植物明渠水沙运动规律试验研究. 武汉: 武汉大学.
山东省统计局. 2013. 山东统计年鉴2013. 北京: 中国统计出版社.
邵学军, 王兴奎. 2005. 河流动力学概论. 北京: 清华大学出版社.
申冠卿, 姜乃迁, 张原锋, 等. 2006. 黄河下游断面法与沙量法冲淤计算成果比较及输沙率资料修正. 泥沙研究, (1): 32-37.
申冠卿, 张原锋, 尚红霞. 2008. 黄河下游河道对洪水的响应机理与泥沙输移规律. 郑州: 黄河水利出版社.
申冠卿, 张原锋, 尚红霞, 等. 2005. 不同时期黄河下游河道泥沙沉积与纵横断面调整. 泥沙研究, (3): 30-34.
史英标, 林炳尧, 徐有成. 2005. 钱塘江河口洪水特性及动床数值预报模型. 泥沙研究, (1): 7-13.
舒彩文, 夏军强, 林斌良, 等. 2012. 洪水作用下汽车的起动流速研究. 灾害学, 27(1): 28-33, 43.
宋晓猛, 张建云, 占车生, 等. 2013. 气候变化和人类活动对水文循环影响研究进展. 水利学报, 44(7): 779-790.

苏运启, 申冠卿, 韩巧兰, 等. 2006. 黄河下游河道排洪能力分析方法及其工程实践. 郑州: 黄河水利出版社.
孙东坡, 廖小龙, 王鹏涛, 等. 2007. 河道生产堤对洪水影响的二维数值模拟. 水动力学研究与进展, 22(1): 24-30.
孙建华, 赵思雄, 傅慎明, 等. 2013. 2012 年 7 月 21 日北京特大暴雨的多尺度特征. 大气科学, 37(3): 705-718.
谭红专. 2004. 洪灾的危害及其综合评价模型的研究. 长沙: 中南大学.
谭维炎. 1998. 计算浅水动力学：有限体积法的应用. 北京: 清华大学出版社.
唐洪武, 闫静, 吕升齐. 2007. 河流管理中含植物水流问题研究进展. 水科学进展, 18(5): 785-792.
万洪涛, 周成虎, 吴应湘, 等. 2002. 黄河下游花园口-夹河滩河段二维洪水模拟. 水科学进展, 13(2): 215-222.
汪岗, 徐明权. 2000. 从黄河下游“92.8”洪水看游荡性河段高含沙水流的河床演变特性. 泥沙研究, (6): 46-51.
王光谦. 2007. 河流泥沙研究进展. 泥沙研究, (2): 64-81.
王士强. 1990. 冲积河渠床面阻力试验研究. 水利学报, (12): 18-29.
王士强. 1993. 冲积床面阻力关系分析比较. 水科学进展, 4(2): 113-119.
王婷, 马怀宝, 王远见, 等. 2019. 小浪底水库运用以来进出库泥沙分析. 人民黄河, 41(1): 6-9, 13.
王卫红, 李小平, 刘丰. 2004. 2003 年兰考、东明洪水漫滩落淤情况调查. 人民黄河, 26(7): 10-11.
王晓燕. 2007. 植被刚度对水流阻力特性影响的研究. 南京: 河海大学.
王兴奎, 邵学军, 李丹勋. 2002. 河流动力学基础. 北京: 中国水利电力出版社.
王延红, 丁大发, 韩侠. 2001. 黄河下游大堤保护区洪灾损失率分析. 水利经济, (2): 42-46.
王营, 贾艾晨. 2012. 农村洪水淹没范围及洪灾损失评估研究. 水电能源科学, 30(9): 55-58.
王兆印, 周静, 李昌志. 2006. 黄河下游水沙变化及河床纵横断面的演变. 水力发电学报, 25(5): 42-45.
韦直林, 赵良奎, 付小平. 1997. 黄河泥沙数学模型研究. 武汉水利电力大学学报, 30(5): 21-25.
魏红艳. 2014. 均质土堤漫溢溃决过程试验研究及数值模拟技术. 武汉: 武汉大学.
魏一鸣, 金菊良, 杨存建, 等. 2002. 洪水灾害风险管理理论. 北京: 科学出版社.
吴保生. 2008. 冲积河流平滩流量的滞后响应模型. 水利学报, 39(6): 680-687.
吴保生, 龙毓骞. 1993. 黄河水流输沙能力公式的若干修正. 人民黄河, (7): 1-4, 61.
吴保生, 夏军强, 张原锋. 2007. 黄河下游平滩流量对来水来沙变化的响应. 水利学报, 38(7): 886-892.
吴保生, 张原锋, 夏军强. 2008. 黄河下游高村站平滩面积变化分析. 泥沙研究, (2): 34-40.
吴保生, 郑珊. 2015. 河床演变的滞后响应理论与应用. 北京: 中国水利水电出版社.
吴福生. 2009. 含植物明渠水动力特性研究. 南京: 南京水利科学研究院.
吴伟明. 1996. 天然河流平面二维动床阻力问题研究. 武汉水利电力大学学报, 29(3): 7-12.
夏军强, 王光谦, 吴保生. 2005. 游荡型河流演变及其数值模拟. 北京: 中国水利水电出版社.
夏军强, 吴保生, 王艳平. 2008. 近期黄河下游河床调整过程及特点. 水科学进展, 19(3): 301-308.
夏军强, 吴保生, 李文文. 2009. 黄河下游平滩流量不同确定方法的比较. 泥沙研究, (3): 20-29.
夏军强, 王光谦, Lin B L, 等. 2010a. 复杂边界及实际地形上溃坝洪水流动过程模拟. 水科学进展, 21(3): 289-298.
夏军强, 吴保生, 王艳平, 等. 2010b. 黄河下游河段平滩流量计算及变化过程分析. 泥沙研究, (2): 6-14.
夏军强, 王光谦, Lin B L, 等. 2011. 动床条件下溃坝水流的二维水沙耦合模型. 水利学报, 42(3): 296-308.
夏军强, 宗全利, 许全喜, 等. 2013. 下荆江二元结构河岸土体特性及崩岸机理. 水科学进展, 24(6): 810-820.
夏军强, 古安川, 舒彩文, 等. 2014. 洪水中人体稳定性条件的理论分析及试验研究. 灾害学, 29(2): 4-11.
夏军强, 宗全利, 邓珊珊, 等. 2015a. 近期荆江河段平滩河槽形态调整特点. 浙江大学学报(工学版), 49(2): 238-245.
夏军强, 张晓雷, 邓珊珊, 等. 2015b. 黄河下游高含沙洪水过程一维水沙耦合数学模型. 水科学进展, 26(5): 696-707.
夏军强, 李洁, 张诗媛. 2016. 小浪底水库运用后黄河下游河床调整规律. 人民黄河, 38(10): 49-55.

夏军强, 王英珍, 李涛, 等. 2019. 河床横向摆动计算方法及其在黄河下游游荡段的应用. 人民黄河, 41(10): 87-95.
夏军强, 王增辉, 王英珍, 等. 2020. 黄河中下游水库-河道-滩区水沙模拟系统的构建与应用. 应用基础与工程科学学报, 28(3): 163-176.
谢鉴衡. 1990. 河流模拟. 北京: 水利电力出版社.
谢鉴衡. 2004. 江河演变与治理研究. 武汉: 武汉大学出版社.
谢鉴衡, 魏良琰. 1987. 河流泥沙数学模型的回顾与展望. 泥沙研究, (3): 1-13.
许炯心, 孙季. 2003. 黄河下游游荡河道萎缩过程中的河床演变趋势. 泥沙研究, (1): 10-17.
闫静. 2008. 含植物明渠水流阻力及紊流特性的实验研究. 南京: 河海大学.
杨国录. 1993. 河流数学模型. 北京: 海洋出版社.
杨国录, 吴卫民, 陈振虹, 等. 1994. SUSBED-1 动床恒定非均匀全沙模型. 水利学报, (4): 1-11.
杨吉山, 许炯心, 廖建华. 2006. 不同水沙条件下黄河下游二级悬河的发展过程. 地理学报, 61(1): 66-76.
杨庆安, 龙毓骞, 缪凤举. 1995. 黄河三门峡水利枢纽运用与研究. 郑州: 河南人民出版社.
姚文艺. 2007. 维持黄河下游排洪输沙基本功能的关键技术研究. 北京: 科学出版社.
姚文艺, 冉大川, 陈江南. 2013. 黄河流域近期水沙变化及其趋势预测. 水科学进展, 24(5): 607-616.
余萍, 冯平, 周潮洪, 等. 2009. 蓄滞洪区洪灾损失的评估方法及其应用. 中国农村水利水电, (4): 15-21.
余阳, 夏军强, 李洁, 等. 2020. 小浪底水库对下游游荡河段河床形态与过流能力的影响. 泥沙研究, 45(1): 7-15.
喻国良, 敖汝庄, 郑丙辉, 等. 1999. 冲积河床的河床阻力. 水利学报, 30(4): 1-9.
翟家瑞. 2007. 黄河下游滩区问题的思考. 第三届黄河国际论坛论文集, 东营: 3-9.
张大伟. 2008. 堤坝溃决水流数学模型及其应用研究. 北京: 清华大学.
张红武, 黄远东, 赵连军, 等. 2002. 黄河下游非恒定输沙数学模型——Ⅰ模型方程与数值方法. 水科学进展, 13(3): 265-270.
张红武, 江恩惠, 赵新建, 等. 1995. 黄河高含沙洪水模型的相似条件. 人民黄河, (4): 1-3.
张红武, 李振山, 安催花, 等. 2016. 黄河下游河道与滩区治理研究的趋势与进展. 人民黄河, 38(12): 1-10, 23.
张建云, 王银堂, 胡庆芳, 等. 2016. 海绵城市建设有关问题讨论. 水科学进展, 27(6): 793-799.
张金良. 2017. 黄河下游滩区再造与生态治理. 人民黄河, 39(6): 24-27, 33.
张俊华, 陈书奎, 李书霞, 等. 2007. 小浪底水库拦沙初期水库泥沙研究. 郑州: 黄河水利出版社.
张仁, 谢树楠. 1985. 废黄河的淤积形态和黄河下游持续淤积的重要原因. 泥沙研究, (3): 1-10.
张汝印, 耿明全, 吴兴明. 2005. 黄河下游滩区综合治理标准探讨. 人民黄河, 27(12): 24-25.
张瑞瑾. 1998. 河流动力学. 北京: 中国水利水电出版社.
张修忠. 2003. 堤防溃决过程的数值模拟. 北京: 清华大学.
张原锋, 申冠卿, Verbanck M A. 2012. 黄河下游床面形态判别方法探讨. 水科学进展, 23(1): 46-53.
张原锋, 张留柱, 梁国亭, 等. 2005. 黄河下游断面法冲淤量分析与评价. 郑州: 黄河水利出版社.
赵海镜, 田世民, 王鹏涛, 等. 2015. 水工模型试验中的草垫加糙方法研究. 水力发电学报, 34(4): 77-82.
赵连白, 袁美琦. 1999. 床面形态与河床阻力关系. 水道港口, (2): 19-24.
赵连军, 江恩惠, 董其化, 等. 2007. 数学模型在黄河下游河道洪水演进预报中的应用. 四川大学学报(工程科学版), 39(1): 6-12.
赵连军, 张红武. 1997. 黄河下游河道阻力水流摩阻特性的研究. 人民黄河, (9): 17-20.
赵明登, 槐文信, 李泰儒. 2010. 明渠均匀流垂线流速分布规律研究. 武汉大学学报(工学版), 43(5): 554-557.
赵文林. 1996. 黄河泥沙. 郑州: 黄河水利出版社.
赵洋洋, 张庆红, 杜宇, 等. 2013. 北京“7.21”特大暴雨环流形势极端性客观分析. 气象学报, 71(5): 817-824.

赵业安, 潘贤娣, 韩少发, 等. 1982. “河流建库后下游河床演变与河床演变理论问题”专题总报告: Ⅰ-河流建库后下游河床演变. 泥沙研究, (1): 68-76.

赵业安, 周文浩, 费祥俊, 等. 1998. 黄河下游河道演变基本规律. 郑州: 黄河水利出版社.

钟德钰, 彭杨, 张红武. 2004. 多沙河流的非恒定一维水沙数学模型及其应用. 水科学进展, 15(6): 706-710.

周孝德, 陈惠君, 沈晋. 1996. 滞洪区二维洪水演进及洪灾风险分析. 西安理工大学学报, (3): 243-250.

朱红钧, 赵振兴, 韩璐. 2006. 有植被的河道水流紊动特性模型试验研究. 水利水运工程学报, (4): 57-60.

Aberle J, Jarvela J. 2013. Flow resistance of emergent rigid and flexible floodplain vegetation. Journal of Hydraulic Research, 51(1): 33-45.

Abt S R, Wittler R J, Taylor A, et al. 1989. Human stability in a high flood hazard. Water Resources Bulletin, 25(4): 881-890.

Andrews E D. 1980. Effective and bankfull discharges of streams in the Yampa River Basin, Colorado and Wyoming. Journal of Hydrology, 1980, 46(3/4): 311-330.

Bates P D, de Roo A P J. 2000. A simple raster-based model for floodplain inundation. Journal of Hydrology, 236(1): 54-77.

Bates P D, Wilson M D, Horritt M S, et al. 2006. Reach scale floodplain inundation dynamics observed using airborne synthetic aperture radar imagery: Data analysis and modelling. Journal of Hydrology, 328 (1/2): 306-318.

Bellos V, Soulis J V, Sakkas J G. 1992. Experimental investigations of two dimensional dam-break-induced flows. Journal of Hydraulic Research, 30(1): 47-63.

Black R D. 1975. Flood proofing rural residence. A Project Agnes Report, Pennsylvania New York State College of Agriculture and Life Sciences, Ithaca.

Bollati I M, Pellegrini L, Rinaldi M, et al. 2014. Reach-scale morphological adjustments and stages of channel evolution: The case of the Trebbia River (northern Italy). Geomorphology, 221: 176-186.

Bradford S F, Sanders F. 2002. Finite-volume model for shallow water flooding of arbitrary topography. Journal of Hydraulic Engineering, 128(3): 289-298.

Brownlie W R. 1983. Flow depth sand-bed channels. Journal of Hydraulic Division, 109(7): 959-990.

Brownlie W R. 1985. Compilation of alluvial channel data. Journal of Hydraulic Engineering, 111(7): 1115-1119.

Caleffi V, Valiani A, Zanni A. 2003. Finite volume method for simulating extreme flood events in natural channels. Journal of Hydraulic Research, 41(2): 167-177.

Camenen B, Bayram A, Larson M. 2006. Equivalent roughness height for plane bed under steady flow. Journal of Hydraulic Engineering, 132(11): 1147-1158.

Cao Z X, Carling P A. 2002. Mathematical modelling of alluvial rivers: Reality and myth. Part I: General review. Proceedings of the Institution of Civil Engineers Water, Maritime and Energy, 154(4): 297-307.

Cao Z X, Pender G, Carling P. 2006. Shallow water hydrodynamic models for hyperconcentrated sediment-laden floods over erodible bed. Advance in Water Resources, 29(4): 546-557.

Cardoso A H, Graf W H, Gust G. 1989. Uniform flow in a smooth open channel. Journal of Hydraulic Research, 27(5): 603-616.

Carollo F G, Ferro V, Termini D. 2002. Flow velocity measurements in vegetated channels. Journal of Hydraulic Engineering, 128(7): 664-673.

Chanson H. 2004. The Hydraulics of Open Channel Flow: An Introduction. 2nd ed. Oxford: Elsevier Butterworth-Heinemann.

Chanson H, Brown R, Mclntosh D. 2014. Human body stability in floodwaters: The 2011 flood in Brisbane CBD[C]. 5th IAHR International Symposium on Hydraulic Structures. Brisbane: 25-27.

Chen S C, Kuo Y M, Li Y H. 2011. Flow characteristics within different configurations of submerged flexible vegetation. Journal of Hydrology, 398 (1/2) : 124-134.

Chen Y C, Kao S P. 2011. Velocity distribution in open channel with submerged aquatic plant. Hydrological Processes, 25 (13) : 2009-2017.

Cheng N S. 2013. Calculation of drag coefficient for arrays of emergent circular cylinders with pseudo-fluid model. Journal of Hydraulic Engineering, 139 (6) : 602-611.

Cheng N S. 2015. Resistance coefficients for artificial and natural coarse-bed channels: Alternative approach for large-scale roughness. Journal of Hydraulic Engineering, 141 (2) : 04014072.

Choi S U, Kang H. 2004. Reynolds stress modeling of vegetated open channel flows. Journal of Hydraulic Research, 42 (1) : 3-11.

Christensen B A. 1985. Open channel and sheer flow over flexible roughness. 21st IHAR Congress, Melbourne: 462-467.

Costigan K H, Daniels M D, Perkin J S, et al. 2014. Longitudinal variability in hydraulic geometry and substrate characteristics of a Great Plains sand-bed river. Geomorphology, 210: 48-58.

Cox R J, Shand T D, Blacka M J. 2010. Appropriate safety criteria for people. Report Number: P10/S1/006) , Australian Rainfall and Runoff.

Defra E A. 2006. Flood and Coastal Defence R&D Programme, R&D outputs: Flood Risks to people (Phase 2) . Defra Report, 91, London.

Drillis R, Contini R, Bluestein M. 1964. Body segment parameters. Artificial Limbs, 8 (1) : 44-66.

Dutta D, Herath S, Musiake K. 2003. A mathematical model for flood loss estimation. Journal of Hydrology, 277 (1) : 24-49.

Ei-Hakim O, Salama M M. 1992. Velocity distribution inside and above branched flexible roughness. Journal of Hydraulic Engineering, 118 (6) : 914-927.

Einstein H A, Barbarossa N L. 1952. River channel roughness. Serial Information: Transactions of the American Society of Civil Engineers, 117 (1) : 1121-1132.

Engelund F. 1966. Hydraulic resistance of alluvial streams. Journal of the Hydraulics Division, 92: 315-326.

Falconer R A, Chen Y. 1991. An improved representation of flooding and drying and wind stress effects in a 2D tidal numerical model. Proceedings of the Institution of Civil Engineers, 2: 659-672.

Fathi-Moghadam M. 2006. Effects of land slope and flow depth on retarding flow in non-submerged vegetated lands. Journal of Agronomy, 5 (3) : 536-540.

Fathi-Moghadam M, Kouwen N. 1997. Nonrigid, nonsubmerged, vegetative roughness on floodplains. Journal of Hydraulic Engineering, 123 (1) : 51-57.

Feldman A D. 1981. HEC models for water resources system simulation: Theory and experience. Advances in Hydroscience, 12: 297-423.

Fennema R J, Chaudhry M H. 1990. Explicit methods for 2D transient free-surface flows. Journal of Hydraulic Engineering, 116 (8) : 1013-1034.

Forzieri G, Degetto M, Righetti M, et al. 2011. Satellite multispectral data for improved floodplain roughness modeling. Journal of Hydrology, 407 (1) : 41-57.

Foster D N, Cox R J. 1973. Stability of children on roads used as floodways. Sydney: Water Research Laboratory.

Garrote J, Alvarenga F M, Díez-Herrero A. 2016. Quantification of flash flood economic risk using ultra-detailed stage-damage functions and 2-D hydraulic models. Journal of Hydrology, 541: 611-625.

Godunov S K. 1959. A difference method for the numerical calculation of discontinuous solutions of hydrodynamic equations. Matemsticheskly Sboraik 47 (US Joint Publications Research Service), (89): 271-306.

Gordon N D, Mcmahon T A, Finlayson B L. 1992. Stream Hydrology an Introduction for Ecologists. New York: Wiley and Sons.

Gourlay M R. 1970. Discussion of "Flow resistance in vegetated channels". Journal of the Irrigation and Drainage Division, 96(IR3): 351-357.

Graf W L. 1977. The rate law in fluvial geomorphology. American Journal of Science, 277(2): 178-191.

Gregory K J. 2006. The human role in changing river channels. Geomorphology, 79(3/4): 172-191.

Guo Q C, Hu C H, Takeuchi K, et al. 2008. Numerical modeling of hyper-concentrated sediment transport in the lower Yellow River. Journal of Hydraulic Research, 46(5): 659-667.

Guo Q S, Wang Y H. 1995. Ergonomics. Tianjin: Tianjin University Press.

Guy H P, Simons D B, Richardson E V. 1966. Summary of alluvial channel data from flume experiments, 1956-61. Washington: United States Government Printing Office.

Harman C, Stewardson M, Derose R. 2008. Variability and uncertainty in reach bankfull hydraulic geometry. Journal of Hydrology, 351(1/2): 13-25.

Harman W H, Jennings G D, Patterson J M, et al. 1989. Bankfull hydraulic geometry relationships for North Carolina Streams. Proceedings of AWRA Wildland Hydrology Symposium, Bozeman.

Hayashi T. 1986. Alluvial bed forms and roughness. NSF Sediment Research Workshop, San Francisco.

He L, Wilkerson G. 2011. Improved bankfull channel geometry prediction using two-year return-period discharge. Journal of the American Water Resources Association, 47(6): 1298-1316.

Hellebrandt F A, Tepper R H, Braun G L. 1938. Location of the cardinal anatomical orientation planes passing through the center of weight in young adult women. American Journal of Physiology, 121: 465-470.

Horritt M S. 2004. Development and testing of a simple 2-D finite volume model of sub-critical shallow water flow. International Journal for Numerical Methods in Fluids, 44(11): 1231-1255.

Horritt M S, Bates P D, Mattinson M J. 2006. Effects of mesh resolution and topographic representation in 2D finite volume models of shallow water fluvial flow. Journal of Hydrology, 329: 306-314.

Hu C H, Chen J G, Guo Q C. 2012. Shaping and maintaining a medium-sized main channel in the Lower Yellow River. International Journal of Sediment Research, 27(3): 259-270.

Huybrechts N, Luong G V, Zhang Y F, et al. 2011. Dynamic routing of flow resistance and alluvial bed-form changes from the lower to the upper regime. Journal of Hydraulic Engineering, 137(9): 932-944.

Ishigaki T, Kawannaka R, Onindhi Y, et al. 2008. Assessment of safety on evacuating route during underground flooding. Proceedings of 16th IAHR-APD Congress and 3rd Symposium of IAHR-ISHS, Nanjing: 141-146.

Jarvela J. 2002. Flow resistance of flexible and stiff vegetation: A flume study with natural plants. Journal of Hydrology, 269: 44-54.

Jarvela J. 2005. Effect of submerged flexible vegetation on flow structure and resistance. Journal of Hydrology, 307(1): 233-241.

Jonkman S N, Penning-Rowsell E. 2008. Human instability in flood flows. Journal of the American Water Resources Association, 44(5): 1208-1218.

Julien P Y. 2002. River Mechanics. Cambridge: Cambridge University Press: 158-176.

Karim F. 1995. Bed configuration and hydraulic resistance in alluvial channel flows. Journal of Hydraulic Engineering, 121(1): 15-25.

Karvonen R A, Hepojoki H K, Huhta H K, et al. 2000. The use of physical models in dam-break analysis. RESCDAM Final Report. Helsinki University of Technology, Helsinki, 57.

Keller R J, Mitsch B. 1993. Safety aspects of design roadways as floodways. Research Report No.69, Urban Water Research Association of Australia, 51.

Kelman I. 2002. Physical flood vulnerability of residential properties in coastal, eastern England. Cambridge: University of Cambridge.

Kelman I, Spence R. 2004. An overview of flood actions on buildings. Engineering Geology, 73: 297-309.

Knighton D. 1998. Fluvial Forms and Processes. London: John Wiley and Sons: 151-186.

Kouwen N, Fathi-Moghadam M. 2000. Friction factors for coniferous trees along rivers. Journal of Hydraulic Engineering, 126(10): 732-740.

Kouwen N, Unny T E, Hill H M. 1969. Flow retardance in vegetated channel. Journal of the Irrigation and Drainage Division, 95(2): 329-342.

Leandro J, Chen A S, Schumann A. 2014. A 2D parallel diffusive wave model for floodplain inundation with variable time step (P-DWave). Journal of Hydrology, 517: 250-259.

Lee J S, Julien P Y. 2006. Downstream hydraulic geometry of alluvial channels. ASCE Journal of Hydraulic Engineering, 132(12): 1347-1352.

Leopold L B, Maddock T. 1953. The hydraulic geometry of stream channels and some physiographic implications. Professional Paper No. 252, U.S. Geological Survey, Washington.

Leopold L B, Wolman W G, Miller J P. 1964. Fluvial Processes in Geomorphology. New York: Freeman, 522.

Li J, Xia J Q, Zhou M R, et al. 2018. Channel geometry adjustments in response to hyperconcentrated floods in a braided reach of the lower Yellow River. Progress in Physical Geography, 42(3): 352-368.

Li W, van Maren D S, Wang Z B, et al. 2014. Peak discharge increase in hyperconcentrated floods. Advances in Water Resources, 67: 65-77.

Liao C B, Wu M S, Liang S J. 2007. Numerical simulation of a dam break for an actual river terrain environment. Hydrological Processes, 21(4): 447-460.

Lind N D, Hartford D, Assaf H. 2004. Hydrodynamic models of human instability in a flood. Journal of the American Water Resources Association, 40(1): 89-96.

Liu H K, Hwang S Y. 1959. Discharge formula for alluvial streams and rivers. Journal of the Hydraulics Division, 85(11): 65-97.

Lopez F. 1997. Open-channel flow with roughness elements of different spanwise aspect ratios: Turbulent structure and numerical modeling. University of Illinois at Urbana-Champaign.

Ma Y X, Huang H Q, Nanson G C, et al. 2012. Channel adjustments in response to the operation of large dams: The upper reach of the lower Yellow River. Geomorphology, 147-148: 35-48.

Martinez-Gomariz E, Gomez M, Russo B. 2016. Experimental study of the stability of pedestrians exposed to urban pluvial flooding. Natural Hazards, 82(2): 1259-1278.

Mason D C, Cobby D M, Horritt M S, et al. 2003. Floodplain friction parameterization in two-dimensional river flood models using vegetation heights derived from airborne scanning laser altimetry. Hydrological Processes, 17(9): 1711-1732.

Mason D C, Horritt M S, Hunter N M, et al. 2007. Use of fused airborne scanning laser altimetry and digital map data for urban flood modeling. Hydrological Processes, 21(11): 1436-1447.

Nafari R H, Amadio M, Ngo T, et al. 2017. Flood loss modelling with FLF-IT: A new flood loss function for Italian residential structures. Natural Hazards and Earth System Sciences, 17(7): 1047-1059.

Naot D, Nezu I, Nakagawa H. 1996. Hydrodynamic behavior of partially vegetated open channels. Journal of Hydraulic Engineering, 122(11): 625-633.

Navratil O, Albert M B. 2010. Non-linearity of reach hydraulic geometry relations. Journal of Hydrology, 388(3/4): 280-290.

Nezu I, Nakagawa H. 1993. Turbulence in Open-Channel Flows. Netherlands: Balkema Publishers.

Nezu I, Nakayama T. 1999. Numerical calculation of steep open-channel flows by considering effects of surface wave fluctuations. International Conference of WEESH, Seoul.

Nezu I, Rodi W. 1986. Open channel flow measurements with a laser Doppler anemometer. Journal of Hydraulic Engineering, 112(5): 335-355.

Ni J R, Zhang H W, Xue A, et al. 2004. Modeling of hyperconcentrated sediment-laden floods in lower Yellow River. Journal of Hydraulic Engineering, 130(10): 1025-1032.

Nikora N, Nikora V, O'Donoghue T. 2013. Velocity profiles in vegetated open-channel flows: Combined effects of multiple mechanisms. Journal of Hydraulic Engineering, 139(10): 1021-1032.

Noarayanan L, Murali K, Sundar V. 2012. Manning's 'n' coefficient for flexible emergent vegetation in tandem configuration. Journal of Hydro-Environment Research, 6(1): 51-62.

Park C C. 1977. World-wide variations in hydraulic geometry exponents of stream channels: An analysis and some observations. Journal of Hydrology, 33(1/2): 133-146.

Parker C, Thorne C R, Clifford N J. 2014. Development of STREAM: A reach-based stream power balance approach for predicting alluvial river channel adjustment. Earth Surface Processes and Landforms, DOI: 10.1002/esp.3641.

Petts G E, Gurnell A M. 2005. Dams and geomorphology: Research progress and future directions. Geomorphology, 71(1/2): 27-47.

Prestininzi P. 2008. Suitability of the diffusive model for dam break simulation: Application to a CADAM experiment. Journal of Hydrology, 361(1): 172-185.

Ree W O, Palmer V J. 1949. Flow of water in channels protected by vegetative lining. Technical Bulletin, Washington: USDA-ARS, 967: 1-115.

Rifai I, Abderrezzak K E K, Erpicum S, et al. 2018. Floodplain backwater effect on overtopping induced fluvial dike failure. Water Resources Research, (11): 9060-9073.

Riley S J. 1972. A comparison of morphometric measures of bankfull. Journal of Hydrology, 17(1/2): 23-31.

Roe P L. 1981. Approximate Riemann solvers, parameter vectors and difference schemes. Journal of Computational Physics, 43(2): 357-372.

Roe P L, Baines M J. 1981. Algorithms for advection and shock problems. Proceedings of the 4th GAMM Conference on Numerical Methods in Fluid Mechanics, Braunschweig: 281-290.

Russo B. 2009. Design of surface drainage systems according to hazard criteria related to flooding of urban areas. Barcelona: Technical University of Catalonia.

Sandroy J, Collison H A. 1966. Determination of human body volume from height and weight. Journal of Applied Physiology, 21(1): 67-172.

Schäppi B, Perona P, Schneider P, et al. 2010. Integrating river cross section measurements with digital terrain models for improved flow modelling applications. Computers and Geosciences, 36(6): 707-716.

Schumm S A. 1960. The shape of alluvial channels in relation to sediment type. US Geological Survey Professional Paper 352-B. U.S. Geological Survey, Washington.

Shimizu Y, Tsujimoto T. 1994. Numerical analysis of turbulent open-channel flow over a vegetation layer using a k-turbulence model. Journal of Hydraulic Engineering, 11(2): 57-67.

Shin Y H, Julien P Y. 2010. Changes in hydraulic geometry of the Hwang River below the Hapcheon Re-regulation Dam, South Korea. International Journal of River Basin Management, 8(2): 139-150.

Simons D B, Richardson E V. 1961. Forms of bed roughness in alluvial channels. Journal of Hydraulic Division, 87(3): 87-105.

SL 257-2017. 2017. 水道观测规范. 北京: 中华人民共和国水利部.

Sleigh P A, Gaskell P H, Berzins M, et al. 1998. An unstructured finite-volume algorithm for predicting flow in rivers and estuaries. Computers and Fluids, 27(4): 479-508.

Soares-frazáo S, Testa G. 1999. The Toce River test case: Numerical results analysis. Proceedings of the 3rd CADAM Meeting, New York.

Spinewine B, Zech Y. 2007. Small-scale laboratory dam-break waves on movable beds. Journal of Hydraulic Research, 45(S1): 73-86.

Stephan U, Gutknecht D. 2002. Hydraulic resistance of submerged flexible vegetation. Journal of Hydrology, 269(1): 27-43.

Stewardson M. 2005. Hydraulic geometry of stream reaches. Journal of Hydrology, 306(1-4): 97-111.

Stoker J J. 1957. Water waves. Pure and Applied Mathematics, Vol. IV. New York: Interscience Publishers.

Stone B M, Shen H T. 2002. Hydraulic resistance of flow in channels with cylindrical roughness. Journal of Hydraulic Engineering, 128(5): 500-506.

Takahashi S, Endoh K, Muro Z I. 1992. Experimental study on people's safety against overtopping waves on breakwaters. Report on the Port and Harbour Institute, 34(4): 4.

van Leer B. 1979. Towards the ultimate conservative difference scheme. Journal of Computational Physics, 32(1): 101-136.

van Rijn L C. 1982. Equivalent roughness of alluvial bed. Journal of Hydraulic Engineering, 108(10): 1215-1218.

van Rijn L C. 1984. Sediment transport, part III: Bed forms and alluvial roughness. Journal of Hydraulic Engineering, 110(12): 1733-1754.

Vanoni V A, Brooks N H. 1957. Laboratory studies of the roughness and suspended load of alluvial streams. MRD series No. 11, California Institute of Technology, Pasadena.

Vanoni V A, Hwang L S. 1967. Bed forms and friction in streams. Journal of the Hydraulics Division, 93: 121-144.

Wang G Q, Xia J Q, Wu B S. 2008. Numerical simulation of longitudinal and lateral channel deformations in the braided reach. Journal of Hydraulic Engineering, 134(8): 1064-1078.

Wang J W, Liu R X. 2000. A comparative study of finite volume methods on unstructured meshes for simulation of 2D shallow water wave problems. Mathematics and Computers in Simulation, 53(3): 171-184.

Wang S Q, White H R. 1993. Alluvial resistance in transition regime. Journal of Hydraulic Engineering, 119(6): 725-741.

Wang Z H, Xia J Q, Zhou M R, et al. 2019. Numerical modeling of hyperconcentrated confluent floods from the Middle Yellow and Lower Weihe Rivers. Water Resources Research, 55(3): 1972-1987.

White W R, Bettess R, Wang S Q. 1987. Frictional characteristics of alluvial streams in the lower and upper regimes. Proceedings of the Institution of Civil Engineers, London: 685-700.

Williams G P. 1970. Flume width and water depth effects in sediment transport experiments. Professional Paper No.562-H, USGS. Washington: United States Government Printing Offices.

Williams G P. 1978. Bankfull discharge of rivers. Water Resources Research, 14(6): 1141-1154.

Williams G P, Wolman M G. 1984. Downstream effects of dams on alluvial rivers. Professional Paper 1286, U.S. Geological Survey, Washington.

Wilson C A M E, Horritt M S. 2002. Measuring the flow resistance of submerged grass. Hydraulic Processes, 16(3): 2589-2598.

Wilson C A M E, Stoesser T, Bates P D, et al. 2003. Open channel flow through different forms of submerged flexible vegetation. Journal of Hydraulic Engineering, 129(11): 847-853.

Wohl E, Kuzma J, Brown N E. 2004. Reach-scale channel geometry of a mountain river. Earth Surface Processes and Landforms, 29(8): 969-981.

Wolman M G, Leopold L B. 1957. River floodplains: Some observations on their formation. U.S. Geological Survey Professional Paper 282-C, Reston.

Wu B S, Li L Y. 2011. Delayed response model for bankfull discharge predictions in the Yellow River. International Journal of Sediment Research, 26(4): 445-459.

Wu B S, Wang G Q, Xia J Q, et al. 2008b. Response of bankfull discharge to discharge and sediment load in the Lower Yellow River. Geomorphology, 100(3/4): 366-376.

Wu B S, Xia J Q, Fu X D, et al. 2008a. Effect of altered flow regime on bankfull area of the Lower Yellow River, China. Earth Surface Processes and Landforms, 33(10):1585-1601.

Wu B S, Zheng S, Thorne C R. 2012. A general framework for using the rate law to simulate morphological response to disturbance in the fluvial system. Progress in Physical Geography, 36(5): 575-597.

Wu F C, Shen H W, Chou Y J. 1999. Variation of roughness coefficients for unsubmerged and submerged vegetation. Journal of Hydraulic Engineering, 125(9): 934-942.

Wu W M. 2007. Computational River Dynamics. London: Taylor and Francis Group.

Wu W M, Wang S S Y. 1999. Movable bed roughness in alluvial rivers. Journal of Hydraulic Engineering, 125(12): 1309-1312.

Xia J Q, Falconer R A, Lin B L, et al. 2011. Numerical assessment of flood hazard risk to people and vehicles in flash floods. Environmental Modelling and Software, 26(8): 987-998.

Xia J Q, Falconer R A, Wang Y J, et al. 2014c. New criterion for the stability of a human body in floodwaters. Journal of Hydraulic Research, 52(1): 93-104.

Xia J Q, Guo P, Zhou M R, et al. 2018b. Modelling of flood risks to people and property in a flood diversion zone. Journal of Zhejiang University-S A, 19(11): 864-877.

Xia J Q, Li X J, Li T, et al. 2014a. Response of reach-scale bankfull channel geometry to the altered flow and sediment regime in the lower Yellow River. Geomorphology, 213: 255-265.

Xia J Q, Li X J, Zhang X L, et al. 2014b. Recent variation in reach-scale bankfull discharge in the lower Yellow River. Earth Surface Processes and Landforms, 39(6): 723-734.

Xia J Q, Lin B L, Falconer R A, et al. 2010a. Modelling dam-break flows over mobile beds using a 2D coupled approach. Advances in Water Resources, 33(2): 171-183.